Die Grundlagen
der
Verkehrswirtschaft

Von

Dr.-Ing. Carl Pirath
o. Professor an der Technischen Hochschule
in Stuttgart

Mit 100 Abbildungen im Text
und auf 2 Tafeln

Berlin
Verlag von Julius Springer
1934

ISBN-13:978-3-642-90249-9 e-ISBN-13:978-3-642-92106-3
DOI: 10.1007/978-3-642-92106-3

Softcover reprint of the hardcover 1st edition 1934

Vorwort.

Die Verkehrsmittel oder die zweck- und sinnvoll aufeinander abgestimmten technischen Einrichtungen zur Ortsveränderung von Personen, Gütern und Nachrichten stehen heute infolge der Fortschritte der Technik in mannigfaltiger Form jedem einzelnen und der Allgemeinheit zur Verfügung. Die eindeutige Wahl des zweckmäßigsten Verkehrsmittels, wie sie noch zu Beginn des 20. Jahrhunderts in der Benutzung der Eisenbahnen und Wasserstraßen gegeben war, ist zum Teil abgelöst durch den Umstand, daß der Verkehrsinteressent sich für bestimmte Verkehrszwecke nicht nur eines, sondern mehrerer Verkehrsmittel im gleichen Gebiet bedienen kann. Es liegt auf der Hand, daß damit die Aufgabe der Verkehrswirtschaft, die der Befriedigung der Verkehrsbedürfnisse durch das zweckmäßigste Verkehrsmittel dienen soll, schwieriger, differenzierter und für die Allgemeinheit ausschlaggebender geworden ist.

Äußerlich kommt diese Umschichtung immer mehr dadurch zum Ausdruck, daß in wirtschaftsstarken Ländern räumlich das Netz der Eisenbahnen und schiffbaren Ströme durchsetzt und überlagert wird durch die Linien der künstlichen Wasserstraßen, die durch den Kraftwagen belebten Landstraßen, die Fluglinien, die Leitungen für den Transport elektrischer Energie, Gas und Öl, sowie durch das Nachrichtenverkehrsnetz mit und ohne Draht. Der bisher technisch das Meer fast allein beherrschende Seeweg sieht sich einem Wettbewerb mit dem Luftverkehr gegenüber. In wirtschaftsschwachen Gebieten erhält die verkehrsmäßige Erschließung ganz neue technische Möglichkeiten.

Verkehrswirtschaftlich gesehen wird es für die Verkehrsunternehmungen immer schwieriger, die Erfolgsmöglichkeiten neuer und vorhandener Verkehrseinrichtungen zu übersehen, und immer verwickelter wird für die Träger der Volkswirtschaft die Wahl und die Durchführung einer gesunden Verkehrspolitik.

Bei diesen starken technischen und wirtschaftlichen Bewegungen, die einen zunehmenden Zwiespalt im Zusammenspiel zwischen Angebot und Nachfrage im Verkehrswesen hervorrufen, erscheint es heute besonders notwendig, die Grundlagen klar zu legen, nach denen jedes Verkehrsmittel für sich und als Glied in der Gesamtheit der Wirtschaft eines Landes, Kontinents oder der Welt zu beurteilen ist. Nicht als ob eine solche Wertung überhaupt endgültig sein könnte. Das kann so lange nicht der Fall sein, als auch die Wirtschaft, der der Verkehr ein Hilfsmittel sein soll, einem ständigen Wechsel unterworfen bleibt. Der Stand der Erprobung und der Reife der verschiedenen Verkehrsmittel zeigt aber heute bereits einen gewissen Abschluß, der es rechtfertigt, aus der auf Praxis und Wissenschaft aufzubauenden Analyse der Eigenschaften der Verkehrsmittel eine Synthese für die Grundlagen einer gesunden Verkehrswirtschaft zu finden. Aber auch diese Synthese kann nicht abschließend sein, sie kann nur ein sinnfälliger Ausdruck für die Gegenwart und eine Prognose für die Zukunft sein. Sie soll im neuzeitlichen Verkehrswesen, das zweifellos zu schnell gewachsen ist, um organisch gewachsen zu sein, die grundsätzlichen Linien einer zweckmäßigen Entwicklung zeigen.

In diesem Sinn soll das vorliegende Buch dem Verkehrsfachmann Wegweiser für seine Entschlüsse in der Mannigfaltigkeit des Verkehrslebens sein, dem Volkswirt das technische Instrument nach seinen technisch-wirtschaftlichen Grundlagen näher bringen und dem Studierenden in dem starken Entwicklungsdrang der Verkehrsmittel grundsätzliche Erkenntnisse vermitteln, die zum Studium des Verkehrswesens notwendig sind. Die weit über die nationalen Grenzen des Landes gehenden Wirkungen und Beziehungen des Verkehrs verlangten die Ausdehnung der Betrachtungen über die gesamte kulturelle Welt, um Unterschiede und Gleichartigkeiten und damit die Möglichkeiten gegenseitiger Ergänzung und Förderung zu erkennen.

Das Buch ist daher geschrieben für Lehre und Forschung auf dem Gebiet des Verkehrswesens und dessen wichtigsten Bestandteil, der Verkehrswirtschaft. Der Leitung von Verkehrsbetrieben soll es Hilfsmittel für ihre verkehrs- und betriebswirtschaftlichen Überlegungen sein.

Es mußte naturgemäß materiell grundsätzlich aufbauen auf den klassischen Untersuchungen und Betrachtungen über das Verkehrswesen von List, Sachs und Blum, aber sie durch die Untersuchung gegenwartsnaher Erscheinungen weiter entwickeln und ergänzen. Vor allem ist den verkehrs- und betriebswirtschaftlichen Grundlagen der verschiedenen Verkehrsmittel als einem besonders wichtigen Maßstab für ihre volkswirtschaftliche Beurteilung auf Grund eigener praktischer und wissenschaftlicher Tätigkeit auf dem Gebiet des Verkehrswesens ein breiterer Raum in vielfach neuartiger Betrachtungsweise gewidmet.

Das Buch ist inhaltlich gegliedert in zwei Hauptteile, in die allgemeine und spezielle Verkehrswirtschaft. Im ersten Hauptteil wird die allgemeine Bedeutung der Verkehrsmittel für das menschliche Gesellschaftsleben nach den verschiedenen Gesichtspunkten behandelt, das Verkehrsbedürfnis untersucht und im Verkehrsbild der heutigen Zeit veranschaulicht. Er enthält also in der Hauptsache Ursachen und Größe der Nachfrage im Verkehrswesen. Im zweiten Hauptteil werden die Grundeigenschaften der verschiedenen Verkehrsmittel analysiert und aus ihrer Synthese werden die Grundlagen für eine zweckmäßige Verkehrswirtschaft in Abhängigkeit von der wirtschaftlichen Struktur eines Landes oder Gebiets abgeleitet. Er umfaßt demnach Art und Weise des Angebots im Verkehrswesen und ihr zweckmäßiges Zusammenspiel mit der Nachfrage.

Der im ganzen gesehen gewaltige Stoff war durchweg auf Grundsätzliches zusammenzufassen. Es mußte aber dort ausführlich gearbeitet werden, wo neue Forschungsarbeit neue Erkenntnisse vermittelt hat. Aber auch in diesen Fällen war der Gedanke leitend, den Sinn und den Zweck des Buchs als eine in sich abgeschlossene Darstellung der Verkehrswirtschaft nicht durch zu großen Umfang und unerschwinglichen Preis zu beeinträchtigen. Um Einzelstudien anzuregen und zu erleichtern, wurde besonderer Wert auf ein ausführliches, allerdings positiv ausgewähltes Quellenverzeichnis gelegt, das in Fußnoten und in einem besonderen Literaturnachweis enthalten ist.

Durch das große Entgegenkommen der Verlagsbuchhandlung wurde es mir möglich, mit Anschauungsmaterial dort zu arbeiten, wo solches eindringlicher und umfassender als Beschreibung wirken kann. Hierfür, sowie für die ausgezeichnete Ausstattung des Buchs in wirtschaftlich schwerer Zeit ist es mir ein lebhaftes Bedürfnis, der Verlagsbuchhandlung besonders zu danken. Dank schulde ich auch Herrn Regierungsbaumeister Buhrow, der bei der Aufstellung von Zeichnungen und beim Lesen der Korrektur aufmerksame Mitarbeit leistete.

Stuttgart, im Oktober 1933.

Carl Pirath.

Inhaltsverzeichnis.

IV. Die betriebs- und verkehrswirtschaftlichen Grundlagen der verschiedenen Verkehrsmittel.

V. Wissenschaftliche Betriebsführung im Verkehrswesen.

VI. Die organisatorischen Grundlagen der Verkehrsmittel.

VII. Die Synthese der verschiedenen Verkehrsmittel im Dienste der Volkswirtschaft.

Berichtigungen.

Seite 29. Die Unterschriften der Abb. 10 und 11 müssen miteinander vertauscht werden.

Seite 119. In der Abb. 45 muß es statt Laufwiderstand „Rollwiderstand“ heißen.

I. Die Verkehrswirtschaft und ihre Bedeutung für die Allgemeinwirtschaft.

1. Begriff und Ziel der Verkehrswirtschaft.

Die Haupttätigkeitsgebiete der einzelnen Menschen oder einer Gruppe von ihnen finden ihren Zusammenfluß und ihre Wechselbeziehungen in der Wirtschaft. Ihr Sinn und Ziel liegt in dem Bestreben des Menschen, seine Bedürfnisse an Sachgütern zur Verbesserung und Hebung seines materiellen Besitztums und seines geistigen Wohlbefindens auf wirtschaftliche Weise oder nach dem Prinzip des geringsten Aufwands zu befriedigen. Der Wille des Menschen zum Güterverbrauch führte zur Güterherstellung. Beide Vorgänge ergänzten sich in den frühesten Entwicklungsstufen der Menschheit. Je mannigfaltiger aber und lebensvoller sich die Bedürfnisse umwandelten und gestalteten, um so weniger konnte sie der einzelne Mensch allein befriedigen und mußte sich daher allmählich in immer größerem Maße auf die Mitarbeit anderer einstellen. Es entstand in einer immer weiter ausgreifenden Arbeitsteilung jene große Zahl von Einzelwirtschaften, deren Zusammenarbeit und enge Verbundenheit in einem Land zu dem Begriff der Volkswirtschaft oder der Gesamtwirtschaft und Kulturgemeinschaft eines staatlich geordneten Volkes führte. Aus dem Wesen des Volkes folgte ihre sozialwirtschaftliche und historische Bedeutung, aus dem Wesen von Staat und Recht ihr politischer Inhalt.

In den letzten Jahrhunderten entwickelte sich aus einer Summe von politisch geordneten und geführten Volkswirtschaften die Weltwirtschaft. Sie ist keine Gemeinschaft wie eine staatlich geordnete Volkswirtschaft, sondern sie ist lediglich die Trägerin der Beziehungen, die ein Zusammenarbeiten der auf der Erde vorhandenen mehr oder weniger selbständigen Volkswirtschaften der Länder zur Erfüllung wirtschaftlicher und kultureller Zwecke ermöglichen sollen. Denn immer wird nach der klassischen Formulierung von List[1] „zwischen dem Einzelnen und der Menschheit die Nation stehen" als Trägerin jener irrationalen Kräfte, die der Menschheit und den einzelnen Völkern ihren kulturellen Inhalt gegeben haben. Heute sind 200—220[2] Volkswirtschaften in den Gesamtorganismus der Weltwirtschaft eingeschaltet und von ihrem Werden und Wandel bis zu einem gewissen Grade abhängig. Diese Abhängigkeit wird um so größer sein, je weniger der geographische Raum der Volkswirtschaft mit ihrem notwendigen Lebensraum identisch ist oder an diesen heranreicht.

Beide Arten der Allgemeinwirtschaft, die Volkswirtschaften und die Weltwirtschaft, sind an die Vorstellungen Erde, Menschheit und Wirtschaft gebunden. Ihr materieller Inhalt wird in wirtschaftlicher Hinsicht gekennzeichnet

---

[1] Fr. List, „Das nationale System der politischen Ökonomie". R. Hobbing, Berlin 1930.

[2] Sartorius von Waltershausen, „Die Weltwirtschaft". G. A. Glöckner, Leipzig 1926.

durch die grundlegende Gliederung in vier Vorgänge, die eng zusammenhängen und im allgemeinen in gleicher Weise für die Wirtschaft notwendig sind:

Die Güterherstellung, der Güterumlauf und
die Güterverteilung, die den Handel umfaßt, der Güterverbrauch.

Die Güterverteilung und der Güterumlauf sind gleichsam Hilfsmittel für die Herstellung und den Verbrauch von Gütern. Als solche sind sie um so unentbehrlicher, je intensiver die Wirtschaft und je großräumiger in ihr die Arbeitsteilung wurde.

Der Güterumlauf ist Sache des Verkehrs. Er umfaßt in dem diesen Betrachtungen zugrunde liegenden Sinne die Ortsveränderung von Personen, Gütern und Nachrichten zum Zwecke einer arbeitsteiligen Güterversorgung im Austausch zwischen den verschiedenen Produktions- und Verbrauchsstätten. Verbrauchsfähige Güter sind vom Gewinnungs- zum Verbrauchsort zu befördern. Güter, die in örtlich voneinander getrennt liegenden Stellen bis zur schließlichen Verbrauchsfähigkeit umgearbeitet werden müssen, sind mehr oder weniger zahlreichen Zwischentransporten zu unterwerfen. Beides umfaßt der Güterverkehr. Der Personen- und Nachrichtenverkehr dient mittelbar der Herstellung, der Verteilung und dem Verbrauch der Güter. Er ist im Verkehr der Menschen und Nationen untereinander zu einem wichtigen Kulturträger geworden.

Jeder Verkehr ist ein wirtschaftlicher Vorgang für sich. Die Mittel und Wege, deren er sich zur Erfüllung seines Zwecks bedient, werden im Verkehrswesen zusammengefaßt. Unter ihm wird die Gesamtheit der technischen und organisatorischen Einrichtungen verstanden, die zur Ortsveränderung von Personen, Gütern und Nachrichten erforderlich sind. Da diese Ortsveränderung, wie wir gesehen haben, einen wesentlichen Bestandteil der Allgemeinwirtschaft darstellt, so wird das Verkehrswesen in seiner umfassendsten Bedeutung auch die Beziehungen des Verkehrs zur Wirtschaft in besonderem Maße zu berücksichtigen haben.

Die wesentlichen Organe des Verkehrswesens sind die Verkehrsmittel oder die technischen Beförderungseinrichtungen und die Verkehrsunternehmungen oder die organisatorischen Gebilde. Von ihnen wird verlangt, daß sie nach den Grundsätzen der Wirtschaft ihre Verkehrsarbeit leisten und zwar nicht allein in bezug auf die innere Ausgestaltung und den Betrieb des Verkehrsmittels, sondern vor allem auch in den äußeren Beziehungen der Verkehrsmittel zu den übrigen Wirtschaftszweigen und damit der gesamten Volkswirtschaft, für die sie Verkehrsarbeit leisten sollen. Dem Verkehrswesen zu- und übergeordnet ist daher die Verkehrspolitik, die jeder Staat zur richtigen Einordnung des Verkehrs in seine Volkswirtschaft im Interesse der Allgemeinheit zu betreiben hat. Insbesondere ist es Aufgabe der staatlichen Verkehrspolitik, dafür zu sorgen, daß das Verkehrswesen der Erhaltung des Staats und der Stärkung der Wirtschaft dient und daß die Entwicklung und der Ausbau der Verkehrseinrichtungen gefördert wird.

Die Erfüllung der Aufgaben des Verkehrswesens obliegt der Verkehrswirtschaft in ihrer allgemeinen und umfassendsten Bedeutung. Ihr ist die Aufgabe gestellt, der Befriedigung aller aus den Einzelwirtschaften und der Allgemeinwirtschaft sich ergebenden Verkehrsbedürfnisse durch das zweckmäßigste Verkehrsmittel zu dienen. Unter Verkehrswirtschaft verstehen wir also den Teil der Volkswirtschaft, der sich mit dem Verkehr als Mittel zur Ortsveränderung von Personen, Gütern und Nachrichten befaßt. Diese Ortsveränderung ist ein wirtschaftlicher Vorgang in Ziel, Durchführung und Ergebnis wie die Arbeit irgendeines anderen Wirtschaftszweiges, die nur im richtigen Zusammenspiel zwischen Angebot und Nachfrage nutzbringend wird. Auch im Verkehr wird das Angebot in Form von Verkehrsleistungen der Verkehrsmittel bestimmt durch die Nachfrage der Wirtschaft nach Gelegenheit zur Ortsveränderung von Verkehrsgegenständen. Hier eine zweckmäßige Harmonie zu schaffen, ist Sinn und Zweck der Verkehrswirtschaft. Ihre Träger sind die Wirtschaften der einzelnen Verkehrsmittel, so beispielsweise die Eisenbahnwirtschaft, Kraftverkehrswirtschaft, Wasserverkehrswirtschaft, Luftverkehrswirtschaft und die Wirtschaft des Nachrichtenverkehrs.

Auf die einzelnen Verkehrsmittel bezogen, ist die Verkehrswirtschaft im engeren Sinn der Ausdruck der Beziehungen des Verkehrsmittels zur Außenwelt oder den übrigen Tätigkeiten im menschlichen Gesellschaftleben. Ihr zugeordnet ist die Betriebswirtschaft eines Verkehrsmittels, die die Arbeit des technischen Apparats nach wirtschaftlichen Gesichtspunkten der Betriebstechnik durchzuführen hat. Diese Begriffsbestimmung steht in einem gewissen Gegensatz zu dem in der Volkswirtschaftslehre eingeführten Begriff der Betriebswirtschaft, die Zweck und Mittel des Wirtschaftens umfaßt und sich zusammensetzt aus den Grundelementen der Produktion, der Finanzierung und des Betriebes. Sie würde, auf die Verkehrsmittel angewandt, die eben definierte Verkehrswirtschaft und Betriebswirtschaft der Verkehrsmittel insgesamt umfassen. Die begriffliche Trennung empfiehlt sich aber aus dem Grund bei den Verkehrsmitteln, weil bei ihnen Produktion und Absatz in so enger räumlicher Verbindung stehen, daß nur in der gewählten Zweiteilung von Verkehrs- und Betriebswirtschaft genügend Klarheit in die Grundlagen der Wirtschaft der Verkehrsmittel gebracht werden kann. Es ist im Vergleich zu allen übrigen Wirtschaftszweigen eine besondere Eigentümlichkeit der Verkehrswirtschaft, daß Produktion und Absatz im gleichen Raumgebiet sich vollziehen und in ihrer Funktion stark voneinander abhängig sind. Besonders diese Tatsache führte bei allen Verkehrsmitteln zu einer scharfen Trennung und zur Begriffsbildung von Verkehr und Betrieb. Der Verkehr umfaßt gleichsam den Zweck und die Aufgabe des Verkehrsmittels und im übertragenen Sinne alle Vorkehrungen und Einrichtungen zur Regelung der Beziehungen zwischen den Verkehrsinteressenten und dem Verkehrsunternehmen. Der Betrieb übernimmt und erledigt die Aufträge, die ihm der Verkehr zuweist, als innere Angelegenheit des Verkehrsunternehmens. Beide haben eine technische und wirtschaftliche Seite, so daß in diesem Punkte wieder die Verbindung mit der Betriebswirtschaftslehre der Volkswirtschaft hergestellt werden kann.

Im einzelnen befaßt sich die Verkehrswirtschaft im engeren Sinn mit den Verkehrsbedürfnissen der Wirtschaft, der Organisation des Verhältnisses zwischen Verkehrsmittel und Wirtschaft in verkehrsrechtlicher, verkehrspolitischer und volkswirtschaftlicher Hinsicht sowie mit den wirtschaftlichen Ergebnissen der Verkehrsunternehmungen. Sie stellt dem Betrieb die Aufgaben, zu deren zweckmäßigster Lösung die Betriebstechnik die Grundlagen durch ein möglichst wirtschaftliches Arbeiten des Betriebsapparates zu gewährleisten hat.

Die Verkehrswirtschaft in ihrer allgemeinen und besonderen Bedeutung ist heute mehr als je die maßgebende Mittlerin in den zahlreich verwickelten Wechselbeziehungen zwischen Angebot und Nachfrage im Verkehrsleben. Sie beurteilt die Arbeit der einzelnen Verkehrsmittel in ihrem Verkehrswert und wirtschaftlichen Erfolg und sucht sie zu fördern. Die Verkehrsbedürfnisse nimmt sie nicht allein von der Wirtschaft hin, sondern sie sucht sie durch Verkehrsverbesserungen anzuregen. Die Verkehrswirtschaft ist in starkem Maße abhängig von den Entwicklungserscheinungen der Gesamtwirtschaft eines Volkes und der Welt. Auch ihr Gesetz ist es daher, niemals zu sein, sondern immer zu werden.

Untersuchen wir auf Grund der Entwicklung der Allgemeinwirtschaft Zweck und Bedeutung der Verkehrswirtschaft, so ergibt sich zwischen beiden eine starke Schicksalsverbundenheit in der Vergangenheit. Zu allen Wirtschaftssystemen steht die Verkehrswirtschaft der verschiedenen Zeiten in untrennbarer Beziehung. Ob es sich um Eigenwirtschaft, Handwerkswirtschaft, Unternehmungs-, Genossenschafts- oder Gemeinschaftswirtschaft handelt, ob wir die Zeit des Altertums, die vor- und frühkapitalistische Epoche des Mittelalters oder die hochkapitalistische Epoche der Neuzeit betrachten, die Verkehrswirtschaft hat stets im Verhältnis zu der Bedeutung der Gesamtwirtschaft eine besonders wichtige Rolle gespielt[1]. Am stärksten war ihr Einfluß und ihre die Entwicklung der Wirtschaft bestimmende Mitarbeit in dem Zeitalter des Hochkapitalismus und hier an erster Stelle bestimmt durch die Wirtschaft der Eisenbahnen und des Überseeverkehrs. Unter ihrer Wirkung konnte sich eine neue Wirtschaftsverfassung entwickeln, die zur Auflösung der alten Eigenwirtschaft und größtenteils auch des Handwerks führte und eine Umschichtung der Bevölkerung und der Produktionsstandorte von größtem Ausmaß herbeiführte. Durch Vermittlung der Verkehrsmittel konnte die Produktion an den Ort der höchsten Ergiebigkeit verlegt werden, als deren Schlußergebnis eine Aufteilung der Länder in Agrar- und Industrieländer festzustellen ist. Zwischen ihnen stellen die modernen Verkehrsmittel die Verbindungen her, ohne die die gewaltige Arbeitsteilung in der heutigen Weltwirtschaft undenkbar wäre. Steigerung der Arbeit, Erschließung neuen Siedlungslandes und die Aufschließung der alten Kulturländer kennzeichnen die Rückwirkungen der umwälzenden Verbesserungen der Verkehrsmittel im großen Raum der Erde. Im Gebiet der Volkswirtschaft eines Landes aber schufen sie die Voraussetzung für das Wirtschaftsbild, das heute in den Ländern und in der Welt vor uns liegt.

2. Abhängigkeit der Verkehrswirtschaft von der Lage der Volkswirtschaft.

Bei dieser überwiegenden Bedeutung der Verkehrswirtschaft für das heutige Wirtschaftsleben besteht die Gefahr, die Verkehrswirtschaft als primäre Erscheinung in der Gesamtwirtschaft anzusehen. Wie sehr sie aber abhängig von dem allgemeinen Wirtschaftsgeschehen ist, zeigen die Rückwirkungen der wirtschaftlichen Schwankungen innerhalb einer Volkswirtschaft auf die Nachfrage nach Verkehrsleistungen und damit auf die wirtschaftliche Lage der Verkehrsmittel. Wie im einzelnen sich hierbei Verkehr und Wirtschaft beeinflussen, wird in einem späteren Abschnitt unter Verkehrsschwankungen behandelt werden. Hier soll nur generell ein Bild über diese Abhängigkeiten gegeben werden. Abb. 1 zeigt für einen Zeitraum von 20 Jahren die Schwankungen der Güterproduktion und der Verkehrsleistungen Deutschlands. Die Harmonie der Kurven erstreckt sich nur auf die Zeit von 1892—1911, weil die Darstellungsweise die richtige Erfassung der Anfangs- und Endjahre der Periode nicht mehr zuläßt.

Dem Roheisenverbrauch je Kopf der Bevölkerung, als einem charakteristischen Maßstab für die Größe und das Bedürfnis nach Güterverteilung[2] ist die Güterbeförderung des Hauptverkehrsmittels, der Eisenbahnen, in Tonnen-km gegenübergestellt. Dem Rückgang und der Zunahme des Roheisenverbrauchs folgt in fast gesetzmäßiger Richtung der Rückgang und die Zunahme der Verkehrsleistungen des den Güterumlauf regelnden Verkehrsmittels. Ihre Schaulinie

[1] Sombart, „Der moderne Kapitalismus“ Bd. I—III. München und Leipzig 1919 und 1926.

[2] P. Krebs, „Konjunktur und Eisenbahngüterverkehr“. VDI-Verlag, Berlin 1926. — Vierteljahrshefte zur Konjunkturforschung, Sonderheft 9. Herausgegeben vom Institut für Konjunkturforschung Berlin.

eilt durchweg dem Nachlassen des Verbrauchs etwas nach, weil der dem Roheisenverbrauch sich anschließende Verfeinerungsprozeß der Güter erst allmählich ausklingt. Sie eilt der Zunahme des Verbrauchs voraus, weil die Füllung der aufgebrauchten Lager bei Beginn einer Wirtschaftsbesserung beschleunigt wird und stärkere Nachfrage nach Transportleistungen verursacht. Dieser Rhythmus zwischen Wirtschaft und Verkehrsleistungen läßt deutlich das Verkehrsmittel als Hilfsmittel der Wirtschaft erkennen. Es empfängt von ihr allein seine Zweckbestimmung und Daseinsberechtigung. Die Darstellung zeigt aber auch, wie unmittelbar die Wirtschaft auf das zuverlässige Arbeiten der Verkehrsmittel angewiesen ist, wenn sie ihre Aufgaben im Wechsel der Bedürfnisse der menschlichen Gesellschaft erfüllen soll. Was hier für den Bereich einer Volkswirtschaft dargestellt ist, trifft auch zu für die Schwankungen der Weltwirtschaft. Das Verkehrswesen ist keine Angelegenheit, die nach irgendwelchen mathematischen Regeln ein Sonderdasein führen kann, sondern es ist in stärkstem Maße mit den Interessen der Nationalwirtschaft und damit des gesamten Volkslebens verwoben. Es ist deshalb nicht möglich, eine Verkehrswirtschaft aufzubauen, ohne sie mit den wirtschaftlichen Grundlagen eines Landes in Einklang zu setzen.

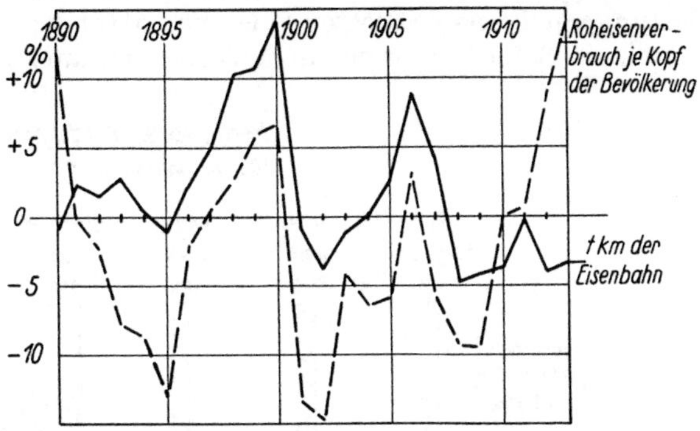

Abb. 1. Schwankungen der Güterproduktion und der Verkehrsleistungen im Güterverkehr der Eisenbahnen Deutschlands in den Jahren 1890—1913.

3. Die Belastung der Volkswirtschaft durch Transportkosten.

Betrachten wir die Verkehrswirtschaft im Rahmen eines Wirtschaftsprinzips, das auf dem bewußten Willen zu einer grundsätzlichen Zweckmäßigkeit aller Handlungen beruht oder rationalistisch ist, und das in erster Linie der heutigen Wirtschaftsgesinnung entspricht, so entsteht die Frage, wie weit die Verkehrswirtschaft durch ihre Arbeit und ihre Kosten die Einzelwirtschaften und die Gesamtwirtschaft belastet. Die Kosten, die bei der Darbietung von Verkehrsleistungen für die Verkehrsunternehmungen entstehen, müssen ihren Gegenwert finden in Einnahmen, die die Benutzer der Verkehrsmittel zu tragen haben. Mit diesen Kosten wird der Verkehrsgegenstand des Produktions- oder des Verbrauchsprozesses, der einer Ortsveränderung unterworfen werden muß, zu belasten sein.

Handelt es sich um Verbrauchsgut, das vom Gewinnungsort ohne weitere Zwischenbehandlung an einer anderen Produktionsstätte zum Verbrauchsort befördert wird, so wird es nur einmal durch Transportkosten belastet. Hierher gehört in erster Linie das Massengut der Rohstoffe wie Kohle, Düngemittel und Baumaterialien. Handelt es sich aber um ein Gut, das vom Rohstoff zu einem bestimmten Fertigfabrikat an verschiedenen räumlich mehr oder weniger voneinander entfernten Arbeitsstätten umgearbeitet werden muß, bis es dem Verbrauch als fertiges Gut zugeführt werden kann, so wird es im Lauf des Produktionsprozesses mehrmals durch Transportkosten belastet. Hierzu gehören vor allem die Fertigfabrikate. Zwischen den Rohstoffen und den Fertigfabrikaten liegt das Halbfabrikat wie beispielsweise Walzeisenträger, Bandeisen usw. Abb. 2 zeigt an dem Beispiel eines Massenguts und eines Fertigfabrikats den Anteil und den zeitlichen Anfall der Transportkosten an den Gesamtkosten des Guts an den einzelnen Produktionsstätten und schließlich am Verbrauchsort. Es ist die uns später bei der Preisbildung im Verkehrswesen noch stark beschäftigende Tatsache zu erkennen, daß das Massengut trotz einmaliger Belastung mit Transportkosten eine erheblich höhere anteilige Vorbelastung durch die Beförderung vor dem Verbrauch aufweist als das Fertigwarenprodukt,

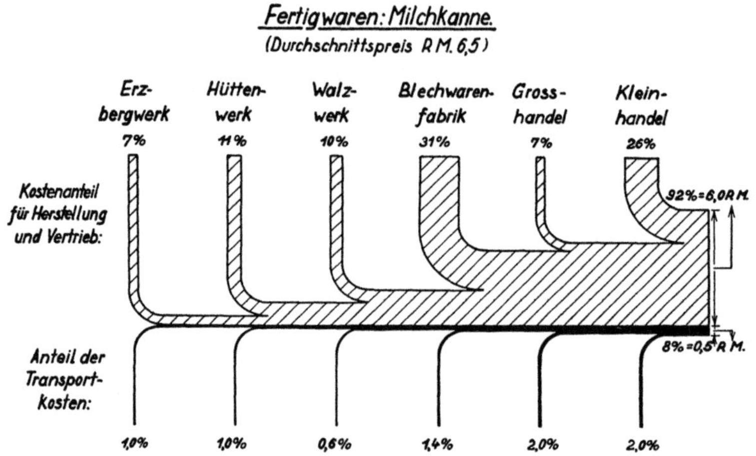

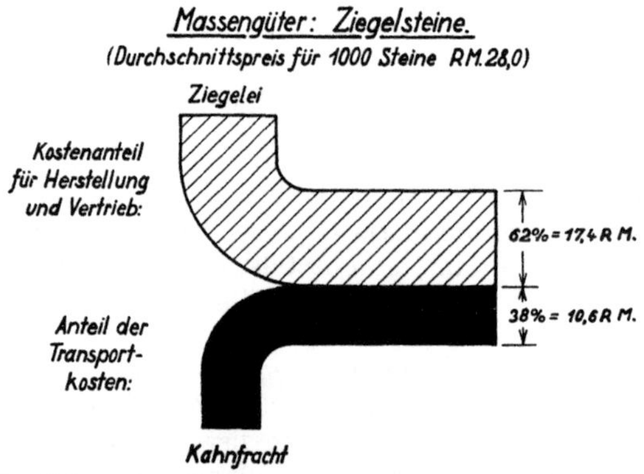

Abb. 2. Anteil und zeitlicher Anfall der Transportkosten bei Fertigwaren und Massengütern.

da es in der Gewinnung billig ist. Das Fertigwarenprodukt wird mit jedem neuen Bearbeitungsvorgang, dem der Rohstoff unterworfen werden muß, teurer, so daß am Verbrauchsort die Transportkosten eine nur sehr geringe Rolle bei den Gesamtkosten des Guts spielen. Ganz allgemein ergibt sich daraus, daß die Massengüter besonders billiger Verkehrsmittel bedürfen, wenn sie der Ortsveränderung unterworfen werden sollen, dagegen die Fertigwaren mit hohen Transportkosten belastet werden können, ohne daß ihre Absatzfähigkeit dadurch stärker beeinträchtigt wird. Absolut gesehen ist die Belastung der Einzelwirtschaften durch Transportkosten sehr großen Schwankungen unterworfen, so daß die Ausgaben der Verkehrswirtschaft einen mehr oder weniger wichtigen Kalkulationsfaktor für die Produktions- und Verbrauchswirtschaft darstellen.

Die gesamte Belastung einer Volkswirtschaft durch Transportkosten setzt sich aus einer Unzahl von Einzelbelastungen der verschiedenen Verbrauchsgüter zusammen. Ihre durchschnittliche Höhe ist in Tabelle 1 für den Eisenbahn- und Überseeverkehr einiger Länder durch Gegenüberstellung des Werts des beförderten Guts am Verbrauchsort zu den aus seinem Transport entstandenen Einnahmen der Verkehrsmittel bestimmt. Die Unterschiede in der Belastungshöhe in Deutschland und in den Vereinigten Staaten von Amerika sind in erster Linie auf die größeren durchschnittlichen Transportweiten im letzteren Land zurückzuführen. Obwohl im Überseeverkehr der Vereinigten Staaten von Amerika die durchschnittlichen Transportweiten der Güter sechsmal größer sind als auf den amerikanischen Eisenbahnen, ist der Anteil der Belastung durch Transportkosten kleiner als auf den Eisenbahnen wegen der sehr niedrigen Frachten im Überseeverkehr. Im Gesamtumsatz der Volkswirtschaft ist die Verkehrswirtschaft, wie Tabelle 2 (s. S. 8) zeigt, mit einem verhältnismäßig geringen Anteil beteiligt, da hier der Zwischenhandel, der vielfach ohne Transportarbeit auskommen kann, stark kostenmäßig ins Gewicht fällt.

Tabelle 1. Durchschnittliche Belastung aller Güter durch Beförderungskosten am Verbrauchsort im Eisenbahn- und Überseeverkehr im Jahre 1930.

Verkehrsmittel	Wert der beförderten Güter[1] Mill. RM.	Einnahmen im Güterverkehr Mill. RM.	Durchschnittliche Belastung d. Güter durch Beförderungskosten %
1	2	3	4
I. Eisenbahnen			
Deutsche Reichsbahn .	58400	2839	4,60
Vereinigte Staaten von Amerika	225000	17120	7,08
II. Überseeverkehr			
Vereinigte Staaten von Amerika	23600	1240	5,00

[1] Reichsbahn 1933, Heft 5, S. 4. Freight Revenue and Value of Commodities transported on Class I Steam Railways in U. S. A. Herausgegeben vom Interstate Commerce Commission, Bureau of Statistics, Washington.

Wie weit aber das persönliche Volkseinkommen eines Landes durch Ausgaben im Personenverkehr oder Reisekosten im Durchschnitt belastet wird, zeigt in aufschlußreicher Weise Tabelle 3 (s. S. 9). Zur möglichst genauen Ermittlung der Anteile war eine Korrektur des statistisch erfaßten persönlichen Volkseinkommens nötig, da viele Personen auf Geschäftskosten die Verkehrsmittel benutzen, ihr Gehalt also entsprechend erhöht werden müßte, wenn sie diese Reisen selbst zu bezahlen hätten. Andererseits könnte das Gehalt gekürzt werden, wenn alle Reisen zu Lasten des Geschäfts gehen würden. Um danach die Grenzfälle des Anteils der Belastung des persönlichen Volkseinkommens durch Reisekosten zu erhalten, wurde das statistisch erfaßte persönliche Volkseinkommen einmal um die Summe der Reisekosten erhöht und das andere Mal vermindert. Zu diesen Beträgen wurden dann die Reisekosten ins Verhältnis gesetzt. Im ersten Fall ergab sich der Mindestanteil, im zweiten Fall der Höchstanteil der Reisekosten am persönlichen Volkseinkommen. Der tatsächliche Belastungssatz liegt zwischen beiden Anteilen.

Das Ergebnis der Ermittlung zeigt, daß in Deutschland trotz wesentlich niedrigerer Fahrpreise ein höherer Anteil des persönlichen Volkseinkommens für die Benutzung der öffentlichen Verkehrsmittel ausgegeben werden muß als in den Vereinigten Staaten von Amerika. Das ist vor allem auf die durchschnittlich

Tabelle 2. Einnahmen der Verkehrsmittel und Umsatz der Volkswirtschaft im Jahre 1930.

A. Einnahmen der Verkehrsmittel im öffentlichen Verkehrswesen im Jahre 1930. (Bruttoeinnahmen in 1000 RM.)

Verkehrsmittel	Deutschland	Vereinigte Staaten von Amerika
1	2	3
I. Überseeverkehr		
Seeschiffahrt	730 000	1 630 000
II. Binnenverkehr		
Eisenbahnen	4 570 000	} 23 000 000
Privatbahnen	24 270	
Straßenbahnen	604 000	537 000
Binnenschiffahrt	127 800	505 000
Postgebühren	1 228 800	2 960 000
Telephon- und Telegraphieverkehr	890 000	5 800 000
Luftverkehr	7 100	108 000
Öffentlicher Omnibus[1]	64 158	1 350 000
Lastkraftwagenverkehr[1] und Taxiverkehr	22 000	450 000
gesamt	8 270 000	36 340 000

B. Anteil der Verkehrseinnahmen an dem Gesamtumsatz der Volkswirtschaft[2].

Gesamtumsatz	191 800 000	980 000 000
davon Verkehrswirtschaft	4,3%	3,7%

[1] Der private Kraftwagenpersonenverkehr und der Werksverkehr mittels Lastkraftwagen sind als nicht öffentlicher Verkehr hier nicht berücksichtigt.

[2] Vierteljahrshefte zur Konjunkturforschung, Sonderheft 32; Statistical Abstract of the United States 1932.

höheren Einkommen der Amerikaner und darauf zurückzuführen, daß im amerikanischen Personenverkehr der Kraftwagen stark benutzt wird. Wird schätzungsweise zu den Einnahmen im öffentlichen Personenverkehr noch der Aufwand der Personenbeförderung im privaten Kraftwagenverkehr hinzugefügt, so verdoppelt sich in Deutschland nahezu die Belastung, während sie in den Vereinigten Staaten von Amerika mit ihrem stark entwickelten Kraftwagenverkehr auf mehr als das zehnfache steigt. Der Durchschnittsanteil läßt erkennen, eine wie hohe Belastung der Personenverkehr dem Einzelnen für die Befriedigung seiner Bedürfnisse nach Ortsveränderung verursacht. Es ist aber auch weiterhin aus den Zahlen zu ersehen, wie sehr die Einführung des Kraftwagens die Belastung erhöht hat und wie hoch die von ihm gebotene Bequemlichkeit in der Ortsveränderung eingeschätzt wird, so daß sie genügend Reiz bietet, die Mehrbelastung tragbar zu machen. Die Kraftverkehrswirtschaft hat die Bedeutung der Verkehrswirtschaft allgemein in der Volkswirtschaft erheblich gesteigert.

Das ist wohl eine der bemerkenswertesten Erscheinungen in der neuzeitlichen Verkehrswirtschaft, die, wie wir noch sehen werden, zu wichtigen Verkehrsproblemen geführt hat. Sie ist von um so einschneidenderer Bedeutung, als sie den Menschen in starke persönliche Beziehung zum Verkehrsvorgang selbst gebracht und sein Interesse für die Verkehrswirtschaft allgemein vermehrt hat.

Tabelle 3. Reisekosten und persönliches Volkseinkommen im Jahre 1930.

A. Reisekosten im öffentlichen Personenverkehr im Jahre 1930.
(Reisekosten = Einnahmen der Verkehrsmittel, Bruttoeinnahmen in 1000 RM.)

Verkehrsmittel	Deutschland	Vereinigte Staaten von Amerika
1	2	3
I. Überseeverkehr		
Seeschiffahrt	88 200	395 000
II. Binnenverkehr		
Eisenbahnen einschl. Privatbahnen	1 381 000	3 090 000
Straßenbahnen	604 000	537 000
Luftverkehr	4 200	24 000
Öffentlicher Omnibus	64 200	1 350 000
gesamt	2 141 600	5 396 000

B. Anteil der Reisekosten im öffentlichen und privaten Personenverkehr am persönlichen Volkseinkommen
(Lohn + Gehalt + Renten + Pensionen + Sozialversicherungen).

Persönliches Volkseinkommen	51 979 000	242 000 000
Demnach Anteil der Reisekosten im öffentlichen Personenverkehr		
a) Höchstanteil	4,3%	2,3%
b) Mindestanteil	4,0%	2,2%
Für den privaten Kraftwagenverkehr kommen noch schätzungsweise an Reisekosten hinzu	2 000 000	55 000 000
Somit Reisekosten insgesamt	4 140 000	60 400 000
Demnach Anteil der Reisekosten im öffentlichen und privaten Personenverkehr am persönlichen Volkseinkommen		
a) Höchstanteil	8,7%	33,4%
b) Mindestanteil	7,4%	20,0%

C. Die Ausgaben für den Personenverkehr belaufen sich somit durchschnittlich je Jahr und Kopf der Bevölkerung

in Deutschland auf . . . . $\frac{4\,140 \text{ Mill.}}{63{,}18 \text{ Mill.}} = 65.\text{— RM.}$

in den Vereinigten Staaten von Amerika . . . . $\frac{60\,400 \text{ Mill.}}{122{,}77 \text{ Mill.}} = 494.\text{— RM.}$

4. Das Irrationale in der Verkehrswirtschaft.

Wir haben bisher das Rationale in der Verkehrswirtschaft und seine Beziehung zur Allgemeinwirtschaft im einzelnen untersucht. Soll die Verkehrswirtschaft nicht im toten Sein der Materie stecken bleiben, und soll sie ihre Verbindung mit dem Leben nicht verlieren, so werden auch die irrationalen Kräfte, denen sie unterworfen ist, nicht zu vergessen sein. Besonders im neuzeitlichen Verkehrswesen stehen wir in einer technischen Entwicklung, die gewisse Gefahren für das Volkstum und für den Geist in sich schließt. Sie rechtzeitig zu erkennen, ist um so notwendiger, als auch der Verkehr ein Ausdruck des Kulturbewußtseins einer Zeit und eines Landes ist und sich daher einordnen muß in die seelischen Grundlagen jeder Volksgemeinschaft. Die Verkehrswirtschaft ist in starkem Maße bedingt durch die technischen Mittel oder die Maschine zur Überwindung des Raumes. Wir wissen, welche Umwälzung erster Ordnung durch die Einführung des Mechanismus oder der Maschine stattgefunden hat. Es wurde das Anorganische gleichsam verlebendigt, wenn auch das geistig Qualitative und Individuelle des Menschen dem Ungeistigen und Quantitativen der Maschine als schöpferische Macht übergeordnet bleiben muß. Dem Prinzip des schöpferischen Geistes stellt die Maschine das Prinzip der Bewegung gegenüber. Auch der Verkehr ist im übertragenen Sinn Bewegung. Die möglichen Folgen dieses Prozesses erscheinen bedenklich, da durchaus keine Gewähr dafür gegeben ist, daß der Mechanismus in beständiger Abhängigkeit und Verbindung mit seinem Urheber, dem Menschen, verbleibt und Natur und Leben nicht vergewaltigt. Natur und Leben sind die Waffen, die der Mensch gegen eine solche Entwicklung zur Verfügung hat und die er im Kampf von Seele und Geist mit lebloser Künstlichkeit immer stärker gebrauchen muß.

Fast hat es den Anschein, als ob in diesem Kampf der Menschengeschichte die Mittel zur Überwindung des Raumes, die Verkehrsmittel, in vorderster Reihe gegen den Menschen stehen, denn indem sie in immer größerer Geschwindigkeit und Bequemlichkeit den Ortswechsel erleichtern, entziehen sie den Menschen der Naturverbundenheit, aus der er in erster Linie seine schöpferische Kraft herleiten kann. Eine Nivellierung des Raums, seiner Entfernungen und Eigenarten bedeutet eine Nivellierung der Individualität und der Geistesstärke der Menschen. Nicht mit Unrecht sträubt sich der Mensch daher gegen das Tempo der Zivilisation, als dessen bester Schrittmacher der Verkehr und seine Möglichkeiten zu Größen anwachsen, deren Sinn kaum noch erfaßt oder gefunden werden kann. Wir sehen, wie in verkehrlich wenig erschlossenen Gebieten, wie beispielsweise in Afrika und Südamerika der sich schnell einführende Kraftwagen die Eingeborenen entwurzelt, ihren bisherigen Lebensinhalt zerstört und in allzu schnellem Übergang die Segnungen der Zivilisation bringt. Aber auch der Mensch der Kulturländer findet in diesem Tempo nicht mehr die Zeit, die tiefen, weiten und hohen Erlebnisse der Umwelt synthetisch zu meistern und damit Herr seiner selbst und über das in der Maschine gesteigerte Unlebendige und Künstliche zu bleiben.

So gesehen, wird das Verkehrswesen unter dem Gesichtswinkel mit besonderer Sorgfalt beobachtet werden müssen, daß es die schöpferisch wertvolle Individualität nicht unbarmherzig zerfrißt, und daß die Sache niemals den Menschen überwältigt. Jede Verkehrswirtschaft wird daher nicht allein als ein wirtschaftlicher Vorgang zu bewerten sein, sondern auch als Erscheinung im Kampf des Menschen zwischen Geist und Materie. Konkreter gesagt, werden die Verkehrswirtschaft und ihre Einzelaufgaben in der Gesamtwirtschaft nur dann ihren Sinn und Zweck behalten, wenn sie der menschlichen Gesellschaft den Hilfsdienst leisten, der dem Menschen ein Mehr von Leben und Natur gibt und ihn nicht etwa zu einem sachgewordenen Objekt macht. Das Irrationale hat stets am Anfang einer schöpferischen Erfindung in der Technik wie in der Verkehrstechnik gestanden, nämlich der Gedanke, den Menschen von den Abhängigkeiten der Umgebung zu befreien. Das Rationale aber ergriff Besitz von ihr und schuf die Gegensätze, die wir heute zwischen Mensch und Maschine mit immer wachsender Sorge verfolgen. Eine der wichtigsten Grundlagen der

Verkehrswirtschaft ist es daher: Dienst am Menschen und Arbeit für die Allgemeinheit. Unter diesem Grundsatz werden immer wieder die eigentlichen technisch wirtschaftlichen und organisatorischen Grundlagen der Verkehrswirtschaft betrachtet werden müssen, mit denen wir uns in den folgenden Abschnitten in erster Linie zu befassen haben.

Die Verkehrsgeschichte ist ein wesentlicher Teil der Menschheitsgeschichte. Das Lebensgeheimnis der Dinge erschließt sich nur dem, der ihnen Achtung entgegenbringt und die Tradition der Menschheit anerkennt. Auch die Verkehrswirtschaft hat Tradition, die im lebendigen Wachsen der menschlichen Gesellschaft geworden und daher mit ihrer Zukunft eng verbunden ist. Der Aufbau des Verkehrswesens auf dieser Tradition kann auch durch noch so große Fortschritte und Neuerungen der Verkehrstechnik nicht wertlos gemacht werden, da auch das vollkommenste technische Instrument in seinem Wert gebunden ist an die Rolle, die es in der Allgemeinheit zu übernehmen hat. Die Tradition des Verkehrsbedürfnisses ist uralt. Ihre Erfüllung durch technische Mittel in großem Maßstab liegt kaum 100 Jahre hinter uns. Das technische Mittel kann wohl neue Formen der Befriedigung des Bedürfnisses nach Ortsveränderung und Gedankenaustausch bringen, aber nur dann mit Erfolg, wenn es nicht allein den Gesetzen der Wirtschaft folgt, für die jedes Verkehrsmittel nur Hilfsmittel, nicht aber Führer sein soll, sondern wenn es vor allem der Würde und dem Geist der Menschheit und ihrer Vergangenheit, Gegenwart und Zukunft dient.

Von welcher Seite wir auch die Verkehrswirtschaft mit dem menschlichen Gesellschaftsleben in Beziehung bringen, in allen Fällen nimmt sie eine hervorragende Stellung in der Kultur und Wirtschaft eines Landes und in der Weltwirtschaft ein. Um so mehr hat sie die Aufgabe, der Volkswirtschaft in der Entwicklung ihrer rationalen und irrationalen Kräfte eine starke Stütze zu sein. Das wird nur möglich werden, wenn die Grundlagen der Verkehrs- und Betriebswirtschaft der Verkehrsmittel klar erkannt und angewandt werden. Diese Grundlagen sollen in den nachfolgenden Kapiteln untersucht werden. Ausgehend von den Verkehrsbedürfnissen sollen die Ausdrucksformen des Verkehrs in technischer und organisatorischer Hinsicht behandelt und im Verkehrsbild der einzelnen Verkehrsmittel erläutert werden. In diesen Untersuchungen liegt im wesentlichen die Beziehung des Verkehrs zur Außenwelt und zur Nachfrage. Sind die Grundlagen dieser Beziehungen geklärt, so können im Anschluß daran die verkehrs- und betriebswirtschaftlichen Grundlagen der Verkehrsmittel nach Sicherheit, Leistungsfähigkeit und Wirtschaftlichkeit untersucht werden. Auf die Grundsätze der wissenschaftlichen Betriebsführung von Verkehrsmitteln als einem Hilfsgebiet der Verkehrswirtschaft wird eingegangen werden. Dieser Analyse der Verkehrs- und Betriebswirtschaft folgt die Behandlung der organisatorischen Grundlagen der Verkehrsmittel sowie die Synthese der verschiedenen Verkehrsmittel im Dienste der Volkswirtschaft mit einem Ausblick auf die Entwicklungsrichtung der Verkehrswirtschaft.

II. Die Verkehrsbedürfnisse und die Ausdrucksformen des Verkehrs.

A. Die Verkehrsbedürfnisse.

1. Ursachen der Verkehrsbedürfnisse.

a) Weltanschaulicher Art.

Die Verkehrsbedürfnisse bestimmen die Nachfrage nach Ortsveränderung von Personen, Gütern und Nachrichten oder nach Verkehrsleistungen der Verkehrsmittel. Ihre Ursachen sind tief begründet im menschlichen Gesellschaftsleben und im Menschen selbst. Ihr Träger ist der Mensch in seinem persönlichen Eigenleben, im Kulturleben, im Staat und in der Wirtschaft.

Die Verkehrsbedürfnisse entspringen daher aus den persönlichen Angelegenheiten körperlicher und seelischer Art des Menschen, dem kulturellen, politischen und wirtschaftlichen Geschehen einer Volksgemeinschaft für sich und in ihrer Abhängigkeit von anderen Volksgemeinschaften. Alle Ursachen der Verkehrsbedürfnisse sind in ihrer Bedeutung in starkem Maße abhängig von dem Willen des Menschen zur Überwindung der räumlichen Trennung und der zeitlichen Entfernung, den wir als den Verkehrswillen des Menschen bezeichnen können. Die Ursachen selbst haben sich im Laufe der menschlichen Geschichte nur wenig geändert. Sie sind im wesentlichen die gleichen geblieben. Nur das Ausmaß ihrer Wirkungen hat sich nach Art, Richtung und Stärke gewandelt je nach dem Verkehrswillen des Menschen und der Verbesserung der Verkehrsmittel.

Der Verkehrswille ist durchaus nicht einheitlich, weder bei den einzelnen Menschen noch bei den verschiedenen Völkern. Ist er nur wenig ausgeprägt, so können die stärksten naturgegebenen Verkehrselemente wie natürliche Häfen und Flüsse für Verkehrszwecke nutzlos werden. Das Fehlen oder Vorhandensein eines Verkehrswillens ist ein volkspsychologisches Problem. Abendländische Lebensauffassung bewertet die Zeit und meist den Raum viel stärker als morgenländische Selbstzufriedenheit, die sich bis zu einer unmittelbaren Verkehrsfeindlichkeit steigern kann. Ein zeitlos denkendes Volk wie die Bewohner des Orients ist nicht bestimmt, wesentliche Mitarbeit zur Entwicklung der Verkehrsmittel zu leisten. Im regionalen Bild der Reisegeschwindigkeit, das im Abschnitt III gegeben wird, spiegelt sich die verschiedene Selbstgenügsamkeit der Kulturvölker wieder, aber auch das Eindringen zeitlich stark empfindender Völker in die Gebiete der Raumlosigkeit.

Das Weltverkehrsbild ist aufs engste verknüpft mit dem ursprünglich von Europa nach allen Erdteilen ausstrahlenden Geist seines menschlichen Gesellschaftslebens. Nur dort, wo europäischer Erwerbs- und Unternehmungsgeist die jungfräulichen Gebiete der Erde durchdrang, entwickelten sich ein starkes Wirtschaftsleben und seine Hilfsmittel, die Verkehrsmittel. Der verschieden gestaltete Verkehrswille der Völker teilt die Erde in verkehrsfreundliche Kulturkreise, die von abendländischer Weltanschauung beherrscht werden, und in mehr oder weniger verkehrsfeindliche Kulturkreise, in denen der orientalische Geist trotz im Land ruhender wirtschaftlicher Kräfte die Verkehrsmittel sich nur in primitivster Form entwickeln ließ.

So kommt es, daß die der Befriedigung der Verkehrsbedürfnisse dienenden Verkehrsmittel der verschiedenen Zeitalter und Gebiete stark bedingt sind durch die zeitgenössischen Menschen, deren Geistes, Wollens und Strebens Stempel sie tragen. Afrikas primitive Kulturformen bedürfen keiner Verkehrsmittel, wie sie europäische Hochkultur entwickelt hat. Es ist Geist vom fremden Geist, wenn heute in Afrika neue Verkehrsmittel wie Kraftwagen und Luftfahrzeuge unter Überspringung des Eisenbahnverkehrs sich einführen und schließlich auch zu heimischen Verkehrsmitteln werden. Das Ur- und Eigenleben Afrikas wird damit immer mehr ein Opfer abendländischer Zivilisation. Die Verbesserungen in der Überwindung des Raums beschleunigen diesen Prozeß und zwingen das Zellenleben der afrikanischen Bevölkerung in den Lichtkreis eines Zusammenschlusses und der Gemeinsamkeit.

Diese Ursachen der Verkehrsbedürfnisse in Abhängigkeit von der Weltanschauung der Menschen bilden die Grundlage für den Verkehrswillen, den die Menschen der verschiedenen Kulturkreise und Völker haben. Uns interessieren dabei in erster Linie die Gebiete mit einem ausgeprägten Verkehrswillen der Bewohner, also Europa und alle von seinem wirtschaftlichen Geist erfüllten Teile der Erde wie Nordamerika und Japan.

b) Persönlicher Art.

Die Ursachen der Verkehrsbedürfnisse, die aus dem Eigenleben der einzelnen Menschen entspringen, können geistiger, seelischer, körperlicher und wirtschaftlicher Art sein. Sie folgen daher sowohl rationalen wie irrationalen Überlegungen des Menschen. Die Grenze zwischen beiden ist schwierig zu ziehen, aber so weit zweckmäßig zu legen, als die irrationalen Ursachen in erster Linie das Eigenleben, die rationalen in der Hauptsache die menschliche Gemeinschaft angehen.

Für den einzelnen Menschen ist der Wille zur Bereicherung seines Wissens, Frömmigkeit, Familien- und Stammesverbundenheit, Heilung von Krankheiten und Erholung die Ursache der Verkehrsbedürfnisse in seinem persönlichen Eigenleben. Aus ihnen schöpft in erster Linie der Personenverkehr, dann aber auch zum Teil der Nachrichtenverkehr seine Triebkräfte, weniger der Güterverkehr. Gemeinsamkeit der Rasse und Sprache sind für die Beurteilung dieser Bedürfnisse von besonderer Bedeutung. Die Religion schafft vielfach starke Verkehrsbeziehungen in Gestalt der Pilgerfahrten und der Missionstätigkeit in Gebieten fremder Religionen, wobei letztere nach dem Beispiel der Kreuzzüge auch zu starken wirtschaftlichen Auswirkungen führen kann. Mohammed organisierte den Wandertrieb der arabischen Völker durch die Vorschrift der Wallfahrten nach Mekka, die bis auf den heutigen Tag im Verkehr des Orients eine so bedeutende Rolle spielen und für die Einheit des Islams von hervorragender Wichtigkeit sind. Die persönlichen Beziehungen reichen über Hunderte von Kilometern, und man kennt sich in der weiten Wüste vielfach näher als bei uns in einer großen Stadt.

Die Religion selbst ist aber durchaus nicht immer verkehrsfreundlich und verkehrsfördernd, sondern vielfach verkehrsfeindlich. Durch die Eroberung von Konstantinopel durch die Mohammedaner in der Mitte des 15. Jahrhunderts wurden mit einem Schlag uralte Verkehrsbeziehungen zwischen dem Abendland und dem reichen indischen Kulturgebiet durch die Abneigung der Mohammedaner gegen den abendländischen Geist unterbunden. Aus dem Abschneiden dieser Verkehrsbeziehungen wuchsen aber jene starken Triebkräfte, die in mühevollen Entdeckerfahrten einen neuen Seeweg nach Ostindien finden ließen und mittelbar zur Entdeckung Amerikas führten.

Für seine Erholung sucht der Mensch vielfach jährlich klimatisch günstig gelegene und naturschöne Gebiete auf, die in jedem Land und Erdteil besonders gelagert sind und die Ströme des hieraus sich entwickelnden starken Personenverkehrs anziehen. Für Europa ist in Abb. 3 die räumliche Verteilung seiner Erholungsgebiete zu erkennen. Sie durchsetzen in günstigster Weise die Gesamtfläche der dicht besiedelten Länder und geben in naher und weiterer Entfernung jedem bequeme Gelegenheit, losgelöst vom Ort der Berufstätigkeit, zur Erholung

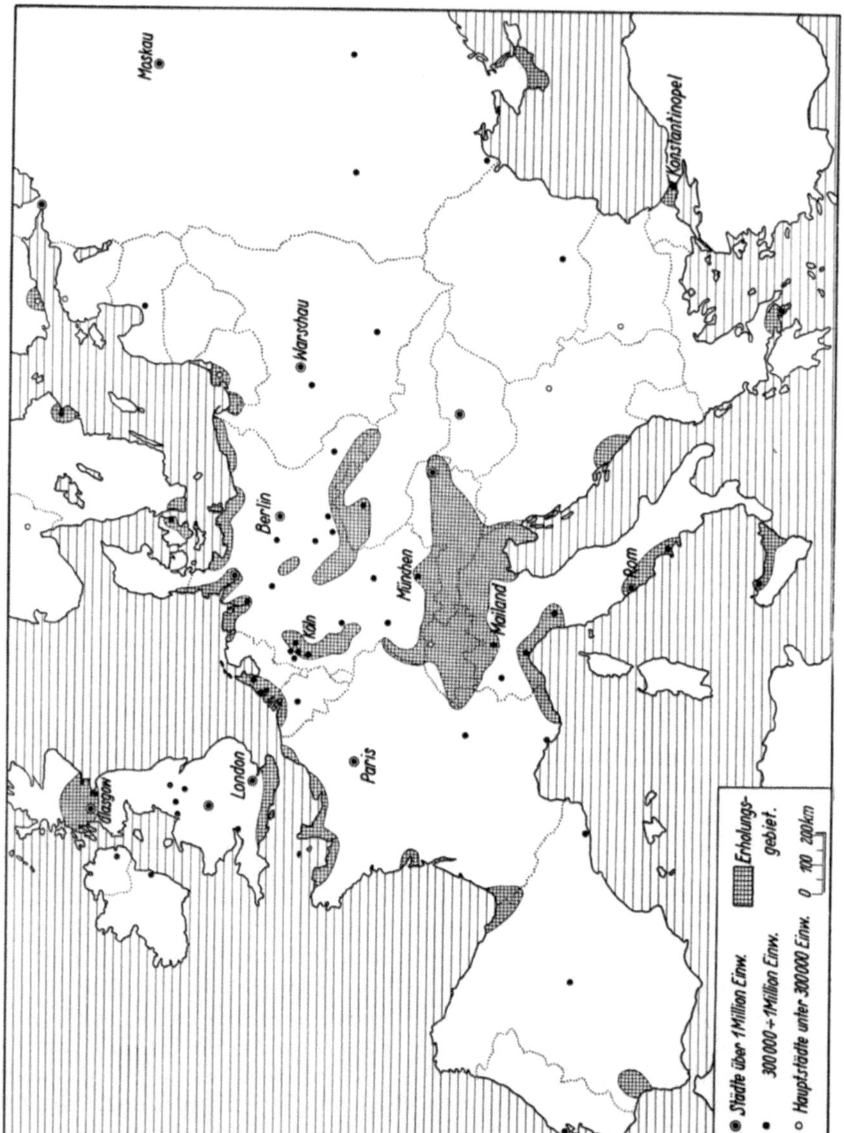

Abb. 3. Erholungsgebiete in Europa.

in neuer Umgebung, wenn die Verkehrsmittel es ermöglichen. In den Vereinigten Staaten von Amerika sind es die 23 Nationalparks, die als größte Räume für Erholung eingerichtet sind, allerdings von den dicht besiedelten Teilen des Landes im Osten durchschnittlich 2500 km entfernt liegen[1].

[1] Pirath, „Die Naturschutzparks der Vereinigten Staaten von Amerika als Faktoren des Fremdenverkehrs“. Archiv für den Fremdenverkehr, Heft 2/1931, Berlin.

c) Kultureller Art.

Die Ursachen der Verkehrsbedürfnisse, die in dem persönlichen Eigenleben des Menschen wurzeln, greifen in mancher Beziehung bereits hinüber zu den Formen, in denen der Mensch in der Gemeinschaft lebt, zur Kulturgemeinschaft, politischen Gemeinschaft oder Staat und wirtschaftlichen Gemeinschaft oder Volkswirtschaft. Vor allem ist die Kulturgemeinschaft in starkem Maße abhängig von dem Gedankenaustausch von Mensch zu Mensch. Sie hat von jeher aus dem Personen- und Nachrichtenverkehr zwischen großen und kleinen Gruppen der Menschheit die stärksten Kräfte für ihren Ausbau und ihr Werden gezogen.

Ein reger Verkehr kann dort, wo die geistige Haltung eines Volkes die erforderlichen Grundlagen bietet, zu einem Kultursymptom werden und neue Kultur schaffen. Er trägt nicht nur Kenntnisse hinaus, er bringt auch Wissen zurück und tauscht geistige Güter zugleich mit den stofflichen. In der Vervollkommnung der Verkehrsmittel sieht die Kultur einen ihrer größten Fortschritte. Das äußert sich besonders in dem allgemeinen Interesse, das durch besondere Leistungen auf dem Gebiet des Verkehrs überall ausgelöst und in unserer Zeit der Verkürzung der zeitlichen Entfernung durch den Luftverkehr besonders angeregt wird. Nach kriegerischen Auseinandersetzungen sind es zuerst die Verkehrsmittel, die sich über das politisch Trennende der Völker hinweg setzen und die ersten Fäden der Beziehungen knüpfen, weil der Verkehr den politischen Wechsel überdauert und weil die Kultur seiner zuerst bedarf, um die Schäden eines Kriegs zu überwinden. Die Verfeinerung der Lebensbedürfnisse, der die Kultur dient, war schon in den ältesten Zeiten die Triebkraft zur Herstellung von Verkehrsverbindungen, die die chinesische Rohseide nach Damaskus, sibirische Pelze nach Indien leiteten, lange Zeit, bevor politische Beziehungen zwischen diesen Ländern sich entwickelten.

Die Ursachen der Verkehrsbedürfnisse kultureller Art sind die mächtigsten, weil sie am nachhaltigsten das Werden und Vergehen der Menschheit überdauern. Deshalb sind auch die Verkehrsbeziehungen, die aus dem Kulturbewußtsein der Völker entstehen, zu jeder Zeit für den Verkehr besonders fördernd gewesen. Am Anfang des Handelsverkehrs in frühesten wie bis zur Neuzeit reichenden Zeiten standen Kostbarkeiten auf der Liste der zu transportierenden Waren. Metalle, metallene Gefäße, Waffen, Schmuckstücke und kostbare Webwaren flossen von Gebieten höherer Kultur in Gebiete zurückgebliebener Kultur, Edelstoffe wie Zinn, Bernstein, Seide, flossen im Austausch zurück. Gewiß lag hierin schon der Anfang zu einer wirtschaftlichen Zusammenarbeit der Völker, aber er wurde in erster Linie bestimmt durch das kulturelle Bedürfnis eines Landes zu einer Zeit, als weniger hochwertige Güter, wie Rohstoffe, in keiner Weise zu befördern waren. Auch heute dient der Transport hochwertiger Güter in erster Linie den kulturellen Bedürfnissen des Menschen, während Rohstoffe als lebensnotwendig für den Unterhalt und Erwerb einer Ortsveränderung unterworfen werden. Die Verkehrsbedürfnisse kultureller Art haben den Personen- und Nachrichtenverkehr begünstigt und im Güterverkehr vor allem die Beförderung hochwertiger Güter verursacht.

d) Staatspolitischer Art.

Die Ursachen der Verkehrsbedürfnisse politischer Art entspringen dem staatlichen Organismus einer Volksgemeinschaft, deren wirtschaftlichen Organismus wir als die Volkswirtschaft eines Landes kennen gelernt haben. Ihre Stärke ist dann am größten, wenn sie einer politisch mächtigen Nation zugehört. Der geistige Zusammenhang im Staat liegt in der ererbten Gewohnheit des Zusammenlebens, in der gemeinsamen Arbeit und in dem Bedürfnis des Schutzes nach außen. Äußerlich gliedert und gestaltet sich der Staat immer neu in zahlreichen Ansiedlungen, die das Gemeinsame der Nationalität und der Wirtschaft verbindet. Je größer aber die Unterschiede seines Bodens und der räumlichen Verteilung seiner Bevölkerung sind, um so mehr wird ein Ausgleich der Kräfteverteilung und die Pflege der Zusammengehörigkeit nötig. Im Verkehr hat der Staat das wichtigste Mittel, diesen Ausgleich zu schaffen und die Einheit der Nation nach innen und außen zu gestalten. So konnte der Begriff eines nationalen Transportsystems entstehen, das politischen und wirtschaftlichen Aufgaben der Volkswirtschaft zu dienen hat.

Am ausgesprochensten wurde im Altertum die Einrichtung von Verkehrswegen von politischen Gesichtspunkten bestimmt. Zuerst in den alten Reichen Asiens, China und Persien, wurden Straßen und Verkehrswege gebaut, um die politische Zentrale des Landes mit den übrigen Landesteilen und vor allem mit der Peripherie zu verbinden. In ähnlich großzügiger Weise baute für Zwecke der Staatsgewalt das Römische Reich ein zusammenhängendes Straßennetz von fast 100000 km Länge, dessen Ausgangspunkt die Hauptstadt des Reiches war. Dann aber befreite sich der Verkehr immer mehr von den politischen Fesseln und wurde unter der Einwirkung der wirtschaftlichen Triebkräfte immer selbständiger. Aus einem Diener der Staatenbildung wurde er nicht selten zum Bahnbrecher einer Macht- und Ausbeutungspolitik, die wichtige Staaten veranlaßte, ihr Einflußgebiet durch Bau von Verkehrswegen zu vergrößern und ihren Landbesitz zu vermehren.

Aber auch in dieser neuen Entwicklung bleibt das Verkehrswesen ein wichtiges Rüstzeug für die Verwaltung und den Bestand des Staats. Die Verkehrswege übernehmen politische Funktionen im höheren Sinn, indem sie kulturarme Gebiete erschließen mit dem Zweck, ihren kulturellen und politischen Wert zu heben. Die Wehrpolitik eines Staats wird den Verkehrsmitteln besondere Aufmerksamkeit schenken und sie in ihrer Ausgestaltung fördern, die für die Interessen der Landesverteidigung von Wichtigkeit sind. Dagegen wird das politische Interesse bei den Verkehrsmitteln zurücktreten, die nur beschränkt verwendungsfähig und ohne Bedeutung für den Schutz eines Staats gegen äußere Angriffe sind. Die Bewegung der modernen Massenheere im Weltkrieg war im wesentlichen gestützt auf das Vorhandensein leistungsfähiger Bahnen und Straßen. Die Erschließung der Luft für Verkehrszwecke hat für die Wehrpolitik eines Landes heute eines der wichtigsten Probleme im Gesamtkomplex seiner Wehrhaftigkeit und Landesverteidigung entstehen lassen. In jedem Kulturland bilden daher die Verkehrsmittel einen sehr wesentlichen Bestandteil seines wehrpolitischen Bildes.

e) Wirtschaftlicher Art.

Die Ursachen der Verkehrsbedürfnisse politischer Art sind in ihren Auswirkungen in dem Maße zurückgetreten, in dem die Ursachen wirtschaftlicher Art Einfluß auf die Ausgestaltung des Verkehrs genommen haben. Es ergab sich, daß die Verkehrsbedürfnisse der Wirtschaft alle sonstigen Verkehrsbedürfnisse weit überragten und daß die bisher behandelten Ursachen persönlicher, kultureller und politischer Art nur noch von sekundärer Bedeutung für die Entwicklung der Verkehrswirtschaft wurden. Trotzdem liegen in der Vermählung der wirtschaftlichen und politischen Verkehrsbedürfnisse eines Landes die stärksten Fundamente für die Daseinsberechtigung eines leistungsfähigen Verkehrs. Die Geschichte der Verkehrsunternehmungen zeigt ohne Ausnahme, daß die stärksten und entwicklungsfähigsten

Verkehrsmittel auf nationalem Boden entstanden sind und im eigenen Volksraum die Wurzeln ihrer Kraft und Entfaltung gefunden haben. Das Weltweite der wirtschaftlichen Beziehungen mancher Länder untereinander zwang allerdings die nationalen Verkehrsunternehmungen, weit über die Grenzen des Landes hinaus sich zu betätigen und schuf auf diese Weise einen Internationalismus stärkster Bindungen im Verkehrswesen.

Die Verkehrsmittel ermöglichten und vermehrten die äußeren Berührungsflächen der Nationen, aber ein Zusammenwachsen der nationalen Wesenheiten vollbrachten sie nicht und konnten sie nicht vollbringen, da ihre Beziehungen doch zu sehr an der Oberfläche liegen. Als sich das Schicksal in kriegerischen Auseinandersetzungen bewegte, verschlang es die dünne Haut dieser Beziehungen, als wären sie nie vorhanden gewesen. Die Erfahrungen des Weltkriegs und seiner Nachkriegszeit bestätigen dies zur Genüge. Die internationale Bedeutung der Verkehrsmittel gehört nicht zu Tiefen, wie sie irrationale Kräfte im Weltgeschehen zustandebringen, sondern sie liegt in der Knüpfung von Verbindungen, ohne sie zwangläufig in den unwägbaren Kräften der Völker zu verankern. Gewiß liegt hierin schon eine Aufgabe der Verkehrsmittel von Rang, aber sie sollte nicht darüber hinwegtäuschen, daß ihre Rolle eine beschränkte und wesentlich materialistisch wirtschaftliche im Weltgeschehen darstellt.

Ganz anders fügt sich der Verkehr in die Volkswirtschaft eines Landes ein. Hier verbinden sich rationale und irrationale Ursachen zu einer Einheit, die die wichtigste Voraussetzung für eine gesunde Verkehrswirtschaft eines Landes bildet. Und wenn wir jetzt die Verkehrsbedürfnisse wirtschaftlicher Art näher untersuchen wollen, so gelangen wir damit zwar zu den Ursachen mit Wirkungen größten Ausmaßes für das Verkehrswesen selbst. Wir müssen uns aber dabei bewußt sein, daß auch sie ihren Urgrund nur in dem Lebenswillen eines Volkes finden können, der vom irrationalen her das rationale Geschehen beseelt und der Volkswirtschaft eines Landes Kraft und Stärke gibt.

Landwirtschaft, Gewerbe, Industrie und Handel sind wirtschaftliche Faktoren, von denen die Ursachen der Verkehrsbedürfnisse wirtschaftlicher Art in erster Linie ausgehen. Alle außer dem Handel sind raumgebundene Wirtschaftsmächte. Ihr Gedeihen, ihre Größe und Kraft lassen sich nicht loslösen von bestimmten naturgegebenen Voraussetzungen der Gebiete, in denen sie bestehen. Wenn sie die wichtigsten Quellen und Ursachen des Verkehrs verkörpern, so ist das in der nationalen und internationalen Arbeitsteilung begründet, die einen Austausch von Waren und Menschen verlangt, der nur durch die Verkehrsmittel möglich ist. Die Raumgebundenheit des Landwirts und des in der Industrie tätigen Menschen wird damit nicht aufgehoben, im Gegenteil vielfach verstärkt, da sich sein Absatzgebiet für die Erzeugnisse mit den Verkehrsverbesserungen erweitern kann.

Wenn daher die Ursachen der Verkehrsbedürfnisse wirtschaftlicher Art in ihren Auswirkungen für den Verkehr richtig beurteilt werden sollen, so muß die räumliche Verteilung der wirtschaftlichen Kräfte kleinsten und größten Ausmaßes die Grundlage hierzu bilden. Wirtschaftsgeographie und Handel geben Aufschluß über Lage, Art und Richtung des Bedürfnisses dieser Wirtschaftsflächen nach Versand und Empfang von Produktions- und Verbrauchsgütern für ihr wirtschaftliches Geschehen. Je stärker diese Wirtschaftsflächen angewiesen sind auf die Arbeitsteilung mit anderen Wirtschaftsflächen, um so stärker wird ihr Verkehrsbedürfnis sein. Und wenn dieses Bedürfnis sich auch in erster Linie auf Güter bezieht, die mit der Produktion und dem Verbrauch zusammenhängen, so wird der damit wirtschaftende Mensch auch ein starkes Bedürfnis nach Personen- und Nachrichtenverkehr haben. Die

Organisation der Arbeitsteilung und der Produktion selbst bedarf einer umfassenden Arbeit in persönlicher Fühlungnahme zwischen den beteiligten Menschen in gleicher Weise wie die Verteilung der Güter zum Verbrauch.

Die Produktions- und Verbrauchsstätten der Wirtschaft sind mehr oder weniger intensiv zusammengefaßt und regional verteilt. Das ist für die Verkehrsbedürf-

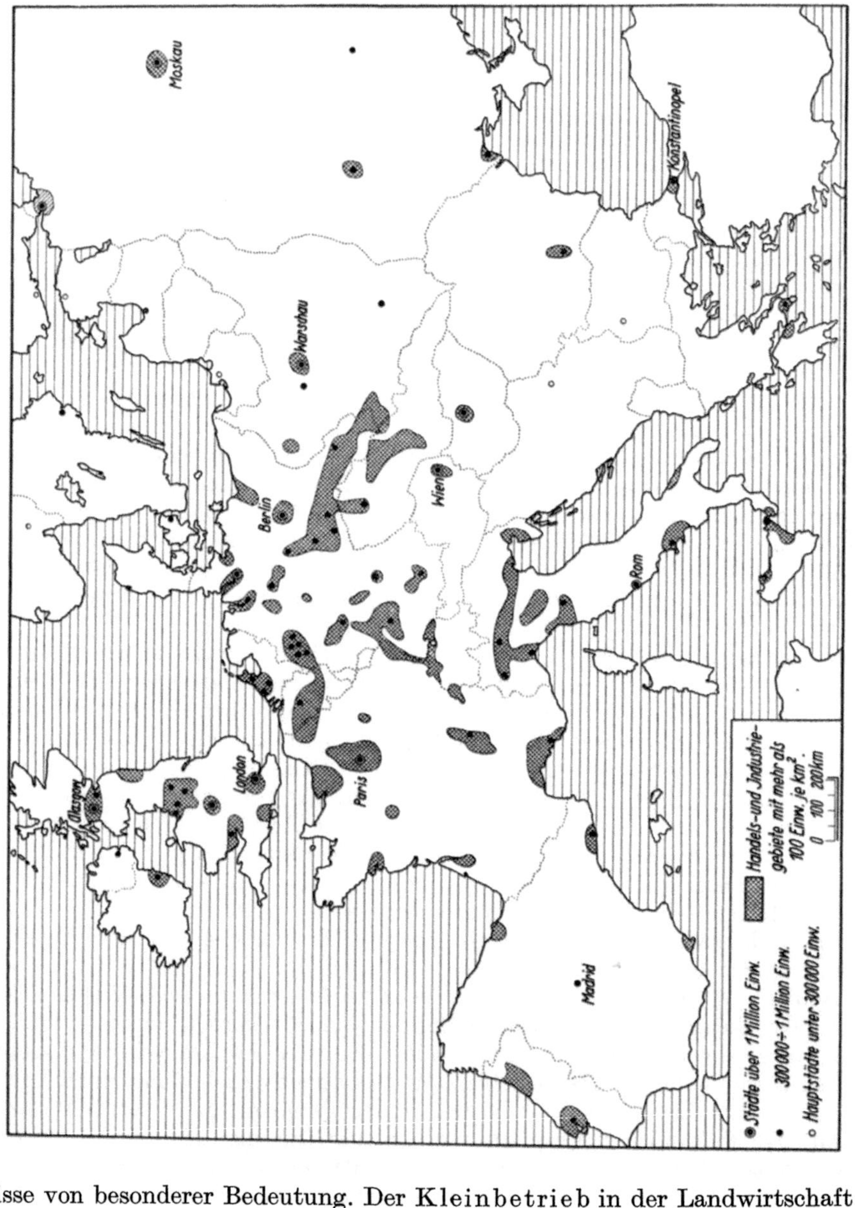

Abb. 4. Die Hauptwirtschaftsflächen und die Handels- und Industriestädte von Europa.

nisse von besonderer Bedeutung. Der Kleinbetrieb in der Landwirtschaft und Industrie erfordert eine viel weitgehendere Unterteilung des Verkehrs als der Großbetrieb. Nicht allein, daß die Kleinbetriebe nur in verhältnismäßig kleinen Mengen Güter empfangen und versenden, sie sind auch vielfach stärker verteilt als die Großbetriebe, die sich an einzelnen Punkten oder in geschlossenen Wirt-

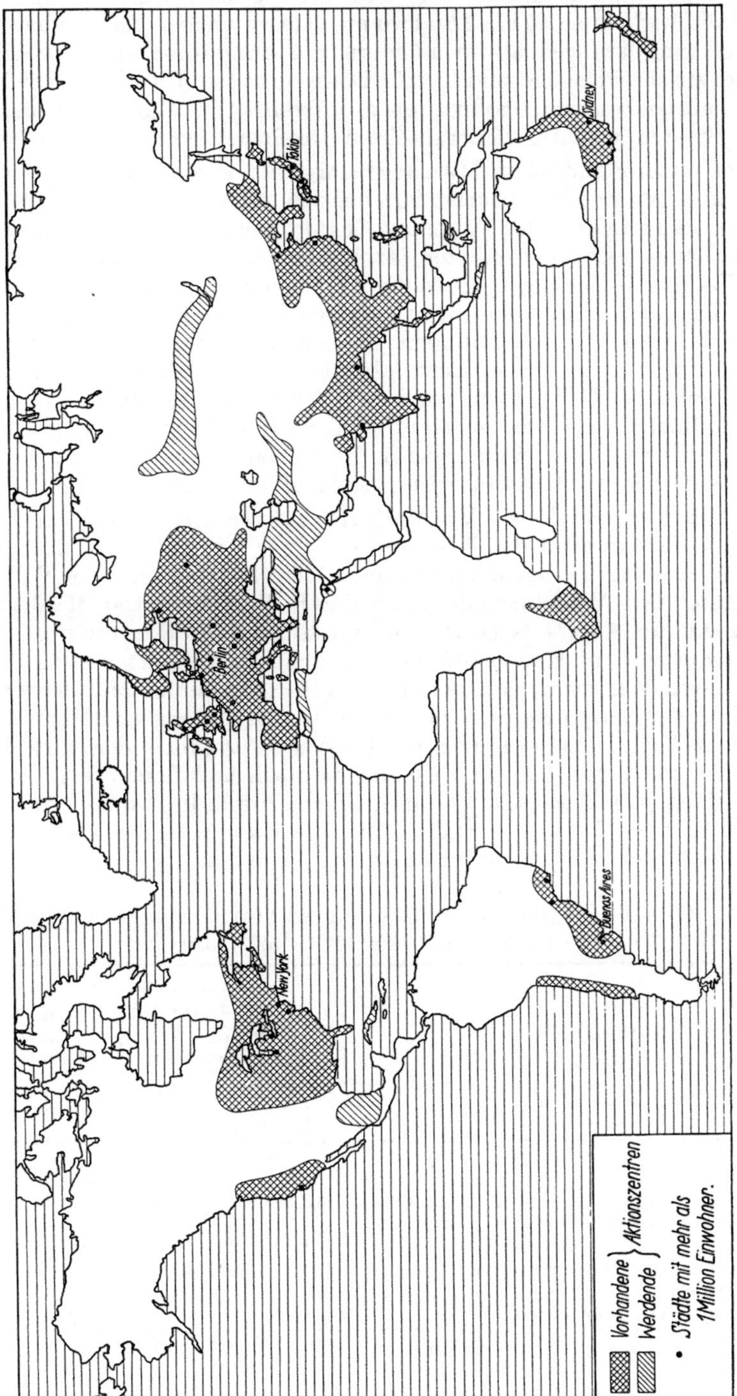

Abb. 5. Die wirtschaftlichen Aktionszentren der Erde.

schaftsflächen zusammenfinden. Die Befriedigung der Verkehrsbedürfnisse stellt daher an die Verkehrsmittel in Ländern mit Kleinbetrieben ganz andere und kostspieligere Anforderungen als in Ländern mit ausgesprochenen Großbetrieben. Charakteristische Beispiele sind hierfür Deutschland und England mit ihrer stark nach Kleinbetrieben und Großbetrieben differenzierten Wirtschaft und die Vereinigten Staaten von Amerika mit ihren Großbetrieben.

In der außerordentlichen Mannigfaltigkeit und Streuung der menschlichen Siedlungen in den Kulturländern liegt ein reizvoller Rhythmus von Klein- und Großräumigkeit des Verkehrs. Er füllt heute viele Länder und Teile der Erde mit kaum noch übersehbarer Struktur eines Verkehrsnetzes kleinster und größter Verkehrsbeziehungen. Gewaltige Verkehrsverlagerungen vom Mittelmeer zu dem Atlantischen und neuerdings zu dem Pazifischen Ozean haben in den letzten Jahrhunderten stattgefunden. Sie konnten wohl das Schwergewicht des Verkehrslebens räumlich verändern, aber kaum ein Gebiet haben sie der Verkehrsöde anheim fallen lassen, sondern vorwiegend überall das Verkehrsleben gesteigert. Immer neue verkehrlich unberührte Gebiete wurden angeschlossen an den Verkehrsbereich und einbezogen in die Abhängigkeiten, die die Beziehungen der verschiedenen Wirtschaftskreise gesetzmäßig mit sich bringen.

Die Flächen stärkster Wirtschaftskräfte und menschlicher Siedlungen im Raum sind die Flächen größter Verkehrsbedürfnisse. Ihre regionale Verteilung in einem Land, einem Kontinent und auf der Welt gibt der Befriedigung der Verkehrsbedürfnisse durch Verkehrsmittel Richtung und Bedeutung. In Abb. 4 (s. S. 18) sind für Europa die Hauptwirtschaftsgebiete und die Industrie- und Handelsstädte dargestellt. Ihre Struktur ist zentral, da die bedeutendsten Wirtschaftsgebiete und Städte in und um Mitteleuropa liegen, während an der Peripherie die Gebiete mit weniger intensivem Wirtschaftsleben sich anschließen. Diese räumlich geschlossene Verteilung der wirtschaftlichen Kräfte Europas begünstigt ihr Zusammenstreben und damit den Verkehr. Die Arbeitsteilung ist auf engstem Raum möglich. Hierin liegt nicht zum wenigsten die Erklärung für die überragende Rolle, die Europa in der Weltwirtschaft in früherer Zeit und auch heute noch übernommen hat.

Tabelle 4. Anteil der wirtschaftlichen Aktionszentren am Welthandel in den Jahren 1913, 1925, 1930.

Aktionszentren	Prozentuale Aufteilung					
	einschl.[1] Handel innerhalb der Aktionszentren			ohne[2] Handel innerhalb der Aktionszentren		
	1913	1925	1930	1913	1925	1930
1	2	3	4	5	6	7
1. Europa	65,8	50,0	52,0	45,4	39,2	36,7
2. Atlantisch- und Pazifisch-Nordamerika	12,6	20,1	19,7	20,2	22,0	26,0
3. Atlantisch- und Pazifisch-Südamerika	4,2	6,5	5,2	7,5	8,3	8,1
4. Südafrika	2,1	2,6	2,0	3,6	3,8	3,3
5. Australien und Neuseeland	2,3	2,8	1,5	4,0	4,6	2,3
6. Südostasien	8,4	11,5	12,4	8,4	11,1	12,4
7. Werdende Aktionszentren	4,6	6,5	7,2	10,9	11,0	11,2
Gesamt	100,0	100,0	100,0	100,0	100,0	100,0

[1] In Europa ist zum Beispiel der Außenhandel aller Länder addiert.
[2] In Europa ist zum Beispiel nur der Gesamtaußenhandel mit anderen Erdteilen eingerechnet.

Die Bedürfnisse für den Weltverkehr gehen aus von den wirtschaftlichen Aktionszentren der Erde oder den Flächen höchster wirtschaftlicher Entwicklung. Sie sind in Abb. 5 (s. S. 19) veranschaulicht. Tabelle 4 enthält ihre Namen und Bedeutung in Form des Anteils am Welthandel mit und ohne Handel zwischen den Staaten innerhalb der Aktionszentren. Europa steht an der Spitze, allerdings mit seit 1913 immer stärker nachlassendem Anteil zugunsten der übrigen Wirtschaftsflächen, vor allem von Nordamerika und Asien. Nur dort, wo auf der Erde abendländischer Geist der Wirtschaft sich durchsetzte, konnten starke Wirtschaftskräfte sich entwickeln, soweit Klima und Art der Erdoberfläche es gestatteten. Die Zusammenarbeit der wirtschaftlichen Aktionszentren der Erde in der Weltwirtschaft führte zur Einrichtung des weiträumigsten Verkehrsmittels, der Überseeschiffahrt, und wird dem Luftverkehr die größten und lohnendsten Verkehrsaufgaben stellen.

f) Völkerwanderungen.

Das heutige politische und wirtschaftliche Bild Europas und der Erde zeigt nicht jene gewaltigen Verlagerungen der Kulturzentren, die durch Wanderungen ganzer Völker entstanden. Diesen Völkerwanderungen haben zweifellos keine Ursachen der Verkehrsbedürfnisse im heutigen Sinne zugrunde gelegen. Ihnen stand nur die primitivste Art von Verkehrsmitteln zur Verfügung, sie waren nur möglich unter starker Aussaugung des überfluteten Landes in langsamer, aber stetiger Bewegung.

Ihre Erklärung finden sie in erster Linie in einem aus Gebieten mit übersteigerter wirtschaftlicher Bevölkerungsdichte einsetzenden Bevölkerungsdruck, der ein ruheloses Drängen und Wandern anderer Völker verursachte, weil Enge und Hunger nicht genügend Raum ließen. Über diese Beweggründe hinaus werden auch irrationale Kräfte der menschlichen Seele, die Überzeugung, ein auserwähltes Volk zu sein, vielfach mitbestimmend für die Wanderungen und Eroberungszüge gewesen sein.

Die drei größten Beispiele menschlicher Wanderungsgeschichte sind neben der Völkerwanderung die Kriegs- und Wanderzüge im 7. bis 10. Jahrhundert, die Bewegungen im östlichen Europa bis nach Asien, die sich im 16. bis 18. Jahrhundert vollzogen und schließlich die Bewegungen im letzten Jahrhundert[1] rund um den Erdball. Im letzteren Falle traten an die Stelle gewaltsamer Wanderungen die friedlichen Verschiebungen, die aber deshalb nicht minder gewaltig waren. Hier unterstützten zum erstenmal leistungsfähige Verkehrsmittel die Volksbewegungen und ermöglichten ihre Laut- und Gewaltlosigkeit. Den Siegern im Weltkrieg blieb es vorbehalten, an die Stelle dieser friedlichen Wanderungen wieder Verdrängungen deutschen Volkstums zu erzwingen trotz Vorhandenseins leistungsfähiger Verkehrsmittel, die vielfach in ihren gewaltsamen Formen kaum den Wanderungen in frühester Zeit nachgestanden haben. Die Grenzziehungen nach dem Krieg führten zu starken Verlagerungen der wirtschaftlichen Beziehungen und damit auch der Verkehrsmittel an den Grenzen Deutschlands.

Die Untersuchung der Ursachen der Verkehrsbedürfnisse hat die vielfach verschlungenen Beziehungen zwischen der Überwindung des Raums und dem menschlichen Gesellschaftsleben allgemein gezeigt. Die Verkehrsmittel stehen wie kaum ein anderer Wirtschaftszweig in unmittelbarster Berührung mit den persönlichen und wirtschaftlichen Bedürfnissen des Menschen.

[1] Kulischer, „Kriegs- und Wanderzüge, Weltgeschichte als Völkerbewegung". Berlin 1932.

Sie wenden sich an alle, und jeder wieder sucht sie und bedarf ihrer. Aus zwar verschiedenen Ursachen entstehen immer wieder ihre gleichen Leistungen einer Ortsveränderung, die einfacher und bequemer von ihnen geboten werden, als die Natur sie dem Menschen gab. Mag das Verkehrsmittel auch noch so sehr Mittel zum Zweck, Mittel zur Erreichung wirtschaftlicher und politischer Ziele geworden sein, neutral und allgemein leistet es Hilfe, wo Mensch zu Mensch, Landschaft zu Landschaft, Volk zu Volk und Wirtschaft zu Wirtschaft streben. In jener Raumlosigkeit, die heute im Funkverkehr der Zeit ihr Maß nimmt, erfüllen die Verkehrsmittel im höchsten Grade den ewigen Traum der Menschheit, die zeitliche Entfernung auf ein Nichts zu vermindern.

2. Art, Umfang und Reichweite der Verkehrsbedürfnisse.

a) Art der Verkehrsbedürfnisse.

Die Verkehrsbedürfnisse finden ihren äußeren Ausdruck in den Gegenständen des Verkehrs. Diese umfassen drei Gruppen: Personen, Güter und Nachrichten. Die Art des Verkehrs richtet sich nach den Verkehrsgegenständen, so daß als Verkehrsarten der Personen-, Güter- und Nachrichtenverkehr bezeichnet werden. Während die Personen als Verkehrsgegenstände weitgehend einheitlich und alle körperlich sind, sind die Güter und Nachrichten nicht allein uneinheitlich und mannigfaltig nach Form, Größe, Gewicht, Zustand und Wert, sondern auch zum Teil unkörperlich. Unkörperlich sind von den Gütern die elektrische Energie und Gas, von den Nachrichten Telegramme und Ferngespräche.

Am mannigfaltigsten sind die Güter zusammengesetzt nach Form, Größe und Gewicht. Sie werden demgemäß nach Paketen, Stückgütern und Wagenladungen unterschieden. Diese Trennung ist zwar je nach den benutzten Verkehrsmitteln nicht ganz einheitlich, sie zeigt aber grundsätzlich, für welche Mengen und welches Gewicht der Verkehrskunde eine Ortsveränderung wünscht. Pakete und Stückgüter zählen zu den leicht zu verladenden Gütern, das Wagenladungsgut ist im allgemeinen Schwergut. Das Mengenverhältnis zwischen Stückgut und Wagenladungen liegt bei dem Eisenbahnverkehr im Mittel bei 5:95%. Im Durchschnitt beträgt das Gewicht der Pakete 3,2 kg, des Stückguts im Luftverkehr 13 kg, im Eisenbahnexpreßgutverkehr 19 kg und im eigentlichen Eisenbahnstückgutverkehr 115 kg bei Schwankungen von 3—2500 kg. Im Überseeverkehr ist das Gewicht des Stückguts nach oben begrenzt durch die Tragfähigkeit der Schiffs- und Hafenkrane. Es kann also bis zu 120 t betragen. Im Durchschnitt schwankt das Gewicht des Überseestückguts zwischen 500 und 1800 kg. Während das Stückgut im allgemeinen verpackt ist, wird das Wagenladungsgut meist unverpackt verladen. Nach Art, Gewicht und Menge nutzt das Wagenladungsgut die Ladefähigkeit eines Eisenbahnwagens oder eines Schiffs mehr oder weniger aus. Die Ladung ist in der Hauptsache, vor allem bei der Eisenbahn, aus einem Gut gleicher Art zusammengesetzt. Der Zustand der Güter ist fest und flüssig, doch treten die flüssigen Güter mengenmäßig gegenüber den festen stark zurück.

Bei allen Gütern spielt eine große Rolle ihre natürliche Transportfähigkeit, unter der Sombart[1] die Eigenschaft des Guts versteht, von einem Ort zum anderen geschafft werden zu können, ohne an seiner Gebrauchsfähigkeit Schaden zu leiden. Ohne Rücksicht auf die Kosten wird die natürliche Transportfähigkeit von der physikalisch-chemischen Beschaffenheit des Gegenstandes bestimmt. Bei einem Stein ist sie fast unbegrenzt, während sie bei allen leicht verderblichen Gütern wie z. B. Milch, Blumen usw. sehr beschränkt ist. Die natürliche Transport-

[1] Sombart, „Der moderne Kapitalismus". Bd. III. München und Leipzig 1926.

fähigkeit hat im letzten Jahrhundert eine erhebliche Steigerung erfahren, sowohl durch die Gütererzeugungs- und Gütererhaltungstechnik, wie durch die Vervollkommnung der Verkehrsmittel. Die Zerlegbarkeit eines Gebrauchsguts auf Grund genauer Herstellung der einzelnen Teile und vor allem die Konservierung von pflanzlichen und tierischen Erzeugnissen haben zu bedeutenden Verbesserungen in der natürlichen Transportfähigkeit der Güter von der Produktionsseite her geführt. In der gleichen Zeitperiode konnten die Verbesserungen der Verkehrstechnik die Leistungsfähigkeit und Schnelligkeit in der Güterbeförderung in einem Maße steigern, daß sehr große Fortschritte gegenüber der früheren Zeit erzielt werden konnten und zahlreiche Güter, die bisher einer Ortsveränderung nicht zugänglich waren, transportfähig wurden.

Der Wert der Verkehrsgegenstände, vor allen Dingen der Güter, ist in gleicher Weise für die Verkehrskunden wie für die Verkehrsmittel ein wesentlicher Faktor für das Angebot und die Nachfrage in der Verkehrswirtschaft. Er hat zu einer Teilung der Güter nach hochwertigen, mittelwertigen und geringwertigen geführt. Hochwertige Güter werden mit wesentlich höheren Beförderungskosten belastet werden können als geringwertige Güter, ohne daß der Anteil dieser Kosten am Gesamtwert des Guts am Verbrauchsort besonders zu Buch schlägt. Bei den geringwertigen Gütern ist das Verhältnis umgekehrt. Ihre Absatzfähigkeit wird in besonderem Maße von den Beförderungskosten bestimmt. Zwischen beiden Güterarten liegen die mittelwertigen Güter.

Der Begriff der hochwertigen Güter im Verkehr enthält zwei Seiten der Einschätzung der Hochwertigkeit: Erstens kann die Herstellung hohe Kosten, vor allem hohe Bearbeitungskosten verursacht haben, so daß die Güter zu entsprechend teuren Preisen verkauft werden müssen, zweitens können die Güter Seltenheitswert haben und deshalb dem Gesetz der hohen Preise bei geringem Angebot und starker Nachfrage unterliegen. Die erste Art ist das Produkt des hoch entwickelten Wirtschaftslebens, sie umfaßt die Fertigfabrikate. Die zweite Art ist das Gut der wenig entwickelten Wirtschaft und daher vornehmlich im Altertum und im Mittelalter vorherrschend, während es in der Neuzeit gegenüber dem produktionstechnisch teuren Gut stark zurückgetreten ist.

Im mittelalterlichen Handel des Abendlandes wurden befördert: Lorbeerblätter, Safran, Öl, rohe Seide, Zündel, seidene und halbseidene Stoffe, Waffen, Pfeffer, Ingwer, Gewürze, Kümmel, Bernstein, Perlen, Edelsteine, Gold, Silber und Salz, alles hochwertige Güter für die damalige Zeit. Viele von ihnen haben auch heute noch Seltenheitswert für das Abendland, aber auch viele werden dort selbst hergestellt und einige zählen nicht mehr zu den hochwertigen Gütern. Vor allem ist das Salz heute ein geringwertiges Gut, da es durch leistungsfähige Transportmittel in großen Mengen billig nach allen Gebieten des Bedarfs befördert werden kann. Hochwertige Güter im heutigen Sinne des Verkehrs sind: Edelmetalle, Edelsteine, Drogen und Chemikalien, Pelze, Blumen, Maschinen, Fische, Fleisch, Textilwaren, Glas, Möbel, Kaffee, Tee, Zuckerwaren, Mehl, Öle, Obst, Tabak, Bier und Wein. Eine große Zahl dieser Güterarten ist leicht verderblich und bildet unter den hochwertigen Gütern die Gruppe der eilwertigen Güter, die für schnellen Transport eine hohe frachtliche Belastung tragen können.

Die mittelwertigen Güter umfassen die Gruppe der Halbfabrikate oder der Güter mit mittelhohen Bearbeitungskosten. Zu ihnen sind zu rechnen: Schienen, Stahl in Stäben, Draht, Eisenträger, Gerbhölzer, Blei, Röhren, Papier, Melasse, Zucker, Ton- und Zementwaren.

Zu den geringwertigen Gütern zählen in erster Linie die Rohstoffe, die mit Bearbeitungskosten noch wenig belastet sind. Sie werden, weil sie in großen Mengen aufkommen, auch Massengüter genannt. Zu ihnen gehören in der Hauptsache:

Kohlen jeglicher Art, Düngemittel, Erden und Steine, Getreide, Holz, Kalk, Salz, Teer, Petroleum, Kartoffeln und Rohzucker.

Für die verschiedenen Verkehrsmittel des Güterverkehrs Deutschlands sind in Tabelle 5 die Anteile der drei Gruppen an den gesamten beförderten Gütermengen größenordnungsmäßig ermittelt. Sie zeigt, wie verhältnismäßig gering der Anteil der hochwertigen Güter am Güterverkehr der wichtigsten Verkehrsmittel, Eisenbahnen und Wasserstraßen ist und wie ausschlaggebend vor allem die geringwertigen oder Massengüter die Nachfrage nach Verkehrsleistungen bestimmen. Bei den neuen Verkehrsmitteln, wie Kraftwagen und Luftverkehr, überwiegt das hochwertige Gut, weil ihre Transportkosten noch verhältnismäßig höher sind als bei den übrigen Verkehrsmitteln, so daß das Massengut sich ihnen wegen zu hoher Frachtbelastung nicht zuwendet.

Tabelle 5. Zusammensetzung des Verkehrsgutes im Güterfernverkehr bei den verschiedenen Verkehrsmitteln Deutschlands im Jahre 1929.

Verkehrsmittel	Massengüter		Mittelwertige Güter		Hochwertige Güter	
	1000 t	%	1000 t	%	1000 t	%
1	2	3	4	5	6	7
Seeschiffahrt im Auslandsverkehr	32 332	71,2	6 509	14,4	6 518	14,4
Seeschiffahrt im Inlandsverkehr (Küstenschiffahrt)	2 066	66,2	581	18,6	474	15,2
Binnenschiffahrt	96 950	87,9	9 380	8,2	4 320	3,9
Eisenbahn	382 000	82,1	53 303	11,4	30 200	6,5
Lastkraftwagen	—	0	—	30,0	—	70,0
Luftfahrt	—	0	—	0	1,3	100,0

Die körperlichen Verkehrsgegenstände des Nachrichtenverkehrs sind Briefsendungen in Form von Briefen, Postkarten, Drucksachen und Zeitungen, wobei Briefe und Postkarten zu den hochwertigen Verkehrsgegenständen zu rechnen sind, die übrigen zu den mittel- und geringwertigen.

Der Wert des Verkehrsgegenstands ist mittelbar von Wichtigkeit für die wirtschaftliche Transportfähigkeit. Sie wird durch die Höhe der Transportkosten bestimmt und spielt daher vor allem beim Güterverkehr eine große Rolle. Je höher die Belastung eines Verkehrsguts mit Transportkosten anteilmäßig ist, um so mehr wird seine Absatzfähigkeit beeinträchtigt werden. Können daher die Transportkosten verringert werden, so steigert sich die Absatzfähigkeit, soweit sie von der Beförderung abhängig ist, und damit die wirtschaftliche Transportfähigkeit.

Die wirtschaftliche Transportfähigkeit hat sich im Laufe der Zeit wesentlich unter den Verbesserungen der Verkehrsmittel gewandelt. Geringwertige Güter wie Nahrungsmittel wurden bis vor 100 Jahren kaum befördert. Der Mensch lebte von den landwirtschaftlichen Erzeugnissen seiner engeren Heimat[1], soweit nicht einige wenige großstädtische Siedlungen im Altertum besondere Getreidetransporte auf dem Seewege wie beispielsweise nach Rom und Byzanz entstehen ließen. Unter der Wirkung der Verbesserung der wirtschaftlichen Transportfähigkeit sind im letzten Jahrhundert Gütermengen gegenüber früheren Zeiten mobilisiert worden, deren Ausmaß im nächsten Abschnitt noch näher behandelt wird. Die Ursachen dieser Umschichtung liegen neben einer allgemein vielfach damit zusammenhängenden Senkung der Produktionskosten in erster Linie in der gewaltigen Senkung der Beförderungskosten bei allen

[1] von Thünen, „Der isolierte Staat“ 1842 u. Jena 1921.

leistungsfähigen Verkehrsmitteln, wie Tabelle 6: „Wandel der Tarife" sie deutlich zeigt. Unter diesen großen Erleichterungen der Beförderung in bezug auf die Preise konnte das Verkehrsbedürfnis in ganz anderer Weise angeregt werden als durch frühere Verkehrsmittel, und es konnte eine Arbeitsteilung zustande kommen, wie sie das heutige Wirtschaftsleben beherrscht und bedingt.

Tabelle 6. Wandel der Tarife im Landverkehr Deutschlands von 1840 bis 1930.

Verkehrsmittel und Verkehrszeit	Personen			Güter		Nachrichten. Einfacher Brief
	I. Kl.	II. Kl.	III. Kl.	Eilgut	Wagenladungen	
	Pf./Pkm	Pf./Pkm	Pf./Pkm	Pf./tkm	Pf./tkm	Pf.
1	2	3	4	5	6	7
Tarife auf Straßen vor Eröffnung der Eisenbahnen 1840	—	13	—	30	18	48
Tarife auf Eisenbahnen 10 Jahre nach Eröffnung der Eisenbahnen 1850	7,1	5,1	3,4	21	4,5	24
Tarife auf Eisenbahnen im Jahre 1930 . . .	11,6	5,8	4,0	21,8	4,06	15

Wandel der Tarife im Wasserverkehr von 1840 bis 1930.

Verkehrszeit	Überseeschiffahrt					Binnenschiffahrt (Rhein)
	Personen			Güter	Nachrichten. Einfacher Brief	
	I. Kl.	II. Kl.	III. Kl.			
	Pf./Pkm	Pf./Pkm	Pf./Pkm	Pf./tkm	Pf.	Pf./tkm
1	2	3	4	5	6	7
1840	9,4	3,8	—	0,53	78	4,80
1880	—	—	—	0,24	—	0,84
1913	5,3	3,5	2,8	0,19	20	0,41
1930	10,2	8,8	5,7	0,14	25	0,47

In neuerer Zeit sind drei Merkmale in der Entwicklung der Verkehrsbedürfnisse festzustellen, die für die weiteren Aufgaben der Verkehrsmittel von besonderer Bedeutung sind. Die beiden ersten folgen aus dem Tempo der Arbeit und der Zusammenballung der Menschen in großen Siedlungen. Sie sind stark persönlicher und psychologischer Art. Das dritte folgt aus den welt- und nationalwirtschaftlichen Umschichtungen, es ist daher mehr wirtschaftlich bedingt.

Das erste Merkmal ist besonders stark in der Zivilisation begründet. Die Zivilisation als Ausdruck einer möglichst weitgehenden Befriedigung aller Lebensbedürfnisse weist als Haupterscheinung den Verkehr auf, der der Nutzung der Zeit dient und heute vielfach zu einem Kampf um die Sekunde geführt hat. Die Zeit erscheint dem Menschen immer mehr als eine Art Ware, um deren starken und schnellen Umsatz gerungen werden muß. Zeitersparnis stellt heute einen beträchtlich größeren Geldwert dar als früher. Der Verkehr ist kaum wie ein anderes Mittel geeignet, die innere Leere des zivilisierten Menschen auszufüllen. Die Dynamik des Verkehrs und der von ihm gebotene Umgebungswechsel belegt die Zeit, die dem Kulturmenschen zur Selbstbesinnung zur Verfügung stehen müßte.

Man muß diese Erscheinung stark würdigen, wenn man von der Verkehrspsychologie der heutigen Zeit redet. Es ist richtig, und vor allem Amerika zeigt es in jeder Phase seines Daseins, daß die Zivilisation das Verkehrsbedürfnis außerordentlich anregt. Mit gesteigerter Zivilisation erhöht sich das Verkehrsbedürfnis, und zwar nicht allein im Personenverkehr. Die Angst vor der Sekunde verlangt auch im Güterverkehr zunehmend stärkere Geschwindigkeit. Diese Auswirkung der Zivilisation auf das Verkehrsbedürfnis ist besonders stark in der hohen Entwicklung des Kraftwagens und Luftverkehrs in den Vereinigten Staaten von Amerika zum Ausdruck gekommen. Wir müssen bis zu einem gewissen Grade mit ähnlichen Erscheinungsformen im europäischen Verkehr rechnen, wenn auch Kultur, Volkscharakter und Notstandsfaktoren in Europa ihnen gegenüber ein wirksames Gegengewicht bilden. Jedenfalls findet der Standpunkt der Franzosen, daß die Lust zum Reisen einen Mangel an Gleichgewicht bedeute, in Europa immer weniger Verfechter.

Das zweite Merkmal, das sich aus der zunehmenden Ansammlung von Menschenmassen in Großstädten ergab, betrifft in der Hauptsache den Personenverkehr. Diese Konzentrierung, verbunden mit scharfer Trennung zwischen Geschäfts- und Privatleben, führt zu den starken Flutwellen im großstädtischen Berufsverkehr, deren Höhe und Länge durch die Leistungsfähigkeit der Verkehrsmittel auf ein erträgliches Maß gebracht werden müssen. Mit ihnen hängt das schwierige Problem des Hoch- und Flachbaus zusammen, das in erster Linie vom Standpunkt des Verkehrs gelöst werden muß. Die Zusammenballung der Menschen in Großstädten ruft weiterhin einen Widerstand des Menschen gegen das Einerlei und den Zwang des Wirtschaftstempos hervor, der sich äußert in einer Sehnsucht nach zeitweiliger Loslösung von diesem Zwang und daher nach Ortsveränderung. Auch diese Erscheinung ist heute nirgendwo deutlicher zu erkennen als in den Vereinigten Staaten, wo am Wochenende eine regelrechte Entvölkerung der Großstädte einsetzt, die Bewohner auf das platte Land abfließen, und wo an den Abenden der Sonntage stundenlang ununterbrochen der Strom der Kraftwagen durch breite Einfallstraßen wieder hereinfließt in die organisierten Kanäle des modernen Wirtschaftsmechanismus.

Über diese regelmäßige, alle acht Tage auftretende Erscheinung hinaus entwickelt sich aus der Anhäufung der Arbeit in großen Siedlungen immer mehr der Erholungsverkehr und letzten Endes der Fremdenverkehr. Es ist kein Zweifel, daß diese starke Steigerung des Verkehrsbedürfnisses der Stadt nicht ohne Einfluß auf das platte Land mit seiner im Verhältnis dazu bis zur Verkehrsleere gehenden Ruhe sein wird. Es wird sich nicht abschließen können und wollen gegen diese Dynamik, und es wird erhöhte Anforderungen an die verkehrliche Bedienung und Erschließung der Landgebiete stellen.

Das Verkehrsbedürfnis, das sich aus all diesem ergeben hat und ergeben wird, will in gleicher Weise Schnelligkeit und Bequemlichkeit des Verkehrsmittels nutzen. Wie stark es ist, mag allein daraus zu ersehen sein, daß heute der Amerikaner mehr als $^1/_3$ bis $^1/_5$ (s. Tabelle 3, S. 9) seines Einkommens für Transport ausgibt, und zwar in erster Linie für Besitz und Benutzung eines Kraftwagens. Der hohe Wohlstand und die großen Raumweiten Amerikas mögen besonders zu dieser Einstellung geführt haben, aber auch in Europa beginnt die Schnelligkeit und Bequemlichkeit eines Verkehrsmittels immer mehr geschätzt zu werden.

Das dritte Merkmal, das sich aus der Verlagerung der Weltwirtschaft und der Veredelung des Energietransports erklärt, liegt in der im Seewie im Landtransport feststehenden Tatsache, daß die Beförderung von Rohstoffen oder Massengütern nicht in gleichem Maße zugenommen hat wie die der Fertigfabrikate. Wohl sind die „Brotstraßen“ nach Europa noch stark belastet, aber in andern Rohstoffen ist vielfach ein fühlbarer Abfall zu verzeichnen. Der Transport von Fertigwaren hat dagegen nicht allein in Europa, sondern vor allem in den Vereinigten Staaten erheblich zugenommen. Die Transportsteigerung der hochwertigen Waren ist eine Folge vermehrter Verarbeitung der Rohstoffe im eigenen Lande, einer Steigerung der Lebenshaltung und einer besseren Ausnutzung der Rohstoffe im Sinne der in der ganzen Welt vorhandenen Rationalisierungsbestrebungen in allen Wirtschaftszweigen, vor allem aber in der Industrie. Das ist für den Einsatz der zu ihrer Beförderung besonders in Frage kommenden Verkehrsmittel wie Eisenbahnen, Kraftwagen und Luftfahrzeuge von ganz besonderer Bedeutung. Die Beziehungen im Welthandel haben weiterhin zur Verlängerung der Beförderungswege im Seeverkehr[1] geführt, wie die englische Schiffahrtsstatistik über die Ab- und Zunahme ihrer Seetransporte nach den verschiedenen Ländern und Weltteilen zeigt. Die Bestrebungen nach wirtschaftlicher Selbständigkeit in bisher vorwiegend auf den Bezug von Fertigwaren eingestellten Ländern haben die Produktionsgebiete auf der Erde erheblich vermehrt. Ihr Aufbau, der von den wirtschaftsstarken Gebieten aus unterstützt wird, ließ neue Geschäfts- und Handelsbeziehungen auf große Raumweiten entstehen und gab dem Nachrichtenverkehr außerordentlich starke Anregungen.

Alle diese Merkmale in der Nachfrage nach Transportleistungen führten bereits zu einer gewissen Strukturwandlung im Personenverkehr und zu einer Umschichtung in den Verkehrsgegenständen des Güterverkehrs, die auf eine Erhöhung des Anteils der hochwertigen Güter am Gesamtgüterverkehr für Europa hinausläuft.

b) Umfang der Verkehrsbedürfnisse.

Der Umfang der Verkehrsbedürfnisse wird durch die mengenmäßige Nachfrage der Verkehrskunden nach Ortsveränderung von Verkehrsgegenständen bestimmt. Die Mengeneinheit ist bei den beförderten Personen die Reise, bei Gütern die Tonne und bei Nachrichten das Stück. Die Einheit der Ortsveränderung ist das Kilometer der Beförderungsweite, das zusammen mit der Mengeneinheit die Verkehrsleistungen in Gestalt von Personenkilometer und Tonnenkilometer darstellt. Wir haben den Menschen als den eigentlichen Träger der Verkehrsbedürfnisse kennengelernt. Seine Wünsche nach Ortsveränderung von Personen, Gütern und Nachrichten bestimmen den Umfang des Verkehrs. In der Tat bestehen zwischen der Zahl der in einem Gebiet wohnenden Menschen und dem Umfang der Verkehrsbedürfnisse gewisse gesetzmäßige Beziehungen. Die Art der Siedlung, ob Dorf, Kleinstadt, Mittelstadt, Großstadt oder Weltstadt, differenziert das Verkehrsbedürfnis der Menschen sowohl im Personen- wie im Güter- und Nachrichtenverkehr. Um die Unterschiede und die Größe des Verkehrsbedürfnisses selbst zu erfassen, sind bestimmte Begriffe festzulegen.

Zunächst ist das Gebiet, für das die Gesetzmäßigkeit des Verkehrsbedürfnisses untersucht werden soll, zu umgrenzen und als Verkehrsgebiet zu bezeichnen. Es ist dies dasjenige räumlich begrenzte Gebiet, in dem bestimmte Verkehrsbedürfnisse vorhanden sind und durch ein oder mehrere Verkehrsmittel befriedigt werden. Sein spezifisches Verkehrsbedürfnis wird durch das Verhältnis der Anzahl Reisen, abgesandte Gütertonnen und Anzahl der Nachrichten im Jahr zur Einwohnerzahl des Verkehrsgebiets ausgedrückt und ermittelt. Art und Größe des spezifischen Verkehrsbedürfnisses ist von dem Siedlungscharakter und der wirtschaftlichen Struktur des Verkehrsgebiets, sowie von der Netzdichte des Verkehrsmittels abhängig. Die Netzdichte ist das Verhältnis der

[1] Sven Helander, „Die Internationale Schiffahrtskrise und ihre volkswirtschaftliche Bedeutung". Jena 1928.

Streckenkilometer des Verkehrsmittels zur Fläche des Verkehrsgebiets. Da die Siedlungen seitlich des Verkehrswegs mit zunehmendem Abstand von ihm wegen des weiten und meist schwierigen Anmarsches an Bedürfnis nach Verkehr einbüßen, so wird, je weitmaschiger das Netz ist, das spezifische Verkehrsbedürfnis ab-, und je engmaschiger es ist, zunehmen. In dieser Richtung ist die Verkehrsferne oder der größte Abstand eines Punktes von dem Verkehrsnetz eines Verkehrsgebiets charakteristisch für seine verkehrstechnische Erschließung. Im allgemeinen kann davon ausgegangen werden, daß die Netzdichte um so größer, oder die Verkehrsferne um so kleiner ist, je entwickelter das Wirtschaftsleben des Verkehrsgebiets oder je intensiver das Land bevölkert ist. Bei dieser Wechselbeziehung zwischen Netzdichte und Wirtschaft wird ebenfalls der Einwohner als Träger des Verkehrsbedürfnisses eine zweckmäßige Bezugsgröße für die Ermittlung des Umfangs des Verkehrsbedürfnisses darstellen.

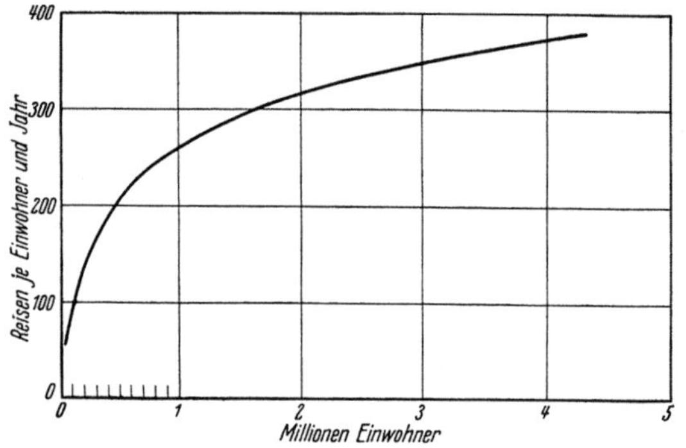

Abb. 6. Das spezifische Verkehrsbedürfnis im öffentlichen großstädtischen Personenverkehr im Jahre 1930.

In den Abb. 6 und 7 ist das spezifische Verkehrsbedürfnis für den Personenverkehr auf Stadt- und Vorortbahnen in Mittel-, Groß- und Weltstädten sowie für den Personenverkehr auf Überland- und Fernbahnen Deutschlands veranschaulicht. Die Schaulinien sind Durchschnittslinien aus einer Großzahl von Einzelwerten für die in den einzelnen Städten bzw. auf den Stationen der Eisenbahnen abgefahrenen Personen je Einwohner der Städte bzw. der Stationen. Sie sollen in erster Linie zeigen, wie weit eine Gesetzmäßigkeit zwischen Einwohnerzahl und Zahl der Reisen je Einwohner im Jahr vorhanden ist.

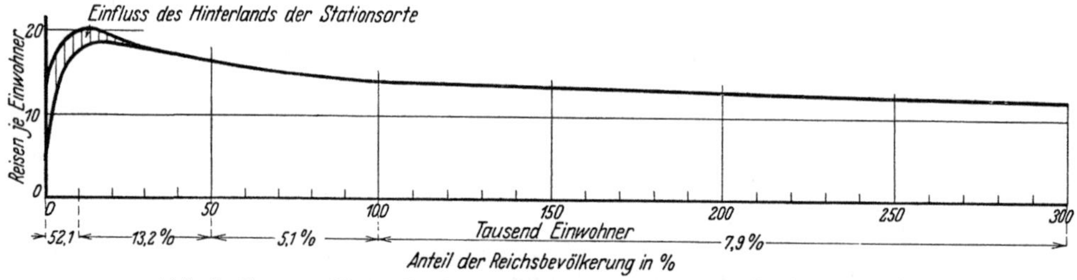

Abb. 7. Das spezifische Verkehrsbedürfnis im Fern- und Überlandverkehr der Deutschen Reichsbahn im Jahre 1930.

Im städtischen Verkehr nimmt das spezifische Verkehrsbedürfnis mit der Einwohnerzahl der Städte zu. Besonders stark ist diese Zunahme im Bereich der mittleren Großstädte, während im Bereich der Millionen- und Weltstädte ein allmähliches Nachlassen in der Zunahme vorliegt. Es erklärt sich dies vor allem daraus, daß in mittleren Großstädten geteilte Arbeitszeit, in Weltstädten dagegen ungeteilte Arbeitszeit vorherrscht, also die Fahrten in der Mittagszeit fortfallen. Dann aber auch ist die Bevölkerung der Millionenstädte mit Rücksicht auf die Masse der zeitlich gebundenen Einwohner im Verhältnis nicht so stark unterwegs wie die mehr im Geschäftsleben stehenden Bewohner der mittleren Großstädte. Im Überland- und Fernverkehr können wir nach dem Beispiel von Deutschland ein ähnliches Verhältnis zwischen Kleinstädten und mittleren

Großstädten feststellen. Die Kleinstädte sind meist die wirtschaftlichen Mittelpunkte eines größeren Hinterlandes. Es entwickelt sich daher ein regerer Reisendenverkehr im Verhältnis zur Einwohnerzahl als bei Großstädten. Es kommt hinzu, daß die Reisen in die Nachbarschaft oder die kurzen Reisen noch nicht von

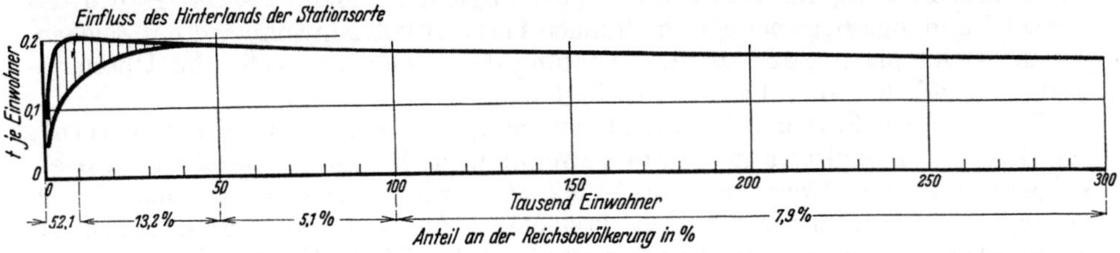

Abb. 8. Das spezifische Verkehrsbedürfnis im Expreß- und Eilgutverkehr (Versand und Empfang) bei der Deutschen Reichsbahn im Jahre 1930.

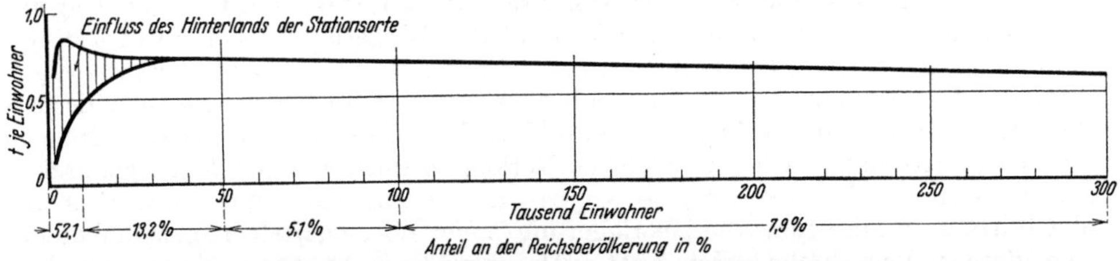

Abb. 9. Das spezifische Verkehrsbedürfnis im Stückgutverkehr (Versand und Empfang) bei der Deutschen Reichsbahn im Jahre 1930.

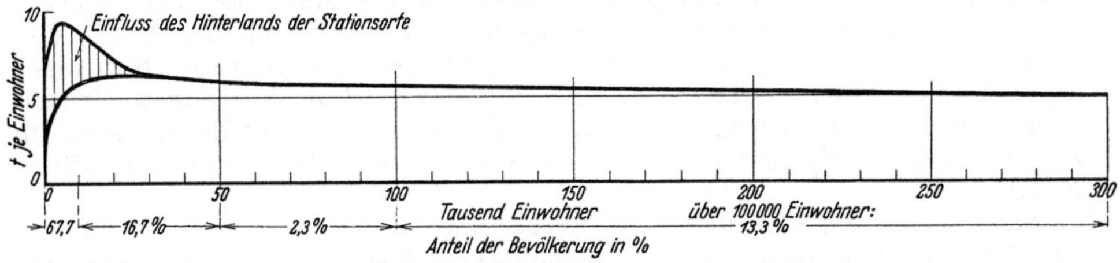

Abb. 10. Das spezifische Verkehrsbedürfnis im Wagenladungsverkehr (Versand und Empfang) bei der Deutschen Reichsbahn in vorwiegend landwirtschaftlichen Gebieten (Ostpreußen) im Jahre 1930.

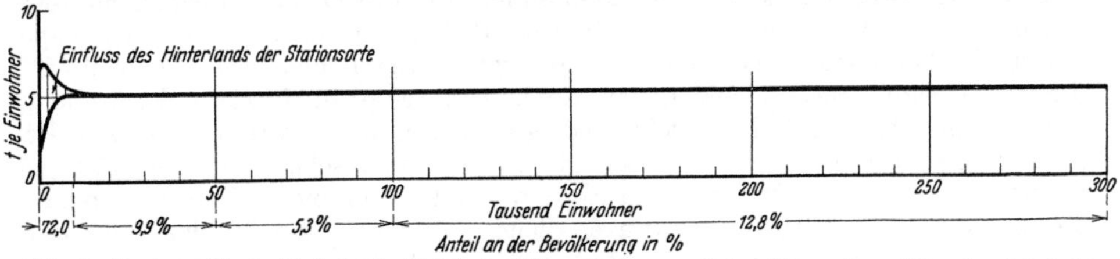

Abb. 11. Das spezifische Verkehrsbedürfnis im Wagenladungsverkehr (Versand und Empfang) bei der Deutschen Reichsbahn in gemischt landwirtschaftlichen und gewerblichen Gebieten (Württemberg) im Jahre 1930.

besonderen städtischen Verkehrsmitteln übernommen werden, sondern von den Bahnen für den Fern- und Überlandverkehr. Es ist daher notwendig, den Einfluß des Hinterlands gegenüber dem Eigenleben der Stationsorte besonders hervorzuheben, wie es in den Abbildungen geschehen ist.

Mit der Zunahme der Einwohnerzahl der Städte ändert sich das spezifische Verkehrsbedürfnis im Überland- und Fernverkehr durchschnittlich nur wenig. Es zeigt eine, wenn auch schwache abnehmende

Tendenz. Es liegt hier eine gewisse Konstanz vor, die die geringe Abhängigkeit des spezifischen Verkehrsbedürfnisses von der Einwohnerzahl der größeren Siedlungen des Verkehrsgebiets einer Volkswirtschaft betont. Das Schwergewicht des Verkehrsumfangs ist durch die Anteile der verschiedenen Siedlungsgrößen an der Gesamtbevölkerung im Fernverkehr gekennzeichnet. Mehr als die Hälfte des Verkehrsumfangs liegt bei den Siedlungen bis zu 10000 Einwohnern, ein Zeichen, wie stark das platte Land an dem Umfang des Personenverkehrs im Überland- und Fernverkehr eines Landes beteiligt ist.

In den Abb. 8, 9, 10 und 11 (s. S. 29) ist das spezifische Verkehrsbedürfnis im Güterfernverkehr und zwar getrennt nach Eil- und Expreßgut, also besonders hoch- und eilwertigem Gut, Stückgut oder hochwertigem Gut und Wagenladungsgut, also gering- und mittelwertigem Gut, für verschiedene wirtschaftliche Struktur des Verkehrsgebiets enthalten. Auch hier handelt es sich um Schaulinien, die aus einer großen Zahl von Stationsorten der Deutschen Reichsbahn als größenordnungsmäßiger Durchschnitt ermittelt wurden. Sie zeigen zunächst grundsätzlich wieder den Einfluß des Hinterlandes bei Kleinstädten und dann die mehr oder weniger mit zunehmender Einwohnerzahl abklingende Gütermenge je Einwohner. Am konstantesten ist das spezifische Verkehrsbedürfnis in rein landwirtschaftlichen Gebieten, da hier die Einheit der Landwirtschaft auch fast gleiches Verkehrsbedürfnis erzeugt. In gemischt landwirtschaftlichen und gewerblichen Gebieten fehlt diese Einheit der Wirtschaft. Dort führt die Überlagerung zweier Wirtschaftsformen zu höherem spezifischem Verkehrsbedürfnis aber auch zu größerer Abnahmeneigung mit der Zunahme der Einwohnerzahl der Städte. Absolut gesehen ist das spezifische Verkehrsbedürfnis für mittel- und geringwertiges Gut 7—8mal größer als für hochwertiges Gut. Das Massengut beherrscht den Verkehr, die Decke des hochwertigen Guts ist im Querschnitt des Verkehrsbedürfnisses im Güterverkehr verhältnismäßig gering. Das Schwergewicht des Güterverkehrs liegt auch hier bei den Siedlungen unter 10000 Einwohnern, ein Zeichen, wie günstig und einheitlich Deutschland besiedelt und wirtschaftlich erschlossen ist.

Wird das spezifische Verkehrsbedürfnis im Güterverkehr verschiedener Länder und Zonen der Erde miteinander verglichen, so zeigt sich der starke Einfluß der kulturellen, wirtschaftlichen und klimatischen Verhältnisse eines Gebiets. Wie Tabelle 7 zeigt, haben die Länder mit vorwiegend industriellem sowie mit gemischt industriellem und landwirtschaftlichem Charakter das größte spezifische Verkehrsbedürfnis. Es folgen mit durchschnittlichem Abschlag von 50% die vorwiegend landwirtschaftlichen Gebiete in der gemäßigten Zone und in sehr weitem Abstand und mit sehr niedrigen Sätzen die tropischen Zonen. Das sehr geringe spezifische Verkehrsbedürfnis in den tropischen Zonen erklärt sich in erster Linie aus dem Mangel an Gütern, die in der gemäßigten Zone dem Kampf gegen Kälte und Witterungseinflüsse dienen: es fehlen die Kohlen. Die Baumaterialien sind nur in geringem Maße nötig, und die Lebenshaltung ist außerordentlich einfach. Die tropische Landschaft weist keine günstigen Vorbedingungen für den Verkehr auf. Die Intensität der menschlichen Arbeit kann mit Rücksicht auf die klimatischen Verhältnisse nur gering sein. Auch erleichtert die üppige Natur dem Menschen sein Dasein. Nur in den Fällen, in denen die Länder der gemäßigten Zone aus der tropischen Zone Rohstoffe beziehen müssen, erhöht sich das spezifische Verkehrsbedürfnis der tropischen Zonen. Das ist z. B. der Fall im Sudan, wo der Binnenverkehr des Landes nur 40% des Auslandsverkehrs beträgt, also umgekehrt liegt wie bei den Ländern der gemäßigten Zone.

Da das an verschiedenen Punkten eines Wirtschaftsgebietes vorhandene Verkehrsbedürfnis in irgendeiner Form durch geeignete Verkehrsmittel zu befriedigen ist, so bestehen zwischen beiden bestimmte Beziehungen. Je größer das spezifische Verkehrsbedürfnis eines Gebiets ist, um so stärker werden die Verkehrsgegenstände entlang des Verkehrswegs aufkommen und ihn belasten. Das Maß dieses Aufkommens und dieser Belastung wird am zweckmäßigsten durch die **Verkehrsdichte** oder durch das Verhältnis des Verkehrs zur Streckenlänge des Verkehrsmittels ausgedrückt. Sie kann zweierlei Bedeutung haben, je nachdem sie sich bezieht auf das statische Aufkommen der Personen, Güter und Nachrichten, die entlang des Verkehrswegs an den Verkehrsquellen nach Ortsveränderung suchen, oder aber auf die Bewegung der Personen, Güter und Nachrichten auf dem Verkehrsweg selbst. Im ersten Fall haben wir es mit einer **statischen Verkehrsdichte** in Personen, Tonnen und Stück je Strecken-km zu tun, im zweiten Fall mit der **dynamischen Verkehrsdichte** in Personen-km, Tonnen-km und Stück-km je Strecken-km.

An dieser Stelle interessiert uns nur die **statische Verkehrsdichte**, während die dynamische bei den später zu behandelnden Verkehrsleistungen zu betrachten ist. Um die statische Verkehrsdichte in unmittelbare Beziehung zur Raumüberwindung zu bringen, ist sie stets in Verbindung mit der mittleren oder durchschnittlichen Beförderungsweite der Verkehrsgegenstände eines Verkehrsgebiets zu beurteilen. Dadurch erhalten die Verkehrsquellen und ihre Beziehungen zum Raum ihre für das Verkehrsgebiet charakteristische Bedeutung. Die statische Verkehrsdichte kennzeichnet in erster Linie die Streuung und die Stärke der Verkehrsquellen in einem Verkehrsgebiet. Sie ist daher um so größer, je größer die Zahl der Verkehrsquellen oder der Stationen des

Tabelle 7. Das spezifische Verkehrsbedürfnis und die Verkehrsdichte im Eisenbahngüterverkehr in Abhängigkeit von der wirtschaftlichen Struktur der Länder im Jahre 1930.

Land	Wirtschaftliche Struktur	Einwohnerzahl 1000 Einw.	Einw. je km²	Auf Eisenbahnen beförd. Güter 1000 t	t/Einw.	Verkehrsdichte statische Beförd. t je km Strecke	Verkehrsdichte dynamische Geleistete tkm je km Strecke	Mittl. Beförd.-weite km
1	2	3	4	5	6	7	8	9
England	Überwiegend Industrie	46047	191	309200	6,7	9400	886000	94
Schweiz	„ „	4066	98,5	18500	4,6	6090	680000	112
Deutschland	Industrie u. Landwirtschaft	63180	134,2	399500	6,3	7435	1130000	153
Japan	„ „ „	64447	168,7	103700	1,6	5030	635000	126
Südafrikanische Union	„ „ „	6929	5,7	20400	2,9	955	335000	350
Vereinigte Staaten von Amerika	„ „ „	122775	15,7	1046200[1]	8,5	2680	1436000	533
Dänemark	Landwirtschaft	3551	82,7	10360	2,9	1930	135000	70
Argentinien	„	11658	4,2	51300	4,4	1310		
Java	Tropische Landwirtschaft	41720	314,5	10383	0,25	2240	164000	73
Sudan	„ „	6469	2,2	619	0,095	1930	122000	63

[1] Nur Bahnen I. Klasse, die 99% des gesamten Eisenbahngüterverkehrs leisten.

Verkehrswegs ist und je größer bei ihnen der Umfang des Verkehrsbedürfnisses ist. Sie ist ein Kennzeichen für die Siedlungsdichte des Verkehrsgebiets. Die Beziehungen der Verkehrsbedürfnisse auf kleinere oder größere Raumweiten oder die Größenordnung der Ortsveränderung kennzeichnet die mittlere Beförderungs- oder Transportweite. Wie Tabelle 7 (s. S. 31) zeigt, haben England und Deutschland als dicht besiedelte Länder im Güterverkehr eine hohe statische Verkehrsdichte, aber eine verhältnismäßig kleine mittlere Beförderungsweite, die Vereinigten Staaten von Amerika als weniger dicht besiedeltes Land eine verhältnismäßig geringe statische Verkehrsdichte aber eine große mittlere Beförderungsweite. Je differenzierter und intensiver die Wirtschaft auf engem Raum ist, um so größer ist die statische Verkehrsdichte.

Das spezifische Verkehrsbedürfnis in den größten Raumbeziehungen der Erde liegt in dem Verkehr zwischen den wirtschaftlichen Aktionszentren. Das Verhältnis der von ihnen aus- und eingeführten Güter-Tonnen zu der Einwohnerzahl ist in Tab. 8 ermittelt. Es liegt weit unter dem spezifischen Verkehrsbedürfnis der Volkswirtschaft der zugehörigen einzelnen Länder. So beträgt das spezifische Verkehrsbedürfnis im gesamten Güterverkehr Deutschlands 7,4 t/E, davon entfallen auf den Auslandsverkehr 2,14 t/E oder 28% und auf den Überseeverkehr 0,2 t/E oder 3%. Die großen Entfernungen der größten und stärksten Wirtschaftsflächen der Erde untereinander drosseln die Bedürfnisse nach Güteraustausch bis zu $^1/_{30}$ des spezifischen Verkehrsbedürfnisses der einzelnen Volkswirtschaften. Nichts beleuchtet stärker die innere Kraft und Bedeutung der Volkswirtschaft für die Verkehrswirtschaft eines Landes als dieses Verhältnis. Das spezifische Verkehrsbedürfnis im Hin- und Rückstrom auf den Linien des Weltverkehrs zeigt bei Fertigfabrikaten und Massengütern starke Unterschiede. Am stärksten sind noch die überseeischen Beziehungen der Erdteile, die einen Überfluß an Rohstoffen, vor allem an Getreide haben, und von ihnen an erster Stelle Australien. Im durchschnittlichen Werte der beförderten Gütertonne stehen sie aber, wie Tabelle 8 gleichfalls zeigt, weit hinter den Gebieten, die wie Europa, Nordamerika und Südostasien starken Auslandsverkehr an hochwertigen Waren und Fertigfabrikaten haben. Das geringwertige oder Massengut beherrscht in den Verkehrsbeziehungen zwischen den wirtschaftlichen Aktionszentren der Erde den Umfang des Verkehrs, das hochwertige und das Fertigfabrikat den Wert der beförderten Güter.

Das spezifische Verkehrsbedürfnis im Überseepersonenverkehr oder das Verhältnis der Reisen ins Ausland zur Einwohnerzahl des Ausgangsgebiets beträgt in den Vereinigten Staaten von Amerika nur vier Reisen auf 1000 Einwohner jährlich, also nur $^1/_{2500}$ der Reisen im Inland, ein Bruchteil, der insbesondere auch die überwiegende Bedeutung des Überseegüterverkehrs im Verkehr der wirtschaftlichen Aktionszentren der Erde scharf beleuchtet.

Die wichtigsten Gebiete und Orte für den Nachrichtenverkehr sind die Städte des Handels und des Gewerbes, während rein landwirtschaftliche Gebiete die Beziehungen zur Außenwelt am wenigsten pflegen. Je größer die Wohndichte oder das Verhältnis der Einwohner zur Einheit der Fläche ist, um so größer ist das spezifische Verkehrsbedürfnis im Postverkehr für Briefsendungen, Telegramme und Ferngespräche im Bereich des Gebiets einer Volkswirtschaft (Tabelle 9). Der Nachrichtenverkehr mit dem Ausland ist demgegenüber verhältnismäßig gering. Er wird, wie die Tabelle ebenfalls zeigt, fast nur vom Geschäftsverkehr bestimmt und nicht etwa von dem Bedürfnis nach Nachrichtenverkehr, der etwa zwischen Gebieten gleicher Sprache entstehen könnte.

Tabelle 8. Das spezifische Verkehrsbedürfnis der wirtschaftlichen Aktionszentren im Überseegüterverkehr.

Wirtschaftliche Aktionszentren	Bevölkerung Mill. Einw.	Gütermengen je Einwohner: Ausfuhr kg/Einw.	Gütermengen je Einwohner: Einfuhr kg/Einw.	Gütermengen je Einwohner: gesamt kg/Einw.	Güterwert je Einwohner: Ausfuhr RM./Einw.	Güterwert je Einwohner: Einfuhr RM./Einw.	Güterwert je Einwohner: Gesamtumsatz RM./Einw.
1	2	3	4	5	6	7	8
Europa	498,0	75	163	238	116,3	143,0	259,3
Nordamerika	166,2	281	126	407	137,0	113,0	250,0
Südamerika	82,8	430	175	605	62,8	68,8	131,6
Afrika	145,0	101	51	152	25,5	37,2	62,7
Westasien	438,6	19	22	41	11,9	9,6	21,5
Südostasien	682,4	24	18	42	16,4	17,6	34,0
Australien	10,0	674	428	1102	260,0	280,0	540,0
gesamt	2023,0	74	74	148	56,4	56,4	112,8
Von Europa weist dabei auf: Deutschland	63,2	54	146	200	189,5	164,1	353,6

Anmerkung: Spalte 3—5: Gütermengen ohne Verkehr innerhalb der Aktionszentren.
Spalte 6—8: Wert der Auslandsgüter einschließlich des Warenaustauschs innerhalb der Aktionszentren.

Tabelle 9. Das spezifische Verkehrsbedürfnis im Nachrichten- und Paketverkehr Deutschlands im Jahre 1931 in Abhängigkeit von der wirtschaftlichen Struktur des Gebiets.

Gebiet	Durchschnittliche Wohndichte Einw./km²	Postverkehr je Kopf der Bevölkerung: Briefsendungen Stück/Einw.	Pakete Stück/Einw.	Telegramme je Einw.	Telephongespräche: Ortsverkehr je Einw.	Telephongespräche: Fernverkehr je Einw.
1	2	3	4	5	6	7
1. Vorwiegend landwirtschaftliche Gebiete	74	44	2,3	0,21	16,2	3,7
2. Gemischt landwirtschaftliche und gewerbliche Gebiete	116	67	3,3	0,24	22,4	3,7
3. Vorwiegend gewerbliche Gebiete	189	88	3,8	0,28	33,0	2,8
4. Großstädte	732	290	5,7	0,90	107,0	2,3
Deutschland gesamt	133	93	3,6	0,31	34,0	3,3
davon Auslandsverkehr[1]		4,92 = 5,3%	0,17 = 4,7%	0,09 = 27,8%		0,05 = 1,5%

[1] Der Anteil des spezifischen Verkehrsbedürfnisses von England und Frankreich im Auslandsverkehr beträgt für Spalte 3: 4,9 bzw. 4,2%, für Spalte 5: 22 bzw. 14%, für Spalte 7: 0,09 bzw. 1,8%.

c) Reichweite des Verkehrsbedürfnisses.

Die Reichweite oder die Beförderungsweite des sich aus den Verkehrsbedürfnissen ergebenden Personen- und Güterverkehrs ist neben dem Umfang des Verkehrs ein besonders wichtiger Faktor für die Verkehrswirtschaft. Die Beförderungsweite als Ausdruck der Reichweite des Verkehrsbedürfnisses schwankt in der Luftlinie zwischen 1 und dem halben Umfang der Erdkugel, also 20000 km. Sie wird in erster Linie bestimmt durch die in der Wirtschaft vorliegende Arbeitsteilung. Ein Mittelmaß für die Reichweite des Verkehrsbedürfnisses innerhalb einer Volkswirtschaft stellt die mittlere Beförderungsweite dar, wie sie bereits in Tabelle 8 (s. S. 33) enthalten ist. Auf welche Weite sich aber die einzelnen Güter verteilen, zeigt sie nicht. Es ist aber notwendig, dies zu untersuchen, um richtige Grundlagen für die Preisbildung und den Betrieb der Verkehrsmittel zu erhalten, und um den Einfluß der Entfernungen auf das Verkehrsbedürfnis selbst zu erkennen.

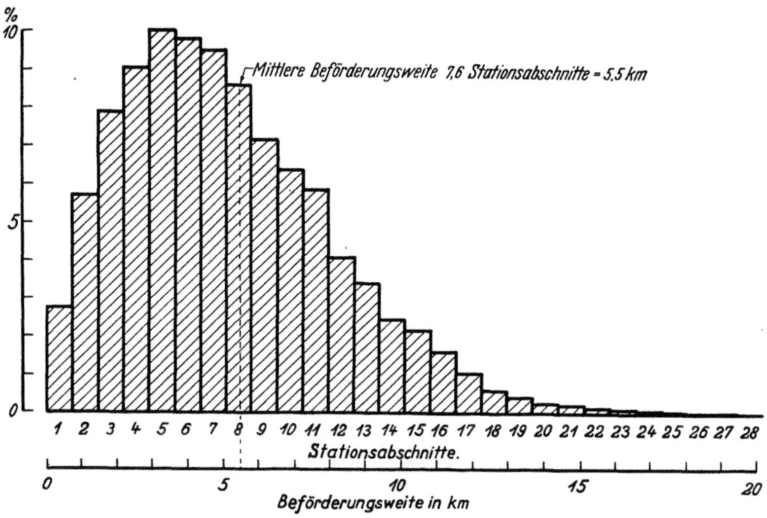

Abb. 12. Verteilung der beförderten Personen der Berliner U-Bahn auf die Beförderungsweiten im Jahre 1930.

Hierzu besteht das zuerst von Lill[1], allerdings nur für den Personenverkehr untersuchte und gefundene Gesetz, daß mit zunehmender Beförderungsweite die Zahl der Reisen abnimmt. Am klarsten tritt dieses Reisegesetz in Erscheinung bei den großstädtischen Verkehrsmitteln, wie die Verteilung der beförderten Personen der Berliner Untergrundbahn auf die Beförderungsweiten in Abb. 12 zeigt. Lill hat hierzu interessante mathematische Untersuchungen gemacht mit dem Ergebnis, daß die Zahl der Reisen in Abhängigkeit von der Beförderungsweite sich nach einer Hyperbel entwickelt. Es ist zwar im allgemeinen mit Vorsicht zu handhaben, wirtschaftliches Geschehen mit dem Rüstzeug der Mathematik in gesetzmäßige Formeln zu bringen. Dafür ist zu viel Unbekanntes und zu viel Bewegung des Lebens vor allem im Verkehr zu berücksichtigen. Aber es kann vielfach für gewisse Schlußfolgerungen die mathematische Behandlung wertvolle Anhaltspunkte ergeben.

Aber auch ohne den Nachweis mathematischer Gesetzmäßigkeit ist aus den

[1] E. Lill, „Das Reisegesetz“. Berlin 1891.

Abb. 12 (s. S. 34) und 13—15[1] (s. S. 36) eindeutig zu ersehen, daß die Beziehungen zwischen den Reisen oder den beförderten Gütern zu den Beförderungsweiten einer gewissen Gesetzmäßigkeit unterliegen. Sie besteht darin, daß mit der Zunahme der Entfernung der Verkehr abnimmt. Diese Gesetzmäßigkeit tritt um so klarer hervor, je einheitlicher im Raum die Verkehrsquellen oder Siedlungen verteilt sind, wie es bei großstädtischem Verkehr und dem Eisenbahnverkehr eines hochentwickelten Landes in der Tat der Fall ist. Sobald aber wirtschaftsleere Flächen wie Meere und Ozeane die Erdoberfläche durchsetzen und lediglich den Personen- und Güteraustausch zu vermitteln haben, wird das Bild der Verteilung des Verkehrs nach Beförderungsweiten unruhig und uneinheitlich. Aber auch hier bleibt der Charakter einer zwar sprunghaften aber allmählichen Abnahme des Verkehrs mit der Zunahme der Entfernung bestehen.

Das Verteilungsbild im Überseegüterverkehr veranschaulicht die Bedeutung der Ozeane als Verkehrsträger. Im reinen Überseeverkehr ohne Küstenverkehr steht der atlantische Ozean an der Spitze. Seine Transportweiten bestimmen die Verkehrsleistungen zur See, denen gegenüber die übrigen Meere stark zurücktreten. Der Atlantische Ozean verbindet die stärksten und wichtigsten wirtschaftlichen Aktionszentren der Erde im Dienste der Arbeitsteilung und des Güteraustauschs innerhalb der Weltwirtschaft.

In welchem Maße größenordnungsmäßig das spezifische Verkehrsbedürfnis mit der Entfernung abnimmt, zeigt zusammenfassend die Tab. 10, in der für den Verkehr der Großstädte, eines Landes und der wirtschaftlichen Aktionszentren das spezifische Verkehrsbedürfnis und die mittlere Beförderungsweite als Grundlage für die Reichweite des Verkehrsbedürfnisses dargestellt sind. Besonders charakteristisch ist hierbei noch die mit der Zunahme der Beförderungsweite außerordentlich starke Abnahme im Personenverkehr gegenüber der wesentlich geringeren Abnahme im Güterverkehr. Hierzu hat zweifellos in erster Linie beigetragen, daß die weltumspannende Arbeit des Nachrichtenverkehrs die Ortsveränderung von Personen auf große Entfernungen immer mehr drosseln konnte, während im Austausch der Güter ein ähnlicher Einfluß eines anderen Verkehrsmittels nicht in Frage kam.

Tabelle 10. Reichweite der Verkehrsbedürfnisse in Abhängigkeit von der mittleren Beförderungsweite von Personen und Gütern.

Verkehrsmittel	Personenverkehr		Güterverkehr	
	Mittlere Beförd.-Weite km	Reisen je 1000 Einwohner	Mittlere Beförd.-Weite km	Beförderte t je 1000 Einwohner
1	2	3	4	5
Innerstädtische öffentliche Verkehrsmittel	5,5	447000	—	—
Eisenbahnen im Landesverkehr	28,6	20500	153	6300
Seeschiffahrt im Transozeanverkehr				
a) einschl. Seeverkehr innerhalb des Aktionszentrums	4400	8	6200	150
b) ohne Seeverkehr innerhalb des Aktionszentrums . . .	7300	4	10900	74

[1] Sie sind zum Teil aufgestellt unter Benutzung von Steuernagel, „Statistik und Eisenbahn“ Berlin 1931 und „Der Güterverkehr der Weltschiffahrt in den Jahren 1913, 1924 und 1925“. Bearbeitet vom Statistischen Reichsamt. Berlin 1928.

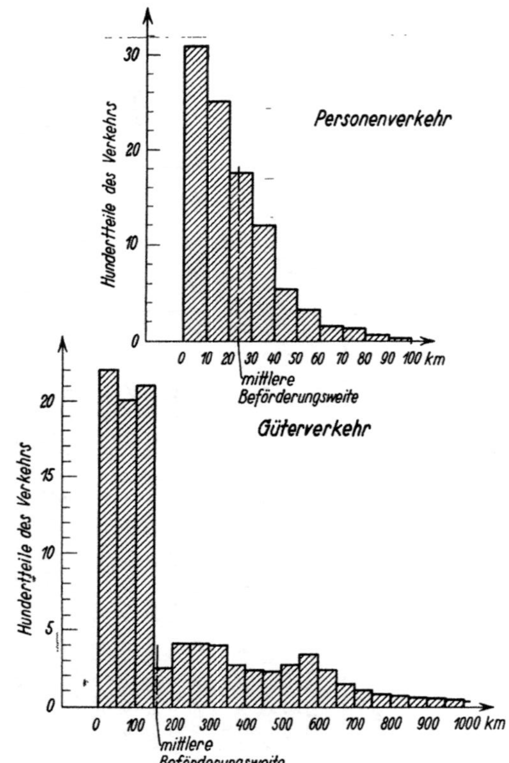

Abb. 13. Verteilung der beförderten Personen und Gütermengen auf die Beförderungsweiten im Eisenbahnverkehr der Deutschen Reichsbahn im Jahre 1930.

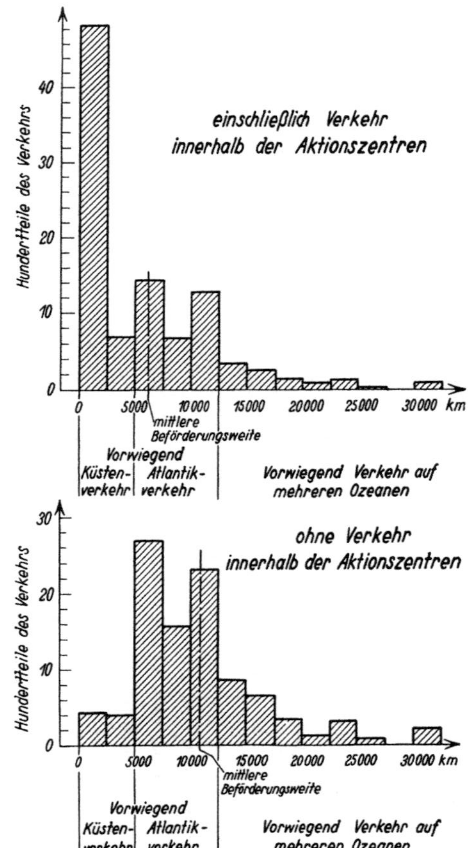

Abb. 14. Verteilung der beförderten Personen auf die Beförderungsweiten im Überseeverkehr Amerikas im Jahre 1930.

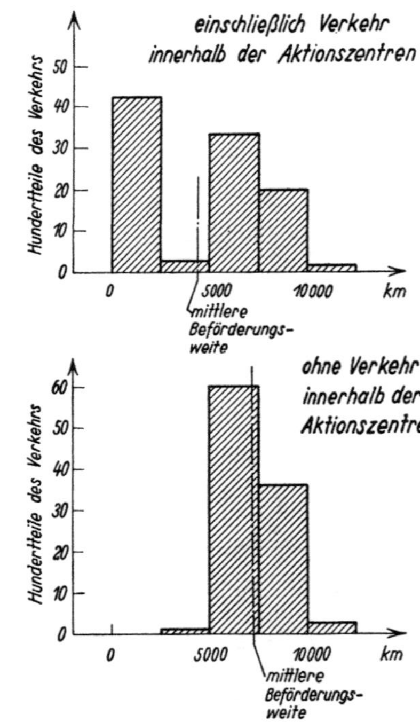

Abb. 15. Verteilung der beförderten Gütermengen auf die Beförderungsweiten im Überseeverkehr der Welt im Jahre 1925.

Die Reichweite des Verkehrs oder seine Verteilung auf die verschiedenen Beförderungsweiten ist eine sehr wichtige Grundlage für die Preisbildung und damit für die Einnahmen im Verkehrswesen. Sie stellt aber auch bestimmte Anforderungen an die Organisation des technischen Apparats, der auf die Entfernungen am leistungsfähigsten sein muß, auf die die Masse des Verkehrs zu befördern ist.

3. Befriedigung der Verkehrsbedürfnisse.

a) Grundbedingungen.

Die Befriedigung der Verkehrsbedürfnisse ist Aufgabe der Verkehrsmittel des Personen-, Güter- und Nachrichtenverkehrs. Sie muß unter Grundbedingungen erfolgen, die in erster Linie für die Verkehrsmittel, zum Teil aber auch für die Allgemeinheit maßgebend sind. Es ist daher zu unterscheiden nach Grundbedingungen, denen die Verkehrsmittel zu entsprechen haben und nach solchen, die die Allgemeinheit oder die Verkehrspolitik eines Landes zu erfüllen haben.

Die Grundbedingungen, die die Verkehrsmittel zu erfüllen haben, liegen in den drei Forderungen nach:

1. Sicherheit: Sicherheit gegen Unfälle und Versicherung gegen Schadenfälle,
2. Leistungsfähigkeit: Schnelligkeit, Regelmäßigkeit, Pünktlichkeit, Häufigkeit, Bequemlichkeit,
3. Wirtschaftlichkeit: Billigkeit auf Grund wirtschaftlicher Arbeit der Verkehrsmittel.

Die Mittel und Wege zur Erfüllung dieser Grundbedingungen umfassen die verkehrs- und betriebswirtschaftlichen Grundlagen der Verkehrsmittel. Sie bilden einen wesentlichen Bestandteil der Verkehrswirtschaft und werden im einzelnen in Abschnitt IV behandelt. An dieser Stelle aber ist zu untersuchen, welche Bedeutung die Grundbedingungen für die einzelnen Verkehrsarten haben.

Die drei Hauptverkehrsarten legen verschiedenen Wert auf die Erfüllung der Grundbedingungen. Sie wenden sich dem Verkehrsmittel zu, das ihren Forderungen am besten gerecht wird. Der Personen- und Nachrichtenverkehr verlangt in erster Linie Schnelligkeit, Regelmäßigkeit, Pünktlichkeit und Bequemlichkeit in der Ortsveränderung. Für die beste Erfüllung dieser Bedingungen trägt er höhere Kosten. Je nach dem tatsächlichen oder vermeintlichen Wert seiner Arbeit sucht der Mensch seine Reisen so schnell als möglich zu erledigen, da sie als unproduktiver Vorgang vor allem im Geschäftsleben empfunden werden.

Das Kostengesetz der Verkehrsarbeit, auf das in Abschnitt IV noch näher eingegangen wird, besagt, daß in der Regel jeder Erhöhung der Geschwindigkeit auch eine Erhöhung der Selbstkosten der Verkehrsmittel und damit der Reisekosten gegenübersteht. Die verschiedenen Menschen und Berufe nutzen daher die gebotene Schnelligkeit in der Beförderung im allgemeinen nur so weit aus, als ihre wirtschaftliche Lage und Stellung die mehr oder weniger hohen Reisekosten tragbar machen. Ähnlich ist es beim Nachrichtenverkehr, dessen enge Verbundenheit mit den Entstehungsursachen des Personenverkehrs auch die gleichen Forderungen gegenüber den Verkehrsmitteln aufkommen ließ. Aber auch er ist dem Gesetz der höheren Kosten bei höheren Leistungen in der Schnelligkeit unterworfen. Seine verschiedenen körperlichen und unkörperlichen Gegenstände des Verkehrs werden nach dem Wert, den der Mensch der Nachrichtenübermittlung beimißt, mehr oder weniger hohe Beförderungskosten tragen können.

Telegramme, Ferngespräche, Briefe und Postkarten können für ihre schnelle Beförderung mit hohen Kosten belegt werden, während Drucksachen und Zeitungen weniger durch die aus größerer Schnelligkeit sich ergebenden Mehrkosten belastbar sind.

Der Güterverkehr entsteht in erster Linie aus wirtschaftlichen Überlegungen. Er legt daher besonderen Wert auf Billigkeit, weniger auf Schnelligkeit, Bequemlichkeit und Pünktlichkeit. Aber auch hier liegen gewisse Unterschiede in der Einschätzung dieser Stufenfolge der Grundbedingungen vor. Hochwertige und eilwertige oder leicht verderbliche Güter übernehmen im Interesse einer schnellen Beförderung die daraus sich ergebenden höheren Beförderungskosten, ganz abgesehen davon, daß ihr großer Wert eine höhere Belastung durch Transportkosten zuläßt. Mittel- und geringwertige Güter suchen den Weg der geringsten frachtlichen Belastung und nicht den der schnellsten Beförderung.

Die Verkehrsmittel bedürfen nun aber für die Erfüllung ihrer Aufgaben in bestimmter Richtung auch der Unterstützung der Allgemeinheit oder der Verkehrspolitik des Landes, für das sie tätig sind. Ihre unentbehrliche Arbeit für die Volkswirtschaft verpflichtet den Staat, den Verkehrsmitteln 1. Entwicklungsmöglichkeiten, 2. Schutz nach außen, 3. Freizügigkeit zu verschaffen. Das sind in erster Linie die Grundbedingungen, die die Allgemeinheit zu erfüllen hat.

Jedes technische Mittel bedarf zu seinem nutzbringenden Einsatz im menschlichen Gesellschaftsleben einer gewissen Zeit und Arbeit für seine Entwicklung. Die Verkehrsmittel sind in besonderem Maße dieser Erscheinung unterworfen, da sie bereits bei der Herstellung ihres technischen Apparats räumlich eng an das Absatzgebiet ihrer Verkehrsleistungen gebunden sind und in diesem Gebiet die Nachfrage anregen müssen. Die Erprobung eines Verkehrsmittels auf seine Brauchbarkeit kann daher nicht wie bei den Erzeugnissen der Industrie auf kleinem Raum und mit verhältnismäßig einfachen Mitteln durchgeführt werden, sondern sie bedarf eines natürlichen Versuchsfelds, das auch gleichzeitig das Nutzfeld im Sinne des Absatzes von Verkehrsleistungen werden soll. Laboratoriumsversuche sind wohl für einzelne Teile des technischen Apparats, nicht aber für seine Gesamtheit möglich, für eine Gesamtheit, in der allein das Verkehrsmittel seinem Zweck als Mittel zur Ortsveränderung von Verkehrsgegenständen dienen kann. Das führt zu einem Ausmaß der Versuchsarbeit und der Versuchszeit, die von Einzelnen allein meist nicht getragen werden kann, sondern zu deren Erledigung die Allgemeinheit mithelfen muß, wenn sie Verbesserungen ihrer Verkehrswirtschaft erzielen will.

Diese Unterstützung erstreckt sich auf finanzielle Hilfe in der Entwicklungszeit, auf Ermächtigung zum Eingriff in die Eigentumsverhältnisse anderer durch rechtliche Vorschriften über Enteignung und auf die zweckmäßige Eingliederung neuer Verkehrsmittel in die vorhandene Verkehrswirtschaft. Alle Verkehrsmittel, auch die leistungsfähigsten und wichtigsten haben dieser Hilfe der Allgemeinheit bedurft, um sich zu nutzbringenden Hilfsmitteln für die Wirtschaft entwickeln und ausbauen zu können. Es waren in erster Linie die Subventionen oder die Unterstützungen der öffentlichen Hand, die den Fortschritt im Verkehrswesen ermöglichten und deren Bedeutung später noch näher behandelt werden wird. Das Enteignungsrecht gestattet die Führung der Verkehrswege nach den Grundsätzen der Zweckmäßigkeit auch dort, wo die Eigentümer von Grundstücken die Benutzung ihres Grund und Bodens für diese Zwecke ablehnen. Die Regelung des Wettbewerbs im Verkehrswesen ist ebenso eine Angelegenheit der Allgemeinheit wie die Beseitigung der Gefahren, die die Monopolstellung eines Verkehrsmittels in einem Verkehrsgebiet mit sich bringen kann.

Die Ortsveränderung von Verkehrsgegenständen bewegt sich mehr oder weniger auf weiten Räumen und spielt sich im Tätigkeitsgebiet anderer Wirtschaftszweige ab. Die Verkehrsmittel sind daher unzulässigen Eingriffen von außen ganz anders ausgesetzt als beispielsweise das durchweg nach außen abgeschlossene Arbeitsfeld eines Industriebetriebs. Sie bedürfen eines besonderen Schutzes durch gesetzliche Vorschriften, die hohe Strafen für die fahrlässige Gefährdung von Transporten vorsehen. Wie sehr dieser Rechtsschutz im Volksempfinden verankert ist, zeigt die Tatsache, daß bereits im Altertum zahlreiche Völker den Händlern, die durch ihr Gebiet Waren transportierten, ein besonders weitgehendes Gastrecht und einen wirksamen Schutz für ihre Reisen einräumten.

Für den Verkehr ist größte Freiheit in der Herstellung und Benutzung der Verkehrsmittel am Platze. Nur die Forderungen der Verkehrssicherheit und unbedingte Staatsnotwendigkeiten können zu gewissen Einschränkungen der Verkehrsfreiheit berechtigen. Während sie innerhalb eines nationalen Raumes einheitlich geregelt und durchweg vorhanden ist, besteht im internationalen Verkehr nur auf Meeren, Straßen und Eisenbahnen[1] Freiheit in der Betätigung und Benutzung der Verkehrsmittel. Auf den Binnenwasserstraßen gilt Verkehrsfreiheit für die Anliegerstaaten der Ströme und Flüsse, während die künstlichen Wasserstraßen im allgemeinen dem nationalen Verkehr vorbehalten sind. Auch die Freiheit des Luftraums für Verkehrszwecke ist bedingt, da nach dem herrschenden internationalen Recht jedes Land über die Benutzung des über ihm liegenden Luftraums verfügen kann. Die größte internationale Einheit für freien Verkehr ist das Gebiet des Weltpostvereins.

Die geographische Lage eines Landes ist wesentlich für den Wert der Verkehrsfreiheit. Die zentrale Lage Deutschlands im mitteleuropäischen Raum ist ein besonders bezeichnendes Beispiel für die Notwendigkeit möglichst großer Verkehrsfreiheit. Denn jede Behinderung des Verkehrs würde hier nicht allein die Lebensinteressen Deutschlands, sondern auch seiner Nachbarstaaten beeinträchtigen. Die Freizügigkeit der Waren von Land zu Land kann durch zollpolitische Maßnahmen einzelner Länder stark beeinträchtigt und damit die Freiheit des Verkehrs erheblich behindert werden. Andererseits wirkt die Aufhebung von Zollgrenzen belebend auf den Verkehr. Die Entwicklung des Eisenbahnwesens in Deutschland zu Beginn des Eisenbahnzeitalters wurde im Jahre 1834 zur rechten Zeit von den Hemmungen der zahlreichen Zollschranken der verschiedenen deutschen Staaten befreit. Diese deutsche Zollunion war im wesentlichen ein Werk Friedrich Lists, der durch seine aufklärenden Schriften für die Aufhebung der Zollschranken in Deutschland eintrat, um den Weg zum großzügigen Ausbau eines nationalen Transportsystems, wie wir es heute als eine Selbstverständlichkeit ansehen, frei zu machen.

b) Verkehrsmittel.

Die Grundbedingungen, die der Verkehrskunde und die Allgemeinheit an die Ortsveränderung der Verkehrsgegenstände knüpfen, geben den Maßstab für die Eignung der technischen und organisatorischen Einrichtungen, die die Ortsveränderung durchzuführen haben, oder für die Verkehrsmittel. Die Verkehrsarten: Personen-, Güter- und Nachrichtenverkehr bedienen sich verschiedener Verkehrsmittel. Alle Verkehrsmittel bedürfen grundsätzlich zur Erfüllung ihres Zwecks bestimmter technischer Vorrichtungen und einer Organisation für deren Zusammenarbeit, die im allgemeinen mit Betrieb bezeichnet wird.

---

[1] Wolf, „Die Deutsche Reichsbahn und ihre Beziehungen zu ausländischen Eisenbahnen". Berlin 1931.

Zu den technischen Vorrichtungen gehören:

Weg, Kraft, Fahrzeug und Stationen,

zur Organisation gehören:

Betrieb und Verwaltung.

Technische Vorrichtungen und Organisation sind eine Einheit zur Erzielung eines Verkehrszwecks. Während aber die Organisation bei allen Verkehrsmitteln nach den gleichen Grundsätzen der Sicherheit, Leistungsfähigkeit und Wirtschaftlichkeit auszubauen ist, sind die technischen Vorrichtungen mannigfaltigster Art und bestimmen geradezu den Charakter und den Stand des Verkehrswesens. Sie sind zunächst abgestimmt auf die drei Haupterscheinungen der Erdoberfläche: Land, Wasser und Luft, die als Medien für die Einrichtung von Verkehrsmitteln in Frage kommen. Hiernach sind zu unterscheiden Land-, Wasser- und Luftverkehrsmittel.

Jede dieser Gruppen wird im allgemeinen, wenn auch nicht immer ganz folgerichtig, unterteilt nach den technischen Vorrichtungen, die den Funktionscharakter des Verkehrsmittels in erster Linie bestimmen. Es sind zu rechnen zu den

Landverkehrsmitteln:

Boten, Träger, Tragtiere, Schlitten, Fuhrwerke und Fahrrad, die alle nur geringe Leistungsfähigkeit aufweisen.

Eisenbahnen jeglicher Art, Kraftwagen, Leitungen für Energie, Wasser, Wärme und Nachrichten, die alle eine hohe Leistungsfähigkeit aufweisen können.

Wasserverkehrsmitteln:

Binnenwasserstraßen, Seeverkehr.

Luftverkehrsmitteln:

Flugzeuge, Luftschiffe, Funk.

Diese Verkehrsmittel können alle außer den Leitungen und dem Funk sämtlichen Verkehrsarten, dem Personen-, Güter- und Nachrichtenverkehr dienen. Leitungen und Funk sind aus technischen Gründen nur für den Güter- bzw. Nachrichtenverkehr geeignet. Die historische Entwicklung der Verkehrsmittel vollzog sich in technischer Hinsicht in zwei Perioden. Die erste Periode reichte bis 1830. Sie umfaßt die Zeit der Alleinherrschaft der natürlichen Triebkräfte, die im Landverkehr nur wenig leistungsfähige Verkehrsmittel entstehen ließen, im Wasserverkehr aber bereits jedem Verkehrsbedürfnis unter Ausnutzung des Segelwinds gerecht zu werden vermochten. Es folgte die zweite Periode oder die Zeit der künstlichen Triebkräfte bis zur Jetztzeit, die vor allem dem Landverkehr eine gewaltige Entwicklung brachte. Da sie bis zu den kleinsten Siedlungsstätten der Menschen leistungsfähige Verkehrsgelegenheiten schafften, konnten sie die Wirtschaft besonders stark beleben. Beide Perioden lassen sich in verkehrswirtschaftlicher Hinsicht kennzeichnen nach dem Zeitalter des hochwertigen Verkehrs in der ersten Periode und des Massenverkehrs in der zweiten Periode.

Der stärkste Impuls für den technischen Fortschritt im Verkehrswesen ist in der Regel von der Triebkraft und dem Fahrzeug ausgegangen. Ihm folgte die Ausgestaltung des Weges. Im Eisenbahnwesen konnte die Herstellung des Weges nur langsam und allmählich den durch die Dampfmaschinen gegebenen transporttechnischen Möglichkeiten folgen. Die technische Durchbildung der Straßen ist den Anforderungen, die das schnellfahrende Kraftfahrzeug an sie stellt, zunächst nicht gewachsen. In der Luftfahrt bestimmen die Eigenarten des Fliegens die Herrichtung der Flughäfen und der Flugsicherung. Es ist, als ob das bewegliche Fahrzeug von Natur der Inbegriff von Initiative und Fortschritt im Verkehrswesen ist, das ständig seine Wandelbarkeit und technische Unruhe dem bodenverbundenen und daher schwerer nachfolgenden Wege aufzwingen muß.

Nicht alle Verkehrsmittel sind geeignet, jeden beliebigen Verkehrsgegenstand zu befördern. Eine Scheidung nach allgemeinen und Sonderverkehrsmitteln ist daher notwendig. Allgemeine Verkehrsmittel sind auf Grund ihrer technischen Eigenarten in der Lage, Verkehrsgegenstände verschiedener Art zu befördern. Zu ihnen zählen die Wasserstraßen, Eisenbahnen, Kraftwagen und Luftfahrzeuge. Die Sonderverkehrsmittel sind technisch nur geeignet für die Beförderung eines bestimmten Verkehrsgegenstands, für den sie allein gebrauchsfähig sind[1]. Zu ihnen sind die Leitungen für die Beförderung von Nachrichten, elektrischer Energie, flüssiger Brennstoffe, Gas und Wasser zu rechnen. Je allgemeiner verwendungsfähig ein Verkehrsmittel ist, von um so größerer Bedeutung wird es für die Verkehrswirtschaft sein, da es den mannigfaltigsten Verkehrsbedürfnissen der Wirtschaft dienen kann. Das schließt aber nicht aus, daß Sonderverkehrsmittel für Spezialverkehrsgegenstände eine bessere Beförderung bieten können als die allgemeinen Verkehrsmittel, und diesen daher solcher Verkehr nicht zufließt.

Im neuzeitlichen Verkehrswesen tritt infolge des Aufkommens neuer Verkehrsmittel eine immer stärker werdende Spezialisierung der Verkehrsarbeit oder Verteilung der Verkehrsleistungen auf zahlreiche Verkehrsmittel ein. Sie haben, wie wir noch sehen werden, besonders schwierige Probleme in der Verkehrswirtschaft entstehen lassen.

Der Begriff der allgemeinen und Sonderverkehrsmittel ist nicht zu verwechseln mit dem Begriff des allgemeinen und örtlichen Verkehrs, der zu den Ausdrucksformen des Verkehrs gehört und noch besonders behandelt wird. Hier ist nur festzustellen, daß alle Verkehrsmittel sowohl dem allgemeinen wie dem örtlichen Verkehr dienen können. Ihre Verwendungsfähigkeit in großen und kleinen Verkehrsbeziehungen ist in gleicher Weise gegeben und nicht beschränkt auf bestimmte Raumweiten, soweit nicht aus technischen Gründen solche Beschränkungen vorliegen können. In diesem Punkt ist besonders charakteristisch, daß das Flugzeug aus technischen Gründen noch nicht für seine verkehrsmäßige Verwendung auf größte Raumweiten entwickelt werden konnte, trotzdem besonders auf ihnen eine Wirtschaftlichkeit des Luftverkehrs zu erwarten sein wird.

In technischer Hinsicht ist die Verwendungsmöglichkeit der Verkehrsmittel, abgesehen von den Medien Land, Wasser, Luft, die eine Grundbedingung für ihre Lebensfähigkeit darstellen, in erster Linie bedingt durch das Element Weg, weniger durch die Elemente Triebkraft, Fahrzeuge und Stationen. Je natürlicher und großräumiger der Weg ist, um so freizügiger kann das Verkehrsmittel sein. Den umfassendsten Verkehrsweg stellt die Luft dar, die die gesamte Erde umgibt. Ihr folgt das Meer, das $^5/_7$ der Erdoberfläche einnimmt. Die ungünstigsten natürlichen Voraussetzungen bieten die Landflächen. Auf ihnen müssen künstliche Wege und Stationen hergestellt werden, die sich der Gestaltung der Erdoberfläche anpassen müssen.

Am wenigsten anpassungsfähig an die Erdoberfläche sind künstliche Wasserstraßen, weshalb ihre Anlage auf die Ebene und auf das Mittelgebirge beschränkt ist. Die Eisenbahn in ihren verschiedenen Formen der Reibungs-, Zahn- und Seilbahn kann technisch zu allen Punkten der Landmasse geführt werden, wo überhaupt ein Verkehrsbedürfnis vorhanden ist, doch wird mit zunehmender Höhe die Leistungsfähigkeit verringert und der Kostenaufwand erhöht. Es kommen sich hier die Existenzfähigkeit einer Wirtschaft und eines Verkehrs-

[1] Für den inneren Betrieb eines Kraftversorgungsnetzes ist es praktisch möglich, die Leitungen für den Kraftstrom auch für Übermittlung von Nachrichten zu benutzen.

mittels stark entgegen, da in sehr hoch gelegenen Gebieten menschliche Siedlungen von Bedeutung nicht vorhanden sind und daher auch kein Bedürfnis zur Herstellung von Verkehrswegen besteht. Im Landverkehr können von den allgemeinen Verkehrsmitteln die Straßen und von den Sonderverkehrsmitteln die Leitungen sich in ihrer Wegführung der Erdoberfläche am besten anpassen. Die Leistungsfähigkeit der Straßen ist durch den Kraftwagen ganz erheblich für jegliche Steigungen des Wegs erhöht worden.

Es ist Aufgabe der Verkehrsgeographie, die für den Verkehr maßgebenden natürlichen Bedingungen der Erdoberfläche zu untersuchen. Sie stellt fest, inwieweit die Natur der Ortsveränderung von Personen, Gütern und Nachrichten günstig oder ungünstig ist. Die Oberflächengestaltung, Bodenbeschaffenheit und das Klima sind dabei in erster Linie bestimmend[1].

Ganz allgemein wird die Linienführung oder die Festlegung von Verkehrswegen in erster Linie bestimmt werden müssen von der Art, Größe und räumlichen Verteilung der Verkehrsbedürfnisse. Handelt es sich hierbei lediglich um die Verbindung zweier Punkte, wie beispielsweise zweier Häfen über eine trennende Meeresfläche, so kann die Wegfindung allein nach den technisch-wirtschaftlichen Gesichtspunkten des Verkehrsmittels erfolgen. Handelt es sich aber um die verkehrstechnische Verbindung einer großen Zahl von Punkten in einem Verkehrsgebiet mit verschiedenen Verkehrsbedürfnissen, so wird die zweckmäßigste Wegführung nach verkehrswirtschaftlichen und technischen Gesichtspunkten zu suchen sein. Die verkehrswirtschaftlichste Linie ist diejenige, die die Siedlungen nach Maßgabe ihrer Verkehrsbedürfnisse am besten an den Verkehrsweg anschließt. Die technisch beste Linie ist diejenige, die mit dem geringsten Aufwand von Anlage- und Betriebskosten die größte Leistungsfähigkeit aufweist. Meist werden diese Linien im Raum verschieden liegen. Es ist Sache einer zweckmäßigen Wegfindung, beide, die verkehrswirtschaftlich und technisch beste Linie, zu einer möglichst wirtschaftlichen Linie für Verkehr und Betrieb zu vereinigen.

Nach dem bisher über die Ursachen, den Umfang und die Befriedigung der Verkehrsbedürfnisse Gesagten läßt sich folgender wichtige Grundsatz aufstellen:

Die Wirtschaftsgeographie entscheidet über die Daseinsberechtigung, die physische Geographie über die Daseinsfähigkeit und die politische Geographie vielfach über die Daseinsmöglichkeit der Verkehrsmittel.

Die Anlage von Verkehrsmitteln ist demnach dreifach bedingt von außerhalb ihres technischen Apparats liegenden wichtigen Faktoren. Sie unterliegt dem Rhythmus im menschlichen Gesellschaftsleben. Sie ist daher mehr oder weniger wandelbar und unbeständig in der Ausnutzung für Verkehrszwecke.

Aber noch eines ist für die Verwendung der Verkehrsmittel im Dienste des menschlichen Gesellschaftslebens von nicht zu unterschätzender Bedeutung. Das ist das Verhältnis, in dem der Mensch persönlich zu den Verkehrsmitteln steht. Gewiß genießt das Verkehrsmittel, das die Grundbedingungen nach Sicherheit, Leistungsfähigkeit und Wirtschaftlichkeit am besten erfüllt, auch das höchste Vertrauen des Menschen und der Wirtschaft bei seiner Benutzung. Ist dieses Vertrauen vor allem in bezug auf die Sicherheit erschüttert, so tritt eine starke Zurückhaltung in der Benutzung des Verkehrsmittels ein, das versagt hat. Damit zusammenhängende Krisen haben nicht allein alle neuen, in der Entwicklung befindlichen Verkehrsmittel durchzumachen, sondern auch erprobte Verkehrsmittel, sobald das Maß ihrer Sicherheit merklich nachläßt und

[1] Blum, „Eisenbahngeographie“ in „Linienführung“ der Handbibliothek für Bauingenieure. Berlin 1925.

deshalb der für sichere Beförderung besonders empfindliche Personenverkehr abwandert.

Dieses Vertrauen, das je nach der Güte der Arbeit eines Verkehrsmittels wechseln kann, wird um so weniger erschüttert werden können, wenn es sich um ein Verkehrsmittel handelt, zu dem der Benutzer ein persönliches Verhältnis oder eine gewisse Liebe zum Instrument gewonnen hat. In dieser inneren Beziehung zwischen Verkehrsmittel und dem Verkehrsinteressenten hat die technische Entwicklung eine starke Umwälzung vor allen Dingen im Personenverkehr hervorgerufen. Der Mensch benutzt für seine Ortsveränderung mit besonderer Vorliebe solche Verkehrsmittel, die ihm jederzeit zur Verfügung stehen und ihm jede nur mögliche Freiheit über die Verwendung seiner Zeit lassen. Nicht zum wenigsten ist hierauf die Entwicklung des privaten Kraftwagenverkehrs zurückzuführen, trotzdem er im allgemeinen höhere Transportkosten verursacht als die übrigen für den Personenverkehr geeigneten Landverkehrsmittel. Der private Personenkraftwagen hat das Herz des Volkes. Er wird infolge seiner Bedienbarkeit durch jedermann zum persönlichen Besitz und zum Instrument beliebigster Verwendbarkeit für den die Bewegung suchenden und schätzenden Menschen. Jedes andere Verkehrsmittel hat ihm gegenüber etwas Unpersönliches und Fernstehendes für das Empfinden des Menschen. Die Eisenbahn, die die Kindheit eines jeden früher und heute im kleinen leichten Modell begeistert, ist dem Erwachsenen innerlich meist entrückt, er kennt sie nur als Verkehrsinstrument in anderen Händen, denen er seine Bewegung anvertraut.

Es ist eine zweifellos neue Erkenntnis, die das moderne Verkehrswesen offenlegte, daß der Wunsch nach individueller Verkehrsbedienung, d. h. nach Benutzung des Verkehrsmittels durch den Verkehrskunden einen so starken Boden im Verhältnis des Menschen zur Ortsveränderung gefunden hat. Allerdings wird ein Unterschied in der Möglichkeit zur Erfüllung dieses Wunsches zu machen sein. Die Masse des Volkes ist auch heute nach dem Stand der technischen Entwicklung noch nicht in der Lage, sich eines individuell benutzbaren Verkehrsmittels wie des privaten Kraftwagens zu bedienen. Nur eine finanziell gut gestellte Schicht kommt hierfür in Frage. Aber diese Schicht ist bereits verhältnismäßig stark, wie der Umfang der privaten Kraftwagen und auch die Verwendung des Lastkraftwagens im Werksverkehr zeigt. Früher war das Fahrrad das individuelle Verkehrsmittel und ist es auch heute noch, doch ist jetzt der Kraftwagen hinzugetreten. Es ist kein Zweifel, daß die individuelle Verwendungsfähigkeit eines Verkehrsmittels seine Benutzung und damit das Verkehrsbedürfnis stark anregt. Sie hat bereits zu einer Mobilisierung des Personenverkehrs geführt, wie sie andere Verkehrsmittel nicht zu erzeugen vermochten. Dem Lastkraftwagen verhilft diese persönliche Einstellung des Menschen zum Fahrzeug weniger zu seiner Verwendung. Bei ihm ist die Art seiner Bedienung Nebensache, dagegen die Wirtschaftlichkeit für seinen Einsatz ausschlaggebend. Es ist allerdings nicht zu verkennen, daß auch der Lastkraftwagen in der Hand des Verkehrsinteressenten in Form des Werksverkehrs eine besonders günstige Plattform für seine Verwendung gefunden hat.

Ein Ausdruck des persönlichen Verhältnisses des Menschen zum Verkehrsmittel ist auch die Tatsache, daß sich bei dem Aufkommen eines neuen Verkehrsmittels der Mensch für seine persönliche Fortbewegung desselben zuerst bedient. Die Eisenbahnen weisen in ihren Anfängen im öffentlichen Verkehrsleben ein starkes Überwiegen der Einnahmen aus dem Personenverkehr auf, dem erst im Lauf von 10 Jahren ein umgekehrtes und fast konstant gebliebenes Verhältnis zwischen den Einnahmen aus dem Personen- und Güterverkehr folgte. Das psychologische Motiv ist das lebendigere, schnell zugreifende, das wirtschaftliche, das dem Verstand und der Vernunft folgt, das vorsichtig zurückhaltende, aber nachhaltige. Der Fortschritt im Verkehrswesen unterliegt besonders den hieraus für den Verkehr sich ergebenden Folgerungen. In gleicher Weise vollzog sich die Entwicklung im Kraftwagen- und Luftverkehr. Der Mensch sucht auch bei ihnen zuerst ihren Wert für seine persönliche Ortsveränderung zu ergründen aus einer inneren Sehnsucht heraus, ein neues zweckmäßiges Instrument zu erhalten zur Befriedigung seines Urgefühls für Bewegung und Umgebungswechsel.

c) Verkehrsleistungen.

Die Befriedigung der Verkehrsbedürfnisse drückt sich in Nutz- oder Verkehrsleistungen aus, deren Einheit über die Verkehrsart und das Maß der Raumüberwindung oder die Entfernung aussagen muß. Sie wird gemessen in Personenkilometer für den Personenverkehr, in Tonnenkilometer für den Güterverkehr und in Stückzahl und ihrem Versand nach dem Bestimmungsland für den Nachrichtenverkehr, die innerhalb einer bestimmten Zeit, beispielsweise Tag, Monat oder Jahr, geleistet werden. Das Personen- und Tonnenkilometer ist die auf ein Kilometer beförderte Person bzw. Tonne Güter. Es bedeutet eine Arbeitsmenge und entspricht dem physikalischen Begriff der Arbeit = Kraft mal Weg. Zu einem Maße der Verkehrsleistung wird es, wenn man es, auch wieder entsprechend dem physikalischen Begriff der Leistung, auf eine Zeiteinheit bezieht, z. B. Tonnenkilometer/Jahr = Kraft mal Weg in der Zeiteinheit. Nur dort, wo die Raumüberwindung gering ist, also bei dem großstädtischen Verkehr, genügt im allgemeinen als Einheit der Verkehrsleistung der Verkehrsgegenstand ohne die Entfernung. Diese als Erzeugnisse des Verkehrs zu bezeichnenden Verkehrsleistungen sind im Gegensatz zu den Erzeugnissen der Industrie nicht gegenständlich und greifbar. Sie entstehen und vergehen mit dem Beginn und der Beendigung der Ortsveränderung. Der Verkehrsgegenstand selbst wird keiner anderen als der Ortsveränderung unterworfen. Er gewinnt dabei allerdings an Wert für den Verkehrskunden, da er sein Gut an anderer Stelle als an der der Produktion absetzen kann.

Während jeder Produktionsvorgang in der Industrie sich gründet auf stehendes Kapital, umlaufendes Kapital und Arbeitslöhne, fehlt bei den Verkehrsmitteln das umlaufende Kapital oder der Wert des Materials, das in der Industrie zur Herstellung bestimmter Güter zu bearbeiten ist. Das macht die Verkehrsmittel in ihren Leistungen grundsätzlich unabhängiger bei der Vorhaltung der für ihre Verkehrsarbeit notwendigen Vorrichtungen und Materialien. Jedes Verkehrsmittel ist in der Lage, für die Wirtschaft oder den Verkehrsinteressenten Leistungen auf Vorrat, beispielsweise zum Auffüllen von Lagern zu besonders transportgünstigen Zeiten zu machen. Auf eigenen Vorrat kann aber ein Verkehrsmittel keine Arbeit leisten, da die Produktion oder die Verkehrsleistungen nicht von der Nachfrage zu trennen sind und beide zeitlich und räumlich stets zusammenfallen müssen. Dieser Umstand verlangt eine hohe Betriebsbereitschaft der Verkehrsmittel im Gegensatz zu Industriewerken, die auf Lager arbeiten und sich dann dem Absatz anpassen können. Die Folgen, die sich daraus für die Beziehungen zwischen den Schwankungen der Nachfrage und des Angebots für ein Verkehrsmittel ergeben, werden im Abschnitt IV näher untersucht werden.

Das Maß der Belastung der Verkehrswege durch den Verkehr wird durch die dynamische Verkehrsdichte, wie sie auf Seite 31 erklärt wurde, oder durch die Personenkilometer, Tonnenkilometer und Stückkilometer eines Tages, Monats oder Jahres je Streckenkilometer erfaßt. Sie kennzeichnet in erster Linie die tatsächliche Ortsveränderung der Verkehrsgegenstände und die Leistung eines Verkehrsnetzes im Dienste dieser Ortsveränderung. Sie ist, wie Tabelle 7 (s. S. 31) zeigt, um so größer, je größer bei starkem Verkehrsbedürfnis die Beförderungsweiten sind. Infolgedessen ist sie im Eisenbahngüterverkehr der Welt am höchsten in den Vereinigten Staaten von Amerika und im europäischen Güterverkehr in Deutschland.

B. Verkehrsformen.

1. Allgemeiner und nicht allgemeiner Verkehr.

Die Art und Weise, in der die Verkehrsmittel ihre Verkehrsarbeit leisten, führt in verkehrswirtschaftlicher, räumlicher und organisatorischer Hinsicht zu bestimmten Verkehrsformen. Sie sind charakteristisch für die Eingliederung des Verkehrs in das wirtschaftliche Leben eines Landes.

Die Form, die von verkehrswirtschaftlicher Bedeutung ist, unterscheidet nach allgemeinem und nicht allgemeinem oder örtlichem Verkehr. Der allgemeine Verkehr verbindet die Brennpunkte des staatlichen, kulturellen und wirtschaftlichen Lebens eines Landes miteinander und dient seinen Verkehrsbeziehungen nach anderen Ländern und Erdteilen. Er überbrückt verkehrstechnisch die größten Entfernungen und knüpft die räumlich weit gespanntesten Verkehrsbeziehungen. Im Gegensatz zum allgemeinen Verkehr hat der nicht allgemeine Verkehr mehr örtliche Bedeutung. Er dient im wesentlichen der wirtschaftlichen und kulturellen Hebung einer begrenzten Landschaft und leistet die Kleinarbeit, aus der die Wurzeln aller staatlichen, kulturellen und wirtschaftlichen Kraft eines Volkes wertvolle Nahrung ziehen.

Die Verkehrsmittel des allgemeinen Verkehrs stehen daher im Dienst einer großen wirtschaftlichen Einheit eines Gebiets oder Landes. Sie sind unter den Gesichtspunkten umfassender verkehrswirtschaftlicher und verkehrspolitischer Zusammenhänge zu beurteilen, während die Verkehrsmittel des nicht allgemeinen Verkehrs in ihrer örtlichen Beschränkung auf eine Landschaft oder einen eng begrenzten Bezirk einer örtlichen Landschafts- und Siedlungspolitik in erster Linie zur Verfügung stehen. Die im allgemeinen Verkehr eingesetzten und tätigen Verkehrsmittel zählen zu den Hauptverkehrsmitteln. Ihre Wege sind weiträumig und auf große Leistungsfähigkeit ausgebaut. Sie bilden das Rückgrat des Verkehrsnetzes eines Landes und daher die Grundlage für die Verkehrsverbindung mehrerer Länder. Dem örtlichen Verkehr dienen die Verkehrsmittel von untergeordneter Bedeutung. Ihre Verkehrswege sind räumlich eng begrenzt und im allgemeinen einfacher Art, nur in Großstädten sind sie für hohe Leistungsfähigkeit gebaut.

2. Nah- und Fernverkehr.

Die grundsätzliche Scheidung der Verkehrsmittel für den allgemeinen und nicht allgemeinen Verkehr läßt sich räumlich durch den Begriff des Fern- und Nahverkehrs erfassen. Die Fernverkehrsmittel dienen in erster Linie dem allgemeinen Verkehr. Ihr Verkehrsgebiet ist groß und weit. Die Nahverkehrsmittel dienen dem nicht allgemeinen Verkehr, ihr Verkehrsbereich ist klein und eng. Das heißt nun nicht, daß an der Grenze des Nahverkehrs der Fernverkehr endet, sondern die Linien des Fernverkehrs treten gleichsam als starke Verkehrsadern in den Bereich des Nahverkehrs ein und suchen in seinem Gebiet die Anschlußpunkte zur Übernahme und Abgabe der Verkehrsgegenstände des allgemeinen Verkehrs.

Dagegen findet der Nahverkehr irgendwo seine Grenze gegenüber dem Fernverkehr. Wo diese Grenze liegt, hängt nicht allein von der Struktur der Siedlungen und der Wirtschaft eines Bezirks ab, die die Nachbarschaftsbeziehungen räumlich stärker oder schwächer gestaltet, sondern auch vom Stand der Verkehrstechnik und dem Reiseaufwand, den die Ortsveränderung erfordert. Für eine entfernungsmäßige Abgrenzung des Nahverkehrs ist grundsätzlich davon auszugehen, daß für die Befriedigung von Nahverkehrsbedürfnissen die Unterkunft und Übernachtung nach Beendigung der Reise oder des Transports an den ständigen Wohnsitz oder Aufenthaltsort gebunden ist. Es sollen ohne Übernachtung an fremden Orten im Personenverkehr die Geschäfte und im Güterverkehr die Transporte erledigt werden. In beiden Fällen müssen die Reisenden oder Fahrzeuge nach ihrem Ursprungsort täglich zurückkehren.

In diesem Sinne ist der Nahverkehr zu unterteilen nach großstädtischem Verkehr, bei dem die in den Außenbezirken wohnenden Berufstätigen lediglich zwischen ihrem Wohn- und Arbeitsort fahren, und nach Überlandverkehr, bei dem zwischen benachbarten Orten täglich Geschäfte oder Transporte zu erledigen sind unter Rückkehr des Reisenden oder des Transportgefäßes zum ständigen Aufenthaltsort. Für ein individuell verwendbares Verkehrsmittel wie den Kraftwagen für Personen- und Güterverkehr liegt ein Einsatz im Nahverkehr vor, wenn der Kraftwagen nach einer Überlandfahrt am gleichen Tage zu seiner Heimatstation zurückkehrt.

Unter diesen Gesichtspunkten der örtlichen Gebundenheit der Übernachtung an den ständigen Aufenthaltsort erstreckt sich die Reichweite im Nahverkehr auf Entfernungen, die von der Beweglichkeit und der Reisegeschwindigkeit des Verkehrsmittels sowie von den Verkehrsgegenständen abhängen. Für den großstädtischen Berufsverkehr wird bei geteilter Arbeitszeit eine Reisezeit vom Wohnort zum Arbeitsort und umgekehrt von je 30 Minuten, bei ungeteilter Arbeitszeit von 45 Minuten als höchstzulässige Reisezeit anzusehen sein, da sie zu Lasten des Arbeitnehmers geht und außerhalb seiner vollen Dienstschicht liegt. Die hieraus sich ergebenden Entfernungen zwischen Wohn- und Arbeitsort sind aus Tabelle 11 ersichtlich. Die Verwendung mehr oder weniger leistungsfähiger großstädtischer Verkehrsmittel gestattet heute eine größte Entfernung von 20 bzw. 30 km zwischen Wohnung und Arbeitsstätte.

Die Grenze des Nahverkehrs in Form des Überlandverkehrs ist nach anderen Gesichtspunkten zu untersuchen und zu beurteilen. Unter der praktisch zulässigen Annahme, daß zur Erledigung von Geschäften in der Landschaft oder Nachbarschaft im Personenverkehr durchschnittlich $^1/_3$ des Tagewerks auf die Reise entfallen kann und im Güterverkehr das Ent- und Beladen eines Lastkraftwagens eine Fahrzeit von $3^1/_2$ Stunden für Stückgut und von 6 Stunden für Massengut am Tag gestattet, ergeben sich für Eisenbahnen, Kraftwagen und Luftverkehr die in der Tabelle ermittelten Reichweiten. Die Reisezeit im Überlandverkehr geht im allgemeinen zu Lasten des Arbeitgebers, fällt also in die Tagesschicht.

Im Durchschnitt dürften diese Entfernungen größenordnungsmäßig eine Grenze angeben, bis zu der ein von irgendeinem Ort ausgehender Nahverkehr zu rechnen und zu erwarten ist. Darüber hinaus würden die Verkehrsbeziehungen eines Orts im wesentlichen in das Gebiet des Fernverkehrs fallen.

Die Abgrenzung zwischen Nah- und Fernverkehr hat die verkehrswirtschaftliche große Bedeutung, daß das öffentliche Interesse am Verkehrswesen in bezug auf die Aufsicht räumlich zu trennen ist nach den Stellen für den allgemeinen und den für den örtlichen Verkehr. Welche Verkehrsmittel im Nahverkehr in erster Linie arbeiten, ergibt sich aus der Tabelle. Die sonstigen Verkehrsmittel dienen vorwiegend dem Fernverkehr.

Der Fernverkehr ist seinerseits wieder nach der Reichweite seiner Transporte und nach der Größe der Erschließung des Raums zu unterscheiden nach:
Landesverkehr oder innerstaatlichem Fernverkehr,
Kontinentalverkehr oder zwischenstaatlichem Fernverkehr,
und Interkontinental- oder Weltverkehr.

Tabelle 11. Beförderungsweite für Personen und Güter im Nahverkehr.

Verkehrsart	Zur Verfügung stehende Reisezeit in einer Richtung Min.		Reisegeschwindigkeit km/Std.	Mögliche Reiseentfernung vom ständigen Aufenthaltsort von Personen und Fahrzeugen in km	
1	2		3	4	
	Bei geteilter Arbeitszeit	Bei durchgehender Arbeitszeit		Bei geteilter Arbeitszeit	Bei durchgehender Arbeitszeit
I. Großstädtischer Verkehr					
Fußgänger	30	45	4	2,0	3,0
Straßenbahn oder Omnibus .	30	45	15	7,5	11,2
Innerstädtische Schnellbahn .	30	45	25	12,5	19,0
Vorortbahn	30	45	40	20,0	30,0
II. Überlandverkehr					
a) Personenverkehr[1]					
1. Öffentlicher Verkehr					
Omnibus	80		28	37,0	
Eisenbahn	80		40	53,0	
Luftverkehr	80		160	213,0	
2. Privater Verkehr					
Fußgänger	110		4	7,0	
Privatkraftwagen . . .	110		45	82,0	
Privatflugzeug	50[2]		150	125,0	
b) Güterverkehr					
1. Öffentlicher Verkehr					
Stückgutbeförderung (Lastkraftwagen) .	95		35	55,0	
2. Privater Verkehr					
Schüttgutbeförderung (Lastkraftwagen) .	185		25	77,0	

[1] Für den Personenverkehr ist davon ausgegangen, daß rund $1/3$ des Tagewerks auf Reise entfällt.

[2] Beim privaten Flugzeug muß der Besitzer eine betriebliche Vorbereitungszeit zum Zurichten des Flugzeugs von 30 Minuten vorsehen.

Der Landesverkehr erstreckt sich auf die großen Entfernungen zwischen den Siedlungen eines Landes. Der Kontinentalverkehr verbindet die Hauptwirtschafts- und Geschäftsgebiete mehrerer Länder eines Erdteils miteinander. Seine Reichweite richtet sich nach der räumlichen Ausdehnung der Länder und des Kontinents, sie liegt in Europa zwischen 800 und 1000 km. Der Weltverkehr ist zu unterteilen nach Transkontinental- und Transozeanverkehr. Der Transkontinentalverkehr geht über das gesamte Gebiet eines oder mehrerer Kontinente, der Transozeanverkehr über Ozeane. Ihre Reichweiten liegen zwischen 1000 und 6000 km.

3. Öffentlicher und privater Verkehr.

In verkehrswirtschaftlicher Hinsicht gliedert sich eine Verkehrsform weiterhin nach öffentlichem und privatem Verkehr. Die im öffentlichen Verkehr eingesetzten Verkehrsmittel stehen jedermann und jedem Wirtschaftszweig nach

Erfüllung bestimmter Beförderungsbedingungen zur Benutzung zur Verfügung. Die Beförderungsbedingungen beziehen sich auf die Höhe der Transportpreise und den Zustand des Transportguts. Während in bezug auf das Transportgut für alle Verkehrskunden die Bedingungen gleich sind, sind die Transportpreise je nach dem Charakter der Verkehrsmittel im Personenverkehr im allgemeinen ohne Unterschied der Person für die gleichen gebotenen Verkehrsleistungen gleich. Im Güterverkehr sind die Transportpreise dagegen zum Teil für jedermann gleich und zum Teil frei vereinbart oder verschieden. Das führt zu Unterschieden und Konflikten in der Verkehrswirtschaft, auf die in Abschnitt VII noch näher einzugehen ist.

Tabelle 12. Angebotene Verkehrsleistungen im öffentlichen und nicht öffentlichen Landverkehr Deutschlands und der Vereinigten Staaten von Amerika im Jahre 1930.

	Deutschland		Vereinigte Staaten von Amerika	
	Angebotene[1] Verkehrsleistung	%	Angebotene Verkehrsleistung	%
1	2	3	4	5
I. Personenverkehr				
a) Öffentliche Verkehrsmittel (Eisenbahnen, Straßenbahnen, öffentlicher Omnibus) . . . . Mill. Pkm	195020	85,3	585000	36,0
b) Nicht öffentliche Verkehrsmittel (privater Kraftwagen) . . . Mill. Pkm	33500	14,7	1040000	64,0
gesamt Mill. Pkm	228520	100,0	1625000	100,0
II. Güterverkehr				
a) Öffentliche Verkehrsmittel (Eisenbahnen, Lastkraftwagen) . Mill. tkm	135000	95,9	1785000	92,7
b) Nicht öffentliche Verkehrsmittel (privater Lastkraftwagen) . . Mill. tkm	5800	4,1	140000	7,3
gesamt Mill. tkm	140800	100,0	1925000	100,0

[1] Die angebotene Verkehrsleistung ist ermittelt aus dem Fassungsvermögen (Plätze) bzw. der Ladefähigkeit (Tonnen) der Fahrzeuge und dem jährlichen Laufweg in km.
Pkm = Platz-km; tkm = tkm Ladefähigkeit.

Die im nicht öffentlichen Verkehr eingesetzten Verkehrsmittel stehen lediglich dem Besitzer des Verkehrsmittels zur Verfügung für seine besonderen Verkehrszwecke. Die Allgemeinheit hat an ihnen kein unmittelbares Interesse. Zu den nicht öffentlichen Verkehrsmitteln rechnen u. a. die Zechenbahnen, Privatanschlüsse, private Personenkraftwagen und Flugzeuge sowie im Werksverkehr eingesetzte Lastkraftwagen und Schiffe. Alle anderen Verkehrsmittel dienen dem öffentlichen Verkehr. Es liegt im Sinne der Bedeutung und des Charakters des öffentlichen Verkehrs, daß seine Verkehrsmittel in erster Linie der Allgemeinheit dienen und daher von ihr besondere Förderung und Schutz erfahren, aber auch bestimmten Anforderungen in der Güte ihrer Verkehrsarbeit entsprechen müssen. Wie Tabelle 12 zeigt, überwiegen die im öffentlichen Verkehr angebotenen Verkehrsleistungen im Landverkehr Deutschlands bei weitem die im nichtöffentlichen oder privaten Verkehr angebotenen Leistungen. Der verhältnismäßig große Anteil der Arbeit der nicht öffentlichen Verkehrsmittel im Personenverkehr ist in erster Linie auf den individuell benutzbaren Kraftwagen zurückzuführen, der als Verkehrsmittel zum Eigenbesitz und damit zum Werkzeug eines ganz auf die persönlichen Wünsche des Besitzers abgestellten Verkehrs wurde. Aber auch im Güterverkehr hat der Lastkraftwagen in der Hand von Werken dem privaten Verkehr neue Möglichkeiten geschaffen.

4. Öffentliche und private Verkehrsbetriebe.

Nicht zu verwechseln mit dem öffentlichen und privaten Verkehr ist die Verkehrsform, die in organisatorischer Hinsicht besteht und die die Unternehmungsform eines Verkehrsmittels gliedert nach öffentlichen und privaten Verkehrsbetrieben. Bei der allgemeinen Bedeutung eines Verkehrsmittels für ein Land ist in zahlreichen Ländern von der öffentlichen Hand, Staat und Kommunen, der Bau und Betrieb von Verkehrsmitteln für den öffentlichen Verkehr übernommen worden. In diesen Fällen liegt ein öffentlicher Verkehrsbetrieb des Staats oder der Gemeinde vor. In anderen Ländern sind sie grundsätzlich der privaten Unternehmertätigkeit überlassen und daher im Besitz und Betrieb von privaten Gesellschaften.

Es wird in Abschnitt VI näher auf die Vorteile und Nachteile der beiden Unternehmungsformen und ihrer Kombinationen sowie auf ihre räumliche Verteilung eingegangen werden. An dieser Stelle ist nur zu erwähnen, daß die Individualisierung der Verkehrsmittel technisch die Ausbreitung der privaten Unternehmungsform im modernen öffentlichen Verkehrswesen erleichtert hat und die Struktur der Verkehrswirtschaft eines Landes in diesem Punkte zu verändern beginnt.

5. Planmäßiger und nicht planmäßiger Verkehr.

In den Beziehungen zwischen den Verkehrsmitteln und dem Verkehrskunden spielt die Verkehrsform eine besondere Rolle, die sich auf die Regelung der Verkehrsgelegenheiten oder auf den planmäßigen und nicht planmäßigen Verkehr bezieht. Der Verkehrskunde muß bei der Nachfrage nach Ortsveränderung von Verkehrsgegenständen vielfach besonderen Wert darauf legen, die Reise- oder Beförderungszeit in seine Arbeitsdisposition frühzeitig und richtig einzukalkulieren. Diesem Bedürfnis kommen die Verkehrsmittel dadurch entgegen, daß sie im Personen- und Güterverkehr planmäßig in bestimmten Zeitabständen liegende Fahrten auf weite Sicht vorsehen. Es liegt dann ein planmäßiger Verkehr vor. Bietet dagegen ein Verkehrsmittel seine Arbeit nur auf besondere Anforderung oder nach Bedarf an, so entsteht der nicht planmäßige Verkehr, der auch als Bedarfs- oder Gelegenheitsverkehr bezeichnet wird. Die Verkehrsbetriebe müssen bei der Einrichtung einer dieser beiden Verkehrsformen Rücksicht auf einen möglichst wirtschaftlichen Betrieb nehmen.

Die Planmäßigkeit der Verkehrsgelegenheiten wird vor allem im öffentlichen Personenverkehr überall dort gewünscht, wo starke Verkehrsströme wie beispielsweise in den Großstädten zu bewältigen sind, und wo große Entfernungen in möglichst kurzer Zeit zu überbrücken sind, da hierfür der Verkehrskunde in erster Linie vorher über Größe und Lage der Reisezeit unterrichtet sein will. Aber auch im Güterverkehr ist überall dort planmäßige Bedienung vorgesehen, wo große Entfernungen im schnellen Transport zu überwinden sind. Verkehrsmittel, die vorwiegend der Beförderung von Massengut, das im allgemeinen auf schnelle Beförderung keinen Wert legt, dienen, wie beispielsweise die Binnen- und Seeschiffahrt, bieten ihre Verkehrsleistungen in mehr oder weniger nicht planmäßigem Verkehr an. Je geringer die Entfernungen des Transports sind, um so mehr überwiegt bei ihnen der nicht planmäßige Verkehr, so z. B. bei der Binnenschiffahrt und bei der Küstenschiffahrt. Je weiter aber die Verkehrsgegenstände zu befördern sind, und bei kombiniertem Transport von Personen und Gütern wie beispielsweise in der Überseeschiffahrt, ist der planmäßige oder Linienverkehr vorherrschend.

Über den Stand der im planmäßigen und nicht planmäßigen Verkehr von den allgemeinen Verkehrsmitteln angebotenen Verkehrsleistungen gibt größenordnungsmäßig Tabelle 13 einen Anhalt. Sie zeigt, daß auch hier der Kraftwagen infolge seiner betrieblich einfachen Benutzung den Verkehrskunden in starkem Maße von der Bindung an planmäßige Reisezeiten frei gemacht hat und ihm ermöglicht, jederzeit nach Bedarf eine Ortsveränderung von Verkehrsgegenständen vorzunehmen.

Tabelle 13. Anteil des planmäßigen und nicht planmäßigen Verkehrs am Gesamtverkehr bei den einzelnen Verkehrsmitteln.

I. Seeverkehr der Welt nach der eingesetzten Tonnage.

	Überseeschiffahrt (1924)	Küstenschiffahrt (Ostsee 1930)
1	2	3
Linienschiffahrt	72%	33%
Trampschiffahrt	28%	67%

II. Binnenverkehr Deutschlands nach den angebotenen Platz- und Tonnenkilometern 1930[1].

A. Personenverkehr.

	Eisenbahnverkehr	Kraftwagenverkehr	Luftverkehr[2]
1	2	3	4
Planmäßig	99%	15%	90%
Nicht planmäßig	1%	85%	10%

B. Güterverkehr.

	Eisenbahnverkehr	Binnenschiffahrt	Lastkraftwagenverkehr	Luftverkehr
1	2	3	4	5
Planmäßig	97%	7%	1%	99%
Nicht planmäßig	3%	93%	99%	1%

[1] Für die Ermittlung siehe Bemerkung auf Tab. 12.
[2] Hier ist der Bedarfs-, Sport- und Reiseluftverkehr als nicht planmäßig aufgenommen.

Es liegt zweifellos vor allem im Personenverkehr, der bisher straffer Planmäßigkeit unterworfen war, eine gewisse Neigung zum Ausbau des nicht planmäßigen oder Gelegenheitsverkehrs vor. Sie ist in erster Linie genährt worden durch die zunehmende Verwendung von Verkehrsmitteln, die wie der Kraftwagen einer besonderen Betriebsorganisation nicht bedürfen und daher einfach in der Betriebsführung sind. Es konnte sich allmählich eine heute immer mehr in den Vordergrund tretende Verkehrsform, die Touristik, entwickeln. Bei ihr bereiten besondere Verkehrsbüros Sonder- und Gelegenheitsfahrten im Personenverkehr vor, die dem Reisenden jede Mühe für die Vorbereitung und Durchführung seiner Reise einschließlich Verpflegung und Unterkunft abnehmen. Der Güterverkehr wird kaum von dieser neuen Entwicklung berührt werden. Nach dem Beispiel des Kraftwagens wendet sich auch die Eisenbahn in zunehmendem, wenn auch in keiner Weise ausschlaggebendem Maße der Förderung dieses Gelegenheitsverkehrs zu. In der Luftfahrt erhofft man bei der großen Freiheit des Luftraums eine starke Entwicklung der Lufttouristik. Die Motive zu dieser Abkehr vom planmäßigen Verkehr liegen zweifellos in dem Gefühl, sich seinen Weg und nicht allein sein Ziel aussuchen zu können und damit die Überzeugung einer gewissen Freiheit im Orts- und Umgebungswechsel zu haben. In der Gewährung von Pauschalsummen für Fahrt, Verpflegung und Aufenthalt liegt ein Maß von Bequemlichkeit für den Reisenden der Städte wie des Landes, das sehr verkehrswerbend wirkt.

III. Das Verkehrsbild im heutigen Verkehrswesen.

Einführung.

Das Verkehrsbild im heutigen Verkehrswesen kennzeichnet die auf die heutige Zeit bezogene statische Lage der Verkehrsbedürfnisse und ihrer Befriedigung durch die Verkehrsmittel. Es muß, wenn es sprechen und die Wesenszüge des heutigen Verkehrslebens nach Sinn und Zweck wiedergeben soll, möglichst die Quellen und Ströme der drei Hauptverkehrsarten, Personen-, Güter- und Nachrichtenverkehr, nach Größe und Richtung zeigen. Die Quellen trägt die Erde dort, wo lebendiges Menschenleben pulsiert und nach weitgehender Arbeitsteilung in der Güterherstellung und Güterversorgung strebt. Die Ströme verbinden die Quellen zu fruchtbarem Ausgleich ihrer zusammenstrebenden rationalen und irrationalen Kräfte.

Der Raum ist, wie das menschliche Leben, das Feld aller Quellen und Ströme des Verkehrs. Seine Lebensfülle ist um so größer, je stärker sie fließen und je vollkommener die Verkehrsverbindungen sind. Das Verkehrsbild muß in den Raum gesetzt werden, wenn die Verkehrsarbeit aus den räumlich verteilten wirtschaftlichen Kräften und ihren zeitlichen Entfernungen erklärt und plastisch das Zusammenspiel zwischen den Verkehrsbedürfnissen und den Verkehrsmitteln offenbart werden soll.

Jedes Verkehrsbild einer Zeit hat seine charakteristischen Züge, die gezeichnet werden durch die Bedeutung des Verkehrs im Dienste der Volks- und Weltwirtschaft, durch das auf- und absteigende Wirtschaftsleben und durch den Entwicklungsstand der Verkehrsmittel. Um sie für das heutige Verkehrswesen richtig zu erfassen, ist von einem bestimmten Wirtschaftszustand auszugehen, der gleichsam den Grundton für das Verkehrsbild abgibt, aus dem der Verkehr als Kind und Ausdruck bestimmter wirtschaftlicher Verhältnisse in seinen mit ihnen harmonierenden Farben und Linien herauswächst. Diese Farben und Linien werden Aufschluß geben müssen über alle Wesenszüge, die als charakteristisch für den Verkehr anzusehen sind. Hierzu gehören die räumliche Verteilung der Verkehrsbedürfnisse, die Befriedigung der Verkehrsbedürfnisse durch die verschiedenen Verkehrsmittel in technischer und verkehrlicher Hinsicht, die Beteiligung des Menschen an der Verkehrsarbeit sowie die organisatorischen, finanziellen und volkswirtschaftlichen Ergebnisse der Verkehrsarbeit. Diese Wesenszüge stellen die immer wieder maßgebenden Grundlagen für die Beurteilung der Art und Größe der Nachfrage und des Angebots im Verkehrsleben einer bestimmten Zeit dar. Im Vergleich mit dem Verkehrsbild anderer Zeiten kann auf diese Weise die stets starke Dynamik im Verkehrswesen in Vergangenheit, Gegenwart und Zukunft untersucht und gedeutet werden. Jede Untersuchung über Verkehrsfragen und Verkehrsprojekte wird diesen Wesenszügen nachgehen und ihren für den Untersuchungsfall typischen Charakter ergründen müssen. So wird das Verkehrsbild der Ausdruck eines lebendigen Organismus, der das menschliche Gesellschaftsleben und den Verkehr lebenswahr und natürlich zusammenfügt.

Für das Verkehrsbild des heutigen Verkehrswesens wurde ein Wirtschaftszustand gewählt, der abgesetzt ist von der Zeit wirtschaftlicher Hochspannung in den Jahren 1927 bis 1929 und von der Zeit wirtschaftlichen Tiefstands in den Jahren 1931 bis 1933 und der den Übergangszustand zwischen beiden Perioden darstellt. Als solcher kann er bis zu einem gewissen Grade als Normalzustand angesehen werden. Als Grundjahr für den wirtschaftlichen Zustand ist daher das Jahr 1930 gewählt und auf dieses Jahr das Verkehrsbild in der Hauptsache bezogen. So besteht die Gewähr, daß keine ungewöhnlichen Einflüsse den Charakter und die Lage des Verkehrs stören und daß das Verkehrsbild der Ausdruck eines harmonischen Ausgleichs zwischen Wirtschaft und Verkehr ist.

Die Unterschiede zwischen der Hochkonjunktur 1929 und dem Tiefstand 1933 waren allerdings gewaltig. In den 4 Jahren des Rückgangs des Welthandels büßten fast alle wirtschaftsstarken Länder Europas und Amerikas rund 50% ihres Handelsumsatzes vom Jahr 1929 ein, wobei das Jahr 1930 mit rund 20% unter dem Jahr 1929 stand und in dem gleichen Jahr die Hauptverkehrsmittel einen Verkehrsrückgang von 15—25% gegenüber 1929 aufwiesen. Diese wirtschaftliche und verkehrliche Charakteristik des Jahres 1930 wird bei der Beurteilung und der Auswertung des Verkehrsbilds von 1930 stets berücksichtigt werden müssen, allerdings mit der wohl berechtigten Maßgabe, daß in absehbarer Zeit der Zustand von 1930 als ein normaler und verkehrswirtschaftlich ausgeglichener Zustand erreicht werden wird. Wie war in diesem Standardjahr das Verkehrsbild in räumlicher, technischer, verkehrlicher, personeller, organisatorischer, finanzieller und volkswirtschaftlicher Hinsicht gelagert und welche Aufschlüsse gibt es ganz allgemein für die Grundlagen der Verkehrswirtschaft?

1. Das Verkehrsbild in räumlicher Hinsicht.

a) Nahverkehr.

Das Verkehrsbild in räumlicher Hinsicht soll Aufschluß geben über die Verteilung der Verkehrsquellen oder -bedürfnisse und die Stärke und Richtung der Verkehrsströme. Seine Unterteilung nach Nah- und Fernverkehr entspricht der räumlichen Verkehrsform und erfaßt am besten die Beziehungen zwischen Volkswirtschaft und Weltwirtschaft einerseits und dem Verkehr andererseits.

Der großstädtische Personenverkehr setzt sich zusammen aus dem allgemeinen Verkehr, der dem Geschäftsleben und der Familienwirtschaft dient, und dem Berufsverkehr, der sich aus der Trennung zwischen Wohn- und Arbeitsstätte ergibt. Der Berufsverkehr erzeugt wegen der verhältnismäßig großen Entfernung der Wohnstätten von den im Zentrum der Stadt gelegenen Arbeitsstätten den weiträumigsten Verkehr einer Großstadt. Ihr Verkehrsnetz muß diesen in der Umgebung der Großstadt liegenden Verkehrsquellen um so stärker nachgehen, je größer die Zahl der außerhalb wohnenden Berufstätigen ist und je mehr die Großstadt auf deren Arbeitskraft angewiesen ist. Dieser Austausch der Arbeitskräfte vollzieht sich täglich oder wöchentlich in einer sogenannten Pendelwanderung zwischen Arbeits- und Wohnort. Ihre Größe kann durch geeignete Betriebszählungen ermittelt und damit zur Grundlage für die Ausbildung der Verkehrsbedienung werden.

Für eine Großstadt von 410000 Einwohnern, Landeshauptstadt mit starkem Geschäftsleben und hochentwickelter Fertigwarenindustrie ist diese Pendelwanderung für den Berufsverkehr in Abb. 16 dargestellt. Der aus diesem

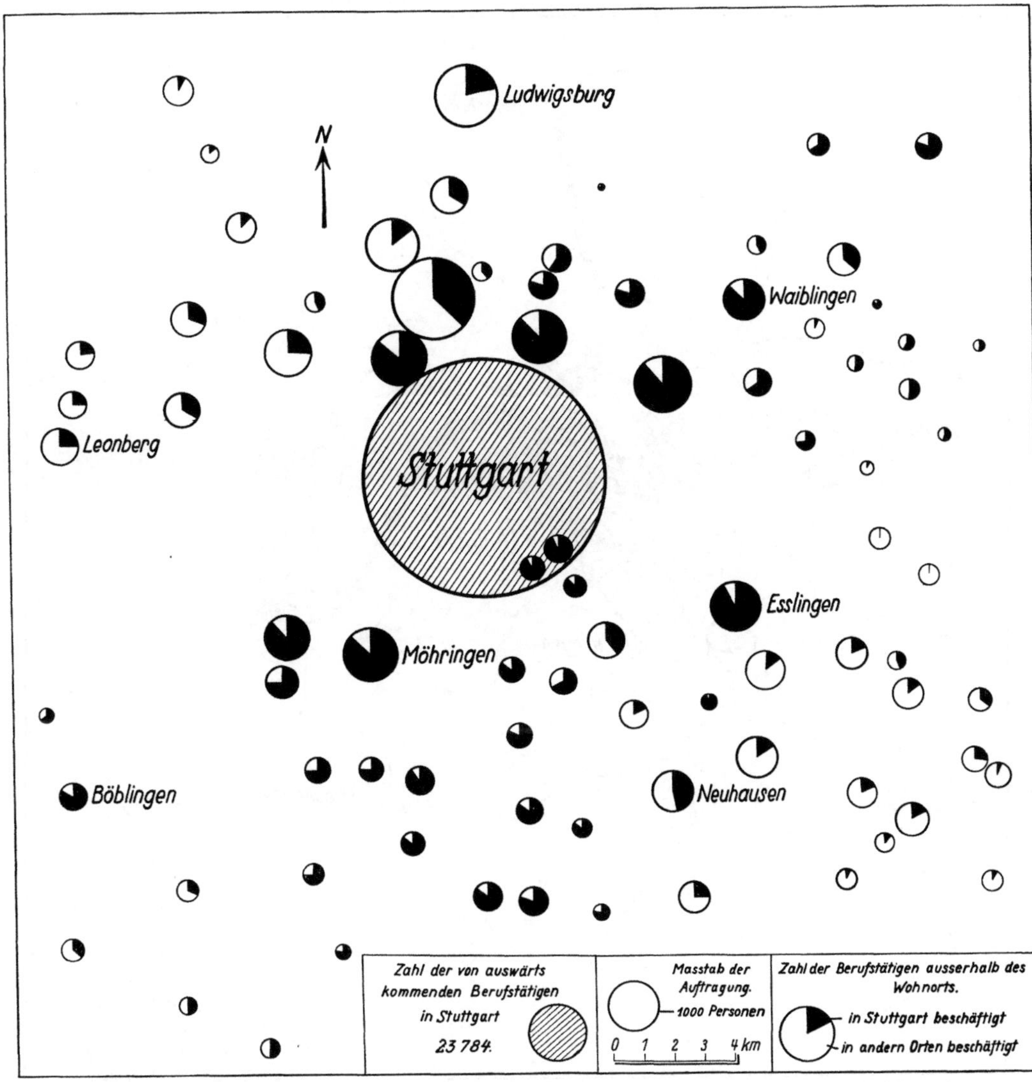

Abb. 16. Pendelwanderung der Berufstätigen nach Stuttgart als Arbeitsort aus Nachbarorten im Jahre 1930.

Berufsverkehr sich ergebende Anteil des Gesamtverkehrs auf den vorhandenen Straßen- und Vorortbahnen beträgt ungefähr 40%, während 60% auf den allgemeinen großstädtischen Verkehr entfallen. Die zugehörigen Verkehrsströme zeigt Abb. 17 (s. S. 54). Sie sind in der Umgebung der Stadt dort am stärksten, wo die Pendelwanderung am größten ist, im Innern der Stadt dort, wo der stärkste Geschäftsverkehr sich am Tage abspielt. Das Verkehrsbild zeigt darüber hinaus eine eigenartige Struktur infolge der topographischen Gestaltung des Stadtgeländes. Es sind Höhenunterschiede von 150—200 m vorhanden. Auf den tief gelegenen Geländeflächen pulsiert das stärkste wirtschaftliche Leben. Das hoch gelegene Gelände ist infolge der vielfach starken Hangneigungen sehr uneinheitlich besiedelt. So erklärt es sich, daß die stärksten Verkehrsströme den Tälern

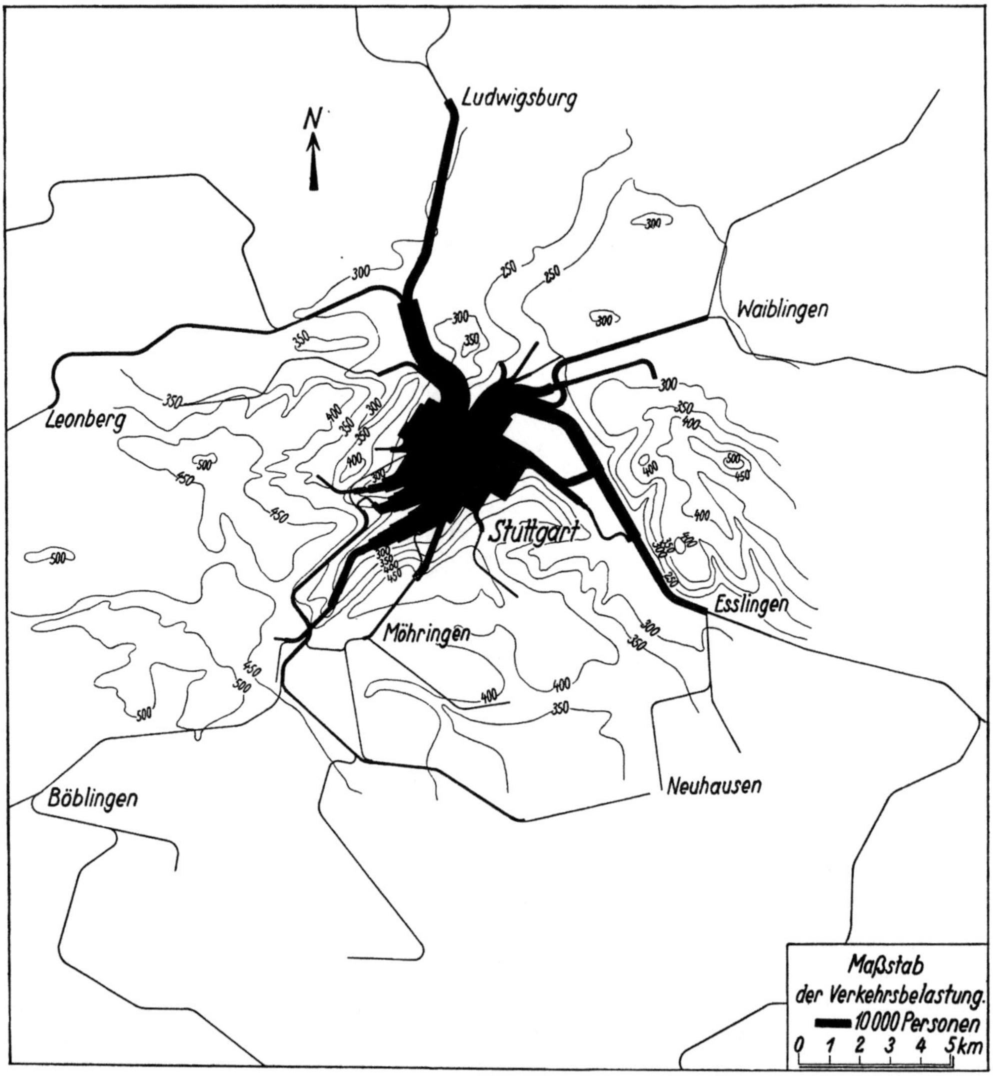

Abb. 17. Tägliche Verkehrsströme in beiden Richtungen im großstädtischen Verkehr im Hügelland in Stuttgart im Jahre 1930.

folgen, sie laufen im Zentrum der Stadt zusammen und bilden dort Verkehrsknotenpunkte und Zusammenballungen erster Ordnung. Die Oberflächengestaltung des Stadtgeländes stellt an die zweckmäßige Bedienung der Verkehrsbedürfnisse und an die Anlage der Verkehrswege die höchsten Anforderungen.

Grundsätzlich anders ist demgegenüber das Verkehrsbild einer Großstadt im ebenen Gelände, wie es in Abb. 18 für den Straßenbahnverkehr Berlins dargestellt ist. Der von der Natur kaum gehemmten gleichmäßigen Ausweitung

Abb. 18. Tägliche Verkehrsströme in beiden Richtungen im großstädtischen Verkehr auf der Straßenbahn im Flachland in Berlin im Jahre 1929.

des Siedlungskerns des Zentrums der Stadt nach allen Seiten entspricht das Bild der Verkehrsströme von großer flächenhafter Gleichmäßigkeit. Gewiß gibt es auch hier Verkehrsknotenpunkte ersten Ranges, aber sie können durch das einheitliche

Straßennetz weitgehend aufgelockert werden. Die Abnahme der Stärke der Verkehrsströme mit der Entfernung vom Stadtmittelpunkt ist viel allmählicher als im ersten Bild und fast nach allen Seiten gleichmäßig bis zum Ende der Reichweite der Straßenbahnen.

Beide Darstellungen des großstädtischen Verkehrsbilds charakterisieren die Aufgabe des Nahverkehrs als Träger der Bewegung, die in den Siedlungen die Ortsveränderungen der Menschen im Geschäfts- und Berufsleben hervorruft und die sich stets zwischen den Außenbezirken und dem Zentrum sowie im Innern der Großstadt selbst vollzieht.

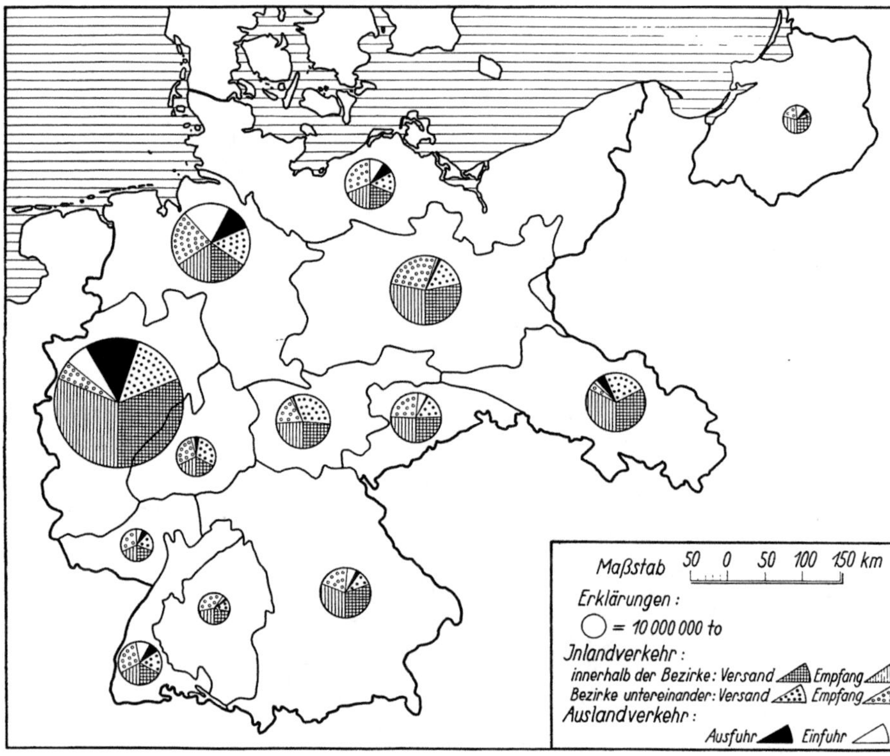

Abb. 19. Verkehrsaufkommen für Güter im Landverkehr Deutschlands auf Eisenbahnen und Wasserstraßen im Jahre 1930.

b) Fernverkehr.

Die Quellen und Ströme des Fernverkehrs liegen im Landes-, Kontinental- und Weltverkehr. Während die Quellen sich übersichtlich erfassen und darstellen lassen, ist es technisch sehr schwierig, auch die Ströme für ein größeres Land oder auch einen Kontinent zu veranschaulichen, vielfach aber auch statistisch heute noch unmöglich. Deshalb konnte im Fernverkehr in der Hauptsache das Verkehrsbild nur nach den Verkehrsquellen orientiert und lediglich in einigen Beziehungen auch das Bild der Verkehrsströme gezeigt werden. Es wurde ferner in erster Linie der Güterverkehr erfaßt, da er die Grundzüge des Verkehrsbilds im Fernverkehr bestimmt, denen auch im allgemeinen der Personen- und Nachrichtenverkehr nach Stärke und Richtung folgt.

Das Verkehrsbild im **Güterverkehr eines Landes** stellt Abb. 19 (s. S. 56) für die deutsche Volkswirtschaft und ihr Gebiet dar. Deutschland ist in Bezirke

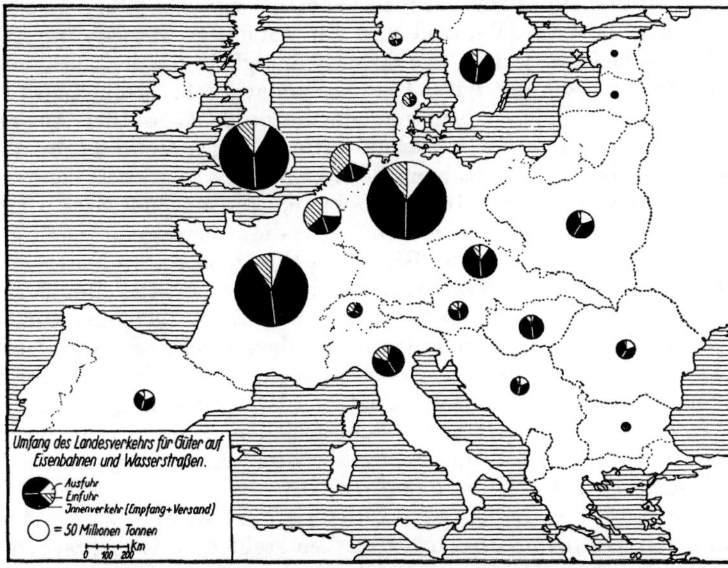

Abb. 20. Verkehrsaufkommen im Landverkehr Europas nach Menge der auf Eisenbahnen und Wasserstraßen beförderten Güter im Jahre 1930.

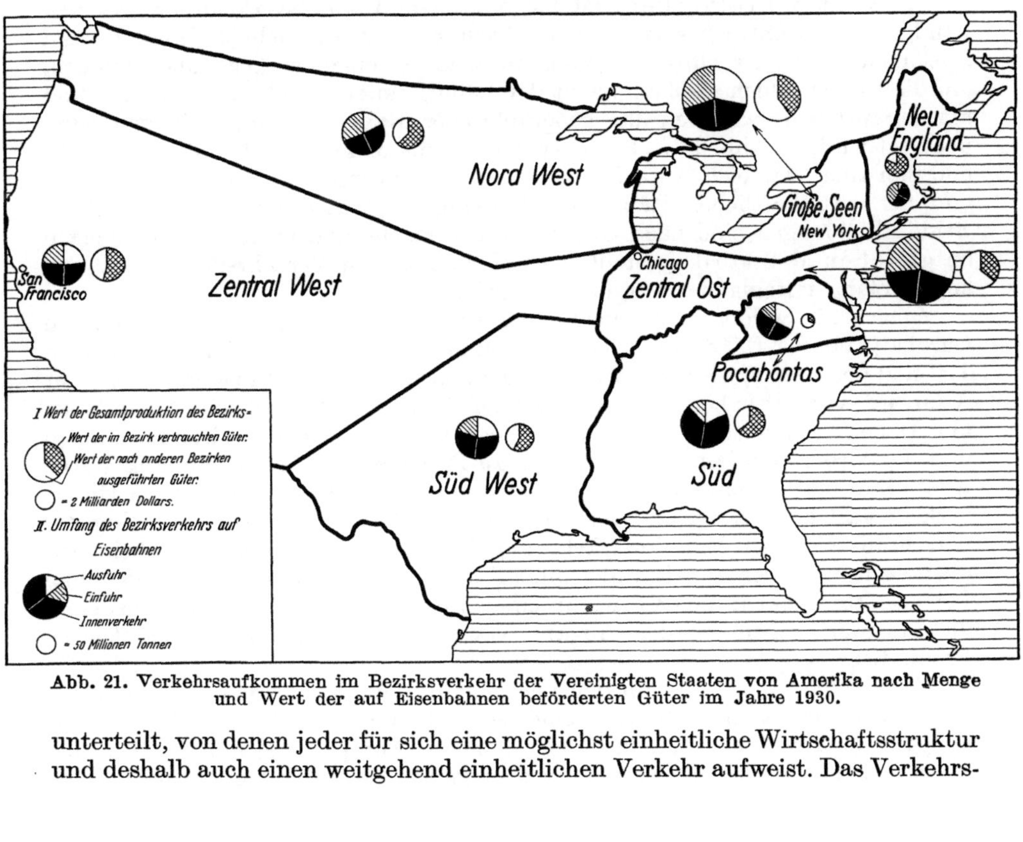

Abb. 21. Verkehrsaufkommen im Bezirksverkehr der Vereinigten Staaten von Amerika nach Menge und Wert der auf Eisenbahnen beförderten Güter im Jahre 1930.

unterteilt, von denen jeder für sich eine möglichst einheitliche Wirtschaftsstruktur und deshalb auch einen weitgehend einheitlichen Verkehr aufweist. Das Verkehrsbild ist aufgestellt für den Inlands- und Auslandsverkehr der Bezirke, wobei unter Inland Deutschland zu verstehen ist. Für jeden Bezirk ist aber nun weiter der Inlandsverkehr unterteilt nach Verkehr (Versand und Empfang) innerhalb der Bezirke und nach Verkehr (Versand und Empfang) der Bezirke untereinander, so daß das Eigenleben der Bezirke und ihre Abhängigkeit von den übrigen Bezirken Deutschlands in Erscheinung tritt. Der Auslandsverkehr erscheint in der Darstellung fast nur in den Grenzbezirken, da die große Masse der Auslandsgüter als solche erst in diesen statistisch erfaßt wird. Die Darstellung gibt also nicht den Auslandsverkehr jedes einzelnen Bezirks an.

Die rein landwirtschaftlichen Gebiete, wie beispielsweise Ostpreußen, weisen den geringsten Güterverkehr auf, die vorwiegend industriellen Gebiete, wie beispielsweise das Rheinisch-Westfälische Industriegebiet und Sachsen, den größten Güterverkehr. Die Gebiete hochentwickelter Fertigwarenindustrie, die wie in Süddeutschland und in den Küstengebieten zum Teil mit hochwertiger Landwirtschaft durchsetzt sind, haben durchweg stärkeren Empfang als Versand von Gütern. In den Rohstoffgebieten, wie dem Rheinisch-Westfälischen und Mitteldeutschen Gebiet, ist das Verhältnis umgekehrt. Die Rohstoffe wie Kohle, Düngemittel und Baumaterialien sind im Güterverkehrsbild das Schwer- und Massengut, die Fertigfabrikate das Leichtgut. Es liegt in diesem grundsätzlichen Unterschied der Bezirke im Empfang und Versand der Güter eine klare Abhängigkeit der Bezirke der deutschen Volkswirtschaft voneinander. Sie stellt eine verkehrswirtschaftlich wichtige Tatsache dar, da den ungleich starken Verkehrsströmen, die einen Verkehrsbezirk berühren, sich auch die Verkehrsmittel anpassen müssen.

Der Kontinentalverkehr setzt sich aus dem Auslandsverkehr der einzelnen Länder eines Kontinents zusammen. Auch hier ist es wichtig, Inlands- und Auslandsverkehr der einzelnen Volkswirtschaften einander gegenüberzustellen, um die wirtschaftliche Abhängigkeit der Länder untereinander zu erkennen und um festzustellen, wie weit ihr geographischer Raum von ihrem Lebensraum überragt wird. In Abb. 20 (s. S. 57) ist für Europa dieses Verkehrsbild dargestellt und ihm zum Vergleich Abb. 21 (s. S. 57) gegenübergestellt, die das Verkehrsbild der wirtschaftlichen Räume der Vereinigten Staaten von Amerika enthält. Beide Abbildungen sind nach geographischer Fläche und nach Verkehrsmengen im gleichen Maßstab dargestellt, so daß unmittelbar Verkehrsfläche und Verkehrsumfang miteinander verglichen werden können.

Zunächst ist wieder entsprechend dem früher behandelten Wirtschaftsbild von Europa (Abb. 4 s. S. 18) die Zusammenballung der Verkehrsquellen im mittleren Teil und der geringe Verkehr in den europäischen Randstaaten zu erkennen. Der Auslandsverkehr beträgt bei fast allen Staaten außer Belgien, Niederlande und Dänemark nur einen geringen Bruchteil des Inlandverkehrs. Belgien und die Niederlande sind im Vergleich zu ihrem kleinen Gebietsumfang starke Aus-, Ein- und Durchfuhrländer für Rohstoffe, die das Verkehrsbild im Güterverkehr stark auf den Auslandsverkehr stellen. Während in Deutschland, England und Frankreich der Einfuhrverkehr ungefähr gleich dem Ausfuhrverkehr ist, überwiegt in Italien die Einfuhr infolge der starken Zufuhr von Kohlen und Lebensmitteln und in Polen sowie in einigen landwirtschaftlichen Balkanstaaten die Ausfuhr wegen starker Abgabe von Kohlen oder landwirtschaftlichen Produkten.

Vergleichen wir Europa mit den Vereinigten Staaten von Amerika, die 1,2mal größer als Europa ohne Rußland sind, so fällt, wenn wir die Bezirke der Vereinigten Staaten von Amerika den Ländern Europas gegenüberstellen, der wesentlich höhere Anteil der aus- und eingeführten Güter am Gesamtverkehr der amerikanischen Bezirke auf, ein Zeichen, daß die wirtschaftliche Abhängigkeit der amerikanischen Bezirke untereinander wesentlich größer ist als die der europäischen Staaten. Die große politische Einheit der Vereinigten Staaten von Amerika verursacht auf großem Raum einen Arbeitsausgleich innerhalb der amerikanischen Volkswirtschaft, wie er auf dem politischen Schachbrett Europas mit seinen zahlreichen Zollschranken nicht entstehen

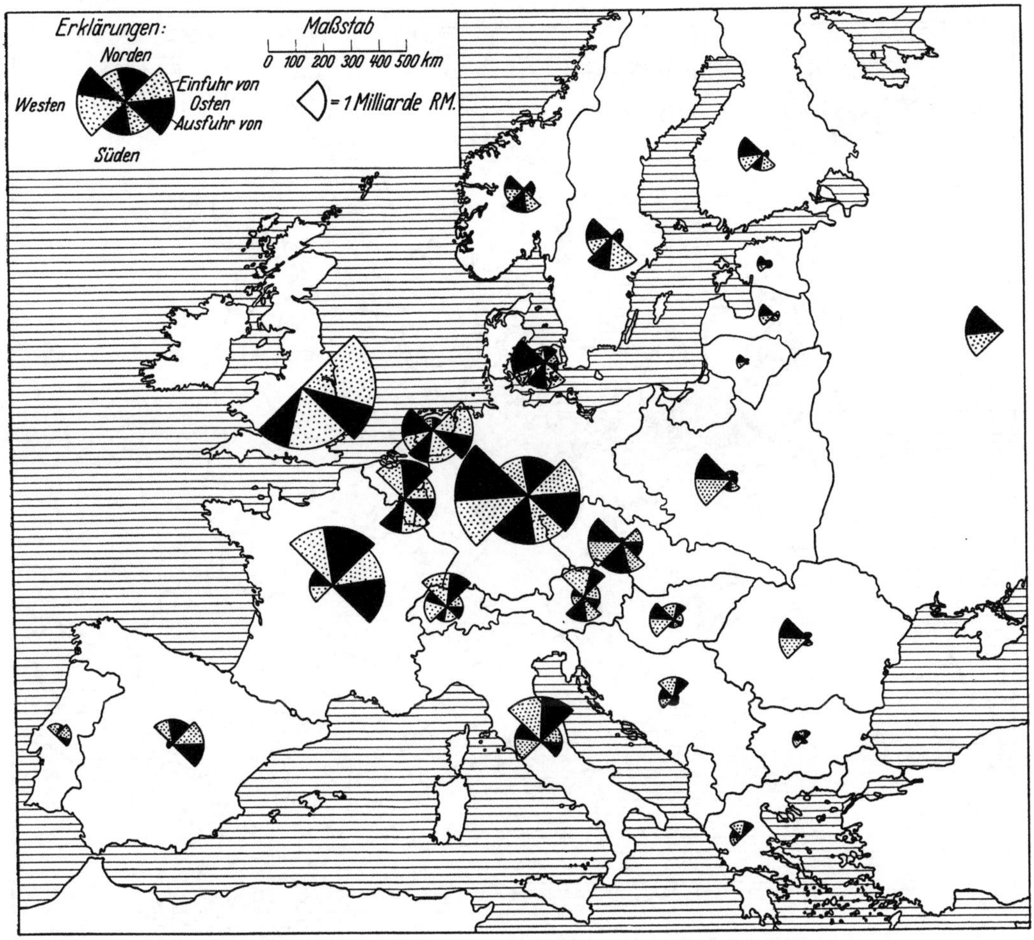

Abb. 22. Verkehrsrichtung der Länder im gegenseitigen Verkehr der einzelnen Länder Europas nach dem Wert der beförderten Güter im Jahre 1928.

konnte. Gewiß sind die Bodenschätze in Amerika ungleichmäßiger verteilt als in Europa, so daß sich ein starker Verkehr auf große Entfernungen entwickeln mußte, aber das allein kann die weitgehende Arbeitsteilung in den Vereinigten Staaten von Amerika gegenüber Europa nicht erklären, sondern die Erklärung liegt wohl in erster Linie darin, daß, je größer die politische Einheit, um so weiträumiger und stärker auch die Verkehrswirtschaft am Ausgleich der wirtschaftlichen Kräfte eines Landes beteiligt ist. Die in Abb. 21 noch enthaltenen Angaben über den Wert der im Innen- und Außenverkehr der Bezirke beförderten Güter zeigt das Verhältnis des Werts zur beförderten Gütermenge. Es ist besonders charakteristisch für den Bezirk Pocahontas, das Ruhrgebiet der Vereinigten Staaten von Amerika, und Neuengland, den Bezirk hochentwickelter Fertigwarenindustrie. Für Europa ist ein ähnlicher Vergleich wegen Mangel an zuverlässigen statistischen Unterlagen nicht möglich.

Die bisher behandelten Verkehrsquellen und -mengen des europäischen Kontinentalverkehrs sagen nichts aus über die Richtung des Verkehrs oder die Verkehrsströme. Hierzu fehlen genügend genaue statistische Unterlagen, dagegen

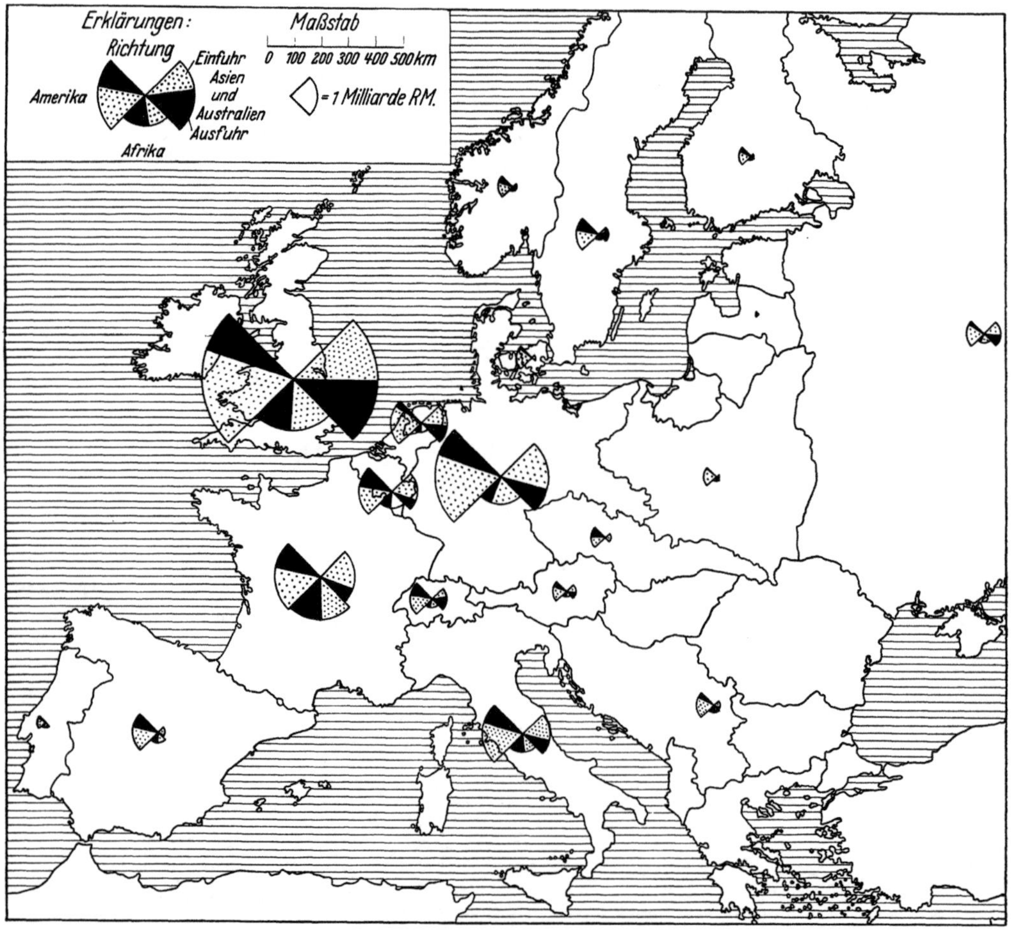

Abb. 23. Verkehrsrichtung der Länder Europas im Verkehr mit den übrigen Erdteilen nach dem Wert der beförderten Güter im Jahre 1928.

läßt sich größenordnungsmäßig das europäische Verkehrsbild nach Verkehrsströmen gliedern auf Grund des Werts des Außenhandels der verschiedenen europäischen Länder untereinander und mit fremden Erdteilen. Für den Außenhandelsverkehr der europäischen Länder untereinander zeigt Abb. 22 (s. S. 59), mit fremden Erdteilen Abb. 23 das Verkehrsbild. Jedes Land hat vier gleiche Kreissektoren oder Handelsfenster, die nach den vier Himmelsrichtungen orientiert sind. Alle Länder, die ganz oder vorwiegend zwischen den Außenstrahlen eines Sektors liegen, sind in das Aus- und Einfuhrbild des betreffenden Sektors aufgenommen.

Die Abb. 22 zeigt in aufschlußreicher Weise die Hauptauslandsbeziehungen der verschiedenen Länder in Europa, besonders charakteristisch für Deutschland,

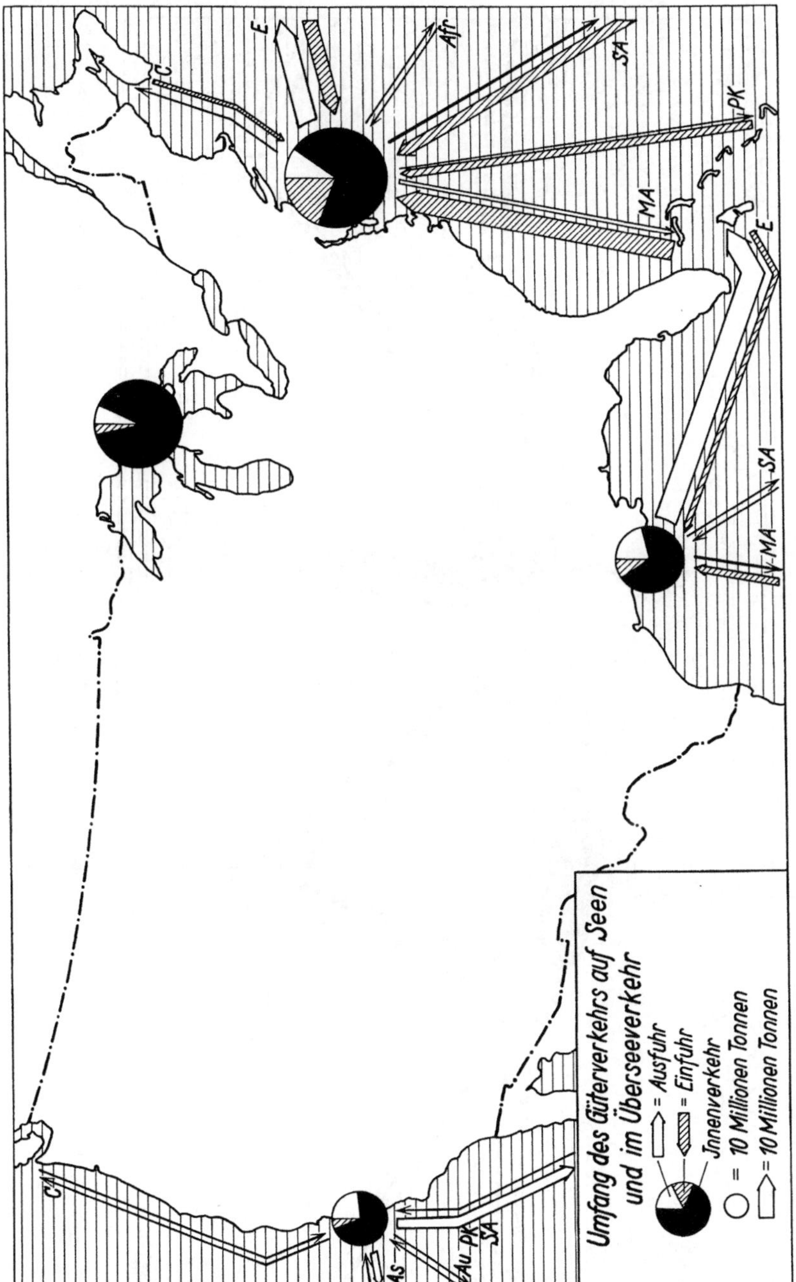

Abb. 24. Ausgangspunkte und Verkehrsströme des Weltverkehrs der Vereinigten Staaten von Amerika im Jahre 1930.

das als einziges Land nach allen Seiten seinen Außenhandel ausstrahlt auf Grund seiner europäischen Mittellage. Sein Verkehrsnetz muß also nach allen Seiten den Richtungen des Handelsverkehrs gerecht werden. Völlig einseitig ist England und auch im wesentlichen Frankreich orientiert. Alle Länder aber zeigen stark nach Mitteleuropa gerichtete Handelssektoren.

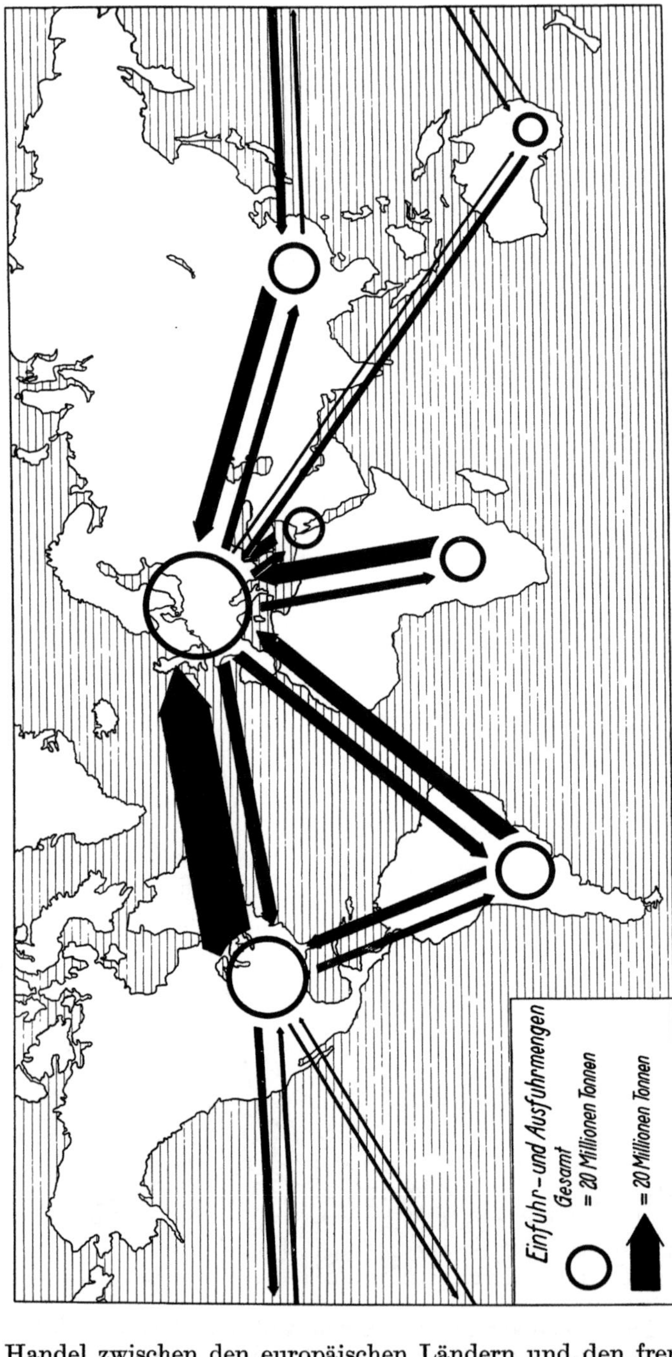

Abb. 25. Verkehrsströme aus Gütern zwischen den wirtschaftlichen Aktionszentren der Erde, getrennt nach Ein- und Ausfuhr im Jahre 1925.

Im Handel zwischen den europäischen Ländern und den fremden Erdteilen ist nach Abb. 23 die Hauptrichtung Ost—West und West—Ost. Sie ist in erster Linie bestimmt von der Lage und Bedeutung der wirtschaftlichen Aktionszentren Nordamerika und Südostasien. Der Ausbau des Überseeverkehrs über den Atlantik und den Suezkanal folgt dieser Struktur der Handelsbeziehungen. Seine Ausgangspunkte sind die verkehrsgeographisch besonders günstig gelagerten Häfen, die unter starker Zusammenfassung des Überseeverkehrs nur in geringer Zahl an der atlantischen Seite entstanden sind. Der Überseeverkehr kann in dieser Konzentration höchste Leistungsfähigkeit und Wirtschaftlichkeit entfalten und den Binnenverkehrsmitteln sowie dem Küstenverkehr die Unterverteilung der Güter zu den einzelnen Siedlungen der Länder und Erdteile überlassen. Abb. 24 (s. S. 61) zeigt für Nordamerika die dominierende Stellung der Häfen am atlantischen Ozean und die von ihnen nach allen Richtungen ausstrahlenden Verkehrsströme nach Mittel- und Südamerika und anderen Erdteilen.

Im Interkontinental- und Weltverkehr zeigen Abb. 25 (s. S. 62) und Tabelle 14 die Güterverkehrsströme zwischen den wirtschaftlichen Aktionszentren der Erde im Hin- und Rückstrom, soweit sie 300000 t im Jahr überschreiten. Nach Europa laufen von allen Erdteilen die gewaltigen Ströme an Rohstoffen, vor allen Dingen an Getreide, und von Europa die mengenmäßig schwachen Ströme der Fertig- und Halbfabrikate. Eine starke Unparigkeit ergibt sich hieraus für die Überseeschiffahrt, die keine gleiche Auslastung in Hin- und Rückfahrt zwischen Europa und anderen Erdteilen erzielen kann. Diese verkehrstechnisch ungünstige Ungleichheit kann allerdings verkehrswirtschaftlich über den Weg der Einnahmen bis zu einem gewissen Grade ausgeglichen werden, da für die hochwertigen Fertigfabrikate höhere Frachtpreise als für die Rohstoffe verlangt werden können. Der Atlantische Ozean trägt den Hauptteil des Überseegüterverkehrs. Seine geringe Breite und dabei große Längenausdehnung begünstigt das Zusammenwachsen und das Zusammenarbeiten der an ihm liegenden bedeutendsten wirtschaftlichen Aktionszentren der Erde.

Tabelle 14. Verkehrsströme aus Gütern zwischen den wirtschaftlichen Aktionszentren der Erde im Jahre 1925. (In Millionen Tonnen.)

Von \ Nach	Europa	Nord-amerika	Süd-amerika	Afrika	West-asien	Südost-asien	Australien	Ausfuhr-summen
1	2	3	4	5	6	7	8	9
Europa	—	8,88	9,46	6,01	5,93	5,84	1,45	37,57
Nordamerika	33,38	—	4,76	0,71	0,77	5,07	1,95	46,64
Südamerika	11,51	7,37	—	0,12	0,15	0,07	0,07	19,29
Afrika	12,42	0,50	0,02	—	1,25	0,41	0,01	14,61
Westasien	7,52	0,61	0,04	0,04	—	0,17	0,02	8,40
Südostasien	11,80	2,30	0,18	0,21	1,30	—	0,78	16,57
Australien	4,42	1,25	0,05	0,27	0,21	0,54	—	6,74
Einfuhrsummen	81,05	20,91	14,51	7,36	9,61	12,10	4,28	149,82

Dem Weltgüterverkehr entspricht das Bild des Weltpostverkehrs, der in Abb. 26 (s. S. 64) nach Briefsendungen und Paketen mengenmäßig veranschaulicht ist, soweit der Verkehrsstrom im Jahr 1000 t überschreitet. Je stärker der Güteraustausch zwischen den Erdteilen ist, um so intensiver ist der Nachrichtenverkehr.

Aber auch hier sind Hin- und Rückstrom verschieden stark, allerdings wie Tabelle 15 erkennen läßt, im Briefverkehr bei weitem nicht so unterschiedlich wie im Güter-

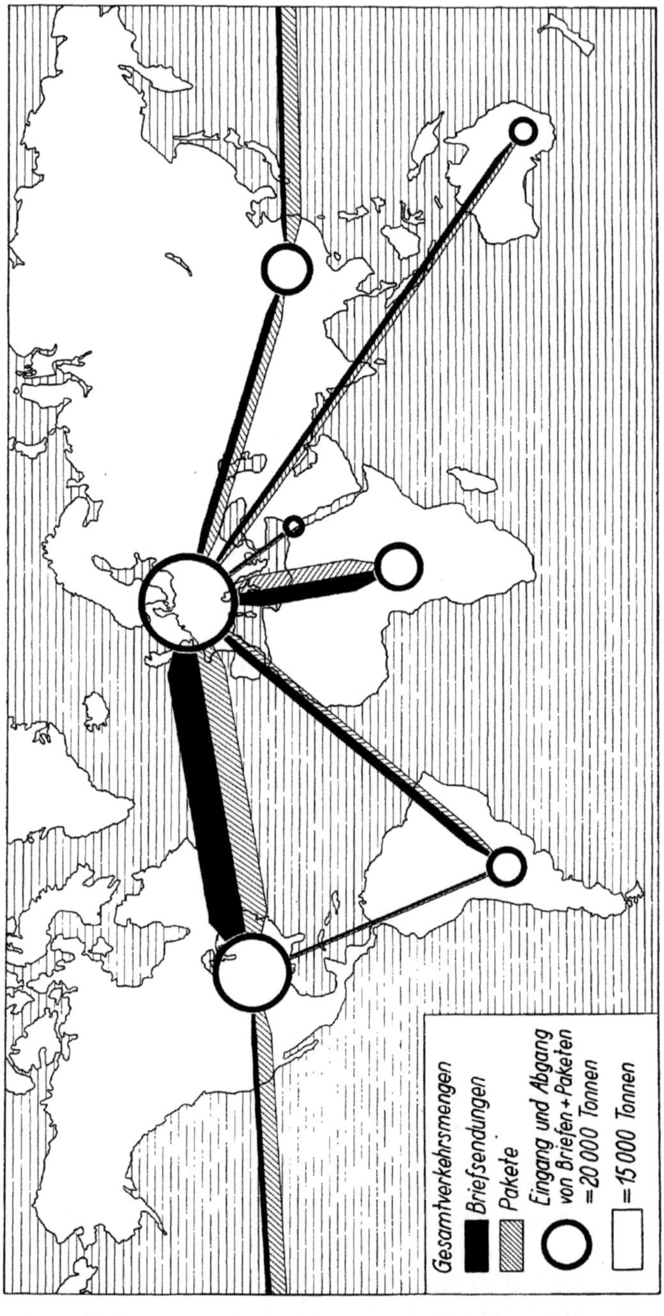

Abb. 26. Verkehrsströme im Weltpostverkehr für Briefsendungen und Pakete im Jahre 1930.

verkehr. Nur der Paketverkehr zeigt ähnlich wie der Güterverkehr ungleiche Verkehrsströme zwischen Rohstoff- und Industriegebieten. Für die Entwicklung des Weltluftverkehrs sind die Verkehrsströme der Weltpost von ausschlaggebender Bedeutung, da aus ihnen in erster Linie eine Wirtschaftlichkeit im Luftverkehr zu erzielen sein wird[1].

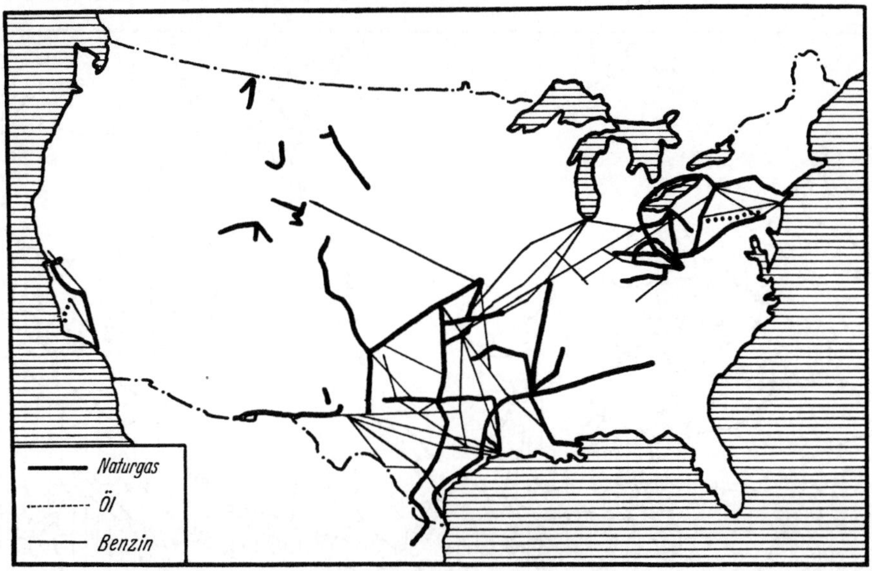

Abb. 27. Das Leitungsnetz für die Beförderung von Gas, Benzin und Öl in den Vereinigten Staaten von Amerika im Jahre 1930.

Die Verkehrsströme der Sonderverkehrsmittel, der Leitungen für elektrische Energie, Gas und flüssige Brennstoffe, sind in dem bisher behandelten Verkehrsbild für Güter nicht enthalten. Wie sehr sie aber nach Quelle und Richtung der Verkehrsströme heute räumlich bereits die allgemeinen Verkehrsmittel überdecken, zeigt Abb. 27 mit den Leitungen für Gas, Benzin und Öl in den

Tabelle 15. Hin- und Rückstrom des Postverkehrs zwischen den wirtschaftlichen Aktionszentren der Erde im Jahre 1930.

Verkehrsstrom	Briefe		Pakete	
	hin %	zurück %	hin %	zurück %
1	2	3	4	5
Europa — Nordamerika	50,5	49,5	51,0	49,0
Europa — Südamerika	53,2	46,8	77,0	23,0
Europa — Afrika	58,0	42,0	80,5	19,5
Europa — Ostasien	77,0	23,0	87,1	22,9
Europa — Westasien	34,0	66,0	63,0	37,0
Europa — Australien	51,4	48,6	82,0	18,0
Nordamerika — Südamerika	53,7	46,3	77,0	23,0
Nordamerika — Ostasien	77,1	22,9	88,1	11,9

[1] Pirath, „Verkehrsströme im Transozean- und Kontinentalluftverkehr". Heft 1 der Forschungsergebnisse des Verkehrswissenschaftlichen Instituts für Luftfahrt. München 1929. — „Hochstraßen des Weltluftverkehrs". Heft 5 der Forschungsergebnisse des Verkehrswissenschaftlichen Instituts für Luftfahrt. München 1932.

Vereinigten Staaten von Amerika und Abb. 28 mit den Leitungen für die elektrische Fernstromversorgung[1] der europäischen Länder. Durch diese Leitungen fließen bereits große Mengen meist unkörperlicher Güter und entziehen damit den Verkehrsmitteln für körperliche Güter immer mehr den Transport von Rohstoffen.

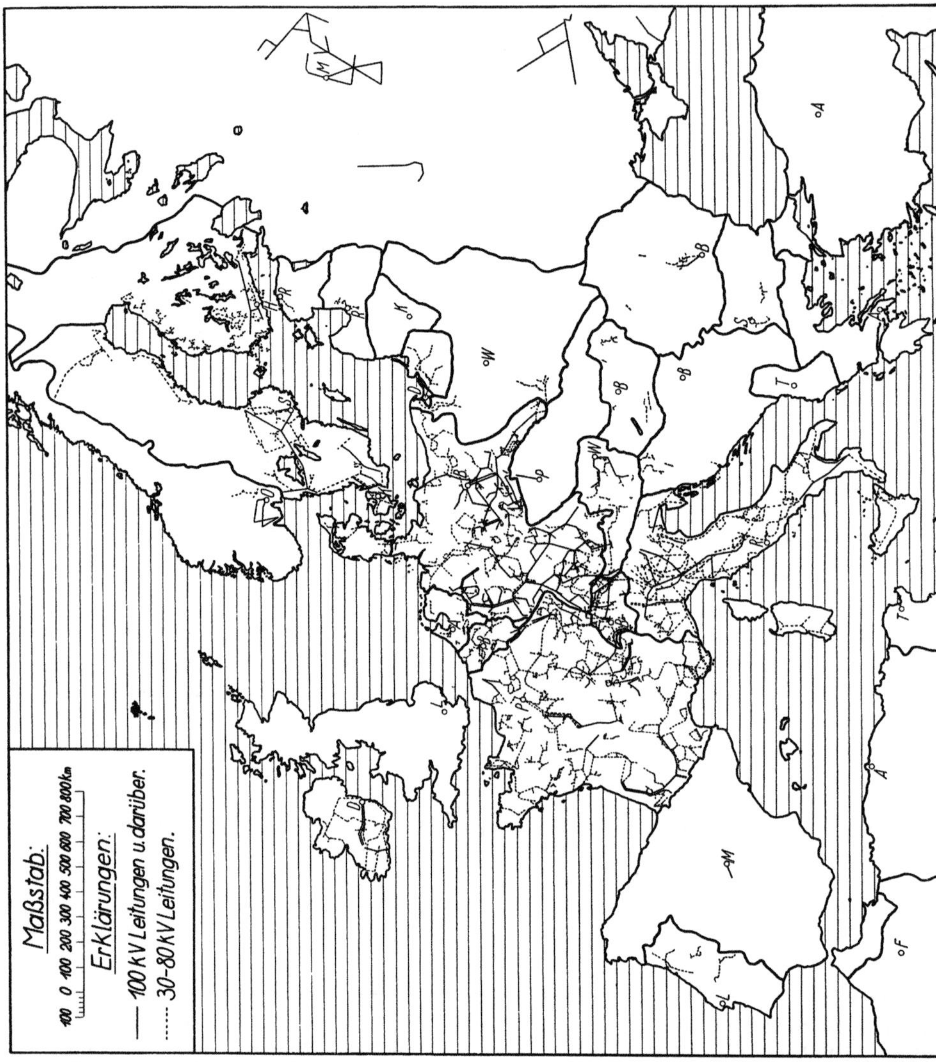

Abb. 28. Netz der elektrischen Hochspannungsleitungen in Europa im Jahre 1930. (Bei Belgien sind die Leitungen schon ab 15 kV, bei Ungarn und Finnland ab 20 kV, bei Dänemark, Frankreich und Rumänien ab 25 kV dargestellt.)

Im internationalen Zusammenschluß der Leitungsnetze der Länder Europas ist bereits ein Austausch von Energiemengen entwickelt. So konnte die Schweiz als völlig kohlenarmes Land bereits eine wesentliche Ausfuhr an veredelter Energie aus weißer Kohle tätigen und so die Struktur ihres Außenhandelsbildes in Energiestoffen zugunsten des Landes umstellen.

[1] Legge, „Grundsätzliches und Tatsächliches zu den Elektrizitätswirtschaften in Europa". Dortmund 1931.

2. Das Verkehrsbild in technischer Hinsicht.

Die Verkehrsquellen und Verkehrsströme eines Gebiets sind in ihrer Stärke und Richtung unlösbar mit der technischen und wirtschaftlichen Entwicklung der Verkehrsmittel und mit ihrem Einsatz verbunden. Beide ergänzen und befruchten sich ständig. Wie die Grundforderungen zur Befriedigung des Verkehrsbedürfnisses dem schöpferisch arbeitenden Ingenieur immer wieder Anregungen zur Verbesserung der technischen Verkehrseinrichtungen geben, ebenso erzeugen Verbesserungen der Verkehrsmittel neue Verkehrsbedürfnisse, sobald die Einrichtung von Verkehrsmitteln im Raum die Gelegenheit zum Verkehr gibt. Hierbei ist bei allen Binnenverkehrsmitteln die Herrichtung des mit dem Boden verbundenen Wegs oder der festen Anlagen entscheidend, weniger die Vorhaltung der beweglichen Anlagen oder Fahrzeuge. Diese können überall verwandt werden, nachdem einmal der Weg hergerichtet ist. Auf großen Meeresflächen und in der Luft treten dagegen die festen Anlagen in Gestalt von See- und Flughäfen gegenüber den Fahrzeugen zurück, wenn sie auch unentbehrliche Ausgangs- und Endpunkte für den Wasser- und Luftverkehr sind.

Wenn daher die technische Erschließung eines Raums durch Verkehrsmittel zu beurteilen ist, so werden in erster Linie die Wege zugrunde zu legen sein. Sie gestatten vor allem im Bereich der Landflächen, die das Verkehrsbedürfnis tragen, die Bewegung der Fahrzeuge für Zwecke des Verkehrs. Je günstiger diese Wege ausgebaut sind, um so günstiger ist die Erschließung eines Landes und um so enger können die menschlichen Wohnstätten miteinander verbunden werden. Das Verkehrsbild eines Gebiets wird deshalb in technischer Hinsicht nach der Netzdichte der verschiedenen in ihm vorhandenen Verkehrsmittel gemessen oder nach der Zahl der Streckenkilometer auf eine Flächeneinheit. Die Netzdichte ist von technischen und verkehrlichen Voraussetzungen abhängig. Technisch kann sie um so größer sein, je freizügiger und einfacher der Weg und seine Anlage ist, verkehrlich wird sie bestimmt von der Mannigfaltigkeit der Siedlungen und dem Grad des Verkehrsbedürfnisses. Je enger ein Verkehrsmittel mit dem Dasein eines einzelnen Menschen verbunden sein muß, um so verzweigter wird sein Weg und um so größer seine Netzdichte sein. Es stehen in dieser Beziehung an erster Stelle die Verkehrsmittel, die den Verkehr und die Versorgung innerhalb von Wohnsiedlungen zu erledigen haben, also die Nahverkehrsmittel in Gestalt von Straßen, großstädtischen Verkehrsmitteln für jede Verkehrsart und in Gestalt von Leitungen für Licht, Gas, Wasser und Nachrichten für spezielle Verkehrsbedürfnisse erhöhter Lebenshaltung, bei denen die Freizügigkeit und Einfachheit der Anlage die größte Netzdichte gestattet.

Für den Fernverkehr eines Landes, der die einzelnen Siedlungen miteinander zu verbinden hat, kann das Verkehrsnetz wesentlich weitmaschiger sein. Es wird sich in erster Linie entwickeln nach der Streuung und Größe der Siedlungen und nach der Bedeutung eines Verkehrsmittels für ein Verkehrsgebiet. Hier stehen, was die Netzdichte anbelangt, im allgemeinen die Landstraßen an erster Stelle, die sowohl dem Überland- wie dem Fernverkehr dienen. Dann folgen in der Regel die Eisenbahnen, die vorwiegend dem Fernverkehr dienen und zum Schluß die Wasserstraßen, elektrischen Fernleitungen und Luftverkehrslinien.

In Tabelle 16a sind für die Nah- und Fernverkehrsmittel die verschiedenen Netzdichten Deutschlands enthalten. Sie zeigen ganz erhebliche Unterschiede zwischen der verkehrstechnischen Durchdringung einer städtischen Siedlung und derjenigen eines Landes mit hoch entwickelter Wirtschaft. Die Netzdichte sagt naturgemäß nichts über die Leistungsfähigkeit des Verkehrswegs aus. Diese muß noch besonders zur Beurteilung der Intensität einer Raumerschließung berücksichtigt werden. Das ist besonders wichtig, wenn die technische Erschließung eines Raums heute und früher gegenübergestellt werden soll. Welche Unterschiede sich dabei ergeben werden, zeigt allein das Beispiel des größten einheitlichen Straßennetzes des Altertums, des Straßennetzes des Römischen Reichs, das mit 1,24 km je 100 km² Netzdichte nur $^1/_{46}$ der Netzdichte der deutschen Landstraßen aufweist.

Tabelle 16a. Netzdichte und Flächenbedarf der Verkehrsmittel in Deutschland im Jahre 1930.

Verkehrsmittel	Netzdichte. Auf 100 km² Verkehrsgebiet entfallen an Netzlänge km/100 km²	Flächenbedarf. Von der Fläche des Verkehrsgebiets entfällt auf den Verkehrsweg %
1	2	3
A. Nahverkehrsmittel.		
a) Allgemeine Verkehrsmittel		
1. Städtische Straßen . . .	420	6,7
2. Straßenbahnen	72	—
3. Schnellbahnen	27	—
4. Omnibuslinien	32	—
b) Sonderverkehrsmittel		
1. Elektr. Lichtleitungsnetz	690	—
2. Telephonleitungsnetz . .	540	—
3. Wasserleitungsnetz . . .	710	—
4. Gasversorgungsnetz . . .	500	—
B. Fernverkehrsmittel.		
a) Allgemeine Verkehrsmittel		
1. Landstraßen[1]	57	0,68
2. Wasserstraßen		
a) künstliche	0,5	0,03
b) „ u. Flüsse . .	2,6	0,20
3. Eisenbahnen	12,5	0,28
4. Luftverkehrslinien . . .	4,5	0,03
b) Sonderverkehrsmittel		
1. Elektr. Leitungen[2] . . .	4,5	

[1] Römisches Reich: Netzdichte der Landstraßen 1,24 km/100 km².
[2] Von 30—220 kV.

Das Wegenetz des Verkehrs beansprucht eine mehr oder weniger große Fläche des Verkehrsgebiets. Sie ist, wie Tabelle 16a zeigt, im Verhältnis zur Netzdichte am größten bei den städtischen Straßen, dann folgen die Eisenbahnen und die Landstraßen.

Die bisher untersuchte Netzdichte bezieht sich auf verkehrlich gut erschlossene Gebiete. Sie sinkt stark bei verkehrlich wenig erschlossenen Gebieten. Zu den verkehrlich gut erschlossenen Gebieten gehören die Länder mit einem ausgebauten Straßen- und Eisenbahnnetz, in einem wenig erschlossenen Gebiet sind entweder nur einzelne Straßen, Eisenbahnen oder Wasserstraßen vorhanden, oder aber es fehlen die Eisenbahnen ganz, und die Straßen sind schlecht und die Wasserstraßen nur teilweise schiffbar. In Abb. 29 (s. S. 69) ist ein charakteristisches Beispiel für ein gut erschlossenes großes Gebiet und in Abb. 30 (s. S. 70) für ein wenig erschlossenes Gebiet veranschaulicht. In ersterem ist ein zusammenhängendes Netz von Hauptverkehrswegen vorhanden, in letzterem sind an gewissen Stellen Ansätze guter Erschließung, und an anderen Stellen besteht eine völlige Leere an leistungsfähigen Verkehrsmitteln.

Die Struktur des Fernverkehrsnetzes eines Kontinents wird stark beeinflußt durch die Geschichte, die Zahl und die Art der Volkswirtschaften, die

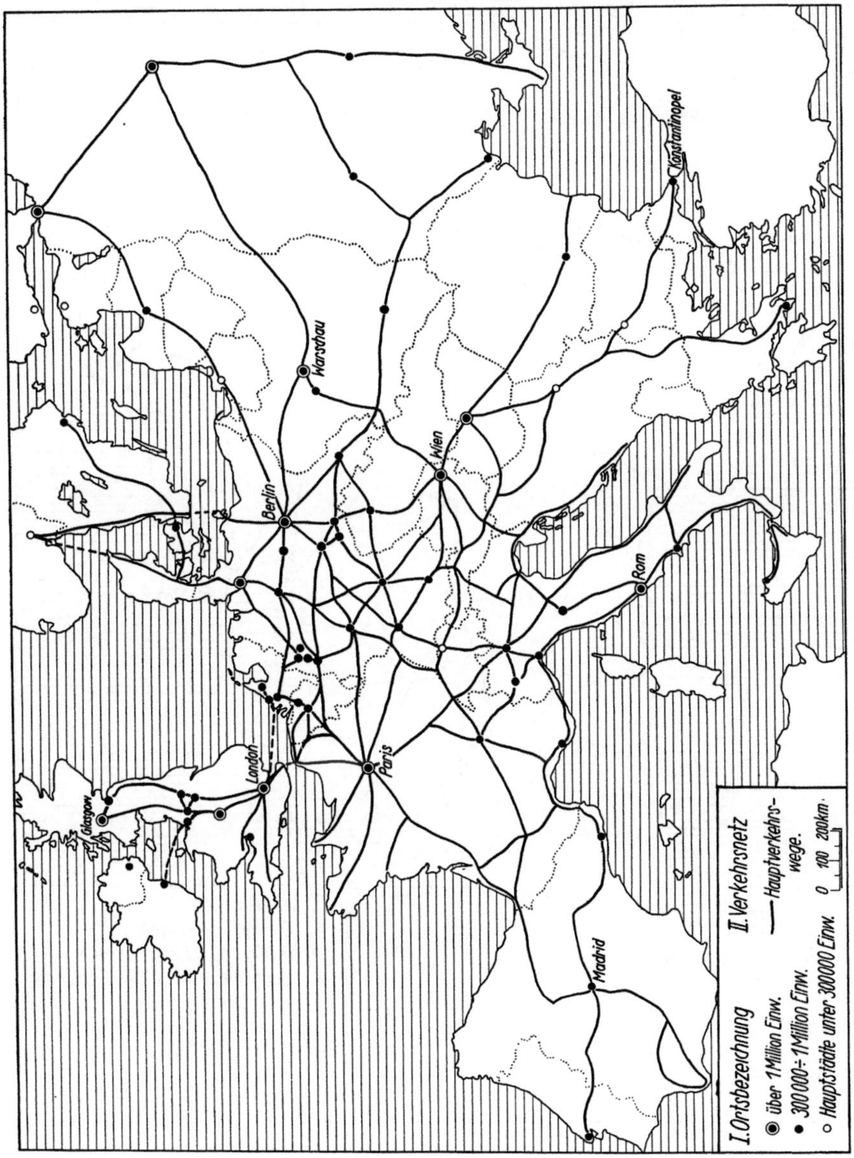

Abb. 29. Europa als Beispiel für einen verkehrlich gut erschlossenen Erdteil.

sich an seinem Aufbau beteiligten. Die kontinentalen Eisenbahnlinien Europas, die der reflektierende Abendländer formte, dem Individualismus Gesetz ist, wuchsen aus den nationalen Linien der einzelnen Länder zusammen, die in der Überfülle der Siedlungen auf Kleinarbeit zur Zeit ihrer Entstehung eingestellt sein mußten. Sie wurden damit zwar der lebendige Ausdruck des menschlichen Gesellschaftslebens in der Landschaft, ihrer Linienführung fehlt aber jene Größe und Freiheit, wie sie beispielsweise bei den Transkontinentallinien der Vereinigten Staaten von Amerika vorhanden ist. Bei diesen gestattete ihr Zweck, Wegbereiter für die

Abb. 30. Südamerika als Beispiel für einen verkehrlich schlecht erschlossenen Erdteil.

Anlage neuer menschlicher Siedlungen zu werden, eine großzügige Wegfindung ohne Bindung an vorhandene Verkehrsquellen, so daß die Verkehrslinien zu Neuerscheinungen im noch leeren Raum wurden.

Abb. 30 gibt ferner ein typisches Bild der verkehrsmäßigen Erschließung eines Kolonialgebiets, die vom Meere ausging. Über die See kam der Geist wirtschaftlicher Ausnutzung der Kolonialländer an die Küste und trieb von hier aus die Verkehrsmittel als Instrumente seiner Tätigkeit in das Innere des Landes vorwärts.

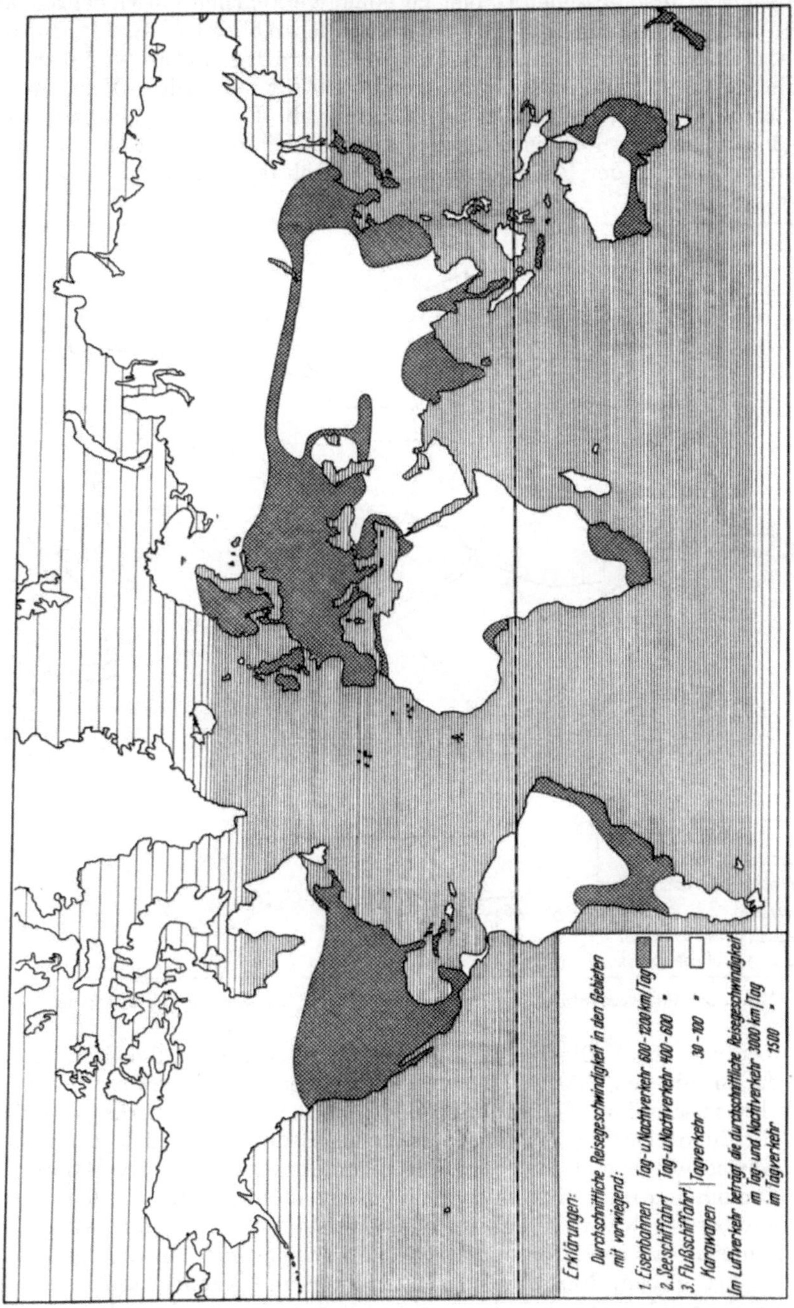

Abb. 31. Regionale Charakteristik der Reisegeschwindigkeiten im Land- und Wasserverkehr der Erde.

Im Gegensatz dazu hat sich in Europa in den Zellen der einzelnen europäischen Länder das heutige Verkehrsnetz von innen heraus entwickelt und sich schließlich zum europäischen Hauptverkehrsnetz zusammengeschlossen.

Überall, wo der abendländische Geist das Wirtschaftsleben eines Erdteils bestimmte oder beeinflußte, vollzog sich allmählich die Umwandlung von einem verkehrlich schlecht erschlossenen Gebiet zu einem verkehrlich entwickelten Gebiet. Wie weit ihm dies gelungen ist, zeigt anschaulich Abb. 31 (s. S. 71), in der die regionale Charakteristik der Reisegeschwindigkeiten auf der Erde, soweit sie von Land- und Wasserverkehrsmitteln für körperliche Verkehrsgegenstände bestimmt wird, dargestellt ist. Sie spiegelt die Selbstgenügsamkeit der verschiedenen Kulturwelten wieder, aber auch das Eindringen zeitlich denkender Völker in die Gebiete der Raumlosigkeit, die durch den Volkscharakter der Ein-

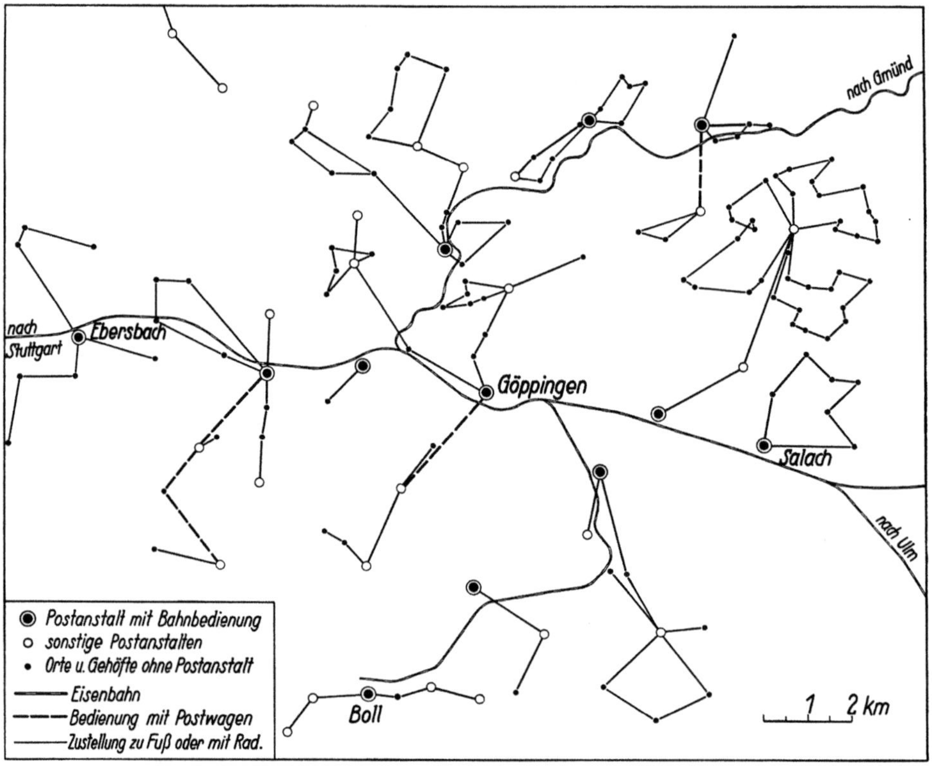

Abb. 32. Postversorgung des flachen Landes vor Einsatz des Kraftwagens.

wohner bedingt sind. Die Flächen höchster Reisegeschwindigkeiten im Landverkehr fallen mit den Flächen der wirtschaftlichen Aktionszentren der Erde im wesentlichen zusammen. Ein leistungsfähiger Verkehr war der wirksamste Schrittmacher für die Steigerung der wirtschaftlichen Bedeutung von bisher außerhalb der Weltwirtschaft lebenden Gebieten. Mit dem Ausbau des Luftverkehrs können starke Wandlungen in diesem Bild der Verkehrsgeschwindigkeiten hervorgerufen werden, die bereits in verkehrlich schlecht erschlossenen Gebieten, wie in Persien und Kolumbien, zu einer besonders starken Steigerung der Reisegeschwindigkeiten geführt haben. Für unkörperliche Güter und Nachrichten ist die Reisegeschwindigkeit nahezu zeitlos, da sie sich mit der Lichtgeschwindigkeit oder mit 300000 km/sec. bewegen.

Diesem generell technischen Verkehrsbild gesellen sich in der heutigen Zeit im einzelnen Umwandlungen infolge einer gegenseitigen Ablösung der

Verkehrsmittel. Wenn auch diese Ablösungen noch im allgemeinen von geringem Ausmaß sind, so sind sie doch kennzeichnend für die weitere Entwicklung. Hierher gehört, daß in verkehrlich wenig erschlossenen Gebieten nicht mehr allgemein wie früher die Eisenbahnen als erstes leistungsfähiges Verkehrsmittel gebaut werden, sondern daß Straßen für den *Einsatz der Kraftwagen* hergestellt und erst bei einer gewissen Zunahme des Verkehrs Eisenbahnen angelegt werden. Aber auch in verkehrlich gut erschlossenen Gebieten sind im Überlandverkehr bereits Umwandlungen festzustellen, vor allem in der Postbedienung des platten Landes. So zeigen die Abb. 32 und 33 die Postbedienung

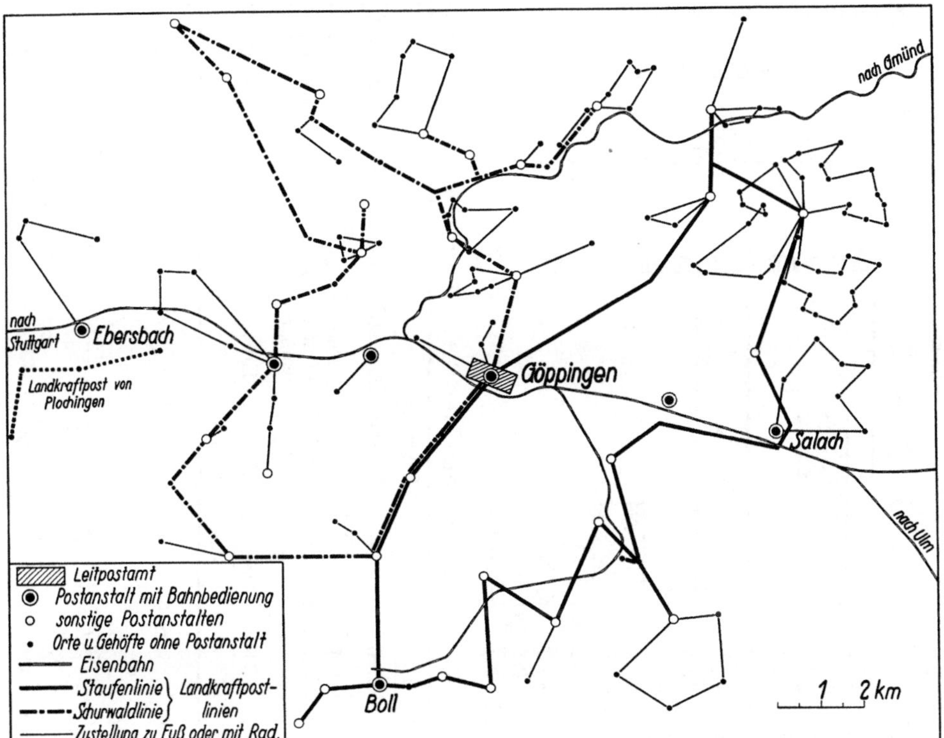

Abb. 33. Postversorgung des flachen Landes nach Einsatz des Kraftwagens im Jahre 1931.

vor und nach Verwendung des Kraftwagens. Während früher jede Station der Eisenbahn Ausgangspunkt für die Landpostbedienung war, werden neuerdings nur große Eisenbahnstationen hierfür vorgesehen, von denen aus ein Leitpostamt in einem großen Umkreis die Postversorgung auf Kraftwagenlinien durchführt.

Die verkehrstechnische Erschließung der Länder und Erdteile durch leistungsfähige Verkehrsmittel wächst mit der Netzdichte der Eisenbahnen und Wasserstraßen. Die größte Entfernung eines Geländepunktes vom nächsten Eisenbahn- oder Wasserweg in einem Verkehrsgebiet wird mit *größter Eisenbahn- oder Verkehrsferne* bezeichnet. Tabelle 17 (s. S. 75) zeigt, welche gewaltigen Unterschiede hier noch bestehen zwischen den verschiedenen Erdteilen und wie verhältnismäßig gering bereits die Verkehrsferne in wirtschaftlich hoch entwickelten europäischen Ländern ist. *Die größte Verkehrsferne eines Gebiets ist um so kleiner, je intensiver sein Wirtschaftsleben ist.*

Jedes Land hat eine bestimmte Struktur seiner Erschließung durch Verkehrswege, die dem Fernverkehr dienen. Sie setzt sich in den Kulturländern zusammen aus den Streckenlängen von sechs bis sieben verschiedenen Verkehrsmitteln, die zum Teil den gleichen Raum belegen und daher sich gleichzeitig in die Befriedigung der in ihm vorhandenen Verkehrsbedürfnisse teilen. An erster Stelle stehen dabei die Landverkehrsmittel, da sie die intensivste

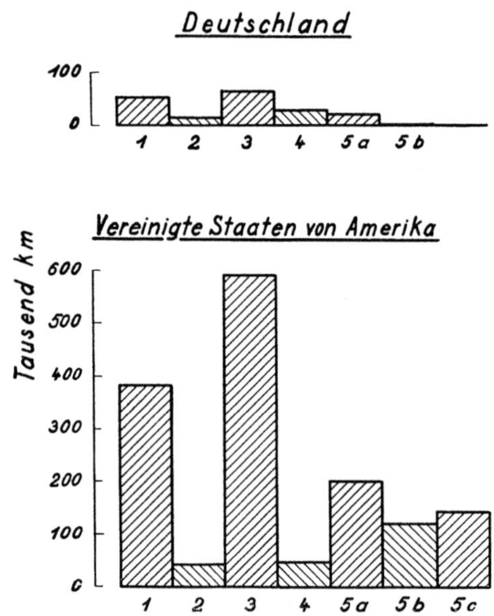

Abb. 34. Verkehrsnetz der verschiedenen Verkehrsmittel in Deutschland und in den Vereinigten Staaten von Amerika im Jahre 1930. Erklärungen: 1. Eisenbahnen, 2. Wasserstraßen, 3. Kraftwagenlinien, 4. Luftverkehr, 5 a) Leitungen für Elektrizität, 5 b) Leitungen für Gas, 5 c) Leitungen für Öl.

Durchdringung des Raums gestatten, während die Wasser- und Luftverkehrsmittel in weitmaschigen Netzen angelegt sind. Abb. 34 gibt für Deutschland und die Vereinigten Staaten von Amerika ein Verteilungsbild über die Netzlänge der verschiedenen Verkehrsmittel. Wir werden im nächsten Abschnitt sehen, daß die Verkehrsleistungen der Verkehrsmittel in einem ganz anderen Verhältnis zueinander stehen als die Streckenlängen.

Während die Netzdichte eines Verkehrsmittels vor allem im Landverkehr die starre Durchdringung und Erschließung

Tabelle 16b. Fahrzeug- und Platzdichte im Personenverkehr im Jahre 1930.

Verkehrsmittel	Deutschland			England			Niederlande			U. S. A.		
	Personenfahrzeuge gesamt	Es entfallen auf 1 Fahrzeug	Es entfallen auf 1 Platz Fassungsvermögen	Personenfahrzeuge gesamt	Es entfallen auf 1 Fahrzeug	Es entfallen auf 1 Platz Fassungsvermögen	Personenfahrzeuge gesamt	Es entfallen auf 1 Fahrzeug	Es entfallen auf 1 Platz Fassungsvermögen	Personenfahrzeuge gesamt	Es entfallen auf 1 Fahrzeug	Es entfallen auf 1 Platz Fassungsvermögen
	1000 F.	Einw.	Einw.	1000 F.	Einw.	Einw.	1000 F.	Einw.	Einw.	1000 F.	Einw.	Einw.
1	2	3	4	5	6	7	8	9	10	11	12	13
1. Eisenbahnen	71	890	15,6	51	905	15,9	3	2640	46	52	2360	39
2. Kraftwagen												
a) Personenkraftwagen	511	124	31	989	47	11,7	75	107	27	26443	4,7	1,6
b) Omnibusse	12	5270	155	53	871	28	4	2239	65	92	1370	455
c) Krafträder	792	80	53	508	91	61	33	240	160	112	1090	730
3. Fahrräder	12000	5,2	5,2	8000	5,8	5,8	3000	2,6	2,6	1600	76	76
4. Flugzeuge	0,4	158000	45000	0,4	115000	35000	0,04	175000	33000	7,3	16800	4200

eines Gebiets durch Verkehrswege kennzeichnet, gibt die Fahrzeugdichte ein Bild über die Rolle, die die Fahrzeuge eines Verkehrsmittels bei der Befriedigung der Verkehrsbedürfnisse spielen. Die Fahrzeugdichte sagt aus, auf wieviel Einwohner des Verkehrsgebiets ein Fahrzeug eines bestimmten Verkehrsmittels entfällt. Je kleiner diese Zahl ist, um so intensiver kann das Verkehrsmittel auch den kleinsten Verkehrsbedürfnissen dienen, je größer sie ist, um so extensiveren Charakter hat das Verkehrsmittel für den einzelnen Verkehrsinteressenten.

Tabelle 17. Größte Eisenbahn- und Verkehrsfernen.

Gebiet	Größte Eisenbahnfernen		Größte Verkehrsfernen[1]	
	km	Lage	km	Lage
1	2	3	4	5
Afrika	1200	Sahara	1100	Lybische Wüste
Asien	3400	Ostkap	1220	Wüste Gobi
Australien	980	Große Sandwüste	680	Mittelaustralien
Europa	100	Albanien	100	Albanien
Nordamerika	1400	Nordküste Canadas	550	Labrador
Südamerika	1030	Mittelbrasilien	620	Mittelbrasilien
Belgien	12	bei La Roche	12	bei La Roche
Deutschland	16	bei Kreuz (Westpr.)	15	bei Gumbinnen (Ostpr.)
England ohne Schottland	22	in Northumberland	22	in Northumberland
Vereinigte Staaten von Amerika	193	Rocky Mountains (im Staate Utah)	193	Rocky Mountains

[1] Ferne von Eisenbahnen, Wasserstraßen und Seehäfen.

Da aber diese Fahrzeuge der verschiedenen Verkehrsmittel eine unterschiedliche Nutzladefähigkeit aufweisen, so muß für den Vergleich verschiedener Verkehrsmittel die Fahrzeugdichte noch nach der Platz- oder Gewichtsdichte charakterisiert werden. Diese gibt an, wieviel Einwohner auf einen Platz Fassungsvermögen bzw. 1 t Ladefähigkeit der Fahrzeuge eines Verkehrsmittels entfallen. In Tabelle 16b ist die Fahrzeug- und Platzdichte im Personenverkehr für die Verkehrsmittel des Land- und Luftverkehrs in verschiedenen Ländern ermittelt. In Europa stellt das Fahrrad fahrzeugmäßig das intensivste Verkehrsmittel dar, in den Vereinigten Staaten von Amerika der Personenkraftwagen. In fast allen Ländern übersteigt die Platzdichte der Personenkraftwagen diejenige der Eisenbahnen. Die geringe Fahrzeug- und Platzdichte im Luftverkehr charakterisiert seine heute noch sehr extensive Bedeutung im Personenverkehr.

3. Das Verkehrsbild in verkehrlicher Hinsicht.

Die Verkehrsquellen und -ströme bringen den verschiedenen Verkehrsmitteln die Nutzlast und ihre Verkehrs- oder Nutzleistungen. Das Verkehrsbild in verkehrlicher Hinsicht gibt Aufschluß über den Anteil der Verkehrsarbeit, den die verschiedenen Verkehrsmittel im Nah- und Fernverkehr übernommen haben, und über die Verkehrsleistungen, die im Personen-, Güter- und Nachrichtenverkehr im Bereiche des Gebiets einer Volkswirtschaft oder der Weltwirtschaft vorliegen.

Was zunächst die Teilung des Verkehrs auf die verschiedenen Verkehrsmittel des Nah- und Fernverkehrs eines Landes anbelangt, so war sie in früheren Jahren, als Eisenbahnen und Wasserstraßen sich in den Verkehr teilten, verhältnismäßig einfach zu übersehen. Im Nahverkehr der Großstädte erledigten Straßenbahnen, Schnellbahnen und Vorortbahnen den Personenverkehr, und im Fernverkehr übernahmen Eisenbahnen und Wasserstraßen den Personen-, Güter- und Nachrichtenverkehr in der Weise, daß z. B. in Deutschland die Eisenbahnen

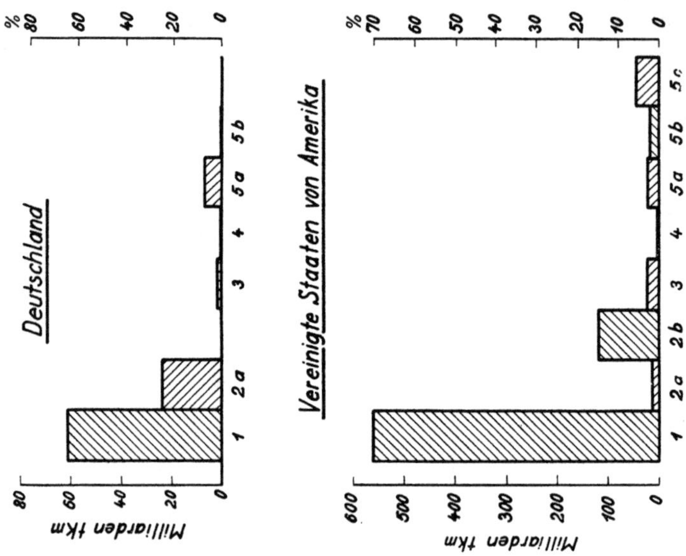

Abb. 36. Verkehrsleistungen im öffentlichen Güterfernverkehr der Binnenverkehrsmittel in Deutschland und den Vereinigten Staaten von Amerika im Jahre 1930. Erklärungen: 1. Eisenbahnen, 2 a) Wasserstraßen, 2 b) Binnenseen, 3. Lastkraftwagen, 4. Luftverkehr, 5 a) Leitungen für Elektrizität, 5 b) Leitungen für Gas, 5 c) Leitungen für Öl.

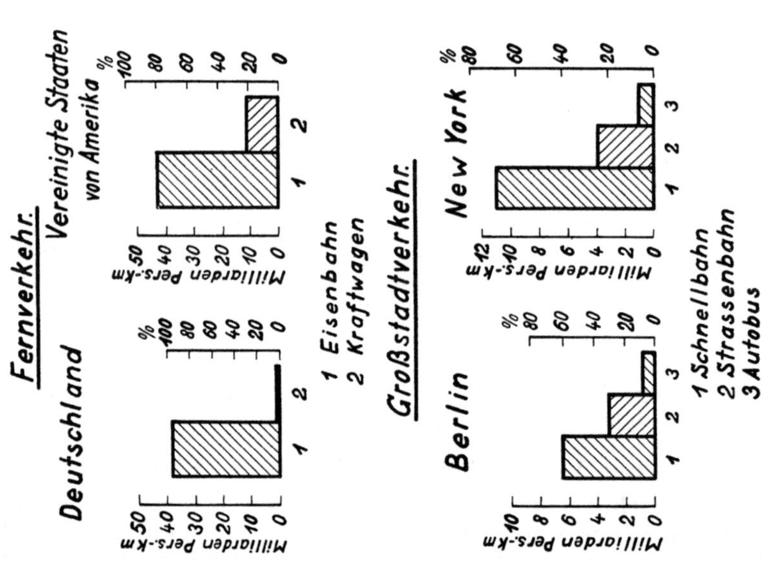

Abb. 35. Verkehrsverteilung im öffentlichen Personenverkehr in Deutschland und in den Vereinigten Staaten von Amerika im Jahre 1930.

den ganzen Personen- und Nachrichtenverkehr, soweit letzterer körperlicher Art war, und vom Güterverkehr 78—80% übernahmen, während 20—22% des Güterverkehrs den Wasserstraßen zufielen. Dieses Verteilungsbild ist charakteristisch gewesen für fast alle hochentwickelten Länder. Nur in den Niederlanden war das Verhältnis im Güterverkehr auf Eisenbahnen und Wasserstraßen nahezu umgekehrt, da hier die geographische Lage am Flußsystem der Rheinmündung und das ebene Gelände die Anlage und den Betrieb von Wasserstraßen besonders begünstigte. Mit dem Aufkommen des Kraftwagens und des Transports veredelter Energie in Leitungen änderte sich das Bild. Es liegt heute für Deutschland im öffentlichen Personennah- und -fernverkehr die Verteilung nach Abb. 35 vor, die auch die Verhältnisse der Vereinigten Staaten von Amerika enthält, und im öffentlichen Güterverkehr für die gleichen Länder eine Verteilung nach Abb. 36.

Im großstädtischen Verkehr ist der Autobus mit 7—8% Verkehrsarbeit neben die Eisenbahnen getreten. Im öffentlichen Personenfernverkehr ist das Verhältnis für Deutschland ähnlich; für die Vereinigten Staaten von Amerika aber ist der Anteil bereits auf 22% des Gesamtverkehrs gestiegen. Zweifellos liegt eine Haupterklärung für die Stärke des öffentlichen Kraftwagenverkehrs in Amerika in den sehr hohen Fahrpreisen der amerikanischen Eisenbahnen, die fast zweimal so hoch sind für die Polsterklasse der Schnellzüge als in Deutschland. Dann aber auch hat der Autobus in den Vereinigten Staaten von Amerika die Verkehrsbelebung des platten Landes übernommen, das in Amerika nicht durch Nebenbahnen wie in Europa erschlossen ist. Die Vorzüge des privaten Kraftwagens sind ferner geeignet, den Eisenbahnen noch weiteren Personenverkehr zu entziehen.

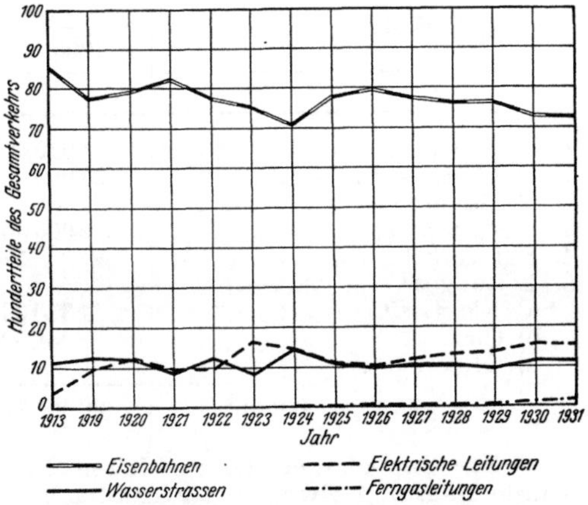

Abb. 37. Energiebeförderung für den Inlandsverbrauch auf den verschiedenen Verkehrsmitteln in Deutschland. (Alles auf Steinkohlen umgerechnet.)

Die Verteilung der Verkehrsleistungen im Güterverkehr zeigt die ausschlaggebende Bedeutung der Eisenbahnen gegenüber den übrigen Verkehrsmitteln, aber auch das allmähliche Anwachsen des Anteils, den neue Verkehrsmittel übernommen haben. Die Eisenbahnen Deutschlands bewältigen heute, wie Tabelle 18 (s. S. 78) zeigt, nur noch rund 67,5% im Güterfernverkehr gegenüber früher 78—80%. In den Vereinigten Staaten von Amerika ist der Anteil von früher 83—85% auf 70,4% gesunken. Wie weit bei dieser Umschichtung die Leitungen beteiligt sind, zeigt im einzelnen Abb. 37, die die Wandlungen in der Energiebeförderung auf Eisenbahnen, Wasserstraßen und Leitungen in Deutschland enthält. Der allmählichen Zunahme im Transport der auf Rohkohle umgerechneten veredelten Energie steht eine allmähliche Abnahme im Transport von Rohkohle in der gesamten Energiebeförderung gegenüber.

Dieser Umschichtungsprozeß in der Verkehrsverteilung auf eine größere Zahl von Verkehrsmitteln ist noch nicht abgeschlossen. Er hat bereits zu sehr schwierigen Verkehrsproblemen geführt, zu deren Lösung im Abschnitt VII noch Stellung zu nehmen ist.

Während nach dem Verteilungsbild des Verkehrs die Eisenbahnen in den Volkswirtschaften und auch im Bereich der Kontinente als Hauptverkehrsträger im Personen- und Güterverkehr anzusprechen sind, stehen im gesamten Güterverkehr der Welt die Leistungen der Seeschiffahrt an der Spitze, wie Tabelle 19 (s. S. 79) größenordnungsmäßig zeigt. Die großen Entfernungen, auf die in der Seeschiffahrt die Güter befördert werden müssen, führen zu ganz gewaltigen Leistungen der Raumüberwindung, die um so größer und bedeutender sind, als es sich in der Hauptsache um Massengut handelt, also um die Ortsveränderung von Gütern von geringem Wert und geringer Belastbarkeit durch Transportkosten. Die verhältnismäßig geringe Tonnenzahl der Güter im Seeverkehr, in dem sowohl der Küstenverkehr von Land zu Land wie der eigentliche Überseeverkehr enthalten ist, charakterisiert die große Reichweite des Verkehrsbedürfnisses. Demgegenüber kennzeichnet die große Tonnenzahl der Eisenbahnen ihre dezentrale Arbeit im Bereich der verschiedenen Volkswirtschaften, eine Arbeit, die sich räumlich auf fast alle Siedlungen erstreckt und auch den kleinen Quellen der Verkehrsbedürfnisse nachgeht.

Tabelle 18. Verkehrsleistungen im Güterfernverkehr der Binnenverkehrsmittel in Deutschland und U. S. A. im Jahre 1930.

Verkehrsmittel	Deutschland		U. S. A.	
	1000 tkm	%	1000 tkm	%
1	2	3	4	5
1. Eisenbahn	61 010 000	67,48	560 000 000	69,22
2. a) Wasserstraßen	23 029 000	25,44	14 000 000	1,73
b) Binnenseen	—	—	117 000 000	14,45
3. Lastkraftwagen	2 000 000	2,21	23 000 000	2,84
4. Luftverkehr	570	—	2 200	—
5. Leitungen[1]				
a) Elektrizität	4 370 000	4,83	21 115 000	2,61
b) Gas	34 600	0,04	16 050 000	1,98
c) Öl	—	—	58 200 000	7,17
gesamt	90 444 170	100	809 367 200	100

[1] Zur Umrechnung der veredelten Energie und Wärme in Rohkohle (Steinkohle) wurde gesetzt: 1 Kwh = 0,9 kg Steinkohle,
1 m^3 Gas = 2,3 kg Steinkohle,
1 t Öl = 1,3 t Steinkohle.

Die Summe der Reisenden und Güter, die im Verlauf eines Tages oder Jahres einen bestimmten Punkt eines Verkehrswegs passieren, soll mit **Verkehrsstärke** bezeichnet werden. Es handelt sich dabei einmal um die Verkehrsstärke der Verkehrsströme an einer Stelle des Verkehrsweges und zum andern um die Verkehrsstärke einer oder mehrerer Stationen eines Ortes. Erstere soll mit **Verkehrsstärke der Strecke** und letztere mit **Punktverkehr** bezeichnet werden. Die Verkehrsstärke charakterisiert die Bedeutung von Strecken und Orten für die Ortsveränderung von Personen und Gütern, und da sie sich mit der Reichweite der Verkehrsbedürfnisse ändert, so ist sie zu unterscheiden nach Nah- und Fernverkehr. Sie gibt Aufschluß über das mehr oder weniger starke Verkehrsleben auf einem Verkehrsweg und dort, wo sie am größten ist, wird der Betriebsapparat der Verkehrsmittel entsprechend leistungsfähig und zuverlässig sein müssen, da hier Störungen am einschneidendsten empfunden werden. Die größte Verkehrsstärke entwickelt sich dort, wo im Raum die zueinander strebenden größten Verkehrsbedürfnisse ihren Ausgleich suchen müssen.

In Tabelle 20 und 21 (s. S. 80 und 81) sind die **größten** Verkehrsstärken der Welt im Personennah- und -fernverkehr und Güterfernverkehr für eine große Zahl von Verkehrsbeziehungen und -arten enthalten. Im Personenverkehr liegt die größte Verkehrsstärke der Strecke im Nah- und Fernverkehr und der stärkste Punktverkehr im Fernverkehr in Deutschland vor, während den größten

Punktverkehr im Nahverkehr in weitem Vorsprung vor allen anderen Orten New York aufweist. Die größte Verkehrsstärke im Personennahverkehr ist 18—20mal größer als im Fernverkehr. In der Großstadt liegen die stärksten Verkehrszusammenballungen, denen gegenüber der Fernverkehr ein geradezu dezentrales Verkehrsbild zeigt. Ganz allgemein ist die Strecke oder der Punkt der größten Verkehrsstärke im Personenverkehr aufs engste verbunden mit einer dichten Besiedlung des Verkehrsgebiets. Im Güterverkehr ist es vielfach anders. Bei ihm bewegt sich der stärkste Verkehrsstrom durch ein weit und breit wenig besiedeltes Gebiet der nordamerikanischen Seen. Auch die großen Verkehrsströme des Suez- und Panama-Kanals liegen in Gebieten größter wirtschaftlicher Unfruchtbarkeit. Hier haben verkehrsgeographische Verhältnisse den Verkehrsweg bestimmt, über den sich der Ausgleich starker Verkehrsbeziehungen vollzieht. Auch im Punktverkehr liegt die größte Verkehrsstärke nicht immer an den Orten stärkster Siedlung, sondern wie in Duisburg und Duluth an den Stellen günstigster verkehrsgeographischer Verbindung zwischen Empfangs- und Versandgebieten. Im übrigen zeigt aber auch die Tabelle 21 (s. S. 81), daß die Städte größten Verkehrs nicht auf Bodenschätzen, sondern an verkehrsgeographisch günstig gelegenen Punkten des Welt- und Handelsverkehrs entstanden sind[1]. Die meisten Weltstädte gehören zu den Orten mit größten Verkehrsstärken im Fernverkehr.

Tabelle 19. Verkehrsleistungen im Güterverkehr der Welt im Jahre 1930.

Verkehrsmittel	Milliarden tkm	Millionen t	Mittl. Beförderungsweite km
1	2	3	4
Seeschiff	1889	304,8	6200
Eisenbahnen	1135	3815,4	295
Binnenschiff	130	1000,0	130
Kraftwagen	97	—	—
Flugzeug	0,011	0,0166	660

Es ist außerordentlich aufschlußreich, festzustellen, in welchem Maße der Verkehrsumfang von Strecken nach der Zahl der beförderten Verkehrsgegenstände und die Verkehrsdichte sich seit 100 Jahren im Landverkehr, also in der Zeit der Entwicklung des Hochkapitalismus gewandelt hat. In Tabelle 22 (s. S. 82) ist dieses Verhältnis im Gebiet von fünf deutschen Eisenbahnstrecken nach dem Straßenverkehr vor Eröffnung der Eisenbahnlinien, dem Eisenbahnverkehr 10 Jahre nach der Eröffnung und im Jahre 1930 für die Beförderung von Personen, Gütern und Nachrichten untersucht worden. Die Ergebnisse zeigen die ganz gewaltige Steigerung des Verkehrs durch die Eisenbahnen, die durchweg im Personenverkehr noch größer ist als im Güterverkehr. Denn während das spezifische Verkehrsbedürfnis im Güterverkehr sich auf den fünf untersuchten Strecken um das 8—30fache steigerte, erhöhte es sich im Personenverkehr um das 18—80fache. Das spezifische Verkehrsbedürfnis im Briefverkehr nahm um das 45fache zu. Nichts charakterisiert stärker das durch die Eisenbahnen hervorgerufene Wachstum im Landverkehr als dieser Wandel des Verkehrs auf Strecken, die vor und während der Eisenbahnzeit in gleicher Weise Hauptstrecken des Verkehrs darstellten, also in ihrer Bedeutung früher und heute relativ auf gleicher Stufe stehen und daher ein zuverlässiges Vergleichsbild geben.

[1] Blum, „Eisenbahngeographie" in Linienführung der Handbibliothek für Bauingenieure. Berlin 1925.

Tabelle 20. Größte durchschnittliche Verkehrsstärke im täglichen Personenverkehr im Jahre 1930.

Verkehrsstärke im Fernverkehr

Strecke		Punktverkehr	
Verkehrsweg	Personen in beiden Richtungen tägl.	Bahnhof	Personen in Zu- und Abgang tägl.
Mittelrheintal	14400	München Hbf.	25600
New York-Philadelphia.	13200	Leipzig Hbf.	22300
Düsseldorf-Köln	13200	Köln Hbf.	21300
Hamm-Bielefeld	12500	Dresden Hbf.	21000
London-Rugby	11500	Frankfurt a. M. Hbf.	20000
Mainz-Worms	10800	Mailand Hbf.	15000
London-Reading	10600	New York Pennsylvania Station	13500
Dortmund-Hamm . . .	10000	Hamburg Hbf.	11000
Europa-Nordamerika .	3400	Berlin Stettiner Bf.	10900

Verkehrsstärke im Nahverkehr

Strecke		Punktverkehr	
Verkehrsweg	Personen in beiden Richtungen tägl.	Bahnhof	Personen in Zu- und Abgang tägl.
Berlin Stadtbahn . . .	235000	New York Times Square	500000
Paris Porte de Clignancourt-Porte d'Orléans . .	225000	London Charing Cross	180000
New York Long Island RR . .	200000	Berlin Potsdamer Platz	122000
Berlin U-Bahn Gleisdreieck-Potsdamer Platz . .	190000	Berlin Gesundbrunnen	89000
London Distriktbahn	155000	Berlin Schles. Bhf.	87000
Berlin Nord-Süd-Bahn . .	154000	Paris Vincennes	84000

Tabelle 21. Größter jährlicher Güterverkehr in den Jahren 1928—1930.

Verkehrsstärke der Strecke		Punktverkehr	
Verkehrsweg	Jährl. Verkehrsmenge in beiden Richtungen in 1000 t	Verkehrsort	Jährl. Verkehrsmenge (Empfang u. Versand) in 1000 t
1	2	3	4
St. Marys Falls Canal Zwischen Oberem u. Huron See in Nord-Amerika	86993	New York Seeverkehr Eisenbahn Binnenschiffahrt	60000 80000 3000
Niederrhein Rhein (Emmerich) 96,5% Eisenbahn (Emmerich und Cleve) 3,5%	56040	Duluth Superior (Große Seenverkehr)	54000
		Rotterdam Seeverkehr Binnenschiffahrt (nur nach deutschem Rhein)	34500 31400
Nordatlantik Europa-Nordamerika	45000	Duisburg Ruhrort Eisenbahn Binnenschiffahrt	21700 28800
Mittelrhein bei Koblenz Rhein 47,1% Eisenbahn auf beiden Ufern 52,9%	38190	Hamburg Seeverkehr Eisenbahn Binnenschiffahrt	27000 10800 9300
Suez-Kanal	28511	Berlin Eisenbahn Binnenschiffahrt	14000 8700
Panama-Kanal	27848	Antwerpen Seeverkehr Binnenschiffahrt	27000 7500
		London Seeverkehr	28000
Nord-Ostsee-Kanal	19100	Paris Binnenschiffahrt	16000
Kanal durch Zuid-Beveland	18000	Hongkong Seeverkehr	28000
		Schanghai Seeverkehr	26000
Mervede-Kanal	15600	Buenos Aires Seeverkehr	13600

Tabelle 22. Wandel in Verkehrsumfang und Verkehrsdichte auf

Verkehrslinie und Verkehrszeit	Streckenlänge km	Eröffnungsjahr der Eisenbahn	Städt. Bevölkerung des Einflußgebiets	Umfang des Verkehrs (in 1000): Personen – Personen	Personen – Pers.-km	Güter – t	Güter – tkm
1	2	3	4	5	6	7	8
I. Stuttgart—Ulm—Friedrichshafen							
1. Straßenverkehr vor Eröffnung der Eisenbahn .	198	1850	93 000	190	9 340	89	5 830
2. Eisenbahnverkehr etwa 10 Jahre nach Eröffnung der Eisenbahn	—	—	116 700	1 860	46 800	302	29 300
3. Eisenbahnverkehr 1930 .	—	—	594 080	13 257	317 638	3 060	480 420
II. Düsseldorf—Elberfeld							
1. Straßenverkehr vor Eröffnung der Eisenbahn .	27	1841	113 000	—	—	—	—
2. Eisenbahnverkehr etwa 10 Jahre nach Eröffnung der Eisenbahn	—	—	141 800	335	9 050	134	3 620
3. Eisenbahnverkehr 1930 .	—	—	857 760	5 073	121 191	849	132 990
III. Köln—Duisburg—Hamm—Minden							
1. Straßenverkehr vor Eröffnung der Eisenbahn .	260	1847	384 670	217	8 660	352	17 600
2. Eisenbahnverkehr etwa 10 Jahre nach Eröffnung der Eisenbahn	—	—	482 000	2 685	107 000	2 330	163 000
3. Eisenbahnverkehr 1930 .	—	—	—	—	—	—	—
IV. Leipzig—Riesa—Dresden							
1. Straßenverkehr vor Eröffnung der Eisenbahn .	116	1839	158 000	55	5 526	33	2 665
2. Eisenbahnverkehr etwa 10 Jahre nach Eröffnung der Eisenbahn	—	—	198 000	521	24 700	90	7 840
3. Eisenbahnverkehr 1930 .	—	—	1 428 550	13 388	321 317	3 240	508 740
V. Berlin—Hamburg							
1. Straßenverkehr vor Eröffnung der Eisenbahn .	287	1846	618 000	—	—	—	—
2. Eisenbahnverkehr etwa 10 Jahre nach Eröffnung der Eisenbahn	—	—	775 000	650	38 100	351	47 600
3. Eisenbahnverkehr 1930 .	—	—	5 198 000	16 813	403 486	10 260	1 609 590

[1] Für die Verkehrszeit 3. (Eisenbahnverkehr 1930) ist die Dichte des Verkehrs im verkehr für das ganze Reichsgebiet angegeben.

[2] Für die Verkehrszeit 1. ist die Dichte im Postverkehr für das Gebiet Preußen

Landstraßen und Eisenbahnen Deutschlands von 1838 bis 1930.

im Jahr			Dichte des Verkehrs im Jahr[1]							
Post			Personenverkehr		Pers.-km je km Strecke	Güterverkehr		tkm je km Strecke	Postverkehr	
Verkehrsgelegenheit in beiden Richtungen zusammen	Mengen: Briefsendungen	Mengen: Pakete	Reisen	Pers.-km		t	tkm		Briefsendungen	Pakete
	1000 Stück		je Einwohner			je Einwohner			je Einwohner[2]	
9	10	11	12	13	14	15	16	17	18	19
4	42,2	2,9	2,04	100,5	47 200	0,95	62,5	29 500	2,2	0,18
—	—	—	15,9	402	236 000	2,59	250,5	149 000	—	—
25	2 070	61	29,2	689	1 612 000	6,4	977	2 440 000	100	3,94
6	50,8	3,5	—	—	—	—	—	—	2,2	0,18
—	—	—	2,36	64	335 000	0,95	25,7	134 000	—	—
29	2 308	77	29,2	689	4 500 000	6,4	977	4 930 000	100	3,94
1	111,5	—	0,56	22,6	33 000	0,92	45,8	67 600	2,2	0,18
—	—	—	5,52	222	413 000	4,83	338	628 000	—	—
32	5 253	—	29,2	689	—	6,4	977	—	100	3,94
6	48,0	2,6	0,35	35,2	46 400	0,21	16,9	22 200	2,2	0,18
—	—	—	2,63	124,7	206 000	0,45	39,6	65 300	—	—
35	2 189	57	29,2	689	2 770 000	6,4	977	4 390 000	100	3,94
4	50,2	6,1	—	—	—	—	—	—	2,2	0,18
—	—	—	0,84	41,3	133 000	0,45	61,5	167 000	—	—
27	2 280	134	29,2	689	1 408 000	6,4	977	5 610 000	100	3,94

Personen- und Güterverkehr für das Gesamtgebiet der Deutschen Reichsbahn, im Post-
angegeben nach Sauter „Geschichte der Deutschen Post“, Berlin 1928.

Dieser Wandel konnte sich auf den Eisenbahnen naturgemäß nur allmählich vollziehen. Mit welcher Tendenz er erfolgte, zeigen für die letzten 40 Jahre die Abb. 38 und 39 für die Eisenbahnen Deutschlands und der Vereinigten Staaten von Amerika. Sie verläuft fast linear steigend bis zum Beginn des Weltkriegs, um dann starke Ungleichmäßigkeiten nach oben oder unten zu erhalten, die dem unruhigen Wirtschaftsbild der Nachkriegszeit aller Länder entsprechen. Während in Deutschland der Personen- und Güterverkehr noch bis zum Jahre 1930 eine

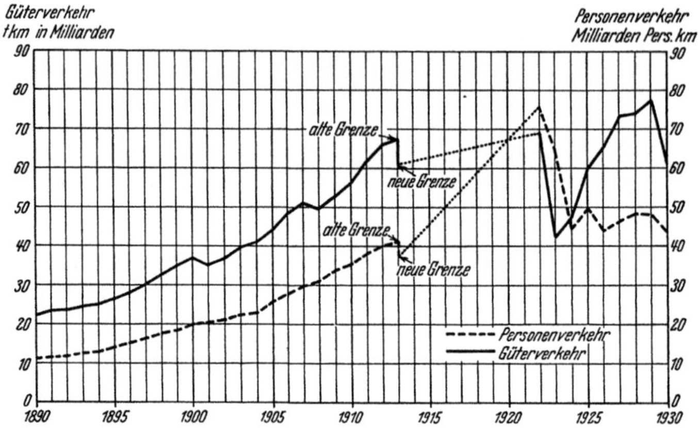

Abb. 38. Verkehrsleistungen im Personen- und Güterverkehr der Eisenbahnen in Deutschland in den Jahren 1890—1930.

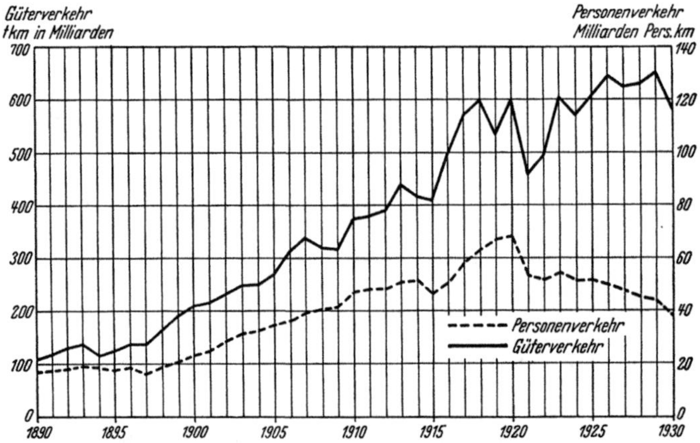

Abb. 39. Verkehrsleistungen im Personen- und Güterverkehr der Eisenbahnen in den Vereinigten Staaten von Amerika in den Jahren 1890—1930.

gewisse steigende Tendenz zeigt, bewegt sich der Personenverkehr in den Vereinigten Staaten von Amerika bereits stark abwärts unter der Entwicklung des öffentlichen und vor allem des privaten Kraftwagenverkehrs.

Jede Verkehrsart setzt sich zusammen aus mehr oder weniger zahlreichen Gattungen, die von ganz verschiedener Bedeutung für die Verkehrsmittel sind. Für die Gattungen, die hohe Transportkosten tragen können, werden die Verkehrsmittel andere Leistungen bieten können als für solche, die nur geringe Transportkosten zu tragen vermögen. Im Personenverkehr entwickelte sich hieraus die Einteilung der Wagen nach Klassen, im Güterverkehr die Einteilung nach Produktionszweigen und im Nachrichtenverkehr die Unterscheidung nach Briefen,

Tabelle 23. Querschnitt durch den Personenverkehr auf den Fernbahnen verschiedener Länder im Jahre 1930.

Land	Reisende 1. Kl.		Durchschnittliche Betriebseinnahmen	Reisende 2. Kl.		Durchschnittliche Betriebseinnahmen	Reisende 3. Kl.		Durchschnittliche Betriebseinnahmen	Reisende 1.—3. Kl.
	Anzahl	%	Rpf./km	Anzahl	%	Rpf./km	Anzahl	%	Rpf./km	Anzahl
1	2	3	4	5	6	7	8	9	10	11
1. Deutschland	498 000	0,03	11,9	116 302 000	6,36	5,2	1 712 473 000	93,61	2,8	1 829 273 000
2. England	62 442 000	4,97	12,9	27 776 000	2,21	9,2	1 166 183 000	92,82	8,3	1 256 401 000
3. Frankreich	21 985 000	2,73	4,1	115 868 000	14,37	2,5	667 665 000	82,9	1,54	805 518 000
4. Schweiz[1]	304 000	0,24	11,8	6 186 000	4,84	7,1	121 421 000	94,92	3,8	127 911 000
5. U. S. A.	29 360 000	4,0	11,4	—	—	—	703 598 000	96,0	7,1	732 958 000

[1] Nur die schweizerischen Bundesbahnen.

Anmerkung: Unterlagen: Internationale Eisenbahnstatistik für 1930.
Statistics of Railways in the U. S. A. für 1930.

Der Wert des englischen Pfunds wurde zu 20.— RM. eingesetzt.
„ „ „ französischen Franc „ „ 0.167 „ „
„ „ „ schweizerischen Franc „ „ 0.80 „ „
„ „ „ Dollars „ „ 4.20 „ „

Tabelle 24. Verkehrs- und Einnahmecharakteristik der Eisenbahnen in Deutschland und in den Vereinigten Staaten von Amerika nach den Hauptgüterarten im Jahre 1928.

Güterarten	Deutschland				Vereinigte Staaten von Amerika					
	Frachteinnahmen		Beförderte Tonnen		Frachteinnahmen		Beförderte Tonnen		Wert am Bestimmungsort	Frachteinnahmen in % vom Wert am Bestimmungsort
	Mill. RM.	%	Mill. t	%	Mill. RM.	%	Mill. t	%	RM./t	
1	2	3	4	5	6	7	8	9	10	11
Landwirtschaftsprodukte	} 2477	} 78,8	23,6	4,9	3 100	15,3	107,0	9,2	289	10,01
Tierprodukte			21,9	4,5	1 020	5,0	23,3	2,0	1490	1,55
Mineralprodukte			35,9	48,8	5 600	27,6	632,0	54,2	41	21,30
Produkte der Forstwirtschaft			21,4	4,4	1 525	7,5	87,7	7,5	134	12,96
Industrieprodukte u. Verschiedenes			162,4	33,6	6 900	34,0	283,0	24,2	536	4,54
Stückgut oder L. C. L. Fracht	667	21,2	18,4	3,8	2 150	10,6	34,0	2,9	930	6,94
gesamt	3144	100,0	483,6	100,0	20 295	100,0	1167,0	100,0	246	7,08

Drucksachen, Telegrammen und Ferngesprächen. Es ist daher auch notwendig, für das Verkehrsbild in verkehrlicher Hinsicht die Gattungen nach Mengen und Einnahmen zu erfassen, um den Verkehrscharakter eines Verkehrssystems kennenzulernen, aus dem sich der Charakter der Einnahmen für den wirtschaftlichen Erfolg des Verkehrsunternehmens ergibt.

Der Querschnitt im Fernpersonenverkehr nach Tabelle 23 (s. S. 85) zeigt die Verteilung des Reiseverkehrs auf die verschiedenen Wagenklassen. Während in der Benutzung der 1. Klasse ganz erhebliche Unterschiede in den verschiedenen

Tabelle 25. Charakteristik des Güterverkehrs der Sudanbahnen im Jahre 1929.

Güterart	Ausfuhrverkehr t	Ausfuhrverkehr %	Einfuhrverkehr t	Einfuhrverkehr %	Binnenverkehr t	Binnenverkehr %	Gesamtverkehr t	Gesamtverkehr %
1	2	3	4	5	6	7	8	9
Landwirtschaftsprodukte . .	163014	89	44312	25	105715	41	313041	51
Tierprodukte	2352	1	2353	1	—	—	4705	1
Mineralprodukte	—	—	49469	27	72229	29	121698	20
Produkte der Forstwirtschaft	—	—	7660	5	—	—	7660	1
Industrieprodukte und Verschiedenes	19161	10	69490	38	76267	30	164918	26
Stückgut	—	—	7004	4	—	—	7004	1
Summe . .	184527	100	180288	100	254211	100	619026	100

Tabelle 26. Charakteristik des Suezkanalverkehrs nach den Hauptgüterarten im Jahre 1930[1].

Hauptgüterarten	Richtung Nord-Süd 1000 t	Richtung Nord-Süd %	Richtung Süd-Nord 1000 t	Richtung Süd-Nord %
1	2	3	4	5
Landwirtschaftsprodukte	—	—	10580	55,4
Tierprodukte	—	—	—	—
Mineralprodukte	1831	19,4	6151	32,3
Produkte der Forstwirtschaft. . . .	—	—	—	—
Industrieprodukte und Verschiedenes	7603	80,6	2346	12,3
gesamt . .	9434	100,0	19077	100,0

[1] Le Canal de Suez, Bulletin décadaire de la Compagnie Universelle du Canal Maritime de Suez, Paris.

Ländern vorliegen, ist die Benutzung der 3. Klasse abgesehen von Frankreich in allen Ländern mit stabiler Währung nahezu gleich. Der auffallend geringe Anteil der 1. Klasse in Deutschland ist nicht zum wenigsten auf die in den Nachkriegsjahren gesunkene Lebenshaltung des durch Kriegsentschädigungen belasteten deutschen Volkes zurückzuführen, nicht etwa auf die verhältnismäßig hohen durchschnittlichen Reisekosten der 1. Klasse. Zweifellos aber haben die im Vergleich zu anderen Ländern durchschnittlich niedrigen Fahrpreise auf deutschen Eisenbahnen in der 2. und 3. Klasse die Benutzung dieser Klassen gefördert, zumal die 2. Klasse nach Ausstattung und Verwendung in den schnellsten Zügen der 1. Klasse kaum nachsteht.

Der Querschnitt im Ferngüterverkehr nach Tabelle 24 (s. S. 85) gibt ein Bild über den Anteil der Erzeugnisse der verschiedenen Produktions- und Wirt schaftszweige im Eisenbahnverkehr Deutschlands und der Vereinigten Staaten von Amerika. So sehr für beide wirtschaftlich hoch entwickelten Länder bei einzelnen Produktionsgütern gewisse Unterschiede in ihrem Anteil an der gesamten Gütermenge vorliegen, so ist doch die Struktur der Verteilung der Gattungen generell gleich. Es überwiegen die Mineral- und Industrieprodukte bei weitem die anderen Produkte, sie machen mehr als $^{2}/_{3}$ der gesamten Gütermenge aus. Die amerikanische Statistik zeigt auch in aufschlußreicher Weise, wie ungleich die Einnahmeanteile im Vergleich zu den Mengenanteilen sind und welche durchschnittliche Belastung die verschiedenen Gattungen durch Transportkosten zu tragen haben.

Ein völlig anderes Bild zeigt demgegenüber der Querschnitt durch den Güterverkehr in tropischen Ländern, für den als Beispiel der Güterverkehr der Sudanbahnen in Tabelle 25 gegeben ist. Hier überwiegen die landwirtschaftlichen Produkte besonders in der Ausfuhr, aber auch im Gesamtverkehr, während die Mineral- und Industrieprodukte zurückstehen. Auch überwiegt der Auslandsverkehr erheblich den Binnenverkehr, eine charakteristische Erscheinung des Güterverkehrs in Kolonialgebieten.

Gleichsam als eine Verbindung des Landesverkehrs in hoch entwickelten Ländern und in Kolonialgebieten kann der Querschnitt durch den Suez-Kanal-Verkehr angesehen werden, den Tabelle 26 zeigt. In der Richtung von Europa überwiegen bei weitem die Industrie- und Mineralprodukte, in der Richtung nach Europa die landwirtschaftlichen und Mineralprodukte. Es ist der verkehrsmäßige Ausgleich der Industrie- und Agrarländer im Weltverkehr, der in ähnlicher Weise auch die Verkehrs-

Tabelle 27. Querschnitt durch den Luftverkehr im Jahre 1930.

Verkehrsnetz	Netzgröße km	Flug-km 1000 km	Verkehrsmengen Personen	Post t	Fracht u. Gepäck t	Verkehrsleistungen Personen 1000 Pers.-km	Post 1000 tkm	Fracht u. Gepäck 1000 tkm	Mittl. Beförderungsweite Personen km	Post km	Fracht u. Gepäck km
1	2	3	4	5	6	7	8	9	10	11	12
I. Kontinentaler Verkehr.											
Europa	79 065	28 704	224 950	1 015	5 854	66 500	420	2 290	295	415	390
Afrika	6 355	483	1 815	41	13	1 000	30	10	550	720	800
Amerika	78 780	59 478	429 120	3 865	2 137	150 000	2 600	960	350	680	450
Asien	9 350	3 195	25 400	64	350	7 350	45	95	290	700	270
Australien	13 100	2 080	11 000	27	153	4 250	15	50	385	550	330
II. Transkontinentaler und transozeanischer Verkehr.											
Europa	58 230	9 250	15 750	285	213	12 850	685	213	820	2 400	1 000
Amerika	29 780	6 848	32 140	238	48	29 823	1 900	53	930	8 000	1 100
Summe	274 660	110 038	740 175	5 535	8 768	271 773	5 695	3 671	370	1 020	420

Tabelle 28. Telegraphieverkehr Deutschlands, Italiens und der Niederlande mit dem Auslande im Jahre 1930.

	Europa		Nordamerika		Südamerika		Afrika		Asien		Australien		Gesamt	
	1000 Telegramme	%	1000 Telegramme	%	1000 Telegramme	%	1000 Telegramme	%	1000 Telegramme	%	1000 Telegramme	%	1000 Telegramme	%
1	2	3	4	5	6	7	8	9	10	11	12	13	14	15
Deutschland (1931)														
1. Auf dem Drahtweg														
angekommen von . . .	4640,1	84,4	522,5	9,5	120,5	2,2	76,7	1,4	123,6	2,2	15,6	0.3	5499,0	100,0
aufgegeben nach	4231,5	86,7	380,7	7,8	82,9	1,7	62,5	1,3	113,7	2,3	11,0	0,2	4882,3	100,0
2. Auf dem Funkweg														
angekommen von . . .	533,2	62,9	160,0	18,9	68,9	8,1	19,1	2,3	65,8	7,8	—	—	847.0	100.0
aufgegeben nach	547,3	55,6	261,7	26,5	78,7	8,0	23,4	2,4	72,9	7,4	1,2	0,1	985,2	100,0
Italien (1930/31)														
1. Auf dem Drahtweg														
angekommen von . . .	1812,8	78,8	288,9	12,5	103,4	4,5	55,2	2,4	34,2	1,5	6.6	0,3	2301,1	100,0
aufgegeben nach	1717,3	80,5	242,2	11,3	93,7	4,4	47,0	2,2	28,9	1,3	6,0	0,3	2135,1	100,0
2. Auf dem Funkweg														
angekommen von . . .	433,1	79,8	28,6	5,3	7.8	1,5	55,9	10,3	10,9	2,0	5,9	1,1	542,2	100,0
aufgegeben nach	409,4	76,0	35,2	6,5	9,6	1,8	66,6	12,4	16,5	3,1	1,0	0,2	538,3	100,0
Niederlande (1930)														
1. Auf dem Drahtweg														
angekommen von . . .	1738,5	80,5	363.7	16,8	in Nordamerika enthalten		25,9	1,2	26,8	1,2	5,9	0,3	2160,8	100,0
aufgegeben nach	1642,9	81,9	300,6	14,9			24,3	1,2	35,7	1,8	3,5	0,2	2007,0	100,0
2. Auf dem Funkweg														
angekommen von . . .	210,4	56,3	33,4	8,9			—	—	130,0	34,8	—	—	373,8	100,0
aufgegeben nach	359,2	71,3	48,3	9,6			—	—	96,0	18,9	1,2	0,2	504,7	100,0

Anmerkung: Die Zahl der Worte je Telegramm schwankt auf den einzelnen Verkehrsbeziehungen zwischen 10 und 31 und kann im Durchschnitt zu 13,5 Worten je Telegramm angenommen werden.

ströme des Atlantischen Ozeans charakterisiert und auch im Bild der Verkehrsströme der Welt (Abb. 25, s. S. 62) klar zum Ausdruck kommt.

Wie weit der Luftverkehr als weltumspannendes Verkehrsmittel bereits im Kontinental- und Weltverkehr sich an die Seite der übrigen Verkehrsmittel im einzelnen gestellt hat, zeigt Tabelle 27 (s. S. 87). Am stärksten beteiligt sind wieder die bedeutendsten wirtschaftlichen Aktionszentren der Erde, Europa und Nordamerika, die die Entwicklungszellen im Weltluftverkehr darstellen[1]. Im Kontinentalverkehr steht Amerika an erster Stelle, das zur Überwindung seiner großen Raumweiten in erster Linie im Luftverkehr ein wertvolles neues Verkehrsmittel sehen kann. Zwar sind im ganzen gesehen die Verkehrsmengen im Vergleich zu anderen Verkehrsmitteln noch sehr gering, aber es handelt sich durchweg um hochwertiges Verkehrsgut. Der Querschnitt durch den Luftverkehr zeigt das Bild eines Verkehrsmittels, das als einziges in der Lage ist, alle Raumweiten über Land und Wasser zu erschließen, und mit seiner hohen Geschwindigkeit die Gebiete der Erde um ein Mehrfaches näher zu bringen vermag als die übrigen Verkehrsmittel für körperliche Verkehrsgegenstände.

Dem Luft- und Überseeverkehr ist in der Welttelegraphie ein starker Wettbewerber entstanden. Ihre fast zeitlose Überwindung auch der größten Entfernungen führte zu ihrer starken Entwicklung im Kontinental- und Weltnachrichtenverkehr. In Tabelle 28 ist für einige europäische Länder der Auslandstelegraphieverkehr mit und ohne Draht zusammengestellt. Der Querschnitt zeigt, daß die Telegraphie auf dem Funkwege mit der Zunahme der Entfernung gegenüber derjenigen auf dem Drahtwege stark zugenommen hat, und daß ihr das Feld der telegraphischen Verbindung zwischen den wirtschaftlichen Aktionszentren der Erde immer mehr zufallen wird. Im übrigen aber kommt auch hier wieder klar zum Ausdruck, daß die wirtschaftlichen Kräfte der verschiedenen Erdteile auch den Umfang ihres Telegraphieverkehrs mit europäischen Ländern bestimmen, und daß weiterhin der Kolonialbesitz den Nachrichtenverkehr zwischen dem Mutterland und den Kolonien erheblich gegenüber anderen Gebieten steigert.

4. Das Verkehrsbild in personeller Hinsicht.

Die Bedeutung des Verkehrs im menschlichen Gesellschaftsleben kann kaum richtig gewürdigt werden, wenn nicht auch der persönliche Arbeitsfaktor im Verkehrswesen oder der Einsatz der menschlichen Arbeitskraft in den Verkehrsbetrieben genügend berücksichtigt wird. Die Verkehrsmittel rechnen alle zu den arbeitsintensiven Wirtschaftszweigen. Der Anteil des Lohnes und des Gehalts für das beschäftigte Personal an den Bruttoeinnahmen der Verkehrsmittel ist durchweg höher als bei der Industrie. Tabelle 29 gibt hierüber näheren Aufschluß. Die Eisenbahnen mit ihren zahlreichen großen Betriebsstellen weisen den höchsten Anteil an personellen Ausgaben auf, ihnen folgt die Post mit ihrem großen Personalaufwand für die Zustellung der Postsachen.

Tabelle 29. Anteil des Lohnes und der Gehälter an den Bruttoeinnahmen der Industrie und der Verkehrsmittel im Jahre 1930.

I. Industrie	
a) Bergbau	50,5%
b) Chemische Industrie	11,8%
c) Lederindustrie	13,7%
d) Kraftfahrzeugindustrie	18,0%
e) Maschinenindustrie	33,6%
II. Verkehrswesen	
a) Eisenbahnverkehr	62,6%
b) Binnenschiffahrtsverkehr	52,5%
c) Luftverkehr	42,5%
d) Post	60,0%

[1] Pirath, „Luftverkehrspolitik und Stand des Weltluftverkehrs", Heft 4 der Forschungsergebnisse des Verkehrswissenschaftlichen Instituts für Luftfahrt an der Technischen Hochschule Stuttgart. München 1931.

Absolut genommen sind im öffentlichen Verkehrswesen der wirtschaftsstarken Länder 4,5—8,3% der Erwerbstätigen im eigentlichen Verkehrswesen tätig, nicht gerechnet die mittelbar für Verkehrszwecke beschäftigten Personen in der Fahrzeug-, Maschinen- und Bauindustrie. In welchem Verhältnis die verschiedenen Verkehrsmittel an der Gesamtzahl der im Verkehr tätigen Personen beteiligt sind, zeigt Tabelle 30. Die Eisenbahnen stehen auch hier weit an der Spitze, aber der Kraftwagen hat vor allem in den Vereinigten Staaten von Amerika stark gegen ihn aufgeholt. Die große Intensität des Verkehrswesens in England zu Wasser und zu Lande äußert sich in einem besonders hohen Anteil der im Verkehr beschäftigten Personen an der Gesamtzahl der in England Erwerbstätigen. England ist dank seiner Geschichte, seiner zahlreichen Kolonien und seines ausgedehnten Handels ein Verkehrsland ersten Ranges.

Tabelle 30. Beschäftigtes Personal im öffentlichen Verkehrswesen im Jahre 1930.

Verkehrsmittel	Deutschland		England		Vereinigte Staaten von Amerika	
	Erwerbstätige	%	Erwerbstätige	%	Erwerbstätige	%
1	2	3	4	5	6	7
Eisenbahnen	681870	47,2	683080	41,4	1571560	41,0
Post	378200	26,2	229160	13,9	[1]	
See- und Küstenschiffahrt	42520	2,9	229690	13,9	[1]	
Kraftwagenbetriebe	33900	2,4	[1]		1200000	31,2
Sonstige Verkehrsmittel[2]	308510	21,3	507070	30,8	1071440	27,8
gesamt	1445000	100,0	1649000	100,0	3843000	100,0
Gesamtzahl der Erwerbstätigen	32050000		19357000		48829000	
Demnach Anteil des Verkehrswesens	4,5%		8,5%		7,9%	

[1] In der Summe „Sonstige Verkehrsmittel“ enthalten.
[2] Sonstige Verkehrsmittel: Straßenbahnen, Schnellbahnen, Binnenschiffahrt, Hafenwesen, Speditionsbetriebe und Luftverkehr.

Die Entwicklung der Verkehrsmittel hat im Lauf der Zeit immer mehr Personen in den Arbeitsbereich des Verkehrs gezogen, aber bei weitem nicht in dem Maße, in dem die Verkehrsmittel ihre Leistungen steigern konnten. Abb. 40 gibt Aufschluß über diese Entwicklung, so weit sie den Güterverkehr betrifft. Sie zeigt, wieviel angebotene Tonnenkilometer Brutto-(Eigengewicht + Nutzlast) und Nutz-(Nutzlast)Leistungen bei den verschiedenen Verkehrsmitteln auf ein Tagewerk der bei ihnen beschäftigten Arbeitskräfte entfallen. Zu der menschlichen Arbeitsleistung sind gerechnet die Tagewerke im Fahrdienst, stationären Dienst, Verwaltungsdienst sowie in der Unterhaltung und Herstellung von Transportwegen und Fahrzeugen[1].

Im Luftverkehr entfallen mit 5 Nutz-Tonnenkilometer bei weitem die niedrigsten angebotenen Verkehrsleistungen auf ein Tagewerk, da er sowohl im technischen Instrument wie im Betrieb starken Einsatz von Menschen verlangt. Ihm folgt der Lastkraftwagen in weitem Abstand, bei dem 138 angebotene Nutz-Tonnenkilometer auf ein Tagewerk entfallen. Nun verschiebt

[1] Pirath, „Anteil der Arbeitsleistung des Menschen an den Leistungen der Verkehrsmittel“. Archiv für Eisenbahnwesen, Heft 5 und 6. Berlin 1922.

sich das Verhältnis wesentlich mit 437 Nutz-Tonnenkilometer bei den Eisenbahnen und 1880 Nutz-Tonnenkilometer bei den natürlichen Wasserstraßen, um beim Seeverkehr ganz gewaltig anzusteigen auf 16600 Nutz-Tonnenkilometer für ein Tagewerk. Der Verlauf der Nutz-Tonnenkilometer-Linie zur Brutto-Tonnenkilometer-Linie zeigt, daß bei den Eisenbahnen mit ihrem umfangreichen und verwickelten stationären Betriebsapparat die angebotene Nutz-Tonnenkilometer-Leistung nur $^1/_3$ der Brutto-Tonnenkilometer-Leistung je Tagewerk beträgt, während sie beim Wasserverkehr mit seinen einfachen Betriebsstellen nahezu $^2/_3$ ausmacht.

Je mehr ein Verkehrsmittel geeignet ist und verwendet wird für die Beförderung von Massengütern, um so größer ist seine auf die persönliche Arbeitseinheit, das Tagewerk, entfallende Verkehrsleistung. Je mehr es aber der schnellen Beförderung von hoch- und eilwertigen Gütern dient, um so geringer ist sie.

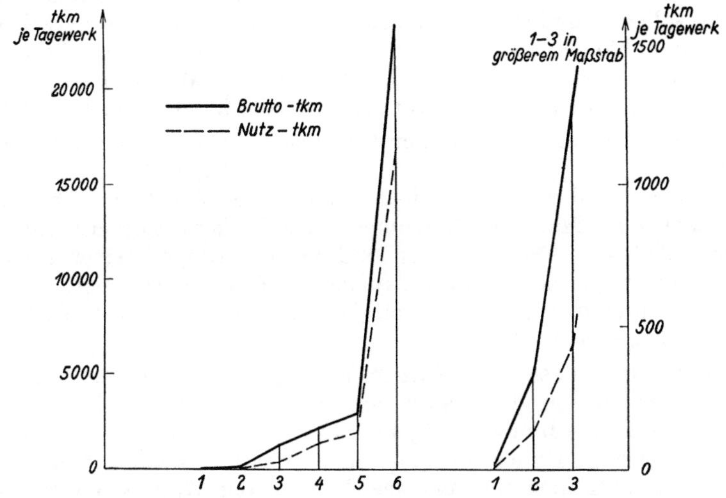

Abb. 40. Anteil der menschlichen Arbeitsleistung an den Leistungen der Verkehrsmittel.
1. Luftverkehr
2. Lastkraftwagen
3. Vollspurige Eisenbahnen
4. Künstliche Wasserstraßen
5. Natürliche Wasserstraßen
6. Seeverkehr.

Das könnte angesichts des heute vorliegenden allgemeinen Überflusses an Arbeitskräften in den Kulturstaaten zu dem Gedanken führen, die Verkehrsmittel mit hohem Einsatz menschlicher Arbeitskräfte zu bevorzugen, um mehr Menschen Beschäftigung im Transportwesen zu geben. Das findet aber seine natürliche Grenze an den höheren Transportkosten, denn die Verkehrsleistung auf ein Tagewerk steht bei den verschiedenen Verkehrsmitteln in nahezu umgekehrtem Verhältnis zu den gesamten Transportkosten eines Verkehrsmittels. Je niedriger seine Verkehrsleistung auf ein Tagewerk ist, um so höher sind die Transportkosten und umgekehrt.

Die intensive Verkehrswirtschaft hat, absolut genommen, in den leistungsfähigen Verkehrsmitteln immer größere Mengen menschlicher Arbeitsleistung gebunden. Relativ aber sind die für die Einheit der Nutz- und Bruttoleistungen der Verkehrsmittel erforderlichen Tagewerke gegenüber dem extensiven Verkehr früherer Zeiten mit seinem einfachen Fuhrwerksbetrieb erheblich geringer geworden. Ohne die Menschen sparende Arbeitsleistung der modernen Verkehrsmittel hätte der heutige Massenverkehr nicht bewältigt werden können, denn die Kulturwelt hätte das Menschenmaterial nicht aufbringen können, um dieselbe

Verkehrsleistung durch den Landfuhrwerks- oder den kleinen Überseeverkehr des Mittelalters zu ermöglichen.

5. Das Verkehrsbild in organisatorischer und finanzieller Hinsicht.

Die Organisation der Verkehrsmittel ist bezüglich ihrer Form allgemein bereits unter Abschnitt II „Verkehrsformen" behandelt worden. Es steht neben dem öffentlichen Verkehrsbetrieb der private Verkehrsbetrieb. In Abschnitt VI wird ihr Verhältnis zueinander im einzelnen untersucht werden. Auch wird dort Stellung genommen werden zu der Größe eines Verkehrsunternehmens, die im wesentlichen nach großen Organisationen orientiert ist und erst im neuzeitlichen Verkehrswesen wieder eine starke Entwicklungsrichtung nach mittleren und kleineren Organisationen erfahren hat.

Das Verkehrsbild in finanzieller Hinsicht wird in erster Linie bestimmt durch die Anlagekosten, Betriebskosten und Einnahmen der Verkehrsmittel. An dieser Stelle sollen lediglich die Anlagekosten und die von der Verkehrsart und ihrem Umfang abhängigen Einnahmen behandelt werden, während die Betriebskosten als Ausfluß der verkehrs- und betriebswirtschaftlichen Grundlagen der verschiedenen Verkehrsmittel im besonderen in Abschnitt IV untersucht werden.

Jedes Verkehrsmittel erfordert zur betriebssicheren Herrichtung einen mehr oder weniger großen Kapitalaufwand für den Bau der festen Anlagen oder des Wegs und der Stationen und der beweglichen Anlagen oder der Triebkräfte und Fahrzeuge. Je nach dem Maß der Zunahme seiner Verkehrsaufgaben müssen fortlaufend neue Anlagen, Erweiterungen und Verbesserungen seiner Anlagen vorgenommen werden, die neuen Kapitalaufwand erfordern. Die hierdurch im Lauf der Zeit notwendig gewordenen Kapitalaufwendungen für die Verkehrsmittel bilden ihr Anlagekapital.

Auf Grund von umfassenden Einzelerhebungen ist in Tabelle 31 der Versuch gemacht worden, das in den heute vorhandenen Verkehrsmitteln investierte Anlagekapital größenordnungsmäßig für das größte Verkehrsland Europas und Amerikas zu erfassen. Es wurde dabei eine Trennung nach alten und neuen Verkehrsmitteln vorgenommen, um das Ausmaß der Kapitalinvestierungen für diese beiden Gruppen von Verkehrsmitteln einander gegenüberzustellen und ihren Kapitalwert für die heutige Volkswirtschaft im einzelnen zu erkennen. Für die Straßen, die als befestigte Straßen sowohl zu den alten wie zu den neuen Verkehrsmitteln gehören, wurde das Anlagekapital für den Unterbau des Wegs je zur Hälfte den alten und neuen Verkehrsmitteln und diesen wieder der Wert der Fuhrwerke bzw. Kraftwagen zugerechnet.

Die Anlagekosten für die Beförderung von körperlichen Nachrichten sind in dem Eisenbahn- und Kraftwagenverkehr enthalten, die diese Verkehrsarbeit leisten. Für den unkörperlichen Nachrichtenverkehr sind die Anlagekosten für den Telephon- und Telegraphieverkehr in die Tabelle aufgenommen, während die Anlagekosten der Post für Hochbauten und Fahrzeuge außer Kraftwagen, die im Kraftwagenverkehr bereits enthalten sind, nicht angegeben sind, da sie für die Vereinigten Staaten von Amerika nicht zu ermitteln waren. Für Deutschland würden diese Kosten noch rund 960 Millionen Mark ausmachen, also rund die Hälfte der Anlagekosten für den Telephon- und Telegraphieverkehr. Für den Transport von Energie in Leitungen sind nur die zum reinen Transport notwendigen Anlagen, also nicht etwa auch die Kraftwerke, zum Anlagekapital gerechnet.

Das gesamte bisher im Verkehrswesen investierte Anlagekapital hat bereits eine gewaltige Höhe erreicht. Während in Deutschland die alten Verkehrsmittel noch den bei weitem höchsten Anteil aufweisen, sind diese bereits im größten Kraftverkehrsland der Welt, in den Vereinigten Staaten von Amerika, hinter den neuen Verkehrsmitteln zurückgeblieben. Im Kraftwagenverkehr der Vereinigten Staaten von Amerika ist bereits mehr Kapital investiert als im großen Netz der amerikanischen Eisenbahnen einschließlich der Bahnen im großstädtischen Verkehr.

Tabelle 31. Anlagekapital der Verkehrsmittel im Jahre 1930.
(Feste und bewegliche Anlagen.)

Verkehrsmittel	Deutschland		Vereinigte Staaten von Amerika	
	Mill. RM.	%	Mill. RM.	%
1	2	3	4	5
I. Alte Verkehrsmittel				
Wasserstraßen	2 660	5,1	7 480	2,5
Schienenbahnen	27 460	53,1	112 000	37,6
Straßen[1]	5 030	9,7	11 750	4,0
gesamt	35 150	67,9	131 230	44,1
II. Neue Verkehrsmittel				
Kraftwagenverkehr[1]	12 900	25,0	122 750	41,1
Energietransport in elektrischen Fernleitungen	1 010	1,9	7 130	2,4
Fernleitungen für Öl und Gas	20	0,0	3 650	1,2
Luftverkehr	485	0,9	1 270	0,4
Post: Telephonverkehr	2 149	4,3	30 000	10,1
Post: Telegrammverkehr			2 050	0,7
gesamt	16 564	32,1	166 850	55,9
Summe I + II	51 714	100,0	298 080	100,0

[1] Das Anlagekapital des Unterbaus der Straßen ist zu je 50% auf alte und neue Verkehrsmittel verteilt.

Sehen wir im Anlagekapital die statische Komponente für das Wirtschaftsergebnis eines Verkehrsunternehmens, so würden die Einnahmen oder der Umsatz der Verkehrsunternehmungen die dynamische Komponente darstellen. Das Verhältnis, in dem beide, Anlagekapital und Umsatz, zueinander stehen, charakterisiert ihr Gewicht und ihre Bedeutung für den wirtschaftlichen Erfolg der Verkehrsmittel und ihre Stellung in der Gesamtwirtschaft. Dieses Verhältnis beträgt im Durchschnitt bei den Produktionszweigen der Industrie 1:4 bis 1:15, d. h. das Anlagekapital des Werks muß jährlich 4- bis 15mal umgesetzt werden, wenn der Betrieb erfolgreich arbeiten soll. Die dynamische Komponente überragt wesentlich die statische, da in der mechanischen Industrie das umlaufende Kapital in Form des Werts von Material, das einer Bearbeitung unterworfen wird, die dynamische Komponente erhöht. Bei den Verkehrsmitteln fehlt dieses umlaufende Kapital.

Das erklärt aber in keiner Weise allein das vorliegende, anders gelagerte Verhältnis zwischen Anlagekapital und Umsatz bei den Verkehrsmitteln, wie es aus Tabelle 32 (s. S. 94) zu ersehen ist. In ihr sind für die Verkehrsmittel des Fern- und Nahverkehrs die Jahreseinnahmen in Prozenten des Anlagekapitals und die Jahre, in denen das Anlagekapital für ein erfolgreiches Wirtschaften umgesetzt sein muß, ermittelt. Es muß dabei ein grundsätzlicher Untersehied gemacht werden zwischen Verkehrsmitteln, die für die Anlagekosten des gesamten technischen Apparats, also des Wegs, der Triebkräfte, Fahrzeuge und Stationen, sowie für ihren Betrieb aufzukommen haben, und Verkehrsmitteln, die im wesentlichen nur für den Fahrzeugpark und den Betrieb die notwendigen Aufwendungen zu machen haben. Zu ersteren rechnen die Eisenbahnen, manche Seeschiffahrtsgesellschaften, die Unternehmungen der Schnell- und Straßenbahnen sowie der Wasserverkehr im Nahverkehr. Die übrigen haben kein Kapital für die Anlage des Wegs und der Stationen zu investieren, sondern die Anlagen werden von anderen Stellen hergerichtet und zur Verfügung gestellt. Für unsere Untersuchungen geben nur die ersteren ein einwandfreies und erschöpfendes Bild über das Verhältnis von Anlagekapital und Umsatz.

Tabelle 32. Anlagekapital und Umsatz bei den verschiedenen Verkehrsmitteln im Jahre 1930.

Verkehrsmittel	Anlagekapital Mill. RM.	Jahreseinnahmen Mill. RM.	Jahreseinnahmen in % des Anlagekapitals	Umsatz des Anlagekapitals nach Jahren
1	2	3	4	5
I. Fernverkehr				
Eisenbahn (Deutsche Reichsbahn)	26176,0	4570,0	17,5	5,7
Überseeschiffahrt (Hamburg-Amerika-Linie)	313,4	266,7	85,2	1,18
Küstenschiffahrt (Neptun, Bremen)	18,6	19,5	105,0	0,96
Binnenschiffahrt Güterverkehr (Schlesische Dampfer-Cie., Berliner Lloyd, Hamburg)	9,4	9,1	96,0	1,0
Personenverkehr (Sächsisch-Böhmische Dresden)	2,72	2,45	91,0	1,1
Kraftomnibus (Amerikanische Omnibusbetriebe)	1672,0	1368,0	82,0	1,22
Luftverkehr (Deutsche Lufthansa)	26,0	26,6	101,1	0,98
II. Nahverkehr				
Schnellbahn (Berliner Verkehrsgesellschaft U-Bahn)	261,4	35,9	13,6	7,3
Straßenbahn (Berliner Verkehrsgesellschaft)	337,0	126,2	37,5	2,7
Omnibus (Berliner Verkehrsgesellschaft)	25,1	41,6	166,0	0,6
Wasserverkehr (Hafendampfschiffahrt A.-G. Hamburg)	4,18	4,48	107,0	0,93

Die Ermittlungen zeigen, wie überwiegend die statische Komponente bei den Hauptverkehrsmitteln ist, und wie wichtig es ist, die Ausnutzung des technischen Apparats durch Nutzleistungen, die die Einnahmen bringen und den Umsatz bestimmen, so hoch als möglich zu steigern. Auf den deutschen Eisenbahnen erhöhte sich das Verhältnis der Einnahmen zum Anlagekapital von 14% im Jahre 1911 auf 17,5% im Jahre 1930. Diese Steigerung ist aber im wesentlichen keine Folge höherer Ausnutzung des Betriebsapparats, sondern eine Folge der Erhöhung von Löhnen und Betriebsmaterialpreisen, so daß mit dem schnelleren Umsatz des Anlagekapitals kein wirtschaftlicheres Ergebnis erzielt wurde. Wir haben es hier also mit einer unechten Steigerung des Umsatzes des Anlagekapitals durch Verkehrseinnahmen zu tun.

Es kennzeichnet die gewaltige, zur Produktion von Verkehrsleistungen nötige Investition von Anlagekapital, wenn das Verkehrsunternehmen 5—7 Jahre braucht, um sein Kapital umzuschlagen. Ist die Beschaffung des Anlagekapitals für den Weg nicht Sache des Verkehrsunternehmens, oder ist wie bei der Schiffahrt die Kapitalsanlage für den Weg sehr gering, so verkürzt sich die Zeit erheblich, in der das Anlagekapital durch Einnahmen umgeschlagen wird und nähert sich dem Verhältnis bei industriellen Werken.

Jedes Verkehrsmittel wird der Verkehrsart in erster Linie sich widmen, die ihm die meisten Einnahmen bringt. Es ist daher zur Kenntnis der finanziellen Seite des Verkehrsunternehmens neben den Ausgaben auch die Gliederung der Einnahmen nach Verkehrsarten notwendig. Diese Gliederung erstreckt sich auf einen Querschnitt durch die Jahreseinnahmen aus den hauptsächlichsten Arten des Verkehrs und ihren einzelnen Gattungen.

Tabelle 33. Gliederung der Verkehrseinnahmen nach Personen- und Güterverkehr der Eisenbahnen im Jahre 1930.

Länder	Brutto-Einnahmen					
	Personen- und Gepäckverkehr		Güterverkehr		Gesamt	
	Millionen RM.	%	Millionen RM.	%	Millionen RM.	%
1	2	3	4	5	6	7
I. Europa gesamt[1] . .	5473	35	10321	65	15794	100
davon:						
Deutschland	1346	32	2839	68	4185	100
Belgien	114	28	287	72	401	100
Dänemark	66	46	76	54	142	100
Frankreich.	613	24	1940	76	2553	100
Großbritannien . .	1710	46	2030	54	3740	100
Italien	356	35	670	65	1026	100
Niederlande	147	51	143	49	290	100
Österreich	132	37	226	63	358	100
Schweden	129	36	232	64	361	100
Schweiz	129	41	188	59	317	100
II. Vereinigte Staaten von Amerika . . .	3060	15	17120	85	20180	100

[1] Europa ohne Rußland.

Die Tabelle 33 enthält die Gliederung der Verkehrseinnahmen der Eisenbahnen in den bedeutendsten europäischen Ländern und den Vereinigten Staaten von Amerika im Jahre 1930. Abgesehen von den niederländischen Eisenbahnen, denen der Wasserstraßenverkehr allein 80% des gesamten niederländischen Güterverkehrs abnimmt, und bei denen daher der Personenverkehr im Vergleich zum Güterverkehr eine besonders große Rolle spielt, entfällt der höchste Anteil der Bruttoeinnahmen bei den Eisenbahnen auf den Güterverkehr, und zwar mit rund 60—70% der gesamten Einnahmen aus dem Personen- und Güterverkehr.

Tabelle 34. Anteil der Einnahmen aus Personenverkehr, Güterverkehr und Sonstigem auf Eisenbahnen vom Eröffnungsjahr bis 15 Jahre nach der Eröffnung und im Jahre 1930.

Strecke oder Netz	Zeit	Personenverkehr		Güterverkehr		Sonstiges		Gesamt
		1000 RM.	%	1000 RM.	%	1000 RM.	%	1000 RM.
1	2	3	4	5	6	7	8	9
Düsseldorf-Elberfeld . .	Eröffnungsjahr 1841	298	75,2	71	17,8	28	7,0	397
	nach 10 Jahren	314	46,8	327	48,9	29	4,3	670
	nach 15 Jahren	363	31,3	758	65,2	41	3,5	1 162
Leipzig-Dresden	Eröffnungsjahr 1839	874	75,9	254	22,1	24	2,0	1 152
	nach 10 Jahren	1 170	49,3	998	41,9	209	8,8	2 377
	nach 15 Jahren	1 583	37,0	2 370	55,8	323	7,2	4 276
Berlin-Hamburg	Eröffnungsjahr 1846	1 184	51,2	1 040	45,0	93	3,8	2 317
	nach 10 Jahren	2 315	29,7	5 262	67,7	200	2,6	7 777
Köln-Minden	Eröffnungsjahr 1847	1 102	63,0	582	33,3	66	3,7	1 750
	nach 10 Jahren	4 070	28,0	9 169	63,0	1 320	9,0	14 559
Deutsche Reichsbahn .	1930	1 345 531	29,4	2 839 151	62,1	385 635	8,5	4 570 317

Wesentlich über diesem Prozentsatz liegen nur die Vereinigten Staaten von Amerika, in denen der Güterverkehr allein 85% der gesamten Verkehrseinnahmen erreicht und der Personenverkehr zum Teil infolge des Wettbewerbs des Kraftwagens verhältnismäßig wenig an den Einnahmen beteiligt ist. Den Vereinigten Staaten von Amerika am nächsten kommt Frankreich, da der Franzose ungern reist, und auch wohl der private Kraftwagen dort dem Personenverkehr der Eisenbahnen einen gewissen Abbruch getan hat.

Das heute vorliegende Einnahmeverhältnis zwischen Personen- und Güterverkehr ist durchaus **nicht** bereits in der **ersten Entwicklungszeit** der Eisenbahnen vorhanden gewesen. Es ist im Gegenteil in den ersten Jahren der Eisenbahnen, wie Tabelle 34 zeigt, nahezu umgekehrt gewesen und hat sich erst nach 15 Jahren Betriebszeit auf das heutige Verhältnis eingestellt. Die Neuheit des Verkehrsmittels wirkte in jener Zeit in erster Linie auf die psychologischen Ursachen des Verkehrsbedürfnisses und regte den Personenverkehr an, während der Güterverkehr als Ergebnis rein praktischer und vernunftmäßiger Überlegungen sich nur langsam und allmählich dem neuen Verkehrsmittel zuwandte. Wir haben heute im Kraftwagen- und Luftverkehr die gleichen Erscheinungen.

Tabelle 35. Verkehrsumfang und Einnahmen im Personenverkehr im zweiten Jahre nach Eröffnung von Eisenbahnen und im Jahre 1930.

	Anzahl der Reisenden				Einnahmen				Zahl der Reisen je Einwohner	Durchschnittliche Beförderungsweite			
	1. Kl.	2. Kl.	3. Kl.	gesamt	1. Kl.	2. Kl.	3. Kl.	gesamt		1. Kl.	2. Kl.	3. Kl.	Mittel
	Tausend Reisende				Tausend Reichsmark					km	km	km	km
1	2	3	4	5	6	7	8	9	10	11	12	13	14
Belgien 325 km	243	656	1 294	2 193	850	1 140	1 240	3 230	4,07	47,5	38,1	26,1	32,4
Anteil in %	11,1	29,9	59,0	100,0	26,3	35,3	38,4	100,0	—	—	—	—	—
Leipzig-Dresden 120 km	16	84	305	405	62	217	631	910	2,56	47,0	47,6	51,1	47,5
Anteil in %	3,9	20,7	75,4	100,0	6,7	23,7	69,6	100,0	—	—	—	—	—
Leipzig-Magdeburg 120 km	4	112	354	470	14	307	407	728	3,15	47,6	51,1	33,2	37,5
Anteil in %	0,8	23,9	75,3	100,0	1,8	42,2	56,0	100,0	—	—	—	—	—
Durchschnittlicher Anteil in % . . .	8,5	27,9	63,6	100,0	19,0	34,2	46,8	100,0	—	—	—	—	—
Deutsche Reichsbahn 1930 53 678 km	483	116 219	1 709 861	1 826 563	20 771	192 477	1 083 841	1 297 089	29,3	360,1	31,8	22,9	23,6
Anteil in %	0,03	6,4	93,57	100,0	1,6	14,8	83,6	100,0	—	—	—	—	—

Wie im einzelnen sich im Personenverkehr der Eisenbahnen die Einnahmen auf die verschiedenen Klassen früher und heute verteilt haben, zeigt Tabelle 35 (s. S. 97). Während zu Beginn der Eisenbahnzeit die 1. und 2. Klasse von rund 36% der Reisenden benutzt wurde, ist dieser Anteil heute auf rund 6,5% gesunken. Die Umschichtung und Nivellierung der Bevölkerung sowie der gesunkene Wohlstand in der Nachkriegszeit hat die 3. Klasse zu der am meisten benutzten Klasse gemacht und sie mit rund 84% heute gegenüber früher nur rund 47% an den Eisenbahneinnahmen beteiligt. Es ist aus der Tabelle zu entnehmen, daß die Steigerung des spezifischen Verkehrsbedürfnisses heute gegenüber früher in erster Linie auf die Reisenden der 3. Klasse zurückzuführen ist, was dem allgemeinen Lebensstandard der heutigen Menschheit, vor allem in Deutschland, entspricht. Würden andererseits die früher vorhandenen mittleren Beförderungsweiten im Personenverkehr der 2. und 3. Klasse noch vorliegen, so würden bei gleicher Menge an Reisen die Einnahmen aus diesen Klassen wesentlich höher sein können, als sie bei der tatsächlichen, um $^1/_3$ niedrigeren mittleren Beförderungsweite heute sind. Der starke Anteil des Nahverkehrs der Großstädte und des platten Landes hat heute die mittlere Transportweite wesentlich gesenkt, so daß die Steigerung des spezifischen Verkehrsbedürfnisses einnahmenmäßig nicht entsprechend zur Geltung kommen konnte.

Eine noch wesentlich weitgehendere Gliederung der Einnahmen nach Verkehrsgegenständen als im Personenverkehr liegt im Güterverkehr und hier besonders im Eisenbahngüterverkehr vor. Die wiederholt erwähnte höhere Belastungsmöglichkeit von hoch- und eilwertigen Gütern mit Transportkosten gegenüber den mittel- und geringwertigen Gütern führte zu einem charakteristischen Einnahmebild im Eisenbahngüterverkehr, wie es in Abb. 41 dargestellt ist. Es gibt den Anteil der drei Gütergruppen an den Gütermengen und Einnahmen an und zeigt innerhalb der Gruppen noch die Abstufungen nach Tarifklassen, in die die große Zahl der Güter eingeteilt ist. Den verhältnismäßig geringen Mengen, aber hohen Einnahmen der hoch- und eilwertigen Güter steht die verhältnismäßig große Menge und geringe Einnahme

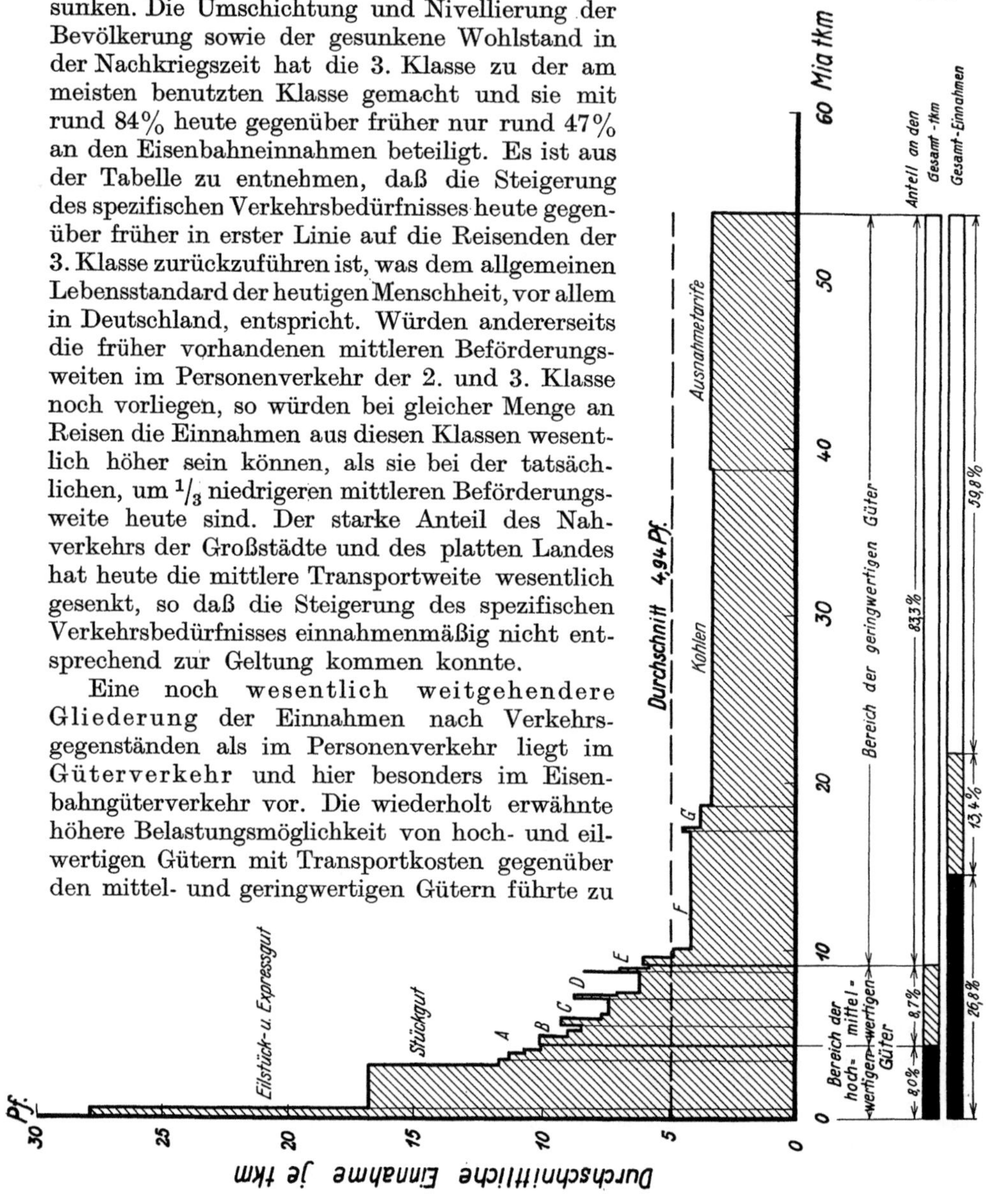

Abb. 41. Gliederung der Tonnenkilometer und Einnahmen je Tonnenkilometer nach den verschiedenen Tarifklassen der Deutschen Reichsbahn im Jahre 1930.

aus den geringwertigen Gütern gegenüber. Die hoch- und eilwertigen Güter liegen in ihren durchschnittlichen Einnahmen je Tonnenkilometer bis zu 450% über dem Gesamtdurchschnitt, die geringwertigen Güter bis zu 30% unter demselben.

Bei der Seeschiffahrt stehen die Einnahmen aus dem Güterverkehr, wie Tabelle 36 zeigt, noch mehr im Vordergrund als bei den Eisenbahnen. Nur bei dem Seeverkehr der Vereinigten Staaten von Amerika ist ein erheblich über dem

Tabelle 36. Gliederung der Verkehrseinnahmen in der Seeschiffahrt im Jahre 1929.

Länder	Brutto-Einnahmen					
	Personenverkehr		Frachtverkehr		Gesamt	
	Millionen RM.	%	Millionen RM.	%	Millionen RM.	%
1	2	3	4	5	6	7
Deutschland	88	12	643	88	731	100
Dänemark	13	5	231	95	244	100
Schweden	21	6	319	94	340	100
Japan	29	7	399	93	428	100
Vereinigte Staaten von Amerika	395	24	1 233	76	1 628	100
Gesamter Weltverkehr (Schätzung)	1 680	17	8 320	83	10 000	100

Tabelle 37. Einnahmen aus dem körperlichen und nicht körperlichen Nachrichtenverkehr in Deutschland und U. S. A. im Jahre 1931.

	Deutschland		U. S. A.	
	Millionen RM.	%	Millionen RM.	%
1	2	3	4	5
A. Körperlicher Nachrichtenverkehr				
Briefe (im In- und Auslandsverkehr)	350	20,7	1480 (Briefe und Postkarten)	18,7
Postkarten (im In- und Auslandsverkehr)	125	7,4		
Inländische Luftpost	oben enthalten		26	0,3
Ausländische Luftpost	oben enthalten		3	0,0
Drucksachen	130	7,7	245 (Drucksachen, Postwurfsendungen usw.)	3,1
Postwurfsendungen, Warenproben, Geschäftspapiere, Päckchen	25	1,5		
Wertbriefe, Postanweisungen, Gebühren, Zeitungen	170	10,1	346	4,4
gesamt	800	47,4	2100	26,5
B. Nichtkörperlicher Nachrichtenverkehr				
Telephonverkehr	712	42,1	5800 (Telephon-, Telegraphie- und Funkverkehr)	73,5
Telegraphie- und Funkverkehr[1]	178	10,5		
gesamt	890	52,6	5800	73,5
A + B	1690	100,0	7900	100,0
Paketverkehr	200		575	

[1] Die Einnahmen des Rundfunks sind nicht enthalten, da er größtenteils Bildungszwecken dient.

Durchschnitt der anderen Länder liegender Einnahmeanteil im Personenverkehr zu verzeichnen, weil er den starken Personenverkehr auf den nordamerikanischen Seen enthält. Für den eigentlichen Überseeverkehr geben daher die Werte der übrigen Länder der Tabelle ein richtigeres Bild.

Sehr aufschlußreich ist die Gliederung der Einnahmen im Nachrichten- und Paketverkehr nach Tabelle 37 (s. S. 99). Die unkörperlichen Nachrichten sowie die körperlichen Nachrichten in Gestalt von Briefen und Postkarten bringen als hochwertiges Nachrichtengut sowohl in Deutschland wie in den Vereinigten Staaten von Amerika im Vergleich zu den übrigen Gattungen die meisten Einnahmen. Im übrigen aber zeigt die Tabelle, wie außerordentlich stark der nicht körperliche Nachrichtenverkehr in den Vereinigten Staaten von Amerika ist, was vor allem auf die Mentalität des Amerikaners, die persönlichen Beziehungen zu pflegen, zurückzuführen ist. Dann aber auch bietet der weite amerikanische Raum eine wesentlich stärkere Anregung zur Benutzung des schnell arbeitenden Telephon- und Telegrammverkehrs gegenüber dem mehr Zeit erfordernden Briefverkehr. Der Paketverkehr der Postverwaltungen stellt einen nicht unwesentlichen Einnahmenanteil an den Gesamteinnahmen dar.

6. Das Verkehrsbild in volkswirtschaftlicher Hinsicht.

Das Verkehrsbild irgendeines Verkehrsmittels zu irgendeiner Zeit läßt sich nicht richtig beurteilen, wenn es nicht auch in bezug auf seine volkswirtschaftliche Bedeutung für das Land, in dem es seine nationalen und organisatorischen Wurzeln hat, untersucht wird. Denn jede Art von Allgemeinwirtschaft gibt dem Verkehr ein bestimmtes Gepräge, das als Verkehrssystem einer bestimmten Wirtschaftsstruktur bezeichnet werden kann, und jedes Verkehrsbild ist der Ausdruck ganz bestimmter kultureller und wirtschaftlicher Verhältnisse eines Landes und einer Zeit. Es ist die Zeit des Hochkapitalismus nicht denkbar ohne das durch Eisenbahnen und Überseeschiffahrt charakterisierte Verkehrssystem des letzten Jahrhunderts, ebenso wie die gewaltige Arbeitsteilung dieser Zeit im Wirtschaftsleben ohne die Arbeit ganz bestimmter und hierzu besonders geeigneter und ausgestatteter Verkehrsmittel nicht möglich gewesen wäre.

Ändert sich daher dieses Verkehrssystem, so wird auch die Volkswirtschaft mehr oder weniger beeinflußt, ganz gleich, ob diese Veränderungen vom Verkehrswesen selbst oder von der Allgemeinwirtschaft ausgehen. An dieser Stelle kann nur angedeutet werden, wie im heutigen Verkehrswesen derartige Einflüsse gelagert sind, da sie in späteren Kapiteln noch näher im Rahmen der heutigen Verkehrsprobleme zu behandeln sind.

Das Aufkommen neuer Verkehrsmittel im gleichen Verkehrsgebiet hat zu einem zunehmenden Wettbewerb im Verkehrswesen geführt, wie er früher unbekannt war. Damit ist die ein jedes Verkehrsmittel angehende und auch volkswirtschaftlich wichtige Frage gestellt, wie weit neue Verkehrsmittel vom volkswirtschaftlichen Standpunkt aus gesehen an die Stelle bisheriger Verkehrsmittel treten können. Dabei ist zu untersuchen, ob etwaige grundsätzliche Änderungen in der Verkehrsbedienung in bezug auf Transportkosten und Verkehrsgegenstände die Standortverhältnisse der Wirtschaft, die sich auf Grund des bisherigen Transportsystems entwickelten, gestört werden, und ob diese Störungen in Kauf genommen werden können oder nicht. Mit der Zunahme der Enge des Raumes für Siedlungszwecke fallen den Verkehrsmitteln ganz bestimmte Aufgaben zu, die vor allem die Erhaltung der Bodenständigkeit und die Bodenverbundenheit der Menschen fördern sollen.

Im Wettbewerb der Volkswirtschaften untereinander sind die Verkehrsmittel vielfach ein Mittel für die Wirtschaftspolitik eines Landes. Es werden daher diejenigen Verkehrsmittel in besonderem Maße von volkswirtschaftlicher Bedeutung sein, die in den Dienst dieser Wirtschaftspolitik gestellt werden können. Sie werden um so eher diesem Zweck entsprechen können, je straffer sie in Organisation und Betrieb zusammengefaßt sind und je umfassender sie das Gebiet einer Volkswirtschaft verkehrstechnisch bedienen. Es hängt hiermit die Frage der Groß- oder Kleinorganisation im Verkehrswesen zusammen, die an anderer Stelle auch vom Standpunkt einer wirtschaftlichen Betriebsführung von Verkehrsmitteln noch behandelt werden muß.

Die allgemeine Bedeutung der Verkehrsmittel hat dazu geführt, daß ein leistungsfähiges und wichtiges Verkehrsmittel jedermann und jedem Wirtschaftszweig die gleichen Verkehrsleistungen zu den gleichen Bedingungen auf Nachfrage zur Verfügung zu stellen hat. Es ergab sich daraus die wichtige Tatsache, daß wirtschaftsschwache Kreise und Gebiete durch wirtschaftsstarke zur Befriedigung ihrer Verkehrsbedürfnisse zum Wohle der Allgemeinheit entlastet werden. Je mehr sich ein Verkehrsmittel dieser volkswirtschaftlichen Forderung widmen kann, um so unentbehrlicher wird sein Einsatz sein.

Das Verkehrsbild im Wandel der Zeiten weist charakteristische Verkehrsverlagerungen auf, die vielfach tief einschneidende Rückwirkungen auf das Verkehrswesen und auf Teile der Volkswirtschaft eines Landes ausgeübt haben. Natürliche, wirtschaftliche und politische Einflüsse können zu Verkehrsverlagerungen führen.

Zu den natürlichen Einflüssen gehört das Versiegen von Rohstoffquellen in bestimmten Gebieten wie beispielsweise die völlige Ausbeutung von Erzvorkommen in Sachsen und im Harz oder in Kolonialgebieten. Die allmähliche Entstehung der nordafrikanischen Salzwüste vernichtete einst blühende arabische Kulturgebiete und machte die bis dahin sehr verkehrsreiche nordafrikanische Küste zu einer Verkehrswüste am Mittelländischen Meer.

Zu den wirtschaftlichen Einflüssen, die zu Verkehrsverlagerungen führen, rechnen die Verbesserung der Verkehrstechnik und die Umwandlungen in der volkswirtschaftlichen Struktur eines Landes. Durch den Bau des Suez-Kanals gewann das Mittelmeer seine Bedeutung als wichtiger Mittler zwischen dem Abendland und den Randgebieten des Indischen Ozeans wieder, nachdem es diese Aufgabe seit der Eroberung von Konstantinopel verloren hatte. Als im Jahre 1805 die erste Alpenstraße über den Simplon eröffnet wurde, zog sich der gesamte Verkehr der Westalpen über diese Straße zusammen und die Bevölkerung der westlichen Alpen, die nicht an der Straße wohnte, aber bisher von dem Saumpfadverkehr über die Alpen gelebt hatte, kam in bitterste Not und mußte ihren Wohnsitz ändern. Dann aber brach mit dem Eisenbahn- und Tunnelbau eine noch viel verhängnisvollere Revolution über die Bevölkerung des Alpengebiets herein. Eine dritte Störung für das alte Verkehrsgewerbe der Alpen brachte der Kraftwagen, der auch den letzten Alpenbewohner, auf den bisher die Reisenden bei der Benutzung der Paßstraßen noch angewiesen waren, überflüssig machte. So vernichtete die Verbesserung der Verkehrsmittel zahlreiche Lebensmöglichkeiten in einem Gebiet, das seine Besiedlung in erster Linie den verkehrlichen Schwierigkeiten beim Ausgleich der Verkehrskräfte zwischen Nord und Süd in früherer Zeit verdankte. So weit die Bevölkerung nicht auswanderte, mußte sie sich umstellen vom Verkehrsgewerbe auf die Holz- und Fremdenindustrie.

Als mit der Entdeckung Amerikas der Atlantische Ozean immer mehr zum Weltmeer Europas wurde und damit das Mittelländische Meer seine frühere Bedeutung verlor, gingen auch die italienischen Stadtrepubliken Venedig und Genua als die Verkehrs- und Handelsvölker des Mittelmeers zugrunde. An ihre Stelle traten die europäischen Staaten, die am Ostrand des Atlantischen Ozeans die Atlantikschiffahrt entwickelten.

Eine wie große Bedeutung Verkehrsverlagerungen beim Bau von Verkehrswegen zugeschrieben werden muß, zeigen die jahrzehntelangen Verhandlungen zwischen den Vereinigten Staaten von Amerika und Kanada über die Regulierung des St. Lorenz-Stroms, die die Überseeschiffahrt des Atlantiks in das Gebiet der nordamerikanischen Seen leiten soll. Der Staat New York fürchtet für seine großen Eisenbahntransporte und für die Bedeutung des Hafens New York. Die Vereinigten Staaten von Amerika fürchten weiterhin, daß norwegisches Qualitätseisenerz auf dem neuen Weg dem Eisenvorkommen an den amerikanischen Seen Wettbewerb bringen wird. Die Kanadischen Eisenbahnen befürchten Frachtverluste, so daß sie nicht mehr wie bisher ihre wichtigen Aufgaben zur Erschließung des mittleren Teils des Kanadischen Reichs erfüllen können.

Die Strukturwandlungen einer Volkswirtschaft sind von jeher stark an Verkehrsverlagerungen beteiligt gewesen. Durch die Fortschritte der Produktionstechnik wurde beispielsweise in Schlesien und Thüringen die Heimarbeit vernichtet und damit ein bis dahin vom Verkehr stark belebtes Gebiet zu einem verkehrsschwachen Gebiet gemacht, da die Verkehrsbedürfnisse mit dem Rückgang der Heimarbeit wesentlich nachließen. Die Herstellung von künstlichem Stickstoff vernichtete nahezu den bedeutendsten Wirtschaftszweig von Chile, den Salpeterabsatz, und entzog der Überseesegelschiffahrt ihr wichtigstes Transportgut.

Politische Einflüsse auf Verkehrsverlagerungen können von der Wirtschafts- und Tarifpolitik eines Landes ausgehen, oder aber durch machtpolitische Maßnahmen entstehen. Über den Weg der Zollpolitik sind heute in fast allen Ländern, vor allem aber in Europa, ständig Verkehrsverschiebungen in Bewegung, die die Verkehrsbedürfnisse der auf Auslandsverkehr angewiesenen Wirtschaftszweige berühren. Im Interesse der Volkswirtschaft eines Landes werden besonders niedrige Tarife für bestimmte Warengattungen gewährt, in denen das Land im Wettbewerb mit anderen Ländern steht. Dadurch entstehen zeitweise Verkehrsverschiebungen von kleinerem und größerem Ausmaß.

Zu gewaltsamen und unnatürlichen Verkehrsverlagerungen kam es in der Nachkriegszeit, als die Sieger des Weltkriegs im Osten Deutschlands zusammengehörende Wirtschaftsgebiete zerschlugen und die Randstaaten im ostbaltischen Raum bildeten. Die Kohlentransporte von Oberschlesien zur Ostsee wurden aus ihrer natürlichen Verkehrslinie, der Oder, aus machtpolitischen Gründen herausgenommen und unter Außerachtlassung der natürlichen Gegebenheiten für diese Transporte über die Kohlenmagistrale Kattowitz-Gdingen geleitet. Die Bildung der Randstaaten im östlichen Teil der Ostsee führte zu zahlreichen Verkehrsverlagerungen, auf die sich die Nachbarstaaten einstellen mußten.

Das Verkehrsbild ist im Wandel der Zeiten von mannigfaltigster Art aber stets in engster Verbundenheit abhängig von der Volkswirtschaft. Ihre Entwicklung und Lage bestimmt Sein oder Nichtsein des Verkehrs. Aber auch die Verkehrsarbeit ist in der Form, in der sie geleistet wird, für das Wirtschaftsleben eines Volks von größter Bedeutung. Das Verkehrsbild einer Zeit beleuchtet diese Abhängigkeiten und gibt Auskunft über folgende Punkte: Wo und wie stark sind die Verkehrsquellen, in welcher Richtung und Stärke fließen die Verkehrsströme, wie sind die technischen Mittel eingesetzt und wie die Verkehrsleistungen verteilt, wie ist der wirtschaftliche Erfolg der Verkehrsarbeit für die Verkehrsunternehmungen und für die Volkswirtschaft? Was nach diesen

Gesichtspunkten im Verkehrsbild des statischen Querschnitts durch die gesamte Verkehrswirtschaft einer Zeit methodisch aufgebaut und festgestellt ist, kann bei allen Verkehrsaufgaben als Grundlage für ihre Lösung im lebendigen Geschehen der Wirtschaft und des Verkehrs dienen. Aus dem Verkehrsbild im heutigen Verkehrsleben ergeben sich aber ganz bestimmte Forderungen nach Klärung und Untersuchung der Grundlagen der heutigen und zukünftigen Verkehrswirtschaft. Sie erstrecken sich auf:

1. die Charakteristik der betriebs- und verkehrswirtschaftlichen Grundlagen der Verkehrsmittel,
2. die wissenschaftliche Betriebsführung von Verkehrsmitteln als Hilfsmittel für eine wirtschaftliche Verkehrsarbeit,
3. die organisatorischen Grundlagen der verschiedenen Verkehrsmittel,
4. die Synthese der verschiedenen Verkehrsmittel im Dienste der Volkswirtschaft.

Die gesamte heutige Verkehrswirtschaft befindet sich in fast allen Ländern in dem Zustand einer Versuchszeit für neue Verkehrsformen. Diese Versuchszeit fällt zusammen mit einer Verflechtung der Volkswirtschaften untereinander, die bereits sehr stark ist und kaum mehr gelöst werden kann und der daher die Verkehrsmittel in besonderem Maße dienen müssen. Aber in gleichem Maße wie die Volkswirtschaften die Träger der Weltwirtschaft sind, so wird auch die nationale Verkehrswirtschaft Ausgangspunkt und Träger der Versuchsarbeit im Verkehrswesen sein müssen. Vollzieht sich diese Versuchsarbeit nach den Grundgesetzen einer gesunden Verkehrswirtschaft, so dient sie dem ewig lebendigen Zweck und Ziel, die Raumüberwindung im Dienste der Volks- und Weltwirtschaft zu verbessern.

IV. Die betriebs- und verkehrswirtschaftlichen Grundlagen der verschiedenen Verkehrsmittel.

Einführung.

Die Bedingungen, unter denen die vorhandenen Verkehrsbedürfnisse zu befriedigen sind, gipfeln, wie im Abschnitt II bereits ausgeführt wurde, in den drei Grundforderungen nach möglichst großer Sicherheit, Leistungsfähigkeit und Wirtschaftlichkeit des Verkehrs. Sie werden von den verschiedenen Verkehrsmitteln in verschiedener Weise erfüllt, je nach ihren technischen, betrieblichen und wirtschaftlichen Eigenarten, die als die betriebs- und verkehrswirtschaftlichen Grundlagen der Verkehrsmittel bezeichnet werden sollen. Die Verkehrsbedürfnisse nach Menge und Art stellen dem technischen Apparat und seiner Organisation, also dem Betrieb der Verkehrsmittel, die Aufgaben, die sie auf Grund ihres betriebs- und verkehrswirtschaftlichen Charakters zu lösen haben.

Es liegt auf der Hand, daß, je zahlreicher die Verkehrsmittel sind, die im gleichen Wirtschaftsraum Verkehrsbedürfnisse zu befriedigen haben, um so wichtiger die Kenntnis und richtige Beurteilung der betriebs- und verkehrswirtschaftlichen Grundlagen eines jeden Verkehrsmittels für eine gesunde Verkehrswirtschaft sind. Das heutige Verkehrswesen ist in diesem Punkt von einer Mannigfaltigkeit in einem bisher nicht gekannten Ausmaß. Die Verschiedenartigkeit seiner technischen Mittel zwingt zur grundsätzlichen Klärung ihres Werts in ganz anderem Maße, als es vor 20 Jahren für die beiden damals im gleichen Verkehrsgebiet vorhandenen Hauptverkehrsmittel, Eisenbahnen und Wasserstraßen, erforderlich war. Das soll nun nicht heißen, daß diese Grundlagen allein über den Einsatz der Verkehrsmittel entscheiden sollen. Das würde der Bedeutung der Verkehrsmittel für die Allgemeinwirtschaft nicht genügend gerecht werden. Aber davon ist unbedingt auszugehen, daß jede falsche Beurteilung der betriebs- und verkehrswirtschaftlichen Grundlagen zu sehr gefährlichen Fehlschlüssen für die Verwendung von Verkehrsmitteln führen muß. Ihre Kenntnis, möglichst objektive Klärung und richtige Beurteilung ist eine primäre Voraussetzung für den Aufbau und die Fortentwicklung der Verkehrswirtschaft im Rahmen einer Volkswirtschaft.

In dem Maße, in dem die verschiedenen Verkehrsmittel den Faktoren der Sicherheit, Leistungsfähigkeit und Wirtschaftlichkeit mehr oder weniger gerecht werden, werden sie bestimmte Verkehrsaufgaben besonders vorteilhaft lösen können, während sie für andere nicht in Frage kommen. Allerdings muß hier schon darauf hingewiesen werden, daß diese Scheidung durchaus nicht immer eindeutig sein kann, sondern daß manche Verkehrsmittel in ihren betriebs- und verkehrswirtschaftlichen Eigenschaften sich stark berühren und überdecken und daher für die gleichen Verkehrsaufgaben in Frage kommen. In allen Fällen kann aber die Frage der Zweckmäßigkeit eines Verkehrsmittels erst dann beantwortet werden, wenn die Vorfrage seiner betriebs- und verkehrswirtschaftlichen Grundlagen oder seines Betriebswerts geklärt ist.

Der Betriebswert sagt aus, mit welcher Sicherheit, Leistungsfähigkeit und Wirtschaftlichkeit die Verkehrsleistungen von einem Verkehrsmittel angeboten werden. Sein Gegenpol ist der Verkehrswert eines Verkehrsmittels, der bestimmt wird von der Einschätzung des Betriebswerts durch die Verkehrskunden oder die Träger der Nachfrage nach Verkehrsleistungen. Der Betriebswert ist in den betriebs- und verkehrswirtschaftlichen Grundlagen eines Verkehrsmittels stets konkreter zu erfassen und zu bestimmen als der Verkehrswert, der von mannigfachen, vielfach in der Welt des Gefühls liegenden Ursachen des Verkehrsbedürfnisses stark beeinflußt wird. Beide zusammen, nicht einer allein, bestimmen die Bedeutung eines Verkehrsmittels in der Verkehrswirtschaft. Beide sind in ähnlicher Weise voneinander abhängig, wie Angebot und Nachfrage im Wirtschaftsleben den Charakter und die Gestalt irgendeines Produktionszweigs bestimmen. Der Betriebswert ist eine Angelegenheit des Angebots, der Verkehrswert eine Angelegenheit der Nachfrage in der Verkehrswirtschaft.

Der Betriebswert eines Verkehrsmittels kann in bezug auf Leistungsfähigkeit oder Schnelligkeit sehr hoch, in bezug auf die Wirtschaftlichkeit infolge hoher Transportkosten aber gering sein. Dann wird dieses Verkehrsmittel einen Verkehrswert nur für solche Verkehrsarten haben, die große Schnelligkeit mit hohen Transportkosten bezahlen können. Oder aber der Betriebswert kann in bezug auf die Leistungsfähigkeit oder Schnelligkeit gering, in bezug auf die Wirtschaftlichkeit infolge niedriger Transportkosten aber hoch sein. So wird das Verkehrsmittel einen Verkehrswert nur für solche Verkehrsarten haben, deren Ortsveränderung nur bei niedrigen Transportkosten möglich ist.

In diesem Zusammenspiel und Ausgleich zwischen Betriebswert und Verkehrswert der Verkehrsmittel liegt letzten Endes das Wesen der Verkehrswirtschaft im engeren Sinne und der Weg zur Befriedigung der Verkehrsbedürfnisse durch das zweckmäßigste Verkehrsmittel. Ist der Betriebswert eines Verkehrsmittels bekannt, und er läßt sich auf Grund der betriebs- und verkehrswirtschaftlichen Grundlagen der Verkehrsmittel weitgehend eindeutig erfassen, so kann der Verkehrswert trotz mancher schwer kontrollierbarer Einflüsse in engeren Grenzen erkannt und beurteilt werden. Deshalb sollen die Faktoren der Sicherheit, Leistungsfähigkeit und Wirtschaftlichkeit zur grundsätzlichen Bestimmung des Betriebswerts eines Verkehrsmittels zunächst untersucht werden, bevor auf die Synthese der Verkehrsmittel im Dienste der Volkswirtschaft auf Grund ihres Betriebs- und Verkehrswerts eingegangen wird.

1. Sicherheit.

a) Begriff und Bedeutung der Sicherheit.

Jede Ortsveränderung von Verkehrsgegenständen ist mit gewissen Gefahren verbunden, die zu einer Beschädigung oder Zerstörung des Verkehrsguts oder der Umgebung führen können. Diese Gefahren können in den Eigenarten des Verkehrsbetriebs selbst liegen oder aber von außen kommen. Es ist Sache der Verkehrsmittel und der Verkehrsunternehmungen, ihnen so weit wie möglich zu begegnen, und Sache der Allgemeinheit, die Verkehrsbetriebe bei diesem Bestreben zu unterstützen. Die Sicherheit eines Verkehrsmittels kennzeichnet den Erfolg, mit dem diese Gefahren überwunden werden.

Die Sicherheit ist niemals absolut, sondern nur relativ. Je sicherer aber die Ortsveränderung von Personen, Gütern und Nachrichten sich vollzieht, um so unbedenklicher und selbstverständlicher werden die Verkehrsbedürfnisse sich entwickeln können und um so stärker wird der Anreiz zur Benutzung von Verkehrsmitteln sein. Es ist im wesentlichen in der Unvollkommenheit menschlicher Arbeit und in der Gewalt der Naturkräfte begründet, daß eine absolute Sicherheit von keinem technischen Instrument, also auch von keinem Verkehrsmittel verlangt werden kann. Die Sicherheit ist nur mit relativen Maßstäben zu kennzeichnen, deren wandelbare Grenzen nach oben möglichst einem absoluten Bestwert nahekommen sollen, nach unten aber ein bestimmtes Maß dauernd nicht unterschreiten dürfen. Dies zu erreichen, ist eine ständige Sorge der Verkehrsbetriebe. Eine ihrer hauptsächlichsten Arbeiten ist es, ein Optimum an Sicherheit für ihren Betrieb zu erzielen.

Die Bedeutung der Sicherheit im Verkehrswesen hat eine betriebliche und verkehrliche Seite. Die betriebliche Seite oder die Betriebssicherheit umfaßt das sichere Arbeiten des Betriebsapparats in der Weise, daß möglichst Störungen im gewollten und beabsichtigten Ablauf der Bewegungsvorgänge der Transporteinheiten des Verkehrsmittels vermieden werden. Treten betriebsgefährliche Störungen dieser Bewegungsvorgänge oder Betriebsunfälle ein, so entstehen besondere Aufwendungen an Geld und Zeit für ihre Beseitigung und unter Umständen Materialzerstörungen. Wird bei den Unfällen auch das Verkehrsgut, Personen oder Sachen, in Mitleidenschaft gezogen, so entwickelt sich aus dem Versagen der betrieblichen Sicherheit die Unsicherheit in verkehrlicher Beziehung oder eine Störung der Verkehrssicherheit, die zum Verkehrsunfall führt. Ein Verkehrsunfall ist demnach ein Ereignis, durch das in einem Verkehrsbetrieb ein Mensch plötzlich getötet oder verletzt oder eine Sache plötzlich beschädigt wird. Der Verkehrsunfall interessiert vor allem die Öffentlichkeit. Die für den Betrieb und Verkehr entstehenden Schäden hat in der Regel das Verkehrsunternehmen zu tragen, soweit nicht bei den Schäden am Verkehrsgut höhere Gewalt einen Schadenersatz ausschließt. Soweit bei Unfällen die am Verkehrsvorgang unbeteiligte Umgebung geschädigt wird, liegt dem Verkehrsunternehmen in der Regel ebenfalls die Schadenersatzpflicht ob. Die bis zur Haftpflicht gehende Schadenersatzpflicht der Verkehrsmittel ist nicht für alle Verkehrsmittel in gleichem Maße rechtlich festgelegt, sondern es bestehen vor allem im heutigen Verkehrswesen gewisse Unterschiede. Während den Eisenbahnen die Haftpflicht oder die Verpflichtung zum Ersatz besonders des nicht durch eigenes Verschulden des im Eisenbahnbetrieb Verletzten herbeigeführten Schadens in vollem Umfang auferlegt ist, sind andere Verkehrsmittel nur bis zu einer gewissen Schadenshöhe und unter leichteren Bedingungen schadenersatzpflichtig.

Die bei Unfällen dem Verkehrsunternehmen unmittelbar erwachsenden Schäden lassen sich im allgemeinen in Geldwerten ausdrücken. Nicht zahlenmäßig erfaßbar, aber für das Unternehmen verhängnisvoller können die Wirkungen sein, wenn die betrieblichen Störungen ein zulässiges Maß überschreiten. Es kann in diesem Falle eine Dämpfung der Verkehrsbedürfnisse eintreten, die soweit gehen kann, daß sich vor allem der gegen Unsicherheit und Unregelmäßigkeit besonders empfindliche Teil des Verkehrsvolumens, wie beispielsweise Personen, hochwertige Fracht und Post, einem anderen sicheren Verkehrsmittel zuwendet. Die Möglichkeit einer Verkehrsabwanderung von einem ungenügend sicher arbeitenden Verkehrsmittel besteht um so eher, wenn, wie im heutigen Verkehrswesen, mehrere Verkehrsmittel von annähernd gleicher Leistungsfähigkeit Gelegenheit zur Ortsveränderung bieten. Es ist daher nicht zu verkennen, daß eine nicht genügende Sicherheit eines Verkehrsmittels heute größere wirtschaftliche, die Einnahmeseite ungünstig beeinflussende Folgerungen mit sich bringen kann, als es in früheren Zeiten geringerer Mannigfaltigkeit in der Verkehrsbedienung der Fall war.

b) Faktoren der Betriebssicherheit und ihre Bedeutung für die Sicherheit im Verkehrswesen.

Bei dieser großen wirtschaftlichen Bedeutung der Sicherheit für jedes Verkehrsunternehmen haben schon früh Untersuchungen eingesetzt, um für alle Störungen im Betriebsapparat oder der Betriebssicherheit die hauptsächlichsten Ursachen festzustellen und aus der Analyse Anhaltspunkte zu ihrer Beseitigung abzuleiten. Auch die Öffentlichkeit hat bei der allgemeinen Bedeutung der Verkehrsmittel ein Interesse an einer restlosen Klärung der Unfallursachen, vor allem dann, wenn Gesundheit und Leben von Menschen in Mitleidenschaft gezogen werden. Während es sich hierbei aber um verhältnismäßig wenige, allerdings schwerwiegende Einzelfälle handelt, die in der Regel nicht symptomatisch sind, hat das Betriebsunternehmen sich die Aufgabe zu stellen, in einer ständigen Verfolgung von Störungen und ihren Ursachen eine systematische Erfassung der letzteren durchzuführen.

Es lassen sich sechs Gruppen von Unfallursachen unterscheiden. Sie sind in Tabelle 38 als Grundlage für den Vergleich des Anteils der Unfallursachen bei den verschiedenen Verkehrsmitteln enthalten. Diese Gruppen lassen sich wieder zusammenfassen in Ursachen, die von außen kommen und vielfach der Beeinflussung durch das Verkehrsunternehmen entzogen sind (Gruppe 1), in solche, für die das Verkehrsunternehmen voll verantwortlich ist (Gruppe 2 bis 4) und drittens in solche, für die mehrere Verkehrsunternehmungen oder Verkehrsmittel verantwortlich sind (Gruppe 6). Die Gruppe 5 „Sonstige Ursachen" bezieht sich auf Unfälle, die nicht einwandfrei geklärt oder den übrigen Gruppen nicht in vollem Maße zugeordnet werden können. Die Unfallstatistiken der verschiedenen Verkehrsmittel sind zwar nach diesen Hauptgruppen nicht unmittelbar unterteilt, sondern wesentlich eingehender nach den einzelnen Ursachen im Interesse einer Verbesserung der Betriebssicherheit differenziert. Sie bieten aber die Möglichkeit, die in Tabelle 38 gegebene Gruppeneinteilung aufzustellen, die in klarer, grundsätzlicher Form die Schwächen der Betriebssicherheit bei den verschiedenen Verkehrsmitteln und die Instanzen erkennen läßt, die für die Entstehung der Ursachen in erster Linie verantwortlich zu machen sind.

Ganz allgemein ist dabei festzustellen, daß das Verkehrsunternehmen durchaus nicht allein für alle Unfälle verantwortlich gemacht werden kann, sondern daß es im Bestreben, eine möglichst hohe Sicherheit zu erreichen, mehr oder weniger von der Umgebung und ihren Einwirkungen auf die Sicherheit der Bewegungsvorgänge der Transporteinheiten abhängig ist. Das enthebt es naturgemäß nicht der Pflicht, auch diese von außen kommenden Einwirkungen mit allen Mitteln zu

Tabelle 38. Unfallursachen bei verschiedenen Verkehrsmitteln in %.

Ursachen der Unfälle	Eisenbahnen		Binnenschiffahrt	Hochseeschiffahrt	Kraftwagen	Flugzeuge Planmäßiger Verkehr
	Deutschland	U.S.A.	Deutschland	England	England	U.S.A.
1	2	3	4	5	6	7
1. Unterbrechung und Hindernisse durch Witterungseinflüsse, Brände, Nebel, gewaltsame Eingriffe, Eisgang	2,7	73,0 (für 1.–5. zusammen)	8,3	39,6	9,0	30,3
2. Mängel an Oberbau, Straßen, Flughäfen . .	9,3		—	—	3,5	12,7
3. Mängel an Fahrzeugen.	11,5		1,7	18,4	3,5	29,6
4. Falsche Handhabung des Dienstes	39,0		47,2	26,3	36,0	23,3
5. Sonstige Ursachen . . .	9,8		42,8	15,7	—	4,1
6. Einflüsse von außen durch Bewegungsvorgänge anderer Verkehrsmittel	27,7[1]	27,0[1]	—	—	48,0[2]	—
Summe . .	100	100	100	100	100	100

[1] Unfälle auf Plankreuzungen.
[2] Verschuldet durch Fußgänger, Radfahrer und Tiere.

Unter Unfällen sind alle Störungen des Bewegungszustands verstanden, die zu Betriebsgefährdungen führten.

Quellen: Spalte 2: Statistik der Deutschen Reichsbahn vom Jahre 1930.
Spalte 3: Annual Accident Bulletin der Interstate Commerce Commission, Washington 1931.
Spalte 5: Westcott S. Abell, Sea Casualities 1910—1914 and Loss of Life, London 1921.
Spalte 6: Dr. Volkmann, Kraftfahrzeugunfälle und Kraftfahrzeugrecht. Berlin 1929.
Spalte 7: Air Commerce Bulletin, Washington 1932.

bekämpfen, da letzten Endes der Verkehrskunde die Sicherheit des Transports im Enderfolge und nicht nach ihren Voraussetzungen einschätzt, wenn er auch naturgemäß Unfälle, die das Verkehrsunternehmen allein zu verantworten hat, ungünstiger beurteilen wird als Unfälle, die von außen, also von der Natur und im Zusammenhang mit anderen Verkehrsmitteln ihre Entstehungsursache haben.

Betrachten wir nun die Anteile der einzelnen Gruppen an den Gesamtursachen der Unfälle nach Tabelle 38, so ist zunächst für die Gruppe 1, also die Gruppe der vor allem von außen kommenden Störungseinflüsse, von grundsätzlicher Bedeutung, unter welchen Rechtsgrundlagen sich das menschliche Gesellschaftsleben eines Verkehrsgebiets abspielt. Der Rechtsstaat ist die beste Grundlage für eine gute Sicherheit im Verkehrswesen, soweit sie durch gewaltsame Eingriffe betriebseigener oder betriebsfremder Stellen gefährdet ist. Je größer der Raum des Rechtsstaats ist, um so einheitlicher und nachhaltiger kann in ihm die Sicherheit des Verkehrs gewährleistet werden. Die räumliche Ausdehnung der Verkehrsmittel bringt sie mit den sonstigen Lebensvorgängen im Raum in viel engere Berührung als ein räumlich in sich abgeschlossener Industriebetrieb. Ein Verkehrsbetrieb ist daher unerwünschten Einflüssen von außen stärker ausgesetzt und bedarf auch aus diesem Grunde eines besonderen Schutzes durch die Allgemeinheit.

Das Mittelalter mit seinen unklaren Rechtsverhältnissen und der Interessenpolitik von Territorialherren und Städten zwang die Verkehrstreibenden zu großen Aufwendungen zum Schutze ihres Transports vor gewaltsamen Eingriffen von außen. Die Kosten hierfür waren vielfach so hoch, daß die eigentlichen Betriebskosten im Gegensatz zu heute nur einen geringen Bruchteil der gesamten Transportkosten ausmachten. Bei betrieblichen Störungen wie Radbruch, Fallen eines Saumtieres oder wenn Ware zu Boden fiel, war der Wagen dem Grundruhrrecht des Territorialherren verfallen[1]. Durch Geldzahlung konnte die Ware freigelöst werden, wenn der Territorialherr es nicht vorzog, sie in natura zu behalten. Die Hansa war ein Produkt der Unsicherheit im Verkehr. Durch Zusammenschluß aller am Handel Beteiligten sollte der Verkehr überall gesichert werden, auch gegen die Zugriffe der Territorialherren.

Die neue Zeit kennt kaum noch den Begriff der Sicherheit des Transportguts gegen unbefugte gewaltsame Zugriffe durch Dritte. Die geregelte Rechtslage der Kulturländer hat den Verkehrsmitteln damit eine Belastung abgenommen, die nicht zum wenigsten zur Gesundung des Verkehrswesens beigetragen hat. Nichts kennzeichnet andererseits die innere Kraft der Verkehrsbedürfnisse so sehr wie die Überwindung der ungeheuren Erschwernisse, die im Mittelalter dem Verkehr entgegenstanden und die es doch nicht vermochten, die Landstraßen veröden zu lassen.

Im scharfen Gegensatz zu der Verkehrsunsicherheit im Mittelalter steht der Schutz, den zahlreiche Völker im Altertum dem Verkehr gewährt haben und der bis zur Unantastbarkeit der Kaufleute und zu einem hochstehenden Gastrecht ihnen gegenüber geführt hat. So wissen wir, daß die von Spanien durch Frankreich rheinabwärts nach der Nordsee führende uralte Bernsteinstraße als heilige Straße betrachtet wurde, auf der jeder Händler unter dem Schutz der Götter des Landes stand. Die Sicherheit der Beförderung lag hier im beiderseitigen Interesse, der Händler wie der Käufer in den berührten Gebieten. Ähnlich lagen die Verhältnisse an anderen Stellen, an denen Haupthandelsverbindungen durch ausgesprochen kulturarme Völkerschaften führten, und die fremden Händler durch freundschaftliche Behandlung zur Aufrechterhaltung und zum Aufbau ihres Handels veranlaßt wurden. Hierher gehören die Zinnstraßen vom englischen Kanal durch Gallien zur Rhonemündung, die Pelzstraßen vom Ural zum Schwarzen Meer, die chinesischen Seidenstraßen vom Hwangho über den Pamir zur Syrischen Küste. Hier war die Sicherheit gegen gewaltsame Eingriffe in den Verkehr ebenso die erste Voraussetzung für die Daseinsmöglichkeit des Verkehrs, wie es heute das sichere Arbeiten des Betriebsapparats ist.

Es kennzeichnet die Bedeutung des heutigen Verkehrsbetriebs und seiner Sicherheit gegen Eingriffe von außen, daß das Wort „Sabotage" aus einem im Eisenbahnbetrieb verwendeten technischen Bremsmittel, dem Hemmschuh =

[1] Stephan, „Das Verkehrsleben im Altertum und im Mittelalter". Raumers historisches Taschenbuch. Leipzig 1868 und 1869.

französisch sabot sich gebildet hat und dann allgemein sich zum Begriff eines gesetzwidrigen Eingriffs in einen Betrieb entwickelte.

In der Gruppe 1 der Unfallursachen ist heute nur zu einem geringen Teil der gewaltsame oder gesetzwidrige Eingriff von außen beteiligt. Sie wird in erster Linie beherrscht von den Natureinflüssen, die von außen auf den Verkehrsbetrieb einwirken. Sie sind besonders ausschlaggebend in der Hochseeschiffahrt und im Luftverkehr. Ein Drittel und mehr der Ursachen sind allein hierauf zurückzuführen. Die Freizügigkeit des Weges und damit der Fahrzeuge in den Medien Meer und Luft wird sicherheitstechnisch stark belastet durch die Uneinheitlichkeit des Zustandes vor allem der Luft nach Sicht und Bewegung sowie nach den Witterungsverhältnissen. Das ist um so nachteiliger, je unvorhergesehener die damit verbundenen ungünstigen Einwirkungen auf die Bewegungsvorgänge der Schiffe und Luftfahrzeuge eintreten und je unvorbereiteter sie die Führung der Fahrzeuge treffen. Die weggebundenen Verkehrsmittel wie Eisenbahnen und Kraftwagen können den Natureinflüssen um so mehr begegnen, je eindeutiger sie an eine bestimmte Spur gebunden sind, und je zwangsläufiger die Fahrzeuge geführt werden. Hieraus erklärt sich vor allem der geringe Anteil bei den Eisenbahnen, aber auch der ihnen gegenüber verhältnismäßig höhere Anteil beim Kraftwagen.

Wesentlich geringer sind die Unterschiede in den Anteilen der Ursachen, die auf Mängel an den technischen Einrichtungen und falsche Handhabung des Dienstes zurückzuführen sind, und für die das Verkehrsunternehmen in erster Linie verantwortlich ist, also diejenigen der Gruppen 2 bis 4. In ihrer Gesamtsumme ist der Anteil im Luftverkehr am höchsten, weil die Mängel an den Fahrzeugen vor allem an der Triebkraft hier sehr stark zu Buch schlagen, bei Kraftwagen am niedrigsten. Allen Verkehrsmitteln gemeinsam ist aber vor allem der verhältnismäßig hohe Unfallanteil infolge falscher Handhabung des Dienstes. Er beträgt $^1/_4$ bis $^2/_5$ der gesamten Ursachen und ist bei den Eisenbahnen mit ihren verwickelten Bewegungsvorgängen von Zügen und Fahrzeugen auf Strecken und Bahnhöfen bei zwangsläufiger Führung der Fahrzeuge am höchsten. Aber auch beim Kraftwagen ist falsche Handhabung des Dienstes ein sehr wichtiger Unfallfaktor, der vor allem aus der großen Zahl der Einzelfahrzeuge, die sich vielfach gleichzeitig auf enger Straße bewegen müssen, zu erklären ist. Der persönliche Arbeitsfaktor ist ein besonderes Sorgenkind für die Erreichung einer möglichst großen Sicherheit der Verkehrsmittel.

Die dritte Hauptgruppe der Ursachen, an der der Betrieb verschiedener Verkehrsmittel beteiligt ist, fehlt im freien Raum des Meeres und der Luft, da hier praktisch nur Verkehrsmittel gleicher Art verkehren. Auf dem Land dagegen ist sie stark ausgeprägt und in ihrer Größe bestimmt durch die Mannigfaltigkeit der Verkehrsmittel, die den gleichen Weg an bestimmten Punkten und Flächen benutzen. Nahezu die Hälfte aller Ursachen der Kraftwagenunfälle entfällt auf diese Gruppe und etwas weniger als ein Drittel der Ursachen der Eisenbahnunfälle. Die Entlastung, die die weggebundenen Verkehrsmittel, also vor allem die Landverkehrsmittel, infolge ihrer Gebundenheit gegenüber den Einflüssen der Natur für ihre Betriebssicherheit aufweisen, wird also in starkem Maße wieder aufgehoben durch die vielfach unvermeidliche Berührung ihrer Bewegungsvorgänge auf gleicher Wegfläche. Die Maßnahmen, um hier eine Besserung zu erzielen, liegen in der Erziehung zur Verkehrsdisziplin auf Straßen und in der besonderen Sicherung der Bahn- und Straßenkreuzungen in Schienenhöhe. Es liegt also vorwiegend in der Hand der beteiligten Verkehrsmittel, diese Ursachen zu vermindern.

c) Die Sicherung der Bewegungsvorgänge als wichtigste Grundlage für die Betriebssicherheit.

Die Voraussetzung jeglicher Ortsveränderung von körperlichen Verkehrsgattungen sind Bewegungen der Fahrzeuge, die im Bewegungszustand ein bestimmtes Maß an Bewegungsenergie aufweisen. Wo diese Bewegungsenergie vorhanden ist, können Zerstörungen eintreten, wenn die Energie einen ungewollten Verlauf nimmt. Auch der Charakter der Unfallursachen läßt unschwer die Bedeutung der Bewegungsvorgänge der Fahrzeuge, aus denen die Transporteinheit besteht, für die Betriebssicherheit erkennen. Schiffe und Luftfahrzeuge sind in erster Linie den Natureinflüssen ausgesetzt, wenn sie in Fahrt sind, nicht, wenn sie ruhig im Hafen liegen. Ebenso kann der Zustand des Weges und der Fahrzeuge sowie die Handhabung des Dienstes im allgemeinen nur dann als Unfallursache auftreten, wenn Mängel oder Irrtümer die Bewegungsvorgänge von Fahrzeugen falsch leiten. Nur bewegte Fahrzeuge verschiedener Verkehrsmittel können auf gleicher Fahrfläche zusammenstoßen und Unfälle erleiden. Daraus ergibt sich, daß die Sicherung der Bewegungsvorgänge der Fahrzeuge oder Transporteinheiten die Grundlage für die Betriebssicherheit eines jeden Verkehrsmittels ist. Die Mittel, die angewandt werden müssen, um sie zu erzielen, liegen mittelbar in einer genügenden Bau- und Betriebssicherheit von Weg und Fahrzeugen sowie in einer zuverlässigen Wirkung der Trieb- und Bremskräfte und unmittelbar in einer zuverlässigen Arbeit der die Bewegungsvorgänge leitenden Menschen und technischen Vorrichtungen.

Die genügende Bausicherheit von Weg und Fahrzeugen nach Konstruktion und Material zu gewährleisten, ist Sache der zuständigen Disziplinen des Bau- und Maschineningenieurwesens. Sie ist nicht allein so zu bemessen, daß möglichst Brüche des Materials vermieden werden, sondern sie umfaßt auch die Aufgabe, die Unfallfolgen durch Verwendung stoßdämpfender oder widerstandsfähiger Bauteile zu mildern. Unter Betriebssicherheit von Weg und Fahrzeugen ist die Hindernisfreiheit des Wegs und die zuverlässige Beladung der Fahrzeuge zu verstehen, damit nicht durch Verschieben oder Herabfallen von Gut der technische Apparat und das Verkehrsgut beschädigt wird. Die zuverlässige Arbeit der Trieb- und Bremskräfte ist Sache des eigentlichen Verkehrsbetriebs. Jede in einer bewegten Transporteinheit enthaltene Energie muß durch Bremsarbeit beeinflußt werden, wenn die Bewegung verlangsamt oder ganz aufgehoben werden soll. Die Bremsarbeit muß dabei auf einem bestimmten Weg, dem Bremsweg, wirksam sein können. Steht dieser Bremsweg zur Verfügung und befinden sich auf ihm keine Hindernisse, so vollzieht sich die Vernichtung der Bewegungsenergie ohne Störung. Ist das nicht der Fall, so entstehen Betriebsunfälle.

Die Bremswege sind abhängig von der Geschwindigkeit der bewegten Transporteinheit und von der Wirksamkeit der vor allem in den Bremsmitteln liegenden Bremskräfte, die bei den verschiedenen Verkehrsmitteln verschieden sind. Abb. 42 gibt einen Anhalt über die Unterschiede in den Bremswegen der verschiedenen Verkehrsmittel in Abhängigkeit von der Geschwindigkeit. Den längsten Bremsweg haben bei den betriebsmäßigen Geschwindigkeiten die Eisenbahnzüge, den kürzesten die Kraftwagen. Je länger ein Bremsweg ist, um so schlechter kann eine bewegte Transporteinheit vor einem plötzlich auftretenden Hindernis zum Halten gebracht werden, und um so umfassendere Mittel müssen angewandt werden für eine sichere Führung der Transporteinheiten. Der Kraftwagen verdankt seiner einfachen und schnellen Bremsarbeit seine Freiheit auf der Straße, die Eisenbahnen ihrem langen Bremsweg ihre straffe und gebundene Regelung der Bewegungsvorgänge. Bei allen Verkehrsmitteln ist die Möglichkeit zur Innehaltung der Bremswege ein sehr wesentlicher Faktor zur sicheren Leitung und Führung der Bewegungsvorgänge und damit zur Verhütung von Betriebsunfällen.

Bei allen Änderungen der Geschwindigkeit einer Transporteinheit treten Beschleunigungen oder Verzögerungen auf, die auf das Verkehrsgut wirken. Eine Überschreitung ihres zulässigen Maßes führt zur Beschädigung von Personen und Sachen und beeinträchtigt daher die Verkehrssicherheit. Zur Feststellung ihres zulässigen Maßes ist die Körperstellung der Reisenden von besonderer Bedeutung. Im Eisenbahnverkehr muß auf den stehenden Reisenden Rücksicht genommen werden, im Kraftwagenverkehr nur auf den sitzenden. So kommt es, daß im Eisenbahnverkehr Geschwindigkeitsänderungen von höchstens 1,0 m/sec^2

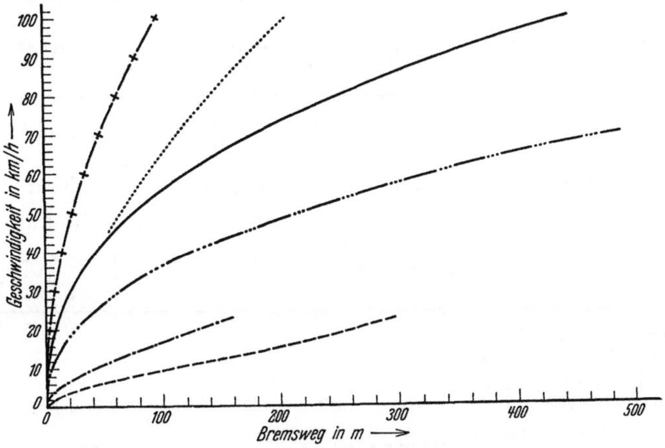

Abb. 42. Bremswege der verschiedenen Verkehrsmittel in Abhängigkeit von der Geschwindigkeit.

- - - - 5000 t Seedampfer beladen. Bei vollem Rückwärtsgang.
-·-·-·- 5000 t Seedampfer leer. Bei vollem Rückwärtsgang.
-·····- Güterzug, $^1/_3$ der Achsen gebremst.
——— D-Zug, alle Achsen gebremst.
-+—+- Kraftwagen, $\mu = 0{,}4$.
········ Flugzeug, Auslauf gebremst.

zugelassen werden können, im Kraftwagenverkehr 5—9 m/sec^2. Bei dem Start und der Landung von Flugzeugen treten Beschleunigungen bzw. Verzögerungen von 1—2 m/sec^2 auf. Je größer die Geschwindigkeitsänderungen werden, um so stärker sind die inneren physiologischen Wirkungen auf den Menschen. Die höchsten bisher von Menschen ohne Schaden ertragenen Beschleunigungen sind in Flugzeugen festgestellt worden. Sie liegen je nach der Konstitution des Menschen bei Katapultstarten zwischen 20—50 m/sec^2, bei Kunstflügen sogar zwischen 20—70 m/sec^2.[1] Im Güterverkehr ist eine Änderung der Geschwindigkeit soweit zulässig, als die dabei auftretenden Beschleunigungen oder Verzögerungen nicht zu einer Verschiebung der Ladung führen. Im übrigen sind auch für ihn die im Personenverkehr zulässigen Maße üblich.

Die Maßnahmen zur Sicherung der Bewegungsvorgänge sind bei allen Verkehrsmitteln notwendig. Sie stützen sich auf technische Vorrichtungen und

[1] P. Melchior, „Der Ruck". Z. VDI Nr. 50, 1928.
Heinkel, „Katapulte und Katapultieren von Flugzeugen". Sonderheft der Heinkel-Flugzeugwerke.
Nayler, „The Effect of Acceleration on Human Beings". Journal of the Aeronautical Society London 1932.

die Arbeit der sie bedienenden Menschen. Die technischen Vorrichtungen umfassen bei den Eisenbahnen die Signal-, Sicherungs- und Fernmeldeanlagen, bei der Seeschiffahrt Leuchtfeuer, optische Tagseezeichen, akustische und elektrische Seezeichen und Fernmeldeanlagen, beim Kraftwagen das Signalwesen und im Luftverkehr die Befeuerung der Strecken und Flughäfen, die Funkanlagen und Fernmeldeanlagen. Bei der Seeschiffahrt und Luftfahrt treten noch die Einrichtungen der Beobachtungsstationen des See- und Wetterdienstes hinzu. Der Betrieb der technischen Anlagen wird durch verantwortliches Bedienungspersonal erledigt. Es ist seine Aufgabe, unter Benutzung der technischen Vorrichtungen dem Führer der Transporteinheit während der Fahrt die Unterstützung zu leihen, die er zur sicheren Führung der Transporteinheit zwischen zwei Punkten nötig hat, und zwar überall dort, wo er sie aus eigenem Vermögen nicht gewährleisten kann.

Tabelle 39. Unfallursachen bei verschiedenen Verkehrsmitteln, bezogen auf die Betriebsleistungen.

Ursachen der Unfälle	Eisenbahnen	Hochseeschiffahrt	Kraftwagen	Flugzeuge Planmäßiger Verkehr
	Deutschland	England	England	U. S. A.
	Ein Unfall entfällt auf			
	Triebfahrzeug-km[1]	Fahrzeug-km	Fahrzeug-km	Flug-km
1	2	3	4	5
1. Unterbrechung und Hindernisse durch Witterungseinflüsse, Brände, Nebel, gewaltsame Eingriffe, Eisgang . .	41 800 000	204 000	2 755 000	2 530 000
2. Mängel an Oberbau, Straßen, Flughäfen	12 500 000	—	7 080 000	4 760 000
3. Mängel an Fahrzeugen . . .	10 240 000	440 000	7 080 000	1 520 000
4. Falsche Handhabung des Dienstes	3 050 000	307 000	683 000	2 790 000
5. Sonstige Ursachen	12 200 000	514 000	—	29 300 000
6. Einflüsse von außen durch Bewegungsvorgänge anderer Verkehrsmittel	4 255 000[2]	—	515 000[3]	—
gesamt . .	1 180 000	80 900	246 000	605 000

[1] Unter Triebfahrzeug-km bei den Eisenbahnen sind die gefahrenen Kilometer sowohl der Zuglokomotiven, wie der Rangierlokomotiven verstanden.
[2] Unfälle auf Plankreuzungen.
[3] Verschuldet durch Fußgänger, Radfahrer und Tiere.

Daraus ergibt sich eine mehr oder weniger umfassende Sicherung der Bewegungsvorgänge nicht allein bei den verschiedenen Verkehrsmitteln, sondern auch für Bewegungen innerhalb des gleichen Verkehrsmittels. Auf Hauptbahnen mit starkem Zugverkehr, zahlreichen Bewegungen und hohen Geschwindigkeiten werden ganz andere Bewegungsenergien aufkommen und daher auch andere Sicherheitsmaßnahmen zu treffen sein als auf schwach belasteten Nebenbahnen. Da die Möglichkeit und die Schwere von Unfällen in gewissem Sinne zunimmt mit dem Gewicht und der Geschwindigkeit der Transporteinheit, so werden schwere, schnelle Eisenbahnzüge und Fahrzeuge umfassender zu sichern sein als leichte Kraftfahrzeuge.

Die Sicherung der Bewegungsvorgänge ist hiernach bei jedem Verkehrsmittel ein wichtiger Teil der Betriebsorganisation und der technischen Anlagen. Es ist interessant, zu untersuchen, wie die Unfallursachen sich auf die Bewegungsvorgänge, in Triebfahrzeugkilometern ausgedrückt, verteilen. Auf diese Weise können unmittelbare Beziehungen zwischen den Unfallursachen und den Vorgängen, denen sie ihre Entstehung verdanken, hergestellt, und die Ursachen in ihrer Bedeutung noch klarer beurteilt werden. In Tabelle 39 ist für die Gruppen der Unfallursachen der Tabelle 38 ermittelt, auf wieviel Triebfahrzeugkilometer ein Unfall nach den verschiedenen Ursachen und insgesamt bei den angeführten Verkehrsmitteln entfällt. Für die Eisenbahnen mußten, um eine richtige Vergleichsgrundlage zu erhalten, sowohl die Triebfahrzeugkilometer der Zuglokomotiven wie der Rangierlokomotiven berücksichtigt werden, um alle Bewegungsvorgänge auf Strecken und Bahnhöfen, die einer Sicherung von außen bedürfen, zu erfassen. Bei den übrigen Verkehrsmitteln entspricht das Triebfahrzeugkilometer dem Fahrzeugkilometer der Strecken, da ihre Transporteinheit in der Hauptsache aus einem Fahrzeug besteht, so daß Rangierbewegungen in irgendwie bedeutendem Maße nicht zu erledigen sind.

Am günstigsten schneiden bei dieser Gegenüberstellung die Eisenbahnen ab. Bei ihnen hat ein außerordentlich hochwertig ausgebildetes Sicherungswesen und die zwangsläufige Führung der Fahrzeuge eine große Sicherung der Bewegungsvorgänge ermöglicht. Auch der planmäßige Luftverkehr hat bereits eine weitgehende Sicherung der Bewegungsvorgänge erzielt, wenn auch die Dichte der Bewegungsvorgänge auf den verschiedenen Strecken und Flughäfen heute noch verhältnismäßig gering ist. Die verhältnismäßig geringe Zahl der Fahrzeugkilometer, die bei der Schiffahrt und beim Kraftwagenverkehr auf einen Unfall entfallen, erklärt sich vor allem aus der schwierigen Führung der Schiffe in der Nähe von Häfen und aus dem Zusammentreffen verschiedener Verkehrsmittel auf den Straßen. Ganz allgemein dürfte aus Tabelle 39 zu entnehmen sein, daß eine Sicherung der Bewegungsvorgänge bei den Eisenbahnen und beim Luftverkehr bei straffer Organisation der Sicherungsmaßnahmen leichter möglich ist als bei der Schiffahrt und beim Straßenverkehr.

d) Kosten der Sicherung der Bewegungsvorgänge bei den verschiedenen Verkehrsmitteln.

Nicht weniger wichtig als eine zuverlässige Sicherung der Bewegungsvorgänge der Transporteinheiten ist für die Verkehrsunternehmungen und auch für die Allgemeinheit die Frage, mit welchen Kosten bei den verschiedenen Verkehrsmitteln die Sicherung der Bewegungsvorgänge verbunden ist. Je höher die Kosten im Vergleich zu den gesamten Betriebsausgaben sind, um so bedeutender wird der Sicherungsdienst in der Betriebsorganisation und für den wirtschaftlichen Erfolg des Verkehrsunternehmens sein. Zu ihrer Gegenüberstellung wurde Tabelle 40 (s. S. 114) aufgestellt.

Die Kosten der Sicherung der Bewegungsvorgänge setzen sich zusammen aus der Verzinsung, Abschreibung, Unterhaltung und Bedienung der technischen Anlagen und der Überwachung der Bewegungsvorgänge auf Strecken und Stationen oder Häfen. Für die Seeschiffahrt wurde die Küstensicherung und die Seewasserstraßensicherung getrennt untersucht wegen ihrer großen Unterschiede vor allem in dem Umfang und in der Bedienung der technischen Anlagen. Aus dem gleichen Grunde mußte der Luftverkehr nach Tag- und Tag-Nacht-Verkehr behandelt werden. Zur Sicherung der Beförderung von elektrischer Energie sind Schutzvorrichtungen gegen Blitz, Überspannung und Besteigen der Masten sowie eine Begehung der Strecke notwendig. Die hierfür erforderlichen technischen Schutzvorrichtungen verursachen durchschnittlich 400 Mark Anlagekosten für das Kilometer Leitungsstrecke.

Tabelle 40. Kosten der Sicherung der Bewegungsvorgänge bei den verschiedenen Verkehrsmitteln Deutschlands im Jahre 1930.

	Eisenbahn		Seeschiffahrt				Kraftwagen		Luftverkehr				Elektrische Fernleitungen	
			Küsten-sicherung		Seewasserstraßen-sicherung				Tagverkehr		Tag- u. Nacht-verkehr [1]			
	RM.	%	RM.	%	RM.	%	RM.	%	RM.	%	RM.	%	RM.	%
1	2	3	4	5	6	7	8	9	10	11	12	13	14	15
I. Anlagekosten der technischen Sicherungsanlagen	1 099 100 000	—	29 190 000	—	—	—	3 650 000	—	5 300 000	—	9 600 000	—	40 000 000	—
Anlagekosten je km Streckenlänge	20 780	—	16 900[2]	—	7 500	—	20	—	265	—	480	—	400	—
II. Betriebskosten für die Sicherung der Bewegungsvorgänge														
1. Abschreibung und Verzinsung der Sicherungsanlagen	100 900 000	14,1	2 920 000	65,8	—	—	550 000	2,0	700 000	9,5	1 300 000	11,4	4 800 000	85,8
2. Unterhaltung der Anlagen	44 690 000	6,4							2 000 000	27,0	3 800 000	33,6		
3. Bedienung der technischen Sicherungsanlagen	222 000 000	31,0	1 520 000 (2.–4.)	34,2	19 275 000	—	25 750 000	98,0	2 200 000	29,7	3 100 000	27,5	800 000 (2.–4.)	14,2
4. Überwachung der Bewegungsvorgänge	347 000 000	48,5							2 500 000	33,8	3 100 000	27,5		
Summe 1—4	714 590 000	100,0	4 440 000	100,0	—	—	26 300 000	100,0	7 400 000	100,0	11 300 000	100,0	5 600 000	100,0
Jährl. Ausgaben für die Sicherung der Bewegungsvorgänge je Triebfahrzeug-km	0,97 [3]	—	0,15 [4]	—	—	—	0,003	—	0,69 [5]	—	0,87 [6]	—	—	—
Anteil der Sicherungskosten an den gesamten Betriebsausgaben	15,9%		0,65%		—		0,53%		13,0%		18,0%		—	

[1] Nachtflugstrecken mit 25% des Tagnetzes angenommen. — [2] Je km Küstenentwicklung. — [3] Unter Triebfahrzeug-km bei der Eisenbahn sind die gefahrenen Kilometer sowohl der Zuglokomotiven wie der Rangierlokomotiven verstanden. — [4] Je Fahrzeug-km in Küstennähe. — [5] Für 10 863 000 Flug-km im Jahre 1930. — [6] Annahme: 13 000 000 Flug-km (25% Vergrößerung).

Zunächst ergibt sich aus den Anlagekosten insgesamt und je Streckenkilometer für die technischen Sicherungsanlagen, einen wie kostspieligen Sicherungsapparat die Eisenbahnen aufweisen, um die gewaltige Zahl der Züge, bei der Deutschen Reichsbahn-Gesellschaft täglich ungefähr 30000, und die auf den Bahnhöfen bewegten Wagen, täglich ungefähr 350000, in ihrer Bewegung zu sichern. Aber auch die Seeschiffahrt erfordert in der Nähe der Küste teure Sicherungsanlagen auf die Küstenlänge bezogen, besonders in einem wirtschaftlich hoch entwickelten Land. Am geringsten sind naturgemäß die Kosten für den Kraftwagenverkehr, da er, bezogen auf das Straßennetz, nur in den Konzentrationspunkten des Straßenverkehrs, in den Großstädten, größerer technischer Sicherungsanlagen bedarf. Der Luftverkehr erfordert verhältnismäßig geringe Anlagekosten, die auf das Streckenkilometer bezogen für den Tag-Nacht-Luftverkehr nahezu doppelt so groß sind wie bei reinem Tagverkehr unter der Annahme, daß 25% des deutschen Netzes für Nachtluftverkehr gegenüber 7,2% 1930 eingerichtet werden. Bei Vollausbau eines Netzes für den Nachtluftverkehr sind die Anlagekosten je Streckenkilometer etwa 7mal höher als für den Ausbau des gleichen Netzes für Tagluftverkehr.

Auf Grund der Anlagekosten und besonderer Erhebungen über die Kosten für Unterhaltung, Bedienung und Überwachung konnten nun die gesamten Jahreskosten für die Sicherung der Bewegungsvorgänge je Triebfahrzeugkilometer und ihr Anteil an den gesamten Betriebskosten ermittelt werden. Dabei mußte naturgemäß die Auslastung des Betriebsapparats nach dem wirklichen Stand des Jahres 1930 zugrunde gelegt werden. Wie weit bei Zunahme des Verkehrs, also bei Änderung des Beschäftigungsgrades des Verkehrsbetriebs, der bei den bedeutendsten Verkehrsmitteln im Jahre 1930 60—70% betrug, die Kosten für das Fahrzeugkilometer sich vermindern werden, ist kaum theoretisch zu ermitteln, da nicht zu übersehen ist, welche Mehrausgaben bei Verkehrszunahme entstehen können. Wichtig ist, die in heutiger Zeit tatsächlich vorliegende Belastung der Betriebsausgaben durch die Kosten für die Sicherung der Bewegungsvorgänge zu erfassen. Es liegt Grund zu der Annahme vor, daß, auf das Fahrzeugkilometer bezogen, bei Erhöhung des Beschäftigungsgrads die Einheitskosten sinken werden, da sich die festen Kosten kaum verändern und sich auf eine größere Zahl von Fahrzeugkilometern verteilen.

Die stärkste Belastung je Triebfahrzeugkilometer weisen Eisenbahn und Luftverkehr auf. Verhältnismäßig gering ist sie bei der Seeschiffahrt und sehr niedrig beim Kraftwagen. Der Anteil der Sicherungskosten an den gesamten Betriebsausgaben ist im Tag-Nacht-Luftverkehr am höchsten, wenig niedriger bei der Eisenbahn und im Tagluftverkehr, dagegen sehr niedrig bei der Seeschiffahrt und dem Kraftwagen. Diese Gegenüberstellung zeigt deutlich, welchen wirtschaftlichen Einfluß die Sicherung der Bewegungsvorgänge allgemein auszuüben vermag, ganz gleich, ob der Verkehr unmittelbar mit den Kosten belastet wird, oder die Allgemeinheit die Kosten trägt, wie es heute beim Kraftwagen- und Luftverkehr in allen Ländern und bei der Seeschiffahrt in den meisten Ländern der Fall ist.

e) Maßstab für die Sicherheit.

Die Verkehrssicherheit im Personenverkehr wird vielfach gemessen an den auf bestimmte Leistungseinheiten, beispielsweise Personenkilometer entfallenden Toten und Verletzten der Reisenden. Dieser Maßstab bietet für das gleiche Verkehrsmittel einen gewissen Anhalt für die Sicherheit im Personenverkehr verschiedener Jahre. Dagegen für den Vergleich von verschiedenen Verkehrsmitteln untereinander ist dieser Maßstab nur sehr bedingt und nur dann bis zu einem gewissen Grade zuverlässig, wenn für die Beurteilung der Zahlen auch der

Betriebscharakter der verschiedenen Verkehrsunternehmungen genau bekannt und vergleichbar ist. Im allgemeinen läßt sich die Sicherheit eines Verkehrsmittels im Personenverkehr daher nur sehr bedingt in Zahlen ausdrücken. Nur ganz generell kann gesagt werden, daß die Zahl von Unfällen im Personenverkehr so verschwindend im Vergleich zu der Zahl der beförderten Personen sein muß, daß der Mensch das Gefühl einer Geborgenheit unter der Zahl der nicht vom Schicksal für einen Unfall bestimmten Menschen haben kann. In der Praxis ist in der Tat immer wieder dieses Vergleichsmoment beim reisenden Publikum festzustellen. So erklärt es sich, daß ein schwerer Unfall auf einer Zahnbahn, die verhältnismäßig wenig Menschen im Jahre befördert, eine viel stärkere und die Benutzung drosselnde Wirkung hat als ein gleich schwerer Unfall auf der Eisenbahn, die eine große Zahl von Reisenden im Jahr befördert. Je größer die Reisendenzahl eines Verkehrsmittels ist, um so mehr steigert sich das Gefühl der Sicherheit und das Vertrauen zur Sicherheit des Verkehrsmittels, dem der Mensch sein Leben anvertraut.

Im Güterverkehr gibt es keinen die Öffentlichkeit interessierenden Maßstab für die Beurteilung der Verkehrssicherheit, da die Schäden an Sachen durch Geld ersetzt werden können, während die Schäden an Personen nur zum Teil durch Geld ersetzbar sind. Es bleibt demnach lediglich der Maßstab der Betriebssicherheit, der von den Verkehrsunternehmungen verfolgt wird, um die Schäden für Betriebsunfälle so niedrig wie möglich zu halten. Hierzu sowie für einen ständigen Vergleich der Unfälle nach ihren Ursachen führt jedes Verkehrsmittel sehr eingehende Unfallstatistiken, die ein unentbehrliches Rüstzeug für die Erhaltung und Verbesserung der Betriebs- und Verkehrssicherheit sind.

Ganz allgemein kann gesagt werden, daß ein Verkehrsmittel, das im Vergleich zu anderen nicht ein gewisses Maß von Sicherheit bietet, die notwendigste Voraussetzung für seinen Einsatz für Verkehrszwecke entbehrt. Den Organen der öffentlichen Sicherheit muß daher das Recht der Zulassung der Verkehrsmittel zustehen. Diese Zulassung wird nur dann ausgesprochen, wenn bestimmte Voraussetzungen der Bau- und Betriebssicherheit erfüllt sind. Die einmalige Zulassung entzieht die Verkehrsmittel nicht ganz der öffentlichen Überwachung, sondern Unfälle geben den öffentlichen Organen, die für die öffentliche Sicherheit verantwortlich sind, Anlaß, die Sicherheit der Verkehrsmittel ständig zu überwachen. Je nach der Bedeutung der Verkehrsmittel für die Allgemeinheit wird diese Aufsicht über die Betriebssicherheit der Verkehrsmittel von den höchsten, mittleren oder unteren Organen der öffentlichen Gewalt ausgeübt. Sie klären jeden die Öffentlichkeit angehenden Unfall nach der strafrechtlichen und sicherheitspolizeilichen Seite und wirken auf diesem Wege mit, die Sicherheit im Verkehrswesen so günstig wie möglich zu gestalten.

2. Die Leistungsfähigkeit der Verkehrsmittel.

Die Leistungsfähigkeit eines Verkehrsmittels gibt Aufschluß darüber, mit welchem Aufwand an Zeit, Kraft, Stoff und menschlicher Arbeitsleistung der Verkehrsbetrieb die eigentliche Ortsveränderung von Personen, Gütern und Nachrichten durchführt und welche Verkehrsleistungen er dabei anbieten kann. Der Betrieb als ausführendes Organ zur Erfüllung eines Verkehrszwecks hat hierbei seine Arbeit so zu gestalten, daß mit dem geringsten Aufwand eine möglichst hochwertige Verkehrsleistung nach Güte und Menge erzielt wird. Das Optimum in diesem Verhältnis zu erreichen, ist das tägliche Sorgen und Hoffen der Verkehrsunternehmungen, denn es bestimmt auch letzten Endes ihren wirtschaftlichen Erfolg. Je geringer der Aufwand oder, in Geld ausgedrückt, die Ausgaben für die Verkehrsarbeit sind, um so niedriger können die Transportpreise sein, an denen die Allgemeinheit interessiert ist.

Steht diesem möglichst geringen Aufwand eine weitgehende Erfüllung der Grundforderungen zur Befriedigung des Verkehrsbedürfnisses gegenüber, so ist ein günstiges Gleichgewicht zwischen Aufwand und Leistungen des Verkehrsmittels gegeben. So weit diese Grundforderungen von dem technischen Apparat zu erfüllen sind, erstrecken sie sich auf Schnelligkeit, Regelmäßigkeit, Pünktlichkeit, Häufigkeit und Bequemlichkeit in der Ortsveränderung von Personen, Gütern und Nachrichten. Entspricht ein Verkehrsmittel diesen Grundforderungen so weit, daß ein bestimmter Verkehr sich ihm zuwendet, so muß sein technischer Apparat so hergerichtet sein, daß die anfallenden Verkehrsmengen rechtzeitig und möglichst ohne Rückstand befördert werden können.

Jeder Verkehrsbetrieb bietet daher auf Grund seiner technischen Eigenschaften die Ortsveränderung der Verkehrsgegenstände als das Produkt seiner Arbeit in bestimmter Güte und in bestimmter Menge an. Es genügt nicht, daß die Güte hochwertig ist, wenn die Menge nicht geleistet werden kann, und umgekehrt ist ein hoher Leistungsgrad in der Menge wertlos, wenn die Güte nicht genügend ist. Für ein und dasselbe Verkehrsmittel muß die Leistungsfähigkeit nach Güte und Menge stets ausgeglichen sein, dann kann es im Vergleich mit anderen Verkehrsmitteln den ihm zukommenden Verkehr übernehmen. Die Wirtschaft, die sich der Verkehrsmittel bedient, ist besonders empfindlich gegen nicht genügende Leistungsfähigkeit in der Menge, während sie in der Güte schon eher geneigt ist, gewisse Zugeständnisse in nicht zu weitem Rahmen zu machen. Die Verkehrsmenge ist daher in erster Linie maßgebend für die notwendige Leistungsfähigkeit eines Verkehrsmittels, während die Güte der Verkehrsbedienung gleichsam als Charakterbild für ein Verkehrsmittel eine verhältnismäßig konstante Größe darstellt.

Die Art und Weise, in der ein Verkehrsmittel nach Menge und Güte seine Verkehrsarbeit leistet, ist abhängig von seinen technischen und betrieblichen Grundlagen und von den verkehrlichen Anforderungen oder Bedingungen des Verkehrsgebiets, denen sich der technische Apparat und der Betrieb anzupassen haben. Muß die Ortsveränderung eines Verkehrsgegenstands von mehreren Verkehrsmitteln, beispielsweise auf dem Land- und Wasserwege, durchgeführt werden, so wird die Leistungsfähigkeit noch beeinflußt durch den Übergang des Verkehrsguts von einem Verkehrsmittel zum anderen oder durch den Übergangs- und Umschlagverkehr.

a) Die technischen und betrieblichen Grundlagen.

1. Die Beziehungen zwischen Kraft und Weg. Bei allen Verkehrsmitteln stellen sich der Bewegung der Fahrzeuge bestimmte Widerstände des Wegs und der Fahrzeuge entgegen, die sich aus dem Reibungs-, Form- und Steigungswiderstand ergeben. Nur dann, wenn diese Widerstände durch eine genügende Zugkraft überwunden werden, ist eine Bewegung der Fahrzeuge möglich. Das Zusammenspiel zwischen Widerständen und Zugkraft führt zu einem bestimmten Bewegungszustand, der der Ruhelage entspricht, wenn die Zugkraft kleiner als der Widerstand ist, und höchstmögliche Schnelligkeit der Bewegung darstellt, wenn die größte Zugkraft wirksam ist. Sind die Widerstände bekannt, so kann die Zugkraft nach ihnen bemessen werden. Die Widerstände, die der Bewegung von Fahrzeugen entgegenstehen, sind in ihrer Größe unmittelbar von dem Bruttogewicht (Eigengewicht + Nutzlast der Fahrzeuge) in Tonnen abhängig. Das Einheitsmaß für die Widerstände wird daher auf 1 t Bruttogewicht der Fahrzeuge bezogen und mit spezifischem Widerstand bezeichnet. So gibt der spezifische Widerstand an, wie viel Zugkraft in Kilogramm notwendig ist, um 1 t Bruttolast mit einer bestimmten Geschwindigkeit zu bewegen. Der Gesamtwiderstand, den ein Fahrzeug seiner Bewegung entgegenstellt, ist dann gleich dem Produkt aus dem Gesamtgewicht des Fahrzeugs und dem spezifischen Widerstand.

Während der von der Reibung und der Form erzeugte spezifische Widerstand bei den verschiedenen Verkehrsmitteln verschieden ist, ist der durch eine Steigung erzeugte für alle gleich und zwar gleich dem Steigungsverhältnis, ausgedrückt in Meter Höhe über 1000 m Länge des Wegs. Wenn daher die Verkehrsmittel nach ihrem Bedarf an Zugkraft für die Bewegung der Fahrzeuge miteinander verglichen werden sollen, so wird die Zugkraft zugrunde gelegt, die zur Überwindung des spezifischen Widerstands aus Reibung und Form auf waagrechter gerader Bahn nötig ist. Je nachdem, ob sie groß oder klein ist, wird der Betriebsstoffverbrauch für die Bewegung von 1 t Bruttolast groß oder klein sein und dementsprechend auch der Kostenaufwand für die Arbeit der Triebkraft.

In Abb. 43 ist der durchschnittliche spezifische Widerstand oder der erforderliche Bedarf an Zugkraft für die Beförderung von 1 t Bruttogewicht der Fahrzeuge

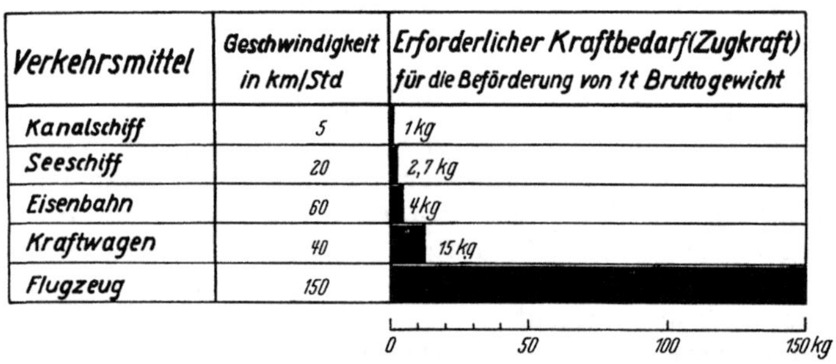

Abb. 43. Erforderlicher Kraftbedarf verschiedener Verkehrsmittel auf waagrechter Bahn.

für die allgemeinen Verkehrsmittel dargestellt. Da das Maß des spezifischen Widerstands bis zu einem gewissen Grad von der Geschwindigkeit abhängt, so wurde für die einzelnen Verkehrsmittel die übliche Durchschnittsgeschwindigkeit zugrunde gelegt. Die Eisenbahnen weisen unter Berücksichtigung ihrer hohen Geschwindigkeit den günstigsten spezifischen Widerstand auf, die Flugzeuge den bei weitem höchsten und ungünstigsten. Zwischen beiden liegt der Kraftwagen. Der geringe spezifische Widerstand der Schiffe ist nur bei verhältnismäßig niedrigen Geschwindigkeiten zu erzielen, er nimmt sehr schnell zu mit der Erhöhung der Geschwindigkeit. Ganz allgemein ergibt sich aus dem Kraftbedarf der verschiedenen Verkehrsmittel, daß Wasserstraßen und Eisenbahnen zur Beförderung von 1 t Bruttolast den geringsten Kraftbedarf und daher auch die geringsten Triebkraftkosten haben und demnach für Massengut oder mengenmäßig hohe Leistungen besonders geeignet sind. Beim Kraftwagen und vor allem beim Flugzeug sind die Triebkraftkosten für die Gewichtseinheit wesentlich höher.

Wie sehr die spezifischen Widerstände mit der Geschwindigkeit zunehmen, zeigen grundsätzlich die Abb. 44 und 45. Am stärksten ist die Zunahme bei Kanälen, da sie sowohl in der Breite wie in der Tiefe beschränkt sind. Wesentlich kleiner und nahezu gleich sind sie bei Flüssen und offenem Meer mit ihrer mehr oder weniger unbeschränkten Breite der Wasserfläche. Im Bereich der Geschwindigkeiten, bei denen der Wasserverkehr eine ständige Zunahme des spezifischen Widerstands zeigt, ist der spezifische Widerstand der Eisenbahnen zwar größer aber nahezu konstant und nimmt erst bei wesentlich höheren Geschwindigkeiten allmählich zu. In Abb. 45 ist ferner zu erkennen, einen wie großen Einfluß die Form des Fahrzeugs auf die Größe des Luftwiderstands bei zunehmender Geschwindigkeit hat. Er ist um so kleiner, je mehr dem Fahrzeug die Stromlinienform gegeben ist.

Es ist nun sehr aufschlußreich und für das Zustandekommen einer mehr oder weniger großen Schnelligkeit in der Ortsveränderung kennzeichnend, den Zu-

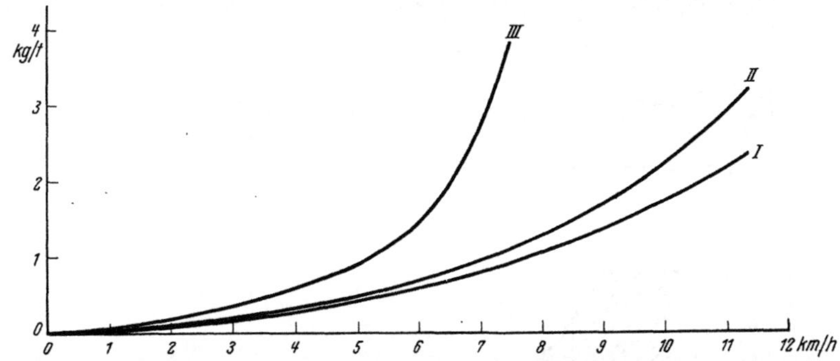

Abb. 44. Widerstandskurven für einen Schleppkahn.
Länge 65 m, Breite 8,2 m, Tiefgang 1,75 m, Wasserverdrängung 841 t, Tragfähigkeit 675 t.
Kurve I. Widerstand in unbeschränktem Wasser
Kurve II. „ bei beschränkter Tiefe und unbeschränkter Breite, Tiefe = 2,25 m
Kurve III. „ bei beschränkter Tiefe und Breite, Kanalprofil von 68,5 m².

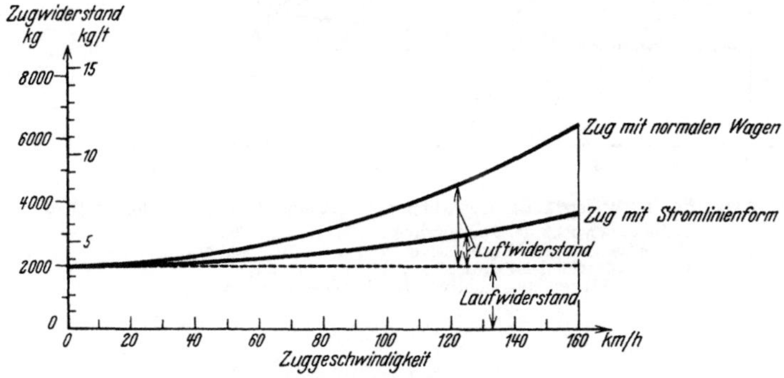

Abb. 45. Widerstandskurven eines Zuges.

sammenhang zwischen der Zugkraft und den Bewegungswiderständen zu veranschaulichen, wie es in den Abb. 46—50 (s. S. 120 u. 121) geschehen ist. In ihnen ist die Zugkraft eines bestimmten Triebfahrzeugs und die Widerstandskraft der von ihm beförderten Transporteinheit (Zug oder Einzelfahrzeuge) auf waagrechter gerader Bahn in Abhängigkeit von der Geschwindigkeit in Schaulinien dargestellt. In der Ordinate ist sowohl der Gesamtwiderstand der Transporteinheit wie der spezifische Widerstand für 1 t Bruttolast der Transporteinheit angegeben, so daß auch hier nochmals die charakteristische Abhängigkeit des spezifischen Widerstands von der Geschwindigkeit zu erkennen ist.

Ganz allgemein nimmt bei allen Verkehrsmitteln mit der Zunahme der Geschwindigkeit die Zugkraft ab und die Widerstandskraft zu, so daß beide in irgendeinem Punkte und bei einer bestimmten Geschwindigkeit sich treffen und

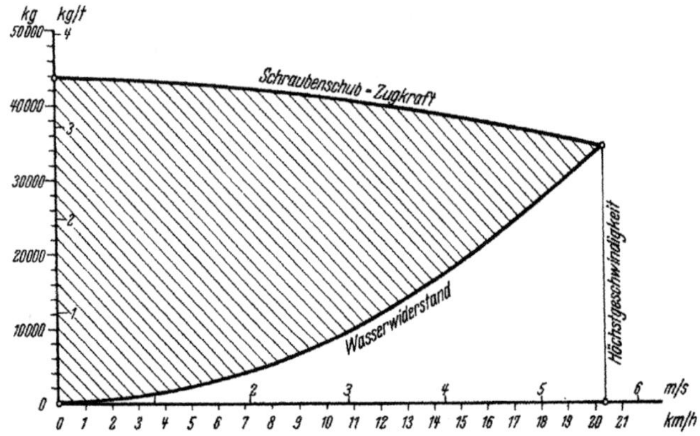

Abb. 46. Schraubenschub und Wasserwiderstand eines Seedampfers.

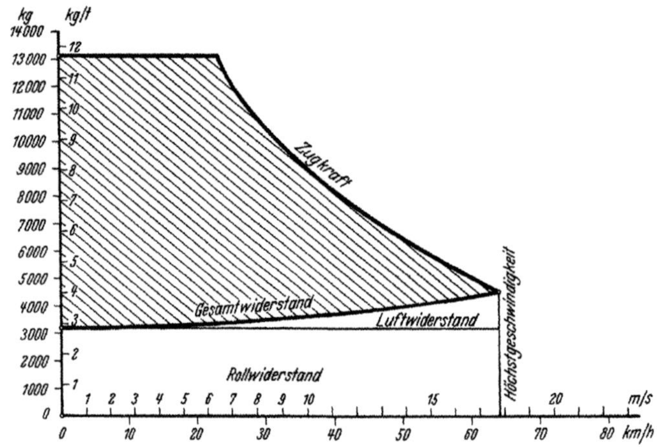

Abb. 47. Zugkräfte und Widerstände eines Güterzuges mit einer G_8^2-Güterzuglokomotive.

Reibungsgewicht der Lokomotive . . . . . . 70,2 t
Gesamtgewicht der Lokomotive . . . . . . 129,3 t
Gesamtgewicht des Zuges . . . . 1120 t
33 Om-Wagen, Lokomotive 1 D mit Schlepptender.

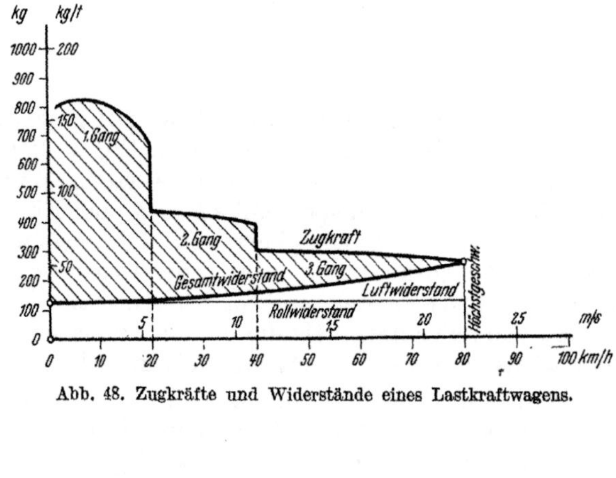

Abb. 48. Zugkräfte und Widerstände eines Lastkraftwagens.

gleich sind. Das ist in der Abbildung der Punkt, in dem sich die Linien der Zugkraft und des Widerstands schneiden. Die bei diesem Punkt vorhandene Geschwindigkeit kann nicht mehr gesteigert werden, da dazu die nötige Zugkraft der Maschine fehlt. Sind Steigungen des Wegs von der Transporteinheit zu überwinden, so erhöht sich ihr gesamter Widerstand, so daß der Schnittpunkt zwischen der Linie des Gesamtwiderstands und der Zugkraft nach links wandert und das um so mehr, je stärker die Steigung ist. Damit verringert sich gleichzeitig die auf waagrechter Bahn mögliche Höchstgeschwindigkeit, so lange die Transporteinheit in der Steigung sich bewegt.

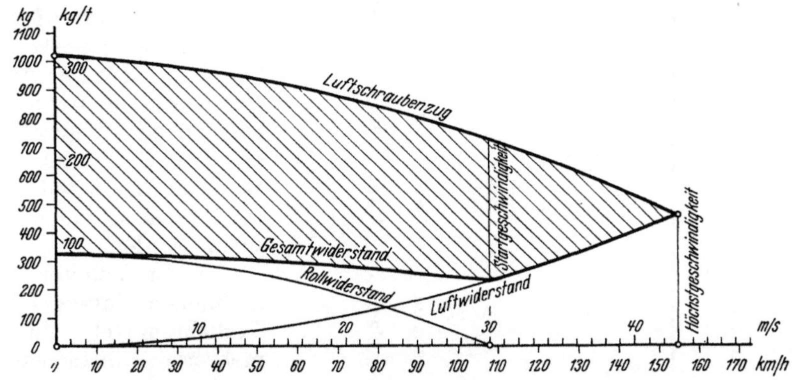

Abb. 49. Schraubenzug und Widerstände eines Landflugzeugs.

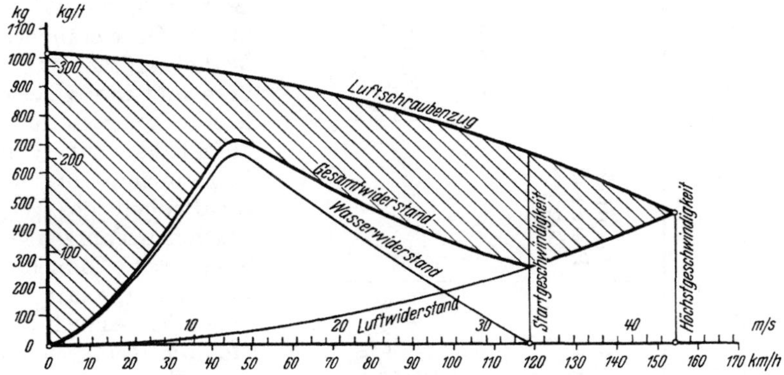

Abb. 50. Schraubenzug und Widerstände eines Wasserflugzeugs.

Die Stufen der Zugkraft, die das Schaubild des Kraftwagens zeigt, ergeben sich aus den verschiedenen Schaltungen. Der erste Gang gestattet die größte Zugkraft und ist daher für starke Steigungen, allerdings auf Kosten der Geschwindigkeit geeignet. Der dritte Gang gestattet die kleinste Zugkraft und kommt daher für die Fahrt auf waagrechter Bahn und hohe Geschwindigkeiten in Betracht. Das Schaubild der Zug- und Widerstandskraft der Flugzeuge zeigt die von den Widerständen beim Starten von Land- und Wasserflugzeugen mannigfach beeinflußten Widerstandslinien. Bei der Geschwindigkeit, bei der das Flugzeug den Boden oder das Wasser verläßt, also bei der Startgeschwindigkeit, ist der Schwebezustand erreicht. Es steht dann, wie das Bild zeigt, noch genügend Zugkraftüberschuß zur Verfügung, um das Flugzeug auf Höchstgeschwindigkeit

Tabelle 41. Beziehungen zwischen Transportweg, Triebkraft und Fahrzeugen im Güterverkehr der allgemeinen Verkehrsmittel.

Transportwege	Triebkraft und Fahrzeuge						
	Muskelkraft der Menschen	Muskelkraft der Tiere	Schwerkraft	Luftdruck	Kraftmaschinen Dampf	Öl und Gas	Kraftfluß
1	2	3	4	5	6	7	8
A. Landwege:							
a) Unbefestigte Wege . .	Lastträger	Tragtiere	—	—	—	—	—
b) Befestigte Wege . . .	Karren	Pferde als Zugtiere	—	—	Dampf-lokomotive	Kraftwagen	—
c) Schienenwege	—	—	—	—	Dampf-lokomotive	Triebwagen	Elektrische Lokomotive
d) Seilbahnen.	—	—	Bremsberge	—	Dampf-lokomobile	Gasmotore	Elektromotore
B. Wasserwege:							
a) Binnenwasserstraßen.	Rudern und Treidelzug	Treidelzug	Flöße und Schiffe	Segelschiffe	Dampfschiffe	Motorschiffe	Elektromotore
b) Seewege	Rudern	—	—	Segelschiffe	Dampfschiffe	Motorschiffe	—
C. Luftwege:	—	—	—	—	—	Luft-fahrzeuge	—

zu bringen, bei der wieder Zugkraft und Widerstandskraft gleich sind und ihre Schaulinien sich schneiden.

Jede Erhöhung der Geschwindigkeit eines Verkehrsmittels bringt eine Erhöhung der Widerstände mit sich und verlangt daher höhere Zugkraft und größere Zugkraftkosten für die Beförderung von 1 t Bruttogewicht. Wie weit diese Zugkraftkosten an den Gesamtkosten der Beförderung beteiligt sind, wird später näher untersucht werden.

Die Stufenleiter der allmählichen Entwicklung der Verkehrsmittel im Lauf mehrerer Jahrtausende ist im Grund genommen ausgegangen von dem ständigen Bestreben, die Widerstände in der Ortsveränderung der Verkehrsgüter zu vermindern und ihre Überwindung leichter zu gestalten. Sie ist aufgebaut auf den Verbesserungen in der Beschaffenheit des Wegs, der Stationen, Fahrzeuge und der Triebkraft. Manche Triebkraft ist an bestimmte Wege gebunden, manche in jedem Medium technisch und wirtschaftlich verwendbar. Aus Tabelle 41, die diese Entwicklung wiedergibt, ist zu ersehen, daß der von der Natur gegebene Wasserweg noch heutzutage die ältesten und modernsten Verkehrsfahrzeuge zu tragen hat und für jede Triebkraft geeignet ist.

2. Leistungsfähigkeit der Transporteinheit. Die Beförderungs- oder Transporteinheit eines Verkehrsmittels besteht aus einem oder mehreren Fahrzeugen, wobei die Triebkraft entweder mit dem Ladegefäß zu einem Fahrzeug verbunden ist oder ein besonderes Fahrzeug darstellt. Je gebundener die Führung der Fahrzeuge ist, aus um so mehr Fahrzeugen kann die Transporteinheit bestehen. Je freier sie ist, um so mehr muß sie auf ein oder wenige Fahrzeuge aus Gründen der Sicherheit beschränkt bleiben. Hieraus erklärt sich die aus zahlreichen bis zu 60 Wagen zusammengesetzte Transporteinheit eines Eisenbahnzugs, der zwangsläufig durch die gleiche Spur geführt wird, und die aus einem oder nur wenigen Fahrzeugen bestehende Transporteinheit im Wasser-, Straßen- und Luftverkehr. Aus der gleichen Überlegung konnte grundsätzlich im Eisenbahnverkehr die Triebkraft vom Fahrzeug, das das Verkehrsgut trägt und enthält, losgelöst und freizügig gemacht werden, während im Wasser-, Straßen- und Luftverkehr die Triebkraftanlage vorwiegend mit dem Fahrzeug für Nutzlast eine konstruktive Einheit bildet, der auch in vielen Fällen die Transporteinheit entspricht.

Die mit dem Ladegefäß verbundene Triebkraft fesselt diese an alle Vorgänge der Beladung und Entladung des Gefäßes und macht sie daher für diese Zeit unproduktiv. Bei ungebundener Triebkraft kann das Triebfahrzeug während der Belade- und Entladezeit für einen anderen Transport eingesetzt werden, so daß eine wirtschaftlichere Verwendung der Triebkraftanlage möglich ist. Es sind deshalb auch im Wasserstraßen- und Lastkraftwagenverkehr die Bestrebungen von jeher sehr stark gewesen, durch Verwendung von Schleppern die Triebkraft freizügiger zu gestalten und Schlepp- oder Lastzüge zu fahren.

Während die Größe der Triebkraft nach den zu überwindenden Widerständen zu bemessen ist, ist das Gefäß oder Fahrzeug für die Aufnahme der Nutzlast nach den Verkehrsarten und der Stärke der Verkehrsquellen zu gestalten. Die Ausbildung der Fahrzeuge nach Verkehrsarten verlangt ihre Ausstattung für die Beförderung von Personen, Gütern und Nachrichten. Das Benutzungsmaß für den Personenverkehr ist der angebotene Sitzplatz bei Fernverkehrsmitteln und der angebotene Sitz- und Stehplatz bei großstädtischen Verkehrsmitteln, für körperliche Güter die Tonne Ladefähigkeit und für körperliche Nachrichten der Raum in Kubikmeter für Briefsendungen und Pakete, für letztere vielfach auch die Tonne Ladefähigkeit. Die in Plätzen, Tonnen und Raumeinheiten ausgedrückte Ladefähigkeit der Fahrzeuge wird auch mit Fassungsvermögen oder Nutzladefähigkeit bezeichnet. Daneben spielt im Schiffs- und Luftverkehr noch die sogenannte Zuladefähigkeit eine Rolle, die neben der Nutzladefähigkeit für Verkehrsgut oder Nutzlast noch die nicht zahlende Zuladung in Gestalt von Betriebsstoffen und vielfach auch Betriebspersonal enthält.

In der Seeschiffahrt wird der umbaute Schiffsraum durch ein Raummaß, die Bruttoregistertonne (B.R.T.) erfaßt, die nach der Größe der englischen Heringstonne auf 2,8 m^3 festgesetzt ist. Neben ihr besteht die Nettoregistertonne (N.R.T.) als Raummaß, die bestimmte Teile des Schiffs wie beispielsweise die Maschinenanlage und die Aufbauten nicht enthält. Zur Umrechnung der B.R.T. und N.R.T. in die für den Verkehr wichtige Zuladefähigkeit für Nutzlast und Betriebsstoffe gibt Tabelle 42 (s. S. 124) einen ungefähren Anhalt für gebräuchliche Schiffe des Personen- und Güterverkehrs. Die Binnenschiffe rechnen ihre Nutzladefähigkeit nach Gewichtstonnen.

Die Anpassung der Gefäßgröße an eine bestimmte Nutzladefähigkeit für Personen, Güter und körperliche Nachrichten erfolgt nach der für eine Person oder Gütertonne nötigen Raumgröße und Fläche. Im Personenverkehr kann für die verschiedenen Verkehrsmittel das in Tabelle 43 (s. S. 124) angegebene Raum- und Flächenmaß für eine Person zugrunde gelegt werden. Die erdgebundenen Verkehrsmittel dienen nur zu einem verhältnismäßig kurzen Aufenthalt, so daß bei ihnen der Raumbedarf wesentlich kleiner bemessen werden kann als auf Seeschiffen, die tagelang den Reisenden beherbergen, unterbringen und verpflegen müssen. Je geringer die Reisedauer ist und je mehr Gelegenheit zur Körper-

Tabelle 42. Durchschnittliches Verhältnis von Brutto-Register-Tonnen zu den Netto-Register-Tonnen und zu den Gewichtstonnen Zuladung bei den gebräuchlichsten Überseeschiffen.

Art des Schiffes	Brutto-Register-Tonne (B.R.T.)	Netto-Register-Tonne (N.R.T.)	Zuladung: Nutzlast + Betriebsstoff t	Zuladung: reine Nutzlast t
1	2	3	4	5
Schnelldampfer	1	0,4	0,3	0,2
Schneller Fracht- und Fahrgastdampfer	1	0,6	0,7	0,6
Fracht- und Fahrgastdampfer	1	0,6	1,0	0,9
Frachtdampfer und Frachtmotorschiff .	1	0,6	1,6	1,5

Register-Tonne (R.T) = 2,83 m³.
Der Betriebsstoff ist für 3000 km Fahrtlänge eingesetzt.

bewegung während der Fahrt oder der Aufenthalte gegeben ist, um so kleiner kann der Raumbedarf bemessen werden. Im allgemeinen muß nach einer Fahrt von mehr als 3—4 Stunden die Möglichkeit zum Aufrechtstehen des Reisenden zeitweise gegeben sein. Unter keinen Umständen darf auf die Dauer die Grenze im Raumbedarf unterschritten werden, wenn die Reise nicht unbequem werden soll.

Tabelle 43. Die im Personenverkehr auf eine Person entfallende Raumgrösse und -fläche bei verschiedenen Verkehrsmitteln.

Verkehrsmittel	Raum in m³/Person	Fläche in m²/Person
1	2	3
D-Zugwagen	2,2 — 5,3	0,9 — 2,1
Kraftwagen	0,54— 0,78	0,55— 0,90
Kraftomnibus	0,56— 0,58	0,30— 0,36
Seeschiff 1. Klasse	38,0 —85,0	20,0 —25,0
Seeschiff 2. Klasse	20,0	8,0
Heutiges Flugzeug	0,7 — 1,6	0,4 — 0,9
Luftschiff	7,7	3,5

Bei der Fracht- und Postbeförderung hängt der benötigte Raum vom spezifischen Gewicht und der Sperrigkeit der Güter ab. Das Verhältnis beider zueinander wird durch den Staukoeffizienten erfaßt, der das Verhältnis von Laderaum in Kubikmeter zur Ladefähigkeit in Tonnen für ein Fahrzeug angibt. Er ist sehr starken Schwankungen unterworfen und beträgt bei

hochwertigen Gütern	2,26—10,5 m³/t (Blumen)
mittel- und geringwertigen Gütern . .	0,2 — 3,9 m³/t
Briefen	3,0 m³/t
Paketen	7,0 m³/t

Die Bemessung der Nutzladefähigkeit eines Fahrzeugs ist in erster Linie nach der Art und Stärke der Verkehrsquellen und Verkehrsströme vorzunehmen. Je stärker die Unterteilung der Verkehrsströme nach mittleren und kleinen Siedlungen sein muß, um so größer ist die Zahl der Empfänger und um so kleiner muß die Ladefähigkeit der Fahrzeuge vor allem im Güterverkehr sein, damit Unterverteilungen aus einem Fahrzeug für verschiedene Empfänger möglichst vermieden werden. Räumlich gesehen ist eine starke Verästelung des Verkehrsnetzes die Voraussetzung und Grundlage für kleine Transportgefäße. Das meist dichte Verkehrsnetz der Landverkehrsmittel wird daher ganz allgemein kleinere Transportgefäße aufweisen müssen als das weniger dichte Netz der Wasserverkehrsmittel. Die großen Ozeandampfer sind die größten Transportgefäße für die stärksten, zwischen wenigen Häfen fließenden großen Verkehrsströme, deren Unterverteilung den Binnenverkehrsmitteln und ihren kleinen Transportgefäßen überlassen werden muß. Die Binnenwasserstraßen der Niederlande mit ihrer den Eisenbahnen nahekommenden Netzdichte weisen die kleinste durchschnittliche Ladefähigkeit der Binnenschiffe in Europa auf. Sie beträgt 80 t gegenüber 500 t der Fahrzeuge der deutschen Binnenwasserstraßen und nähert sich damit bis zu einem gewissen Grade der durchschnittlichen Ladefähigkeit der Eisenbahnwagen, die bei 15 t liegt. Der Kraftwagen, der das stark verzweigte Straßenverkehrsnetz benutzt, hat durchschnittlich 1,5—5 t Nutzladefähigkeit, weil er den kleinsten Verkehrsquellen nachgehen kann.

Die Größe des Transportgefäßes wird hiernach letzten Endes bestimmt von dem Verkehrsanfall an den Versandstellen und dem durchschnittlich kleinsten Verkehrsbedürfnis der Empfänger. Seine wirtschaftliche Berechtigung findet dieser Grundsatz weniger in den geringen Transportkosten der Verkehrsmittel, die im Gegenteil mit der Größe der Ladefähigkeit der Fahrzeuge abnehmen, sondern in der zweckmäßigsten Arbeitsdisposition der Verkehrsinteressenten, die eine Zusammenschaltung des Transportguts mehrerer Empfänger in einer Wagenladung ungern sehen, weil sie zu Zeitverlusten in der Zustellung und zu Reibungen führt. Da im Eisenbahnverkehr Deutschlands allein 55% aller Wagen auf Privatanschlüssen aufkommen, so ist auch aus diesem mehr örtlichen Grund die Beschränkung der Wagenladung für einen und nicht für mehrere Empfänger notwendig.

Die richtige Wahl der Nutzladefähigkeit der Transportgefäße erfordert eine eingehende Beschäftigung mit der wirtschaftlichen Struktur eines Landes oder des Verkehrsgebiets. Vielfach ist diese Wahl beeinträchtigt worden durch das Bestreben des Verkehrsunternehmens, durch Vergrößerung der Transportgefäße die Selbstkosten je Tonnenkilometer zu senken. Solange diese Vergrößerung begründet und zulässig ist nach dem Verkehrsvolumen der Mehrzahl der Einzelempfänger, ist nichts dagegen einzuwenden. So konnten die Vereinigten Staaten von Amerika mit Rücksicht auf die Konzentration der Industrie in großen Siedlungen und großen Werken, dann aber auch infolge der großen Verkehrsbedürfnisse einer hochleistungsfähigen Landwirtschaft die Ladefähigkeit der Eisenbahnwagen auf durchschnittlich 45 t bemessen gegenüber 15 t in Deutschland und 12 t in England, die beide bei ihrer stark gegliederten Wirtschaft geringere Verkehrsmengen für die Empfänger aufzuweisen haben.

In Deutschland ist für den Ausbau der Wasserstraßen ein Einheitskahn von 1200 t festgelegt worden unter der theoretischen Annahme, daß diese Größe dem Verkehrsvolumen der Empfänger gerecht würde und die niedrigsten Frachtkosten gewährt werden konnten. Letzteres ist zweifellos richtig, aber der Erfolg dieser niedrigen Kosten wird sofort überall dort problematisch, wo die Schiffsladungen an zahlreiche Empfänger verteilt werden müssen, und daher kleinere Schiffsgefäße zweckmäßig sind. Je mehr ein Wasserstraßennetz ausgebaut wird, um so wichtiger und differenzierter wird die Unterverteilung des Verkehrs sein, und um so weniger liegt ein Anlaß vor, die Ladefähigkeit schematisch und ganz allgemein zu erhöhen. Das Beispiel des französischen und des niederländischen Kanalverkehrs zeigt deutlich, daß, je dichter das Kanalnetz ist, um so zweckmäßiger für die Wirtschaft kleine Transporteinheiten sind. Die Entwicklung der Fahrzeuggrößen auf deutschen Binnenwasserstraßen ist mit ihrer strengen Tendenz auf möglichst große Schiffsgrößen nicht immer auf volkswirtschaftlich richtigem Wege, sondern es kann diese Tendenz nur für große Verkehrsströme und Empfangsstellen als zweckmäßig anerkannt werden.

Ein Schulbeispiel volkswirtschaftlich richtiger Anpassung der Transportgefäße an die Verkehrsbedürfnisse liegt in der Größe der Eisenbahnwagen aller Länder, die von kleiner bis zu großer Ladefähigkeit je nach den örtlichen Verhältnissen entwickelt und im Betrieb sind. Es wird bei der Behandlung der Auslastung der Fahrzeuge durch Nutzlast noch näher auf die Bedeutung dieses Umstandes vom Standpunkt der Wirtschaftlichkeit des Transports einzugehen sein. Eine weitere Bestätigung für die Abhängigkeit der Größe eines Fahrzeugs von der wirtschaftlichen Struktur des Landes und der Zeit gibt Tabelle 44, in der der Wandel der gebräuchlichen Fahrzeuggrößen im Güterverkehr vom Altertum bis auf die Neuzeit enthalten ist. Selbstverständlich ist bei der Entwicklung der Fahrzeuggrößen der technische Fortschritt maßgebend beteiligt. Aber sie wurde erst letzten Endes notwendig durch die Entwicklung der Wirtschaft und die damit verbundene Zunahme der Verkehrsbedürfnisse. Am klarsten tritt dies in Erscheinung bei der starken Steigerung der Ladefähigkeit der Fahrzeuge im Wasserverkehr, weil hier mit der Zeit große Gütermengen zwischen einer kleinen Zahl von Häfen zu befördern waren. Die geringste Steigerung zeigt der Straßenverkehr, weil hier die Unterverteilung der Güter zu den einzelnen Empfängern am umfangreichsten und mannigfaltigsten ist. Die große Mehrzahl der Lastkraftwagen in U.S.A., England und Deutschland hat eine Ladefähigkeit von 1,5—3 t. Zwischen Wasser- und Straßenverkehr liegen die Eisenbahnen, unter denen wieder die Vereinigten Staaten von Amerika schon frühzeitig zu großen Transportgefäßen auf Grund ihrer wenig differenzierten Wirtschaft gehen konnten, während in Deutschland und England die dichte Besiedlung des Landes eine weit geringere Nutzladefähigkeit bis auf den heutigen Tag entstehen ließ.

Tabelle 44. Wandel der gebräuchlichsten Fahrzeuggrößen im Güterverkehr. Angaben in t Nutzladefähigkeit zu 1000 kg.

Zeitraum	Wasserverkehr		Straßenverkehr		Eisenbahnen		
	Überseeschiffahrt t	Binnenschiffahrt (Rhein) t	Pferdefuhrwerk t	Kraftwagen t	Deutschland t	England t	Vereinigte Staaten von Amerika t
1	2	3	4	5	6	7	8
1. Altertum	400	50	0,75	—	—	—	—
2. Mittelalter: 1200—1500	250	50	0,75	—	—	—	—
3. Neuzeit: 1500—1800 .	300	150	1	—	—	—	—
1840	500	250	3	—	4	4	10
1860	900	500	3	—	6	4	12
1880	2000	700	3	—	10	6	20
1900	4000	1000	3	—	15	8	36
1913	6000	1800	3	2	15	10	40
1930	9000	1350	3	5	15	12	45

Je größer der Anteil der Ladefähigkeit eines Fahrzeugs am Gesamtgewicht des Fahrzeugs (= Ladefähigkeit + Eigengewicht) ist, um so günstiger ist für den eigentlichen Verkehrszweck die Transporteinheit ausgestattet, da dann die Nutzladefähigkeit durch die zahlende Last ausgenutzt werden kann. Das Verhältnis des Platzangebots oder der Ladefähigkeit zum Eigengewicht sei mit Leistungsfähigkeit der Transporteinheit bezeichnet. Sie gibt an, wieviel Eigengewicht des Fahrzeugs auf einen Platz oder 1 t Ladefähigkeit der Transporteinheit entfällt. Tabelle 45 gibt über dieses Verhältnis Aufschluß.

Tabelle 45. Leistungsfähigkeit der Transporteinheit.

Verkehrsmittel	Auf 1 Platz entfallen an Eigengewicht kg	Auf 1 t Ladefähigkeit entfallen an Eigengewicht kg
1	2	3
I. Personenverkehr.		
Fahrrad	15	—
Straßenbahn	230	—
Städtische Schnellbahn	275	—
Omnibus im Stadtverkehr	140	—
Hafendampfer	275	—
Privatkraftwagen	500	—
Omnibus im Fernverkehr	190	—
Eisenbahn D-Zug	1110	—
Eisenbahn Personenzug	550	—
Personendampfer auf Binnenwasserstraßen	330	—
Überseeschnelldampfer	14300	—
Flugzeug	330	—
II. Güterverkehr.		
Lastkraftwagen	—	625
Eisenbahn	—	830
Fluß-Schleppzug	—	290
Kanal-Schleppzug	—	400
Seedampfer	—	470
Flugzeug	—	4160

Bemerkung: Das Gewicht eines Reisenden beträgt rund 80 kg.

Am günstigsten schneidet das Fahrrad ab, dem in weitem Abstand erst der Omnibus im Stadtverkehr folgt. Verhältnismäßig hoch liegen die Eisenbahnen, die für die großen Geschwindigkeiten besonders widerstandsfähig konstruiertes und daher schweres Wagenmaterial verlangen, dann aber auch wegen der bequemen Ausstattung der Wagen für den Personenverkehr mehr Eigengewicht in Kauf nehmen müssen. Der Überseeschnelldampfer muß dafür, daß er den Reisenden für die lange Seereise einen angenehmen Aufenthalt mit Unterkunft und Verpflegung zur Verfügung zu stellen hat, ein ganz gewaltiges Eigengewicht für einen Platz mitschleppen. Im Güterverkehr sind die Unterschiede wesentlich geringer, da die Güterfahrzeuge in einfachster Form ausgestattet werden können. Nur das Flugzeug liegt hier weit über den anderen Verkehrsmitteln, weil die Flugfähigkeit wichtige Konstruktionsteile verlangt, die mit der Nutzlast in einen Schwebezustand versetzt werden müssen, um den Flugweg zu schaffen. Es ist gleichsam hier im Gegensatz zu allen anderen Verkehrsmitteln der Weg und das

Fahrzeug in einem Element vereinigt, das mit seinem gesamten Gewicht nun den Anteil der Nutzlast stark drosselt.

Die Leistungsfähigkeit der Fahrzeuge wird noch in betrieblicher Hinsicht beeinflußt durch die nach bestimmten Laufwegen und Zeitabständen nötigen Unterhaltungs- oder Überholungsarbeiten. Während dieser Zeit sind sie dem Betrieb entzogen. Wie groß der durchschnittliche Jahresumlauf und die Zeit für die Unterhaltungsarbeiten im Jahr für die Fahrzeuge sind, zeigt Tabelle 46. Der Jahresumlauf in Kilometer gibt die Wegstrecke an, die das Fahrzeug für Verkehrszwecke zurückgelegt hat, gleichgültig ob es dabei beladen oder leer war. Ganz allgemein ist zu erkennen, wie sehr die Belade- und Entladezeit der Transportgefäße die Umlaufkilometer des Jahres herabsetzt, wenn wir beispielsweise bei den Eisenbahnen die freizügige Triebkraft, die Lokomotiven, mit den Güterwagen oder bei der Binnenschiffahrt die freizügige Triebkraft, den Schlepper, mit dem Kahn vergleichen. Die teure Maschine kann bei diesen Verkehrsmitteln viel wirtschaftlicher ausgenutzt werden, als wenn sie, wie beim Lastkraftwagen, Überseeschiff und Flugzeug, mit dem Gefäß verbunden ist.

Tabelle 46. Durchschnittlicher Jahresumlauf der Fahrzeuge.

Verkehrsmittel	Fahrzeug	Jahresumlauf km	Durch Reparaturen dem Verkehr im Jahr entzogen an Tagen
1	2	3	4
Seeschiffahrt	Schnelldampfer	150 000	15
	Frachtdampfer	80 000	12
Binnenschiffahrt	Schleppkahn	9 000	8
	Schlepper	18 000	10
Eisenbahn	Lokomotive	60 000	65
	Personenwagen	44 000	45
	Güterwagen	14 000	15
Kraftwagen	Lastkraftwagen	20 000	10
	Omnibus im Stadtverkehr	60 000	14
Luftverkehr	Flugzeug	140 000	45

Auch das Lebensalter der Fahrzeuge ist ein wesentlicher Faktor für ihre Leistungsfähigkeit und Brauchbarkeit auf lange Sicht. Es bestimmt nicht allein die Zeit für die Abschreibung, auf die später noch einzugehen ist, sondern auch das Bedürfnis nach technischen Fortschritten im Fahrzeugbau. Je schneller ein Fahrzeug außer Betrieb gestellt werden muß, um so eher wird die Technik einen Anreiz zur Verbesserung des neuen Fahrzeugs erhalten und um so stärker werden die technischen Änderungen sein. Ein schneller Fahrzeugverbrauch wird allerdings nicht immer mit einer Senkung, sondern vielfach mit einer Erhöhung der gesamten Transportkosten verbunden sein. Zur Steigerung des Lebensalters der Fahrzeuge und im Interesse ihres sicheren Laufs ist nach bestimmten Fahrtleistungen ein Überholen oder eine gründliche Reparatur von Einzelteilen nötig. Tabelle 47 zeigt, wie groß die Unterschiede im Lebensalter der Fahrzeuge sind, während die Unterschiede in den Überholungen in Abhängigkeit von der Fahrtleistung wesentlich geringer sind. Ganz allgemein ist festzustellen, daß, je hochwertiger ein Fahrzeug in seiner Herstellung ist, wie vor allem Kraftwagen und Flugzeug, um so geringer das Lebensalter ist.

Die Leistungseinheit für die bewegten Fahrzeuge im Dienste des Verkehrs ist das von Zügen, Wagen oder Fahrzeugen zurückgelegte Kilometer. Sie wird daher im allgemeinen in Zug-, Wagen- und Fahrzeugkilometer erfaßt und mit Betriebsleistung bezeichnet. Im Eisenbahnbetrieb wird auch noch das Wagenachskilometer für besondere Zwecke verwendet. Bei all diesen Einheitsbezeichnungen ist für Vergleichszwecke die Zuggröße und das Fahrzeug nach Art und Größe zu beachten, um Fehlschlüsse zu vermeiden.

Tabelle 47. Durchschnittliches Lebensalter der Fahrzeuge.

Verkehrsmittel	Fahrzeug	Durchschnittliches Lebensalter Jahre	Durchschnittlich Überholen erforderlich nach km
1	2	3	4
Straßenbahn	Triebwagen	20	70000
	Anhänger	25	65000
Schnellbahn	Triebwagen	20	60000
Omnibus	Omnibus	8—10	40000
Kraftwagen	Personenkraftwagen	7	40000
	Lastkraftwagen	7	35000
Luftverkehr	Flugzeug	5	50000
Eisenbahn	Lokomotive	20—25	100000
	Personenwagen	25	100000[1]
	Güterwagen	30	45000[2]
Binnenschiffahrt	Schlepper	35—40	—
	Selbstfahrer	35	—
	Schleppkähne	40	—
Seeschiffahrt	Frachtdampfer	30	—

[1] Höchstzulässige km-Leistung zwischen zwei Untersuchungen.
[2] Untersuchung alle 3 Jahre vorgeschrieben.

3. Leistungsfähigkeit des Transportwegs und der Stationen. Wege und Fahrzeuge haben als wesentliche Bestandteile der Verkehrsmittel manche Wandlungen erfahren. Beide sind, soweit die Natur sie nicht zur Verfügung stellt, das Ergebnis menschlicher Arbeits- und Willenskraft, und doch liegt die Bedeutung eines jeden von beiden bei den verschiedenen Verkehrsmitteln verschieden. Bei den Landverkehrsmitteln steht am Anfang die Vorbereitung und Zurichtung des Wegs; ohne ihn kann das Fahrzeug seinem Zweck nicht dienen. Auf den Meeren, den schiffbaren Flüssen und in der Luft steht am Anfang der Bau des Fahrzeugs, weil der Weg im wesentlichen naturgegeben und vorhanden ist. Während bei den Landverkehrsmitteln die Festlegung und Herrichtung des Wegs ein für sich abgeschlossener Vorgang der technischen Vorbereitung ist, kann die Wegfindung bei den Wasser- und Luftverkehrsmitteln unmittelbar durch den Führer des Fahrzeugs während des Transports erfolgen.

Das ist von großer Bedeutung für die Freizügigkeit des Verkehrsmittels, soweit diese von der technischen Einrichtung abhängig ist, aber besonders wichtig für die Anpassung des vorhandenen Verkehrsapparats an die sich zeitlich und örtlich ändernden Verkehrsbedürfnisse der Wirtschaft. Die Fahrzeuge sind nicht ortsgebunden und je weniger auch der Weg eindeutig im Raum ortsgebunden ist, um so besser ist das Verkehrsmittel der Dynamik der wirtschaftlichen Kräfte und damit des Verkehrs gewachsen. Je mehr aber andererseits das Verkehrsmittel der Herrichtung eines Wegs bedarf, um so eingehender wird die Wahl des Wegs nach der Verteilung, Größe und Art der Verkehrsbedürfnisse getroffen werden müssen, da ein einmal gebauter, mit dem Boden fest verbundener Verkehrsweg nicht wie die Fahrzeuge an anderer Stelle wieder verwendet werden kann, wenn er überflüssig wird.

Dieser Umstand führte zu der besonderen Wissenschaft der Linienführung von Verkehrswegen, die nach technischen und verkehrswirtschaftlichen Gesichtspunkten zu behandeln ist. Wegen der hohen Kosten, die der Bau von Verkehrswegen mit sich bringt, wird ihre Leistungsfähigkeit zunächst dem Verkehrsbedürfnis angepaßt, das in absehbarer Zeit die Verkehrsmenge für den Weg bestimmt. Um aber der möglichen Zunahme des Verkehrsbedürfnisses gerecht zu werden, werden die Anlagen des Wegs und der Stationen vielfach auf spätere

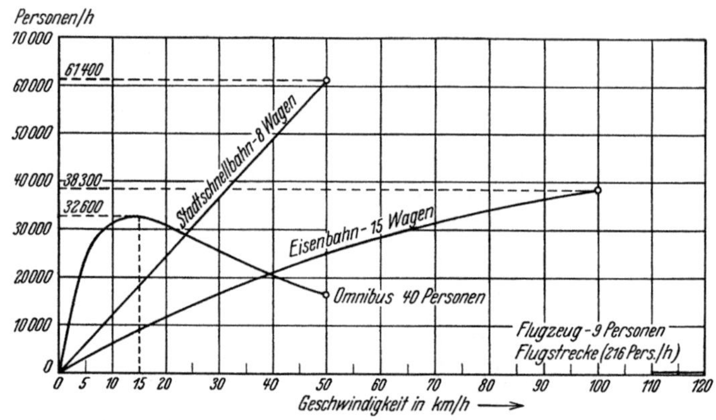

Abb. 51. Höchste theoretische Stundenleistung im Personenverkehr auf einer zweispurigen Verkehrslinie der verschiedenen Verkehrsmittel (zweispurig = eine Spur für jede der beiden Fahrtrichtungen).

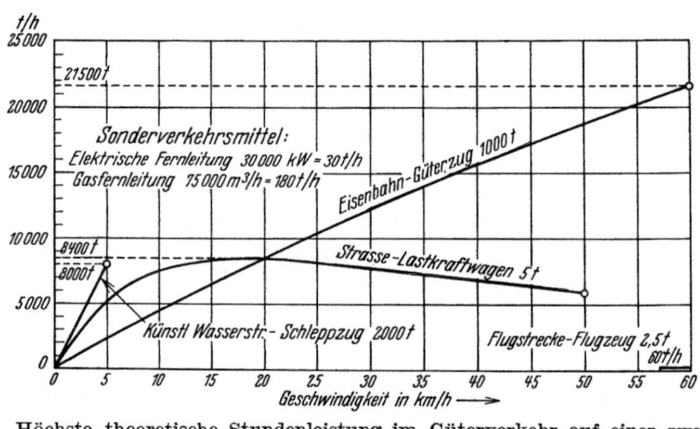

Abb. 52. Höchste theoretische Stundenleistung im Güterverkehr auf einer zweispurigen Verkehrslinie der verschiedenen Verkehrsmittel (zweispurig = eine Spur für jede der beiden Fahrtrichtungen).

leichte Erweiterungsfähigkeit entworfen. Auf alle Fälle muß die Frage der Leistungsfähigkeit, die ein neuer Verkehrsweg aufweisen soll, vorweg geklärt werden, bevor eine Entscheidung über den Bau getroffen wird. Wie in dem Abschnitt über Wirtschaftlichkeit auszuführen ist, ist diese Klärung auch ausschlaggebend für die Wirtschaftlichkeit oder die Bauwürdigkeit des Verkehrswegs.

Die technische Leistungsfähigkeit eines Verkehrswegs ist abhängig von der Breite und Steigung des Wegs, der Größe der örtlichen Betriebsstellen oder Stationen, sowie von den Unterschieden in den Geschwindigkeiten der Transporteinheiten, die den Weg benutzen. Bei den Eisenbahnen wird die Wegbreite in Gleisen ausgedrückt, bei den Straßen in Spuren, so daß die Zahl der

Streckengleise oder der Spuren bis zu einem gewissen Grad die Streckenleistung eines Verkehrswegs bestimmt. Bei den Kanälen wird die Leistungsfähigkeit nicht allein durch genügende Breite und Tiefe, sondern in erster Linie durch die Leistung der Schleusen festgelegt.

Die Streckenleistung, die bei richtiger Organisation der Transporteinheiten und ihrer Folge in kürzesten Abständen, wie sie die Sicherheit verlangt, erreicht wird, ist die theoretische Höchstleistung einer Strecke überhaupt. Ihr Höchstmaß wird dann erreicht, wenn Transporteinheiten gleicher und möglichst hoher Geschwindigkeit in kürzesten Abständen die Strecke befahren. Sie wird technisch herabgesetzt durch den Einfluß der Knotenpunkte des Verkehrsnetzes und durch die Leistungsfähigkeit der Stationen. Immerhin gibt die theoretisch höchste Streckenleistung einen Anhalt, wieviel Verkehr im günstigsten Fall ein bestimmter Verkehrsweg überhaupt leisten kann. Sie ist für den Personen- und Güterverkehr der Binnenverkehrsmittel in den Abb. 51 und 52 veranschaulicht für waagrechte, zweispurige Eisenbahnen, Straßen und Kanäle, letztere mit Staustufen ausgestattet. Die Transporteinheiten haben gleiche Geschwindigkeiten. Sowohl im Personen- wie im Güterverkehr ist die theoretische Streckenleistung der Eisenbahnen wesentlich höher als die der übrigen Verkehrsmittel, wenn die für die Eisenbahnen übliche höhere Geschwindigkeit berücksichtigt wird. Auch nimmt die Leistung der Eisenbahnen mit der Geschwindigkeit zu. Im Bereich der niedrigen Geschwindigkeiten übertrifft der Kraftwagen in seiner Streckenleistung die Eisenbahnen und macht ihn besonders für den Kurzstreckenverkehr geeignet. Mit der Zunahme der Geschwindigkeit nimmt die Leistungsfähigkeit des Kraftwagens ab, da sich dann im Interesse der Sicherheit die Wagenabstände zunehmend vergrößern müssen. Der Kanalverkehr ist infolge der geringen Fahrgeschwindigkeit der Schiffe weniger leistungsfähig als die Eisenbahnen. Es entspricht jedoch bei ihm die theoretische Leistungsfähigkeit der praktischen, was bei den anderen Verkehrsmitteln nicht der Fall ist. Sehr gering ist die Leistung einer Leitung für elektrische Energie und Gas sowie des Luftverkehrs. Beim Luftverkehr bestimmt die Start- und Landemöglichkeit auf einem Flughafen die Leistungsfähigkeit einer Fluglinie, die ohne diese vom Flughafen ausgehende Beschränkung in der Flugzeugfolge unerschöpflich leistungsfähig wäre.

Sobald der Verkehrsweg stärkere Steigungen aufweist, sinkt das Gewicht der Transporteinheit und die Geschwindigkeit gegenüber einer waagrechten Bahn erheblich und damit auch die Leistungsfähigkeit des Verkehrswegs. Es ist daher wiederholt auf stark belasteten Gebirgsbahnen eine Verringerung der Steigungen durch Tieferlegung der gesamten Strecke notwendig geworden, wenn die Verkehrsströme nicht mehr bewältigt werden konnten.

Im großstädtischen Verkehr zwingt die Erschöpfung der Leistungsfähigkeit der Oberflächenverkehrsmittel wie Straßenbahnen und Omnibus zur Herstellung von Hoch- und Untergrundbahnen, deren Leistungsfähigkeit 4 bis 5mal größer ist als die der Oberflächenverkehrsmittel.

Wird ein Verkehrsweg von Transporteinheiten verschiedener Geschwindigkeit befahren, so müssen Überholungsmöglichkeiten technisch vorgesehen werden, wenn nicht das langsam fahrende Fahrzeug die Leistungsfähigkeit des Wegs bestimmen soll. Diese Überholungsgelegenheiten sind besonders notwendig bei weggebundenen Verkehrsmitteln und hier vor allen Dingen bei den Eisenbahnen und Kraftwagen.

Da im allgemeinen ein Verkehrsweg in wirtschaftsstarken Ländern ein Glied eines Verkehrsnetzes darstellt, so werden die auf ihm stattfindenden Bewegungsvorgänge beeinflußt durch die Fahrten auf den übrigen Linien des Netzes. Es entwickelt sich dann aus der theoretischen Streckenleistung die Netzleistung eines

Verkehrswegs, die, wie Abb. 53 zeigt, beispielsweise im Straßenverkehr bei 25 km/h Geschwindigkeit nur $^1/_3$ der Streckenleistung beträgt. Ähnlich ist es im Eisenbahnverkehr. Die Rücksichtnahme der im gesamten Netz sich vollziehenden Bewegungsvorgänge aufeinander vermindert in starkem Maße die Leistungsfähigkeit des Transportwegs. Und hier sind es nun für die wichtigsten Verkehrsmittel die Stationen, die so leistungsfähig ausgebaut sein müssen, daß diese Verminderung nicht zu stark wird. Die Stationen oder Häfen haben als örtliche Betriebsstellen die Aufgabe, Gelegenheit zum Beladen und Entladen der Fahrzeuge und zur Bildung der Transporteinheiten zu geben. Ihre Bedeutung für den Betriebsfluß auf Eisenbahnen und Wasserstraßen ist so groß, daß von ihrer Leistungsfähigkeit die Leistungsfähigkeit eines Verkehrsnetzes überhaupt abhängt. Wenn daher neue Verkehrswege in einem Verkehrsnetz gebaut werden, so sind gleichzeitig auch die Anschlußstationen daraufhin zu untersuchen, ob sie dem neuen Verkehrszustrom betrieblich gewachsen sind.

Auch natürliche, die physische Geographie betreffende Verhältnisse bestimmen vielfach die Leistungsfähigkeit eines Verkehrswegs. In der gemäßigten und kalten Zone verhindert Frost zeitweise die Benutzung der Wasserstraßen,

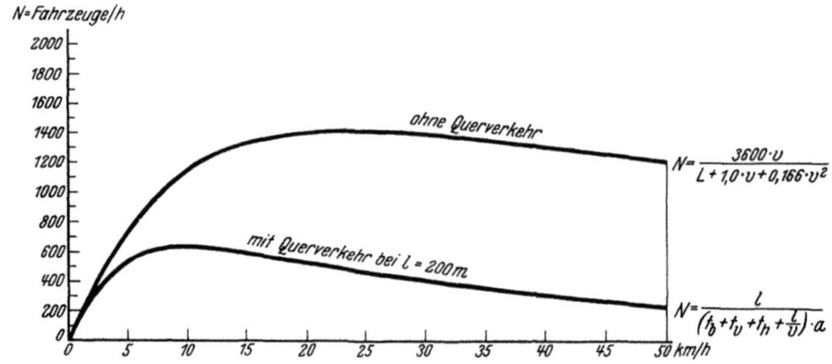

Abb. 53. Leistungskurven für eine Spur einer Straße.

Nebel beeinträchtigt den Schiffs- und Luftverkehr. Die Häfen der nordamerikanischen Seen sind nur 7—8 Monate des Jahres eisfrei, so daß in dieser Zeit der notwendige Verkehr mit einem entsprechenden Fahrzeugpark erledigt werden muß. Im Osten Deutschlands, wo der Frost 2—3 Monate den Schiffsverkehr lahm legt, leiden die Wasserstraßen mehr unter Frost als im Westen mit 1,5—2 Monaten Störungszeit durch Frost[1]. Die Verkehrsinteressenten müssen auf diese zeitliche Behinderung des Verkehrs Rücksicht nehmen, wenn sie Wert auf die Benutzung des Verkehrsmittels legen. Andernfalls sind sie angewiesen auf die Eisenbahn, die zu jeder Jahreszeit, vielfach als einziges Verkehrsmittel, im Binnenland betriebsfähig bleibt und Verkehr übernehmen kann.

Wassermangel der schiffbaren Ströme verringert die Fahrttiefe und damit die Leistungsfähigkeit der Schiffe. So können auf der Elbe nur 55% der eisfreien Jahreszeit die Schiffe mit voller Ladung und 45% mit ¾ bis ½ Ladung fahren.

Eine besondere Rolle spielt vielfach für die Leistungsfähigkeit eines Verkehrsmittels noch seine Reichweite in der Beförderung des Verkehrsguts. Grundsätzlich muß jede Transporteinheit so weit mit Betriebsstoffen ausgestattet sein, daß sie die nächste Station, die Gelegenheit zur Ergänzung der Betriebsstoffe bietet, erreicht. Das ist bei den Landverkehrsmitteln ohne Schwierigkeit

[1] Heyenbrock, „Die Vereisung westdeutscher Binnenwasserstraßen 1928/29 und ihre Wirkung auf die Deutsche Reichsbahn“, Münster 1932.

einzurichten, dagegen über Meeresflächen ist die Herrichtung derartiger Stationen sehr schwierig und vielfach unmöglich und daher für die Leistungsfähigkeit des Verkehrsmittels unter Umständen ausschlaggebend. Dieser Umstand verhindert heute noch die Flugzeuge, auf ihren wichtigsten und wertvollsten Strecken über die Ozeane dem Verkehr zu dienen. Ihre Reichweite liegt für Verkehrszwecke heute zwischen 2000 und 3000 km, so daß der Atlantische Ozean, der 4500 km breit ist, verkehrsmäßig noch nicht von ihnen überbrückt werden kann. Auch bei den elektrischen Starkstromleitungen ist die Reichweite der Strombeförderung beschränkt. So können Leitungen, die eine heute übliche Höchstspannung von 220 kV haben, eine Energie von 100000 kW nur 400 km weit befördern, wenn die Beförderung ohne zu große Energieverluste erfolgen soll.

Die Leistungsfähigkeit der Verkehrsmittel kann technisch weit über das Maß der Verkehrsbedürfnisse gesteigert werden. Sie bietet also keinen Hinderungsgrund für die Steigerung des Verkehrsbedürfnisses. Technisch wären heute die Eisenbahnen in allen Kulturländern in der Lage, die anfallenden Verkehrsmengen im Binnenland zu bewältigen. Daß ihnen diese Aufgabe nicht allein zufällt, liegt vor allem daran, daß in der Güte der Verkehrsleistung im Nahverkehr der Kraftwagen und im Fernverkehr auf große Raumweiten das Flugzeug ihnen gegenüber Vorzüge aufweist, und andererseits auf den natürlichen Wasserstraßen bestimmte Verkehrsgüter billiger befördert werden können.

4. Anpassungsfähigkeit an die Verkehrsquellen. Das Verkehrsmittel, das am unmittelbarsten die Versand- und Empfangsstellen ohne Zwischenbehandlung des Verkehrsguts miteinander verbindet, hat besondere Vorzüge. Je beweglicher es in der Anlage des Wegs und in dem Einsatz seines Fahrzeugs ist, um so eher kann es diesen Vorzug für sich buchen. Am elastischsten sind in dieser Hinsicht die Leitungen für elektrische Kraft, Gas, Wasser und Nachrichten. Doch sind sie nur für Sonderverkehrsgegenstände geeignet. Von den allgemeinen Verkehrsmitteln sind es die Straßen, die den Bedürfnissen des Verkehrs bis zu den kleinsten Stätten menschlicher Arbeit nachgehen und auch dem Fernverkehr dienen können. Ist die Transporteinheit eines Verkehrsmittels beweglich genug, um diesen Vorzug stärkster örtlicher Durchdringung des Verkehrsgebiets durch Schnelligkeit zu ergänzen, so bietet sie ein besonders bequemes Mittel zur Ortsveränderung. Die gewaltige Entwicklung des Kraftwagens ist hierauf in erster Linie zurückzuführen.

Nach den Straßen sind es die Eisenbahnen, die ebenfalls weitgehend den Verkehrsquellen nachgehen können und in den Bahnhöfen und Gleisanschlüssen unmittelbare Berührung mit den Flächen des Verkehrsbedürfnisses haben. Doch ist ihre Anlage in der Nähe von Siedlungen technisch nicht immer einfach und durchweg mit höheren Kosten verbunden, als sie im allgemeinen die Straßen verursachen.

Sehr wenig anpassungsfähig sind die künstlichen Wasserstraßen wegen ihres großen Querschnitts und ihrer Gebundenheit an die Horizontale, die im bewegten Gelände zu kostspieligen und umfangreichen Schleusenanlagen zwingt.

Der Luftverkehr hat durchaus nicht die Elastizität in der Anlage, die an sich die Luft bietet. Da das Landen und Starten nur auf besonders hergerichteten großen ebenen Flächen erfolgen kann, so ist der Übergang vom Verkehrsweg auf die Erde und damit zur Verkehrsquelle an starke Rücksichten auf einen geeigneten Flughafen im Gelände gebunden. Da jedoch der Luftverkehr seine wirtschaftliche Berechtigung in erster Linie auf großen Entfernungen finden wird, so sind die Auswirkungen dieser Beschränkungen nicht besonders ausschlaggebend. Sie gewinnen erst Bedeutung, wenn etwa der Luftverkehr auf kürzere Entfernungen in großem Maße in Frage kommen würde.

Tabelle 48. Geschwindigkeiten der Verkehrsmittel in km/Std.

Verkehrsmittel	Höchstgeschwindigkeit V_{max}	Fahrgeschwindigkeit V_m	Reisegeschwindigkeit V_r	Verhältnis der Geschwindigkeiten zueinander V_m/V_{max}	V_r/V_{max}	V_r/V_m
1	2	3	4	5	6	7
I. Landverkehr						
a) Landstraßenverkehr						
Fuhrwerk	8	5	5	0,63	0,63	1
Lastkraftwagen	40	20	20	0,50	0,50	1
Personenkraftwagen	100	45	45	0,45	0,45	1
b) Großstadtverkehr						
Omnibus	40	16	12	0,40	0,30	0,75
Straßenbahn	30	15	10	0,50	0,33	0,67
Stadtschnellbahn	60	30	21	0,50	0,35	0,70
Vorortbahn	75	35	25	0,47	0,33	0,71
c) Fernverkehr						
Personenzug	75	45	33	0,60	0,45	0,73
D-Zug	110	75	65	0,68	0,59	0,87
Durchgangsgüterzug	60	40	30	0,67	0,50	0,75
Nahgüterzug	40	25	15	0,62	0,38	0,60
II. Wasserverkehr						
a) Binnenwasserstraßen						
Talschleppzug	15	12	12	0,80	0,80	1
Bergschleppzug	5	4	4	0,80	0,80	1
Kanalschleppzug	7	5	4	0,71	0,57	0,80
Selbstfahrer (Kanal)	8	6	5	0,75	0,63	0,83
Selbstfahrer (Strom)	12	10	10	0,83	0,83	1
Rheinpersonendampfer (Berg)	18	13,5	12,5	0,75	0,70	0,93
Rheinpersonendampfer (Tal)	30	25	21	0,83	0,70	0,84
b) Seeschiffahrt						
Seefrachtdampfer	22	18	18	0,82	0,82	1
Schnelldampfer	50	40	40	0,80	0,80	1
Motorsegler	30	10	10	0,33	0,33	1
III. Luftverkehr						
Flugzeug	300	210	170	0,70	0,56	0,81
Luftschiff	140	100	100	0,71	0,71	1
IV. Energietransport						
Gasfernleitung	270	—	—	—	—	—
Elektrische Leitung	∞	∞	∞	1	1	1

5. Grenzen der Schnelligkeit, Regelmäßigkeit, Pünktlichkeit, Häufigkeit und Bequemlichkeit. Das von den Verkehrsinteressenten besonders geschätzte, nach außen in Erscheinung tretende Ergebnis der organisierten Zusammenarbeit zwischen der Leistungsfähigkeit von Weg, Kraft, Fahrzeug und Stationen liegt in erster Linie in der Schnelligkeit des Verkehrs. Daneben können Regelmäßigkeit, Pünktlichkeit, Häufigkeit und Bequemlichkeit bei gewissen Verkehrsarten von Wichtigkeit sein. Diese die Güte der angebotenen Verkehrsleistungen charakterisierenden Eigenschaften eines Verkehrsmittels finden in den technischen Eigenarten gewisse Grenzen, die festzulegen sind, bevor später die tatsächliche Einschätzung dieser Eigenschaften durch die Verkehrsinteressenten erörtert wird.

Die Schnelligkeit, mit der ein Verkehrsmittel den Verkehr abwickelt, hängt in erster Linie von der Geschwindigkeit ab. Diese wird im Verkehrswesen ausgedrückt durch die in einer Stunde zurückgelegten Kilometer. Für jedes Verkehrsmittel gibt es eine Höchstgeschwindigkeit, Fahrgeschwindigkeit und Reisegeschwindigkeit. Die Höchstgeschwindigkeit ist die höchstmögliche Geschwindigkeit, die ein Verkehrsmittel ohne Beeinträchtigung seiner Sicherheit auf waagrechter gerader Bahn einhalten kann. Die Fahrgeschwindigkeit ist die Geschwindigkeit, die ermittelt wird aus der Entfernung zwischen zwei Haltepunkten und der Fahrzeit, in der die Transporteinheit die Entfernung zurücklegt. Die Reisegeschwindigkeit wird ermittelt aus der Länge des Reisewegs und der Gesamtreisezeit, die sich aus der Fahrzeit und den Aufenthalten zusammensetzt. Die Reisegeschwindigkeit interessiert in erster Linie die Verkehrsinteressenten, die Höchst- und Fahrgeschwindigkeit das Verkehrsunternehmen.

Tabelle 49. Wandel in der Höchstgeschwindigkeit der Verkehrsmittel in km/Std. 1840—1930.

Verkehrsmittel	1840	1860	1880	1900	1910	1920	1930
1	2	3	4	5	6	7	8
Seeschiff	16	24	34	42	46	47	50
Kanalschleppzug	3	3	5	7	7	7	7
Personendampfer zu Berg (Rhein)	8	10	13	16	16	18	18
Fuhrwerk	8	8	8	8	8	8	8
Kraftwagen	—	—	—	50	70	85	100
Eisenbahn	50	65	80	95	100	105	110
Flugzeug	—	—	—	—	80	180	300
Gasfernleitung	—	—	—	—	—	—	270
Elektrische Leitung	—	—	—	∞	∞	∞	∞

In Tabelle 48 ist untersucht, wie groß für die verschiedenen Verkehrsmittel die drei Geschwindigkeitsarten sind, und in welchem Verhältnis sie zueinander stehen. Die größte Höchstgeschwindigkeit liegt bei den Leitungen und den Flugzeugen vor, die geringste beim Bergschleppzug des Wasserverkehrs. Der Transport der elektrischen Energie ist zeitlos, da sie an allen Anschlußstellen sofort zur Verfügung steht. Die Fahrgeschwindigkeit und die Reisegeschwindigkeit sind um so geringer als die Höchstgeschwindigkeit, je zahlreicher die Halte der Transporteinheit sind. Deshalb ist der Unterschied zwischen ihnen am größten bei den Eisenbahnen und Kraftwagen des Nah- und Fernverkehrs und am kleinsten beim Wasser- und Luftverkehr. Je intensiver die Bedienung der Verkehrsquellen durch ein Verkehrsmittel sein muß, um so geringer ist die Reisegeschwindigkeit im Vergleich zur technisch möglichen Höchstgeschwindigkeit.

Wie weit die ständigen Bestrebungen der Verkehrsunternehmungen, die Schnelligkeit der Verkehrsmittel zu verbessern, in den letzten 90 Jahren von Erfolg gewesen sind, zeigt Tabelle 49. Die größte Steigerung der Höchstgeschwindigkeit ist durch die Entwicklung des Kraftwagens auf den Straßen erzielt worden; dann folgen das Seeschiff und die Eisenbahn. Das Flugzeug ist noch in starker Aufwärtsentwicklung begriffen, trotzdem in den letzten 20 Jahren seine Höchstgeschwindigkeit bereits um das nahezu vierfache gesteigert werden konnte.

Die Allgemeinheit legt bei Vergleichen über die Schnelligkeit der verschiedenen Verkehrsmittel in der Regel die Reisezeiten in Abhängigkeit von der Entfernung zugrunde. Abb. 54 zeigt den Reisezeitvergleich im Fernverkehr der verschiedenen Verkehrsmittel. Die Reisezeit auf dem Luftweg wird im Vergleich zu den übrigen Verkehrsmitteln noch durch eine rund halbstündige An- und Abmarschzeit zwischen Stadt und Flughafen belastet. Die Eisenbahn nimmt in der Reisezeit allgemein eine Mittellage ein, dagegen die günstigste Lage unter den Land- und Wasserverkehrsmitteln.

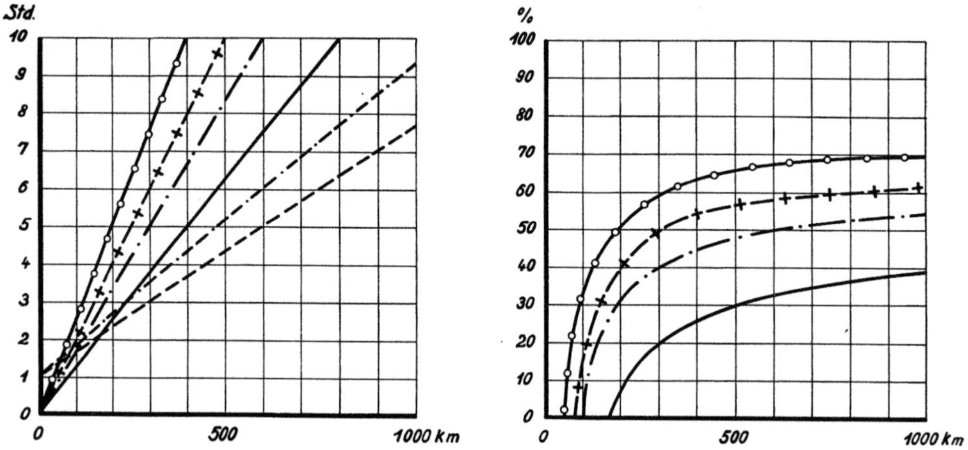

Abb. 54. Reisezeiten der verschiedenen Verkehrsmittel und Zeitersparnis in Prozent bei Verwendung von Flugzeugen gegenüber den anderen Verkehrsmitteln.

——— Eisenbahn: Schnellzug im Flachlande, $v_r = 80$ km/Std.
—·—·— Eisenbahn: Schnellzug im Hügellande und Expreßgutbeförderung, $v_r = 60$ km/Std.
—o—o— Seeschiff, $v_r = 40$ km/Std.
------- Verkehrsflugzeug, $v_r = 150$ km/Std.
——·——· Leichtflugzeug, $v_r = 120$ km/Std.
-+—+—+- Kraftwagen, $v_r = 50$ km/Std.

Um die Zeitersparnis, die ein schnelles Verkehrsmittel einem langsamen gegenüber aufweist, in Abhängigkeit von der Entfernung zu ermitteln, sind in Abb. 54 Zeitersparniskurven für den Luftverkehr aufgestellt. Die einzelnen Linien geben an, um wieviel Prozent das Flugzeug eine bestimmte Entfernung schneller zurücklegt als ein anderes Verkehrsmittel. Da hierbei nicht allein ein Vergleich der reinen Reisezeiten maßgebend ist, sondern auch die aufeinanderfolgenden Beförderungsgelegenheiten der verglichenen Verkehrsmittel eine Rolle spielen, so ist eine besondere Untersuchung nötig, auf die hier näher eingegangen werden soll, da ähnliche Vergleiche im heutigen Verkehrswesen von Wichtigkeit sind.

Nennt man die kürzeste Reisezeit zwischen zwei Orten R und den Zeitabstand zwischen zwei aufeinanderfolgenden Beförderungsgelegenheiten a, so ist unter der zulässigen Annahme, daß die Verkehrsmenge gleichmäßig ist und für die Auslastung der Verkehrsmittel genügend anfällt, die mittlere Beförderungszeit $M = R + \frac{a}{2}$. Bezeichnet M_1 die mittlere Beförderungszeit des schnelleren Verkehrsmittels, also im vorliegenden Fall des Flugzeugs, M_2 die mittlere Beförderungszeit des langsamen Verkehrsmittels, so ist die Zeitersparnis in Prozent:

$$E = \frac{M_2 - M_1}{M_2} \cdot 100.$$

Hierin kann man setzen:

$$M_1 = R_1 + \frac{a_1}{2} \text{ und } M_2 = R_2 + \frac{a_2}{2}.$$

Damit wird die mittlere Zeitersparnis in Prozent:

$$E = \left(1 - \frac{R_1 + \frac{a_1}{2}}{R_2 + \frac{a_2}{2}}\right) \cdot 100.$$

Die Formel zeigt klar, welche Rolle der Abstand der Verkehrsgelegenheiten für die mittlere Zeitersparnis spielt.

Im Vergleich zu den in Abb. 54 angegebenen durchschnittlichen Reisezeiten für körperliches Verkehrsgut sind die durchschnittlichen Beförderungszeiten im Nachrichtenverkehr auf dem Draht- und drahtlosen Wege außerordentlich gering. Wird als Beförderungszeit die Zeitspanne von der Anmeldung oder Aufgabe der Nachricht bis zu der Annahme bei der empfangenden Postanstalt gerechnet, so liegt im nationalen Verkehr Deutschlands und im internationalen Verkehr zwischen Deutschland und New York praktisch eine Beförderungszeit für Ferngespräche und Telegramme von 5—15 Minuten vor. Der Nachrichtenverkehr auf große Entfernungen hat damit eine Raumüberwindung zustande gebracht, die die Verkehrsmittel für körperliches Verkehrsgut nie erreichen werden und als mehr oder weniger wirksamen Wettbewerb für ihre Arbeit hinnehmen müssen. Allerdings wird die Bedeutung der großen Schnelligkeit im Nachrichtenverkehr auf große Entfernungen in gewissem Sinne eingeschränkt durch die Tageszeiten der verschiedenen Erdteile. Der Nachrichtenverkehr über See ist in der Ost-West-Richtung wichtiger als in der Nord-Süd-Richtung nach Lage der Beziehungen zwischen den wirtschaftlichen Aktionszentren der Erde. Nun sind aber gerade in der Ost-West-Richtung die Tageszeitunterschiede am größten. Sie betragen zwischen

London—Peking . . . . 8 Stunden,
Berlin—New York . . . . 6 Stunden.

Das ist sehr nachteilig für den Geschäftsverkehr, da z. B. zur besten Geschäftszeit in Europa zwischen 11 und 12 Uhr in Nordamerika bereits Geschäftsschluß ist. Das sind zeitliche Hemmungen, die die Benutzung der Fernsprechanlagen auf große Entfernungen vielfach beeinträchtigen und damit den Wert der Schnelligkeit begrenzen.

Die Regelmäßigkeit und Pünktlichkeit eines Verkehrsmittels ist vor allem für den Verkehr von Personen, hochwertigen Gütern und Nachrichten eine wichtige Voraussetzung, die die Verkehrsmittel zu erfüllen haben.

Die Regelmäßigkeit im weiteren Sinne ist die wöchentlich, täglich, stündlich oder jederzeit regelmäßig angebotene Verkehrsgelegenheit, die dem jeweiligen Verkehrsbedürfnis angepaßt ist. Sie bildet eine wichtige Grundlage für die Arbeits- und Verkehrsdisposition der Wirtschaft. Die Regelmäßigkeit im engeren Sinne ist das Verhältnis der tatsächlich durchgeführten Transporte zu den vorgesehenen Transporten. Sie ist ein Maßstab für die Zuverlässigkeit des Verkehrsmittels in der Befriedigung der aufkommenden Verkehrsbedürfnisse.

Eng verbunden mit der Bedeutung der Regelmäßigkeit ist die Pünktlichkeit. Sie wird ausgedrückt durch das Verhältnis der unverspätet durchgeführten Transporte zu den vorgesehenen Transporten, wobei im allgemeinen mit der Größe der Transportweiten zunehmend und je nach den betriebstechnischen Eigenarten des Verkehrsmittels gewisse Toleranzen für den Begriff unverspätet zugelassen werden. So liegen im Landverkehr Verspätungen von 5—10 Minuten noch im Rahmen der Pünktlichkeit, im See- und Luftverkehr dagegen wegen des wechselnden Einflusses der Luft- und Witterungsverhältnisse noch Verspätungen von 10—15% der vorgesehenen Reisezeit.

Technisch ist die Regelmäßigkeit und Pünktlichkeit durch Störungen im Ablauf der Betriebsvorgänge begrenzt. Sind diese Störungen selten und von kurzer Dauer, so werden sie erträglich sein. Treten sie häufiger und anhaltender auf, so können sie den Verkehrswert eines Verkehrsmittels stark zurücksetzen. Während bei den Landverkehrsmitteln das technische Instrument der Eisenbahnen und Kraftwagen weitgehend störungsfrei arbeiten kann, ist der See- und Luftverkehr zeitweise Witterungseinflüssen wie Gegenwind und Nebel ausgesetzt, die die Reisezeit wesentlich verlängern. So wird die Fahrtdauer eines Schnelldampfers bei Gegenwind mit Stärke 6 und bei hoher See um 10%, eines Frachtdampfers um 32% verlängert. Wenn dadurch die Regelmäßigkeit auch weniger beeinflußt wird, so leidet doch die Pünktlichkeit erheblich. Wesentlich nachteiliger sind die Witterungseinflüsse für den Luftverkehr. Während Gegenwind für deutsche Verhältnisse die Flugdauer um durchschnittlich 8—9% heraufsetzen kann, kann Nebel zum völligen Ausfall von Flügen an einem oder mehreren Tagen überhaupt führen, so daß die Regelmäßigkeit nicht genügend ist. Es treten vielfach unter der Einwirkung der Witterung im Luftverkehr Verspätungen ein, die das gegen Unpünktlichkeit besonders empfindliche hochwertige Luftverkehrsgut abschrecken. Es ist daher die Beseitigung oder Überwindung der Hemmungen, die die Regelmäßigkeit und Pünktlichkeit im Luftverkehr noch beeinträchtigen, ein sehr wichtiges technisches Problem, das in nächster Zukunft weitgehend gelöst werden muß. Ganz allgemein kann gesagt werden, daß einer guten Regelmäßigkeit und Pünktlichkeit der Verkehrsmittel nur zum Teil gewisse Grenzen gesetzt sind, die mehr oder weniger in Kauf genommen werden müssen.

Die Häufigkeit der Verkehrsgelegenheiten ist in der Regel technisch bedingt durch die Leistungsfähigkeit des Transportwegs bei weggebundenen Verkehrsmitteln und durch die Leistungsfähigkeit des Fahrzeugparks bei Verkehrsmitteln mit freiem Verkehrsweg. Bei genügender Ausgestaltung des technischen Apparats findet die Häufigkeit der Verkehrsgelegenheiten keine Grenzen in der technischen Anlage der Verkehrsmittel.

Die Bequemlichkeit in der Ortsveränderung ist bei den verschiedenen Verkehrsmitteln ungleich gelagert. Sie ist zu unterscheiden nach Bequemlichkeit während der Reise sowie bei Beginn und Abschluß der Reise. Die Bequemlichkeit während der Reise oder der Fahrt ist um so größer, je weniger der Reisende an einen Platz gefesselt ist, und je mehr er bei großen Entfernungen während der Fahrt sich bewegen und sich verpflegen kann. In dieser Beziehung ist die Schiffahrt und die Eisenbahn am günstigsten ausgestattet, während Flugzeuge und Kraftwagen während der Fahrt ähnliches in gleichem Maße bis jetzt noch nicht bieten können. Die Bequemlichkeit im Ortswechsel beim Antritt und Abschluß der Reise ist um so größer, je unmittelbarer der Reisende vom Aufenthaltsort zum Ziel und vom Ziel wieder zum Aufenthaltsort gelangen kann. Das gleiche gilt auch für den Güterverkehr, wenn die Güter von der Erzeugungs- zur Verbrauchsstelle ohne Wechsel des Verkehrsmittels gebracht werden können. Technisch hat in dieser Richtung der Kraftwagen die beste Lösung in Gestalt des Haus-Haus-Verkehrs gebracht, der ihm bedeutenden Verkehr zuführte. Die Eisenbahn ist nur im Güterverkehr über den Weg der Anschlüsse in der Lage, eine ähnlich bequeme Verkehrsbedienung durchzuführen. Im übrigen muß sie die Unterverteilung der von ihr angebrachten Personen und Güter den Straßenverkehrsmitteln überlassen. Auf den Wasserstraßen können die an Ufern und Küsten gelegenen Siedlungen in ähnlicher Weise bequem bedient werden wie auf den Eisenbahnen. Doch ist ein großer Teil des Wasserverkehrs für das Hinterland der Wasserstraßen bestimmt und daher auf weiteren Transport durch Eisenbahnen und Kraftwagen angewiesen.

Den höchsten Grad der Bequemlichkeit in der Ortsveränderung bieten die Sonderverkehrsmittel, die Leitungen für elektrische Energie, Gas, Wasser und Nachrichten. Sie können an jeden Ort der menschlichen Wohnungen und Siedlungen geleitet werden und gebrauchsfähig zur Verfügung stehen. Bei ihnen ist kaum eine Grenze für größte Bequemlichkeit ihrer Benutzung gegeben, solange der Betrieb nicht gestört ist.

6. Der persönliche Arbeitsfaktor. Bei der Durchführung des eigentlichen Verkehrsvorgangs oder der Ortsveränderung des Verkehrsguts durch den Betrieb ist die Mitwirkung des Menschen in besonderem Maße unentbehrlich. Im Gegensatz zu den sonstigen gewerblichen Großbetrieben ist eine Erhöhung der Leistungsfähigkeit eines Verkehrsbetriebs nicht so sehr von der Maschine als vielmehr vom Menschen abhängig. Mit der Genauigkeit einer maschinellen Einrichtung allein, bei der ein Glied pünktlich und ohne äußere Einwirkung in das andere greift, wird ein Verkehrsmittel seine Aufgabe nicht erfüllen können. Das genau und selbständig arbeitende Glied im Verkehrsbetrieb müßte bei veränderter Verkehrsanforderung versagen und Hemmungen verursachen, wenn nicht eine ihm zugeordnete persönliche Entschlußkraft es zur sofortigen Anpassung und Betätigung entsprechend den veränderten Verhältnissen veranlaßte.

Hier tritt der stark ausgeprägte organische Charakter eines jeden Verkehrsmittels neben der mechanischen Funktion in Erscheinung. Das denkende Betriebselement, der Mensch, gibt dem Organismus gegenüber dem Betriebswert der Maschine seinen beseelenden Antrieb. Gewiß wird auch der Mensch in einem verwickelten Verkehrsbetrieb wie beispielsweise der Eisenbahn durch die peinliche Dienstregelung, durch zum Teil mathematisch genaue Diensterfüllung selbst Maschine, jedoch nur im Sinn zwangsläufig aufeinanderfolgender Leistungen. Die Anforderungen an die menschlichen Eigenschaften, an seine Fähigkeit persönlichen Eingreifens und an seine geistigen Kräfte beanspruchen ihn mehr.

Ist demnach die Arbeitsleistung des Menschen in einem Verkehrsbetrieb ein wesentlicher Bestandteil für den leistungsfähigen Ablauf der Betriebsvorgänge, so ist sie noch besonders wichtig, weil der Verkehrsbetrieb sich auf weite Flächen erstreckt und losgelöst ist von begrenzten Ortsverhältnissen. Der Betriebsapparat bleibt technisch fast gleich, dagegen wächst und erweitert sich das Betriebsfeld ständig unter der Dynamik der Verkehrsbedürfnisse. Der nicht in einem begrenzten Gelände zusammengefaßte unübersehbare Verkehrsbetrieb muß notwendigerweise einer ständig wirksamen Kontrolle unterworfen werden, wenn das Zusammenspiel der nach einer bestimmten Ordnung zu leitenden Bewegungsvorgänge möglich sein soll. Er muß sich auf die Persönlichkeit der im räumlich weit verzweigten Dienst tätigen Menschen, sei es auf Stationen und Strecken oder auf den Transporteinheiten, verlassen und stützen können. Alle die Umstände, die die Leistungsgrenzen des Betriebs umschreiben, wie Verkehrsbeanspruchung, Fahrzeit, Streckenverhältnisse, Betriebsstörungen sind so verschieden und dehnungsfähig, daß sich ihnen nur ein höchst elastischer und beseelter Organismus zweckentsprechend und wirkungsvoll anpassen kann. Selbständiges Handeln im Rahmen gewisser Sicherheitsvorschriften und Verantwortungsfreudigkeit sind vom einfachen Fuhrmann bis zur Tätigkeit im Dienst des Betriebs schwierigster Verkehrsmittel zur erfolgreichen Abwicklung des Verkehrs notwendig.

Bei dieser großen Bedeutung des Menschen für die Leistungsfähigkeit und den Erfolg eines Verkehrsbetriebs erscheint die technische Leistungsfähigkeit wertlos, wenn sie sich nicht auf gut ausgebildetes und zuverlässig arbeitendes Betriebspersonal stützen kann. Die Verantwortung eines jeden im

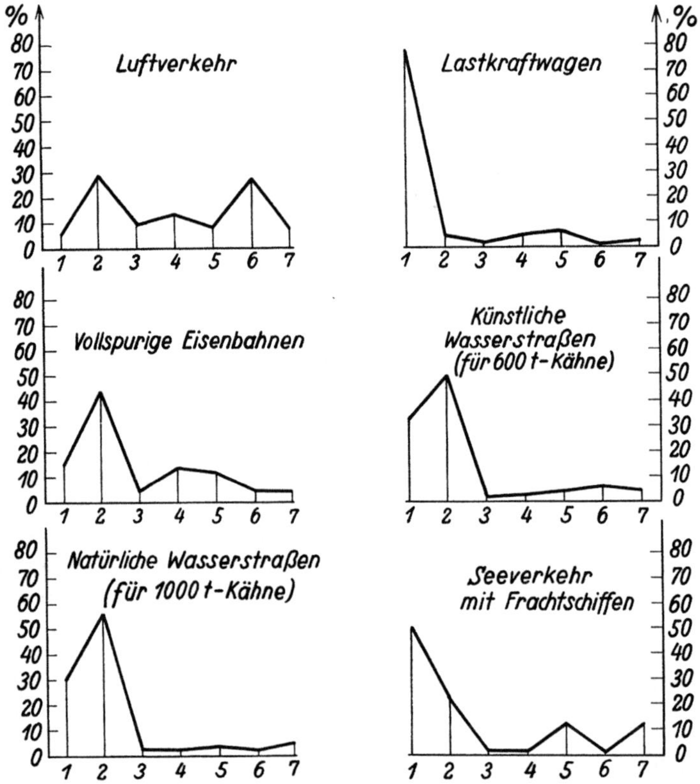

Abb. 55. Anteil der einzelnen Arbeitsgattungen an der Gesamtheit der menschlichen Tätigkeit im Dienste der einzelnen Verkehrsmittel.

1. Fahrdienst
2. Stationärer Dienst
3. Verwaltungsdienst
4. Unterhaltung des Transportwegs
5. Unterhaltung der Fahrzeuge
6. Herstellung des Transportwegs
7. Unterhaltung der. Fahrzeuge.

Verkehrsbetrieb tätigen Menschen ist dabei kaum irgendwie unterschiedlich, wenn auch die Personen, die für die sichere Führung der Bewegungsvorgänge, also für die Sicherheit, zu sorgen haben, eine besonders verantwortliche Arbeit leisten müssen, da ihrer zuverlässigen Arbeit das Leben und das Gut fremder Menschen anvertraut ist.

Allgemein sind für einen Transportvorgang im umfassendsten Sinn folgende Verrichtungen der im Dienste der Verkehrsmittel stehenden Menschen notwendig:

1. Fahrdienst,
2. Stationärer Dienst,
3. Verwaltungsdienst,
4. Unterhaltung des Transportwegs,
5. Unterhaltung der Fahrzeuge,
6. Herstellung des Transportwegs,
7. Herstellung der Fahrzeuge.

Am eigentlichen Transportvorgang sind unmittelbar beteiligt die Gruppen 1 und 2, mittelbar die Gruppen 3—7. Mit der Entwicklung der Verkehrsmittel gewann jede der einzelnen Gruppen immer mehr an Bedeutung und zergliederte sich wieder in mehr oder weniger große Einzelgruppen[1]. In Abb. 55 ist für den Güterverkehr der verschiedenen Verkehrsmittel der Anteil der Arbeitsgruppen an den gesamten Tagewerken, die jährlich in Betrieb, Verwaltung, Unterhaltung und Herstellung der technischen Anlagen geleistet wurden, in Prozent veranschaulicht. Die für die Herstellung von Weg und Fahrzeugen aufgewandte Arbeitsleistung in Tagewerken wurde hierbei auf die Abschreibungsjahre verteilt und der so erhaltene Jahresanteil zu den übrigen Gruppen in Beziehung gesetzt.

Die Ergebnisse der Einzeluntersuchung der Verkehrsmittel lassen erkennen, welche Arbeitsgruppen den größten Anteil an der menschlichen Arbeitsleistung im Dienste des Transportmittels haben. Sie geben damit einen wertvollen Anhalt zu wirtschaftlichen Überlegungen für die Verkehrsmittel im allgemeinen und für das Verkehrsunternehmen im besonderen. Zunächst weisen die einzelnen Transportmittel wesentliche Unterschiede in diesem Anteil auf. Beim Landstraßen- und Seeverkehr überwiegt der Fahrdienst alle anderen Arbeitsgattungen nicht allein für sich, sondern auch insgesamt. Der Personalverbrauch ist also bei ihnen in der Hauptsache abhängig vom Verkehrsanfall. Ein Verkehrsrückgang bringt für sie größere Ersparnisse an Personal als beispielsweise für die Eisenbahn, bei der der Fahrdienst nur ein Sechstel des gesamten Dienstes ausmacht. Die Erscheinung, daß im Seefrachtverkehr der Reeder eher sein Schiff auf Kiel legt, als es ohne genügende Last fahren zu lassen, findet hierin zum Teil ebenso seine Erklärung, wie andererseits im Eisenbahnwesen, abgesehen von der Beförderungspflicht der Bahn, eine starke Einschränkung des Verkehrs nicht die ausschlaggebende, personalersparende Bedeutung hat wie im Seeverkehr. Im Verkehr auf Binnenwasserstraßen ist das stationäre Personal, als zum Fahrzeug und nicht zu sonstigen ortsfesten Betriebsanlagen gehörig, im wesentlichen vom Verkehrsanfall abhängig. Es bildet demnach ebenfalls nicht wie bei den Eisenbahnen einen den wirtschaftlichen Erfordernissen des Verkehrsunternehmens sich nur schwer anpassenden Ausgabenteil. Bei dem Vergleich zwischen der stationären Arbeitsleistung für den Binnenwasserverkehr und für den Eisenbahnverkehr ist noch zu berücksichtigen, daß bei letzterem die hohe Zahl an stationärem Personal notwendig ist, ohne daß, wie bei ersterem, das Personal während der Ladezeiten im wesentlichen an das Transportmittel gebunden ist.

Die zerstörende Wirkung der den bewegten Transporteinheiten im Landverkehr innewohnenden lebendigen Kraft auf den Zustand des Transportweges und der Fahrzeuge verursacht eine 2,3—3fach höhere jährliche Bindung menschlicher Arbeitsleistungen auf 1 km Strecke bzw. auf 1 t Ladefähigkeit in der Unterhaltung als in der Herstellung. Im Schiffahrtsverkehr der Binnenwasserstraßen, in dem die lebendige Kraft und ihre Vernichtung fast keinen Einfluß auf die Anlagen hat, wohl aber auf die Fahrzeuge einwirkt, ist bei dem Transportweg das Verhältnis umgekehrt wie bei den Landverkehrsmitteln, bei den Fahrzeugen dagegen die jährliche Arbeitsleistung für die Unterhaltung nahezu gleich derjenigen für die Herstellung. Die Verlagerung der mittelbaren Arbeitsleistung für die Unterhaltung und Herstellung des Transportwegs und der Fahrzeuge bei den Eisenbahnen ist nicht in ähnlich hohem Maße bei den übrigen Verkehrsmitteln zu finden; dagegen ist eine starke Konzentrierung der gebundenen Tagewerke in der Unterhaltung und Herstellung der leistungsfähigen Seefahrzeuge festzustellen. Denkt man sich den Verkehr völlig eingestellt, so würde das

[1] Pirath, „Anteil der Arbeitsleistung des Menschen an den Leistungen der Verkehrsmittel". Archiv für Eisenbahnwesen Heft 5 und 6, 1922.

Unternehmen im Landstraßenwesen relativ am wenigsten, im Eisenbahnwesen am meisten an den mittelbaren gebundenen Tagewerken zu tragen haben.

Die Verkehrsmittel sind in der Heranbildung des Nachwuchses für ihr Personal mehr oder weniger auf sich selbst angewiesen. Sie können sich um so weniger auf die in anderen Wirtschaftszweigen ausgebildeten Kräfte stützen, je mehr Arbeitsstellen zu besetzen sind, die allein einem Verkehrsmittel eigentümlich sind. Hierher gehört das gesamte, unmittelbar an den Transportvorgängen beteiligte Personal, während das für die Unterhaltung und die Herstellung der technischen Anlagen benötigte Personal zum Teil auf dem allgemeinen Arbeitsmarkt gewonnen werden kann.

Für die im Betrieb wichtigsten Gruppen, die zudem noch die Mehrzahl des Gesamtpersonals darstellen, muß daher das Verkehrsunternehmen die Ausbildung selbst vornehmen. Das hat natürlich den Vorzug, daß sie gründlich und zweckentsprechend gemacht werden kann, bringt aber andererseits erhebliche finanzielle Belastungen mit sich, die andere Wirtschaftszweige nicht in gleicher Weise zu tragen haben. Die Eisenbahnunternehmungen in den Kolonien haben vielfach die Erfahrung machen müssen, daß von ihnen ausgebildete Leute sofort nach Beendigung der Ausbildung zu anderen Gewerbezweigen übertraten, um dort mehr zu verdienen. So waren die Eisenbahnen gezwungen, zu den Ausbildungskosten auch noch die Mehrkosten der starken Nachfrage zu tragen, wenn sie genügend Personal behalten wollten.

Wenn auch in den Kulturländern ähnliche Erscheinungen nicht vorliegen, so sind doch andererseits gerade hier für den komplizierten Betriebsapparat der Verkehrsmittel umfangreiche Ausbildungsarbeiten zu leisten, von deren guten Ergebnissen nicht zum wenigsten der Erfolg des Verkehrsunternehmens abhängt. Der höchste Grad einer Spezialausbildung im Verkehrsbetrieb wird von dem Führer eines Flugzeugs verlangt. Hier handelt es sich um Ausbildungskosten, die ein einzelner aus eigenen Mitteln kaum tragen kann und für die daher noch in stärkerem Maße als bei den übrigen Verkehrsmitteln das Luftverkehrsunternehmen eintreten muß.

Bei dem gewaltigen Umfang der Eisenbahnunternehmungen in fast allen Ländern werden auch die höheren Berufe im Eisenbahnwesen durch Ausbildungskurse ständig über die Fortschritte auf dem Gebiet des Eisenbahn- und Verkehrswesens unterrichtet. Diese auf sich angewiesene Heranbildung der Menschen zur leistungsfähigen Mitarbeit hat dazu geführt, daß große Verkehrsunternehmungen stets Persönlichkeiten hervorgebracht haben, die die Fortentwicklung und wissenschaftliche Behandlung des Verkehrs und seiner Einzelbetriebe stark gefördert haben. Es gibt kaum einen Wirtschaftszweig, der an der Entwicklung seiner Grundlagen so tatkräftig mitgewirkt hat, wie es durch hervorragende Praktiker des mittleren und höheren Dienstes bei großen Eisenbahnunternehmungen erfolgte. Die Zahl der Veröffentlichungen von im lebendigen Verkehrsbetrieb stehenden Männern in der einschlägigen Literatur bestätigen dies zur Genüge für Deutschland sowie für andere europäische Länder. Auf diesem Wege wird eine wertvolle Befruchtung der verkehrstechnischen Wissenschaften durch die Praxis erzielt, die zu einem harmonischen Ausgleich zwischen Erfahrungen der Praxis und wissenschaftlichen Erkenntnissen führte, und nicht zum wenigsten dem Fortschritt im Verkehrswesen allgemein gedient hat.

b) Die verkehrlichen Bedingungen.

1. Die Verkehrsschwankungen. Die technischen und betrieblichen Grundlagen für die Leistungsfähigkeit eines Verkehrsmittels bilden die eine wichtige Voraussetzung, unter der der Verkehrsbetrieb seine Verkehrsleistungen anbietet. Die andere Voraussetzung wird von der Art der Nachfrage oder der Menge, Art und zeitlichen Lage der Verkehrsbedürfnisse bestimmt. Der Verkehrsbetrieb hat sich auf diese so einzustellen, daß mit dem geringsten Aufwand die besten Leistungen zu ihrer Erfüllung erzielt werden.

Wie weit die verschiedenen Verkehrsmittel in der Lage sind, der Befriedigung der Nachfrage in bezug auf Schnelligkeit, Regelmäßigkeit, Pünktlichkeit und Bequemlichkeit zu genügen, ist im vorhergehenden Abschnitt behandelt worden. Es entsteht nun die Frage, zu welcher Zeit und für welche Mengen ein Verkehrsmittel auf Verkehr rechnen kann, um danach seine Betriebsmittel bereitzustellen. Es sind also hier die verkehrlichen Bedingungen zu untersuchen, die die eigentliche Arbeit der Verkehrsmittel nach Zeit und Menge bestimmen.

Sind diese verkehrlichen Bedingungen konstant, so wird der Betrieb sich einmalig und leicht auf sie einstellen können. Sind sie wechselnd nach Zeit, Menge und räumlicher Lage, so wird der Betrieb diesen Wechsel kennen müssen, wenn er ihm gerecht werden will.

Da die Verkehrsbedürfnisse ein Ausfluß des wirtschaftlichen Geschehens in einem Verkehrsgebiet sind, so werden sie von seiner Konstanz oder seinem Wechsel betroffen werden und von ihm abhängig sein. Wir haben bereits im Abschnitt I ganz allgemein diese Abhängigkeit zwischen der Wirtschaft und dem Verkehr und die Tatsache eines starken Wechsels bei beiden festgestellt. Der Wechsel und die Schwankungen in der Gütererzeugung und im Güterverbrauch in der Wirtschaft bringen Wechsel und Schwankungen der Bedürfnisse im Verkehr mit sich. Mit den Schwankungen der Wirtschaft befaßt sich die Konjunkturlehre. Unter Konjunktur wird im allgemeinen und auch in dem für unsere Untersuchungen maßgebenden Sinne das einer steten Veränderung unterworfene Verhältnis von Angebot und Nachfrage verstanden, das sich einer Berechenbarkeit und Beeinflußbarkeit in starkem Maße entzieht[1].

In der gleichen Weise, wie die Bedürfnisse des Menschen die Konjunktur oder das Verhältnis zwischen Angebot und Nachfrage in der Wirtschaft bestimmen, bestimmen die von der Wirtschaftskonjunktur abhängigen Verkehrsbedürfnisse das Verhältnis von Angebot und Nachfrage im Verkehrswesen. Der Verkehr ist abhängig vom Blühen und Gedeihen der Wirtschaft, so daß sich die wirtschaftliche Eigenart und Lage eines Landes in seinem Verkehr ständig wiederspiegelt.

Für die Verkehrsmittel sind die Konjunkturschwankungen der Gesamtwirtschaft und der Einzelwirtschaften von besonderer Bedeutung. Die Bewegungsvorgänge in der Wirtschaft können nach vier Komponenten zergliedert werden[2]:

1. Säkulare Schwankungen oder säkularer Trend, der während einer längeren Zeitspanne von einem oder mehreren Jahrhunderten die allgemeine Entwicklungsrichtung wiedergibt.
2. Konjunkturschwankungen innerhalb von 7—12 Jahren.
3. Saisonschwankungen innerhalb eines Jahres.
4. Sonstige Schwankungen, meist außergewöhnlicher Art wie Krieg, Streik usw.

Das Gesamtwirtschaftsleben des 19. Jahrhunderts zeigt eine ständig aufsteigende Tendenz in der Menge und im Wert der Gütererzeugung und des

---

[1] Röpke, „Die Konjunktur". Jena 1922.
Ditgen, „Die Konjunktur und Eisenbahn". Archiv für Eisenbahnwesen 1928.

[2] Wagemann, „Konjunkturlehre". Berlin 1929.
Feindler, „Konjunkturbewegungen bei den deutschen Eisenbahnen". Reichsbahn 1932.

Güterverbrauchs. Diese allgemeine Tendenz oder der Trend ist mit Konjunkturschwankungen durchsetzt und durch sie in seiner Gleichmäßigkeit beunruhigt. Diese Konjunkturschwankungen vollziehen sich in nahezu gleichen Zeitabschnitten oder Zyklen, weshalb sie auch zyklische Schwankungen genannt werden.

In Abb. 56 sind die Schwankungen im Roheisenverbrauch je Kopf der Bevölkerung angegeben, die einen charakteristischen Maßstab für den Wirtschaftswechsel darstellen. Ihnen sind gegenübergestellt für die Zeit von 1873—1930 die Leistungen des Hauptverkehrsträgers, der Eisenbahnen im Personen- und Güterverkehr. Der Trend hat bis zum Krieg eine stark steigende Tendenz.

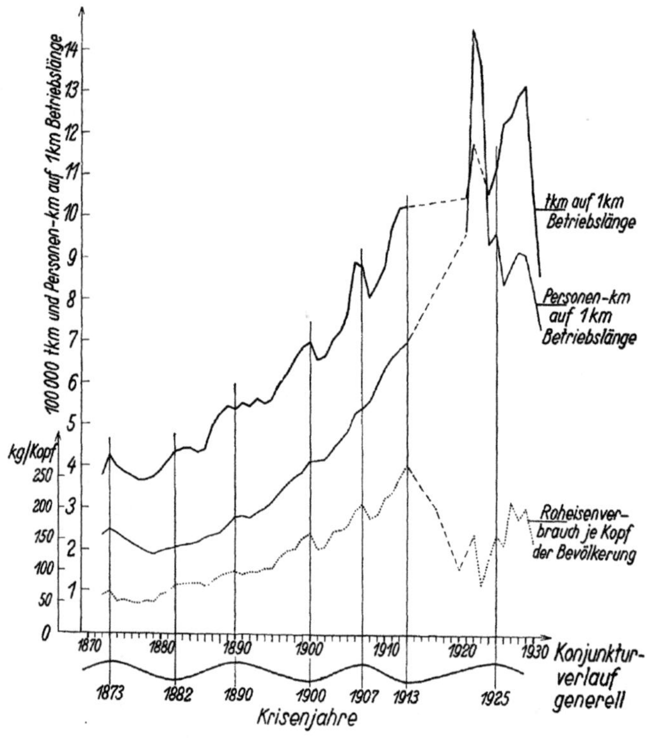

Abb. 56. Konjunkturschwankungen, Verkehr und Wirtschaft.

Er ist durchsetzt mit Konjunkturschwankungen im durchschnittlichen Wechsel von 7—12 Jahren. Die Hochkonjunkturen der Wirtschaft führen infolge ihrer Übersteigerung zwangsläufig zu einem Ende oder zur Krise. Die Krisen entwickeln aber auch automatisch wieder die Keime zu neuem Wiederaufstieg. Billiges Geld, nach Anlage suchendes Kapital, geräumte Lager, niedrige Preise und Löhne und schließlich steigende Nachfrage regen die wieder anwachsende Unternehmerinitiative für neuen Aufstieg an. Der gleiche Zyklus beginnt wieder.

Diesem Auf und Ab folgen, wie aus der Abbildung deutlich zu erkennen ist, auch die Verkehrsleistungen, vor allem im Güterverkehr, während der Personenverkehr weniger starken Wechsel nach oben und unten zeigt. Dieses Abhängigkeitsverhältnis ist in eindeutiger Klarheit aber nur zu Zeiten normaler Wirtschaftsentwicklung gegeben. Sobald besondere Einflüsse auftreten, wie beispielsweise in der Nachkriegszeit mit ihren durch den Krieg hervorgerufenen besonderen

Erscheinungen in der Volkswirtschaft, wird die Abhängigkeit unklar und weniger eindeutig. Außergewöhnliche Einflüsse, wie sie vielfach von der Politik oder falschen wirtschaftlichen Maßnahmen ausgehen, stören dann das Abhängigkeitsbild und verlangen vorsichtige Schlußfolgerungen für etwaige Ausblicke in die Zukunft der Verkehrswirtschaft.

Aus dem Verlauf der Konjunkturkurven ist zu erkennen, daß sich der Auf- und Abstieg in der Wirtschaft auf verhältnismäßig große Zeiträume erstreckt. Die Verkehrsmittel werden sich auf diesen Wechsel in der Regel rechtzeitig einstellen können und kaum von ihm überrascht werden, wenn das Verkehrsunternehmen aufmerksam die wirtschaftliche Entwicklung verfolgt.

Die säkularen und zyklischen Konjunkturschwankungen der Wirtschaft enthalten die verkehrlichen Bedingungen, denen sich ein Verkehrsmittel auf lange Sicht anpassen muß, ganz gleich, ob es sich dabei um Zunahme oder Abnahme des Verkehrsbedürfnisses handelt. Sie bestimmen in erster Linie die Verkehrspolitik der Verkehrsunternehmungen, soweit diese darauf gerichtet ist, für eine restlose Befriedigung der Nachfrage im Verkehr zu sorgen. Aus Abb. 56 ist zu erkennen, daß der Trend der Verkehrsentwicklung in der Nachkriegszeit nicht die zunehmende Tendenz beibehalten hat, die er in der Vorkriegszeit aufwies. Es kann damit gerechnet werden, daß die jährliche Steigerung der Verkehrsbedürfnisse gegenüber der Vorkriegszeit wesentlich nachläßt, wenn nicht sogar zum Stillstand kommen wird[1].

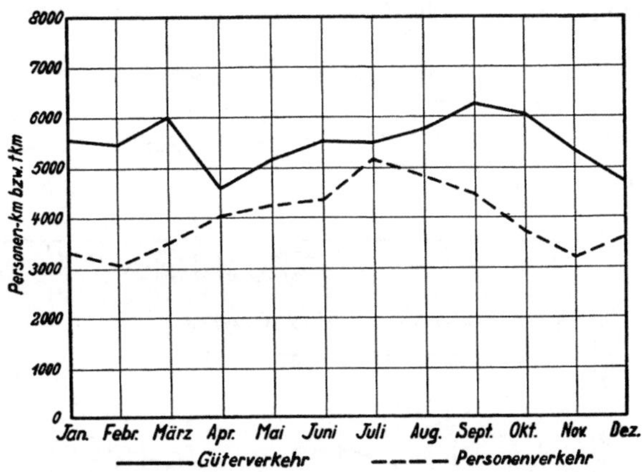

Abb. 57. Saisonschwankungen im Personen- und Güterverkehr bei der Deutschen Reichsbahn im Jahre 1928.

Die zyklischen Konjunkturschwankungen in der Gesamtwirtschaft erzeugen die jährlichen Schwankungen des Verkehrs im Vergleich der verschiedenen Jahre. Eine weitere Zergliederung und Unterteilung der Jahresschwankungen bilden die Saison-, Monats-, Wochen- und Tagesschwankungen im Verkehr, die aus den Verkehrsbedürfnissen der einzelnen Wirtschaftszweige nach Zeit und Menge sich ergeben. Sie haben in jedem Jahr im Gegensatz zu den Konjunkturschwankungen den immer wieder nahezu gleichen Charakter.

Die Saisonschwankungen sind diejenigen Bewegungen der Wirtschaftsvorgänge, die durch regelmäßige, zu bestimmten Zeiten des Jahres wirksame Faktoren, wie klimatische Schwankungen, unter Annahme normaler Markt- und Wirtschaftsverhältnisse stets in der gleichen Richtung ausgelöst werden. Um diese Saisonschwankungen für ein Jahr festzustellen, ist zu berücksichtigen, daß sie von den zyklischen Konjunkturschwankungen der Wirtschaft überlagert werden und daher auf diesen konjunkturmäßigen Einfluß untersucht und von ihm bereinigt werden müssen[2]. In Abb. 57 sind die Saisonschwankungen im Personen- und Güterverkehr der Eisenbahnen dargestellt. Im Güterverkehr

[1] Teubert, „Der Güterverkehr und seine Veränderungen in der Nachkriegszeit". Vierteljahreshefte zur Konjunkturforschung, Sonderheft 5, Berlin 1927.
[2] Steuernagel, „Statistik und Eisenbahn". Berlin 1931.

treten jährlich Kulminationspunkte der Nachfrage im Frühjahr beim Versand von Düngemitteln und im Herbst beim Versand von Brennstoffen und landwirtschaftlichen Erzeugnissen ein. Beim Personenverkehr ist das Verkehrsbedürfnis besonders groß im Sommer zur Zeit der Sommerreisen und der Erholung, während es im Winter auf das unbedingt notwendige Maß, wie es in erster Linie der Geschäftsverkehr verlangt, beschränkt ist.

Im einzelnen zeigt Abb. 58 die Wochen- und Tagesschwankungen im Stückgutverkehr der Eisenbahnen. Während der Versand von Stückgut nach einem Sonn- oder Feiertag am kleinsten ist, weil die Geschäftstätigkeit am Anfang der Woche noch gering ist, ist der Empfang in dieser Zeit am größten, weil das am Sonnabend versandte Stückgut über Sonntag sich gestaut hat und in der Nacht vom Sonntag auf Montag den Empfangsstellen zugeleitet wird. Besonders stark sind die Tagesschwankungen im Stückgutverkehr. Sie erklären sich aus dem Ablauf der Arbeit und des Geschäftslebens am Tage, dessen für den Verkehr wesentliche Bedeutung in einem starken Versandbedürfnis am Ende der Tagesarbeitszeit liegt[1].

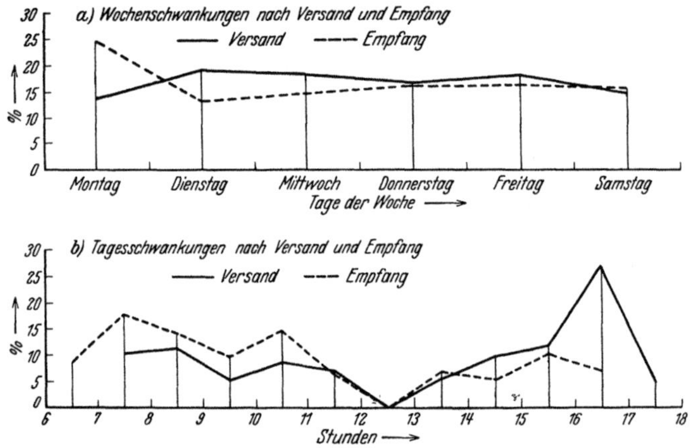

Abb. 58. Wochen- und Tagesschwankungen im Stückgutverkehr.

Die Tagesschwankungen im großstädtischen Verkehr zeigt Abb. 59. Ihre großen Unterschiede ergeben sich aus dem in den Morgen- und Abendstunden aufkommenden Berufsverkehr nach und von der Stadt, der zu gewaltigen Verkehrsspitzen führt. Sie sind besonders groß gegenüber dem Verkehr zu anderen Tageszeiten in einer Großstadt mit ununterbrochener Arbeitszeit, wie sie dem Schaubild zugrunde liegt.

2. Ungleichmäßigkeiten in den Verkehrsbeziehungen. Die Unterschiede in der räumlichen Verteilung der verschiedenen Wirtschaftszweige, die in der Volks- und Weltwirtschaft aufeinander angewiesen sind, erzeugen ungleichmäßige Verkehrsbeziehungen nach Menge, Art und Richtung des Verkehrs. Der Personenverkehr wird davon weniger berührt, da die von ihrem Aufenthaltsort abfahrenden Personen nach mehr oder weniger kurzer Zeit wieder zurückkehren. In erster Linie wird davon der Güter- und Nachrichtenverkehr beeinflußt. Gebiete mit großen Mengen an Bodenschätzen versenden vorwiegend Massengut und empfangen hochwertiges Gut. Gebiete mit entwickelter Industrie versenden hochwertiges Gut und empfangen Rohstoffe oder Massengut. Mengenmäßig überwiegt dabei stets das Massengut der Rohstoffe das verhältnismäßig geringe Gewicht der Fertigwaren. Der Ab- und Zustrom der Gütermengen ist daher überall verschieden und selten ausgeglichen. Die landwirtschaftlich und industriell entwickelten süddeutschen Gebiete beziehen den Hauptteil ihrer Rohstoffe aus dem Ruhrgebiet und versenden in erster Linie Fertigwaren.

[1] Blum, Personen- und Güterbahnhöfe. Berlin 1930.

Der Güterempfang übersteigt dort den Versand um 40—50%. In den Verkehrsströmen der Weltwirtschaft fließen dünne Ströme hochwertigen Guts von Europa nach allen Erdteilen und starke Ströme aus Rohstoffen nach Europa. Im großstädtischen Verkehr fließt starker Verkehr morgens zur Stadt und nur sehr geringer Verkehr aus der Stadt, abends ist das Verhältnis umgekehrt.

Die Verkehrsströme sind ungleich stark. Dem Hinstrom entspricht in den seltensten Fällen der Rückstrom. Im Binnenverkehr zwischen den Eingangshäfen für Eisenerz und den Kohlenlagern des Ruhrgebiets ist raummäßig ein gewisser Ausgleich möglich, weil die Transportschiffe Eisenerz nach Deutschland und Kohlen von Deutschland in den gleichen Verkehrsbeziehungen befördern. Ähnlich ist es im Erz- und Kohlentransport von Oberschlesien.

3. Anpassung der Betriebsleistungen an den Verkehrsumfang. Den Schwankungen des Verkehrs nach Zeit, Menge und Richtung müssen sich die Verkehrsmittel in ihrem Betriebsapparat anpassen. Handelt es sich um Konjunkturschwankungen, so wird der aufsteigenden Konjunktur die Leistung des Verkehrs folgen müssen. Bei abnehmender Konjunktur darf ein wichtiges Verkehrsmittel nicht vernichtet werden, denn seine Arbeit soll für den Wiederaufstieg der Wirtschaft sofort und in genügendem Maße zur Verfügung stehen. Eine Lahmlegung des gesamten Verkehrsapparats ist aus volkswirtschaftlichen Gründen nicht tragbar, wohl aber eine Drosselung aller Betriebsarbeiten so weit, daß eine Umkehr in kürzester Zeit möglich ist. Diese den Verkehrsmitteln eigentümliche *ständige Bereitschaftsstellung* im Dienste am Volk belastet sie in Zeiten rückläufiger Konjunktur um so mehr, als auch dann die Häufigkeit der Verkehrsgelegenheiten ein gewisses Maß nicht unterschreiten darf.

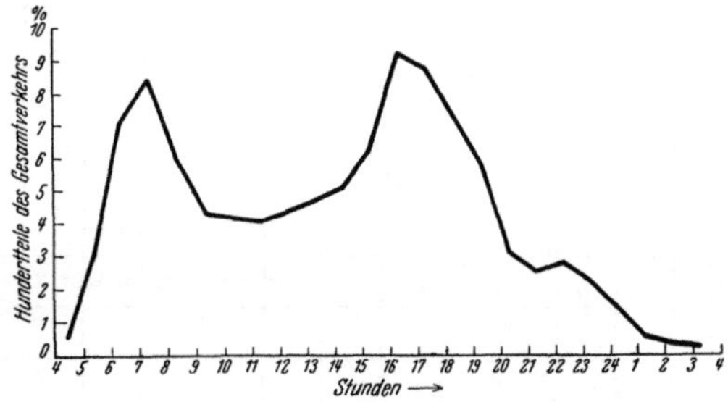

Abb. 59. Tagesschwankungen im großstädtischen Verkehr (Berliner Gesamtverkehr) im Jahre 1929.

Um den Saison-, Monats- oder Tagesschwankungen des Verkehrs folgen zu können, ist eine besonders eingehende, straff organisierte Kleinarbeit des Betriebs im ständigen Wechsel der angebotenen Leistungen notwendig. Die organisatorischen Arbeiten, die hierzu nötig sind, können zum Teil weitgehend vorbereitet werden auf Grund der Erfahrungen in verflossenen Jahren, zum Teil müssen sie in kürzerer Zeit getroffen werden, wenn es sich um einen unerwarteten Verkehrsandrang handelt. Für die Befriedigung des *normalen* Verkehrs, wie er auf Grund der Ergebnisse verflossener Jahre zu erwarten ist, kann ein Grundplan für die Häufigkeit in der Verkehrsbedienung aufgestellt und danach die Arbeit des Betriebsapparats ermittelt werden. Dabei wird bereits auf die Saisonschwankungen insofern Rücksicht genommen, als beispielsweise im Sommer mehr Personenzüge vorgesehen werden als im Winter, und im Herbst mehr Güterzüge als im Sommer. Bei den großstädtischen Verkehrsmitteln werden in den Morgen- und Abendstunden ständig mehr Verkehrsgelegenheiten geboten als zu den übrigen Tageszeiten.

Besonders schwierig ist bei allen Verkehrsmitteln die Wahl der richtigen *Verkehrsgelegenheiten nach Zahl und Zeit.* Die Verkehrsgelegenheiten können naturgemäß um so geringer sein, je geringer das Verkehrsbedürfnis ist, und da, wie wir bereits in Abschnitt II allgemein festgestellt haben, das Verkehrsbedürfnis mit der Zunahme der Transportweite abnimmt, so werden die Verkehrsgelegenheiten auf die größten und großen Entfernungen kleiner sein können als auf kleine Entfernungen.

In den Abb. 60—63 ist als Grundlage für die Anpassung der Verkehrsgelegenheiten an die Reichweite der Verkehrsbedürfnisse das Verteilungsbild der Ziele für Reisen und Gütertransporte dargestellt. In Verbindung damit sind die auf die verschiedenen Entfernungsstufen entfallenden Verkehrsmengen und Verkehrsleistungen nach der Methode der Stufenstatistik aufgetragen[1]. Die Verkehrsgelegenheiten müssen sich der Menge des aufkommenden Verkehrs in erster Linie anpassen. Diese Menge drängt sich im **großstädtischen** Personenverkehr im ersten Drittel der Entfernungen auf 60% der Gesamtmenge zusammen und verlangt daher in diesem Entfernungsbereich auch die größte Häufigkeit in der Verkehrsbedienung. Abb. 60 zeigt im Vorortverkehr einer Großstadt eine charakteristische Verteilung des Verkehrs auf die verschiedenen Beförderungsweiten. Sie ist im Gegensatz zu Abb. 61 sehr ungleichmäßig, da es sich bei den Vororten um selbständige Wirtschaftskörper handelt, die noch nicht mit der benachbarten Hauptstadt siedlungstechnisch zusammengewachsen sind. Das Verteilungsbild für Berlin nach Abb. 61 ist wesentlich gleichmäßiger, da die Vororte wirtschaftlich nicht selbständig sind, sondern mit der Großstadt eng verbunden sind und auch siedlungstechnisch zusammenhängen. In diesem Fall kann die Häufigkeit der Verkehrsgelegenheiten allmählicher mit der Entfernung abklingen als im ersten Fall.

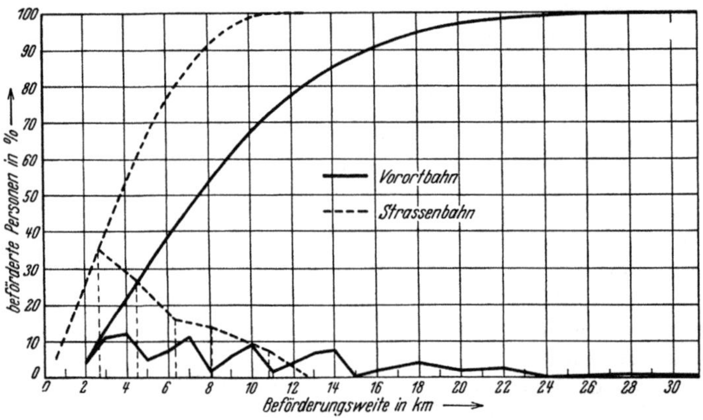

Abb. 60. Verteilung des großstädtischen Personenverkehrs auf die verschiedenen Beförderungsweiten bei Vororten mit wirtschaftlichem Eigencharakter.

Im **Fernverkehr** liegen die Beförderungsweiten für Personen und Güter im Vergleich zu den größten Entfernungen noch stärker im Bereich der kleinen Entfernungen als im Großstadtverkehr. Das ist vor allem darauf zurückzuführen, daß der Fernverkehr **innerhalb** der verschiedenen Wirtschaftsgebiete eines Landes bei weitem stärker ist als der Verkehr **zwischen** den Wirtschaftsgebieten. Vor allem ist das der Fall für den Personenverkehr, während der Güterverkehr in stärkerem Maße auf den Güteraustausch zwischen den Wirtschaftsgebieten angewiesen ist und daher weitere Versandziele hat als der Personenverkehr. Das wird am deutlichsten gekennzeichnet durch die Größe der **mittleren Beförderungsweite** für beide Verkehrsarten im gleichen Verkehrsgebiet.

Die mittlere Beförderungsweite wird ermittelt aus den

$$\frac{\text{genutzten Personenkilometern}}{\text{Personen}} \quad \text{oder} \quad \frac{\text{genutzten Tonnenkilometern}}{\text{Tonnen}}.$$

Sie gibt an, auf welche Entfernung im Durchschnitt in einem Verkehrsgebiet Personen und Güter durch ein bestimmtes Verkehrsmittel befördert werden.

[1] Steuernagel, „Statistik und Eisenbahn". Berlin 1931.

Die genutzten Personen- und Tonnenkilometer sind der Teil der vom Verkehrsunternehmen angebotenen Personen- und Tonnenkilometer, der von den Verkehrsinteressenten ausgenutzt worden ist. Je größer die mittlere Beförderungsweite ist, um so länger dauert der Umlauf der Fahrzeuge, auf den sich der Betrieb mit seinem Fahrzeugpark und seiner Triebkraft einzurichten hat. Die von der Reichweite der Verkehrsbedürfnisse abhängige mittlere Beförderungsweite ist daher ein Maßstab für die Leistungsfähigkeit des Verkehrsbetriebs.

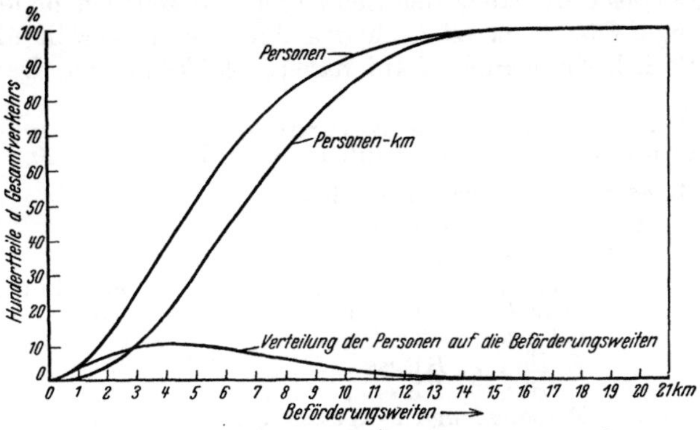

Abb. 61. Verteilung des großstädtischen Personenverkehrs (U-Bahn) auf die verschiedenen Beförderungsweiten bei Vororten ohne wirtschaftlichen Eigencharakter.

Im Personen- wie im Güterverkehr laufen, wie Abb. 62 und 63 zeigen, $^2/_3$ der gesamten aufkommenden Verkehrsmenge auf Entfernungen, die kleiner sind als die der mittleren Beförderungsweite. Dementsprechend wird die Häufigkeit in diesem Entfernungsbereich größer sein müssen als bei den weiten Entfernungen. Da aber die Personen- und Tonnenkilometer bezahlt werden, so ergibt sich andererseits aus der Summenlinie der Verkehrsleistungen, daß die größten Einnahmen nicht auf den Entfernungen unter der mittleren Transportweite erzielt werden, sondern auf Entfernungen, die zwischen 0 und dem 2—3fachen der mittleren Transportweite liegen. Es zeigt sich, daß für das Einnahmeergebnis eines Verkehrsmittels **nicht** die aufkommenden **Verkehrsmengen**, sondern vor allem die Transportweiten der Personen und Güter oder die **Verkehrsleistungen** in Personen- und Tonnenkilometern ausschlaggebend sind.

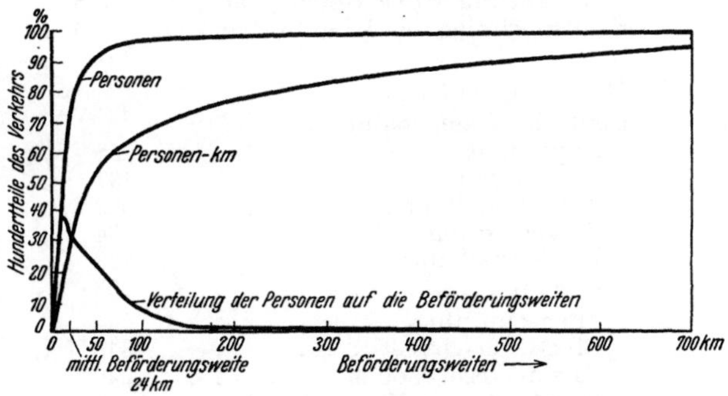

Abb. 62. Verteilung der Personen und Personenkilometer auf die verschiedenen Beförderungsweiten im Personenverkehr der Deutschen Reichsbahn im Jahre 1930.

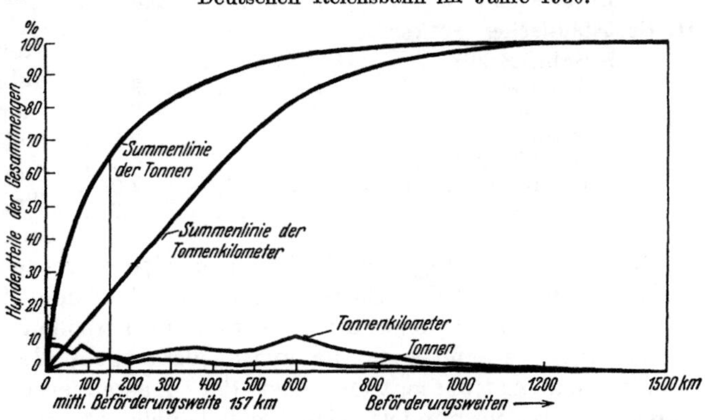

Abb. 63. Verteilung der Gütermengen und Tonnenkilometer auf die verschiedenen Beförderungsweiten im Güterverkehr der Deutschen Reichsbahn im Jahre 1929.

Wie im einzelnen die mittleren Beförderungsweiten im großstädtischen

Verkehr sowie im Landesfern- und Überlandverkehr, Überseeverkehr und Luftverkehr gelagert sind, ergibt sich aus den Tabellen 50 und 51. Im großstädtischen Verkehr ist sie entsprechend dem eng begrenzten Verkehrsgebiet sehr gering, im Landesfernverkehr der Schnellzüge wesentlich höher als in dem der Personenzüge. Die Schnellzüge dienen den weiten Verbindungen, die Personenzüge den Verkehrsbeziehungen auf nähere Entfernungen. Der Kraftwagen im Überlandverkehr zeigt in seiner geringen mittleren Beförderungsweite den Charakter des Nahverkehrsmittels. Der Landesluftverkehr arbeitet auf mittlere Beförderungsweiten, die den Schnellzügen entsprechen, da er wie diese Reisende mit weiten Reisezielen befördert.

Im Landesgüterverkehr sind die Unterschiede in der mittleren Beförderungsweite wesentlich geringer als im Personenverkehr. Hier kommt wieder die große Reichweite des Verkehrsbedürfnisses zwischen den verschiedenen Wirtschaftsgebieten eines Landes zum Ausdruck, die vorwiegend über die Grenze des Wirtschaftsgebiets hinausgehen. Ähnlichen Charakter zeigt der Güterverkehr der Binnenschiffahrt, doch ist bei ihm die Entfernung zwischen den Rohstoff- und Verarbeitungsgebieten besonders bestimmend für die Transportweiten, so daß für deutsche Verhältnisse ihre mittleren Transportweiten größer als auf den Eisenbahnen sind.

Tabelle 50. Mittlere Beförderungsweiten im Landesverkehr Deutschlands im Jahre 1930.

I. Fern- und Überlandverkehr.		
A. Personenverkehr.		
Deutsche Reichsbahn		
Schnellzüge 1. Klasse	360	km
Schnellzüge 2. Klasse	238	„
Schnellzüge 3. Klasse	177	„
Eilzüge 2. Klasse	78	„
Eilzüge 3. Klasse	66	„
Personenzüge 2. Klasse	29	„
Personenzüge 3. Klasse	26	„
Gesamt	29	„
Kraftfahrlinien der Reichspost	8,5	„
Kraftfahrlinien im Überlandverkehr	7,5	„
Luftverkehr	254	„
B. Güterverkehr.		
Deutsche Reichsbahn		
Expreßgut	158	„
Eilstückgut	197	„
Frachtstückgut	202	„
Wagenladungsgut	134	„
Kohlenverkehr	158	„
Gesamt	153	„
Binnenschiffahrt		
Elbe-Oder-Gebiet	313	„
Rhein-Weser-Gebiet	240	„
Ostpreußische Wasserstraßen	98	„
Alle Wasserstraßen	265	„
Luftverkehr	400	„
II. Großstädtischer Verkehr.		
S-Bahn Berlin		
2. Klasse	13	„
3. Klasse	12	„
U-Bahn Berlin	5,5	„
Straßenbahnen	4,2	„
Straßenbahn Berlin	4,0	„
Omnibus Berlin	4,0	„

In noch viel ausgeprägterem Maße ist im Überseeverkehr die mittlere Transportweite abhängig von den Entfernungen zwischen den über See zu verbindenden wirtschaftlichen Aktionszentren sowohl im Personen- wie Güterverkehr. Wird zum Überseeverkehr auch der zwischenstaatliche Verkehr innerhalb der wirtschaftlichen Aktionszentren, also der Küstenverkehr von Land zu Land gerechnet, so vermindert sich, wie Tabelle 51 zeigt, zum Teil die mittlere Beförderungsweite beträchtlich.

Die mittlere Beförderungsweite im kontinentalen und transkontinentalen Luftverkehr entwickelt sich heute noch aus der technisch möglichen größten Raumerschließung durch den Verkehr mit Flugzeugen. Die Erhöhung der Reichweite der Flugzeuge wird eine Vergrößerung der mittleren Beförderungsweite im Luftverkehr mit sich bringen.

Es ist bereits darauf hingewiesen worden, daß, je größer die mittlere Beförderungsweite ist, auch um so größer die *Umlaufzeit der Fahrzeuge* der Verkehrsmittel sein muß. Unter Umlaufzeit ist die zeitliche Inanspruchnahme eines Fahrzeugs für die Erledigung der Ortsveränderung eines auf ihm verladenen Verkehrsguts zu verstehen. Das ist von unmittelbarem Einfluß für die betriebliche Leistungsfähigkeit eines Verkehrsmittels, die so groß sein muß, daß für den Transport der anfallenden Güter stets genügend Fahrzeuge bereitgestellt werden können, damit eine regelmäßige und pünktliche Verkehrsbedienung geboten ist.

Tabelle 51. *Mittlere Beförderungsweiten im Überseeverkehr.*

	Ohne Verkehr innerhalb der wirtschaftlichen Aktionszentren km	Einschließlich[1] Verkehr innerhalb der wirtschaftlichen Aktionszentren km
1	2	3
A. Personenverkehr		
1. Klasse	7 060	1 850
Kabinenklasse . . .	6 200	6 100
2. Klasse	7 380	6 630
Touristenklasse . . .	6 420	6 350
3. Klasse	7 980	7 870
gesamt	7 300	4 400
B. Güterverkehr		
gesamt	10 900	6 200

Mittlere Beförderungsweiten im Luftverkehr.

A. Personenverkehr
Kontinentalverkehr . . . . 290 km
Transkontinentalverkehr . . . . 2000 „
B. Güterverkehr
Kontinentalverkehr . . . . 400 „
Transkontinentalverkehr . . . . 3000 „

[1] Der Küstenverkehr der einzelnen Länder ist auch hier nicht berücksichtigt.

Die Umlaufzeit eines Fahrzeugs umfaßt im einzelnen die Dauer seines Laufs oder die Zeit, die zwischen zwei aufeinanderfolgenden Benutzungen eines Wagens für Verkehrszwecke verläuft. Aus ihr bestimmt sich der für den Verkehr nötige Wagenbestand, dessen finanzielle Lasten, wie wir später noch sehen werden, einen bedeutenden Teil der Beförderungskosten ausmachen. Die Umlaufzeit vervielfältigt mit der Zahl der täglich für Beladungszwecke zu stellenden Fahrzeuge ergibt die Menge der bereit zu haltenden betriebsfähigen Fahrzeuge.

Die Umlaufzeit der Fahrzeuge setzt sich zusammen aus:

1. Aufenthalt auf den Beladestationen,
2. Fahrzeit von der Versand- zur Zielstation,
3. Unterwegsaufenthalte,
4. Aufenthalte auf der Entladestation,
5. Umlaufzeit des leeren Fahrzeugs.

Je kleiner die mittlere Beförderungsweite ist, um so kleiner ist die Fahrzeit und allgemein die Umlaufzeit. Das trifft vor allem im Personenverkehr zu, in dem die Teilzeiten 1, 3, 4 und 5 verhältnismäßig gering sind. Anders ist es im Güterverkehr. Bei ihm ist je nach der technischen Eigenart des Verkehrsmittels die Umlaufzeit von der eigentlichen Fahrzeit vielfach am wenigsten abhängig. Die Fahrzeit tritt um so stärker gegenüber den übrigen Teilzeiten des Umlaufs zurück, je dichter das Verkehrsnetz und je größer die Ladefähigkeit des Fahrzeugs ist. Das trifft vor allem für den Eisenbahn- und Wasserstraßenverkehr zu. Im Kraftwagenverkehr hat die Beweglichkeit des Kraftwagens und seine verhältnismäßig kleine Transporteinheit die Struktur des Wagenumlaufs wesentlich gegenüber den Eisenbahnen gewandelt.

Wie heute in bestimmten Verkehrsbetrieben die Umlaufzeit gelagert ist, zeigt Tabelle 52 (s. S. 152). Sie gibt einen durchschnittlichen Anhalt, kann also nicht ohne weiteres verallgemeinert werden, da die Umlaufzeiten für jeden Verkehrsbetrieb besonders ermittelt werden müssen.

Tabelle 52. Durchschnittliche Umlaufzeit von Fahrzeugen im Nah- und Fernverkehr.

Teilzeit der Umlaufzeit	Nahverkehrsmittel				Fernverkehrsmittel																	
	Omnibus		Straßenbahn		Eisenbahn (Deutsche Reichsbahn)								Omnibus (Sachsen)		Lastkraftwagen Stuttgart-Mannheim 130 km		Rheinschleppkahn Ruhr-Mannheim-Ruhr 2×355 km		Überseefrachtdampfer im Linienverkehr Hamburg-New York 6600 km		Transkontinentaler Luftverkehr Berlin-Peking 8000 km	
					Personenwagen in						Güterwagen											
					Schnellzügen		Eilzügen		Personenzügen													
	Std.	%	Std.	%	Std.	%	Std.	%	Std.	%	Std.	%	Std.	%	Std.	%	Std.	%	Tage	%	Std.	%
1	2		3		4		5		6		7		8		9		10		11		12	
Aufenthalt auf der Anfangsstation	0,17	1,2	0,17	0,9	0,5	4,7	0,5	11,3	0,5	9,0	14,4	19,7	3,37	22,8	2	14	67	20	5	17	6	8,1
Reine Fahrzeit	9,08	66,5	13,67	73,2	8,72	69,7	2,85	58,3	3,0	51,3	6,6	9,0	1,98	13,4	10	72	91	27	15	52	47	63,5
Unterwegsaufenthalte	3,92	28,6	4,33	23,2	0,77	6,2	0,27	4,8	0,83	14,2	12,9	17,7	6,67	45,0	—	—	50	15	4	14	16	21,6
Aufenthalte auf der Endstation	0,5	3,7	0,5	2,7	2,20	19,4	1,20	25,6	1,5	25,5	19,4	26,6	2,79	18,8	1	7	67	20	5	17	5	6,8
Umlaufzeit des leeren Fahrzeugs	—	—	—	—	—	—	—	—	—	—	19,8	27,0	—	—	1	7	61	18	—	—	—	—
Gesamte Umlaufzeit des Fahrzeugs	13,67	100	18,67	100	12,19	100	4,82	100	5,83	100	73,1	100	14,81	100	14	100	336	100	29	100	74	100

Die richtige Wahl der Verkehrsgelegenheiten nach Menge, Zeit und Richtung ist neben dem primären Maßstab, der sich aus der Verkehrsmenge und seiner Transportweite ergibt, eine Frage der Zweckmäßigkeit. Der Verkehrsinteressent wird von seinem Standpunkt aus stets häufigere Verkehrsgelegenheiten wünschen, als das Verkehrsunternehmen vom Standpunkt der Wirtschaftlichkeit zugestehen kann. In dem Personen- und Nachrichtenverkehr werden beide wohl am schwierigsten zu einer Einigung über diesen Punkt gelangen können, während es im Güterverkehr schon eher möglich ist. Im Lauf der Zeit hat sich bei den Hauptverkehrsmitteln bereits ein gewisser Ausgleich in der Häufigkeit der Verkehrsgelegenheiten vollzogen, der gewisse Grundsätze über die zweckmäßigste Zahl der Verkehrsgelegenheiten in Abhängigkeit von dem Verkehrsbedürfnis und seiner Reichweite hat entstehen lassen.

In den Abb. 64—66 sind die tatsächlichen Verkehrsgelegenheiten im öffentlichen planmäßigen großstädtischen Verkehr und im öffentlichen planmäßigen Fernverkehr für Personen und Güter veranschaulicht. Die Großstadt, die das größte spezifische Verkehrsbedürfnis aufweist, verlangt auch die höchste Zahl von Beförderungsgelegenheiten. Entsprechend der Abnahme des spezifischen Verkehrsbedürfnisses mit der Entfernung der Außenbezirke vom Stadtzentrum kann die Zahl der Beförderungsgelegenheiten ebenfalls abnehmen. Aus diesen Beziehungen hat sich das in Abb. 64 enthaltene Schaubild der Verkehrsgelegenheiten entwickelt.

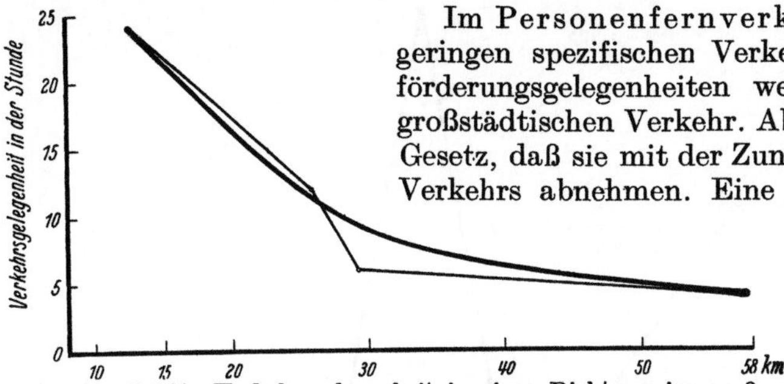

Abb. 64. Größte Verkehrsgelegenheit in einer Richtung im großstädtischen Schnellbahn- und Vorortsverkehr in Abhängigkeit von der Transportweite.
—— Durchschnittliche Verkehrsgelegenheit
—— Verkehrsgelegenheit der S-Bahn in Berlin

Im Personenfernverkehr sind auf Grund des geringen spezifischen Verkehrsbedürfnisses die Beförderungsgelegenheiten weniger zahlreich als im großstädtischen Verkehr. Aber auch hier besteht das Gesetz, daß sie mit der Zunahme der Reichweite des Verkehrs abnehmen. Eine ähnliche Struktur zeigt die Häufigkeit im Güterfernverkehr. Wie sehr aber heute die Verkehrsgelegenheiten gegenüber den früheren Zeiten infolge der gewaltigen Steigerung des Verkehrsbedürfnisses zugenommen haben, zeigt die in Abb. 67 (s. S. 154) dargestellte Verkehrshäufigkeit auf den preußischen Postlinien im Jahre 1841. Die stärkste Beförderungsgelegenheit war 4mal am Tag im Fernverkehr gegenüber heute 40mal am Tag. Dabei ist das Fassungsvermögen eines Zugs rund 60mal größer als das eines Postwagens.

Die Häufigkeit der Verkehrsgelegenheiten wird in Abhängigkeit von der Größe des Verkehrsbedürfnisses um so mehr gesteigert werden können, je geringer das Fassungsvermögen der Transporteinheit ist. Das ist vor allem wichtig für Gebiete mit verhältnismäßig kleinem Verkehrsbedürfnis, wie es auf dem platten Land vorliegt. Hier wird die Einführung des Kraftwagens und des Trieb-

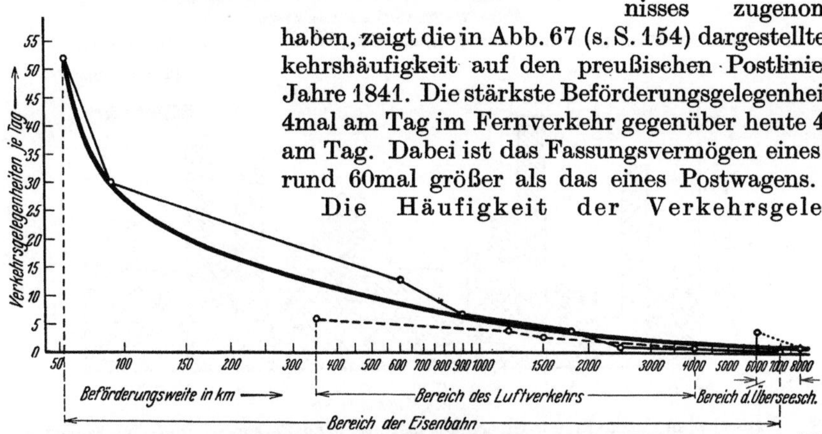

Abb. 65. Größte Verkehrsgelegenheiten im planmäßigen Personenfernverkehr in einer Richtung in Abhängigkeit von der Beförderungsweite.
—— Verkehrsgelegenheiten der Eisenbahn
- - - - „ des Luftverkehrs
.... „ der Überseeschiffe zwischen Erdteilen
—— Durchschnittliche Verkehrsgelegenheiten

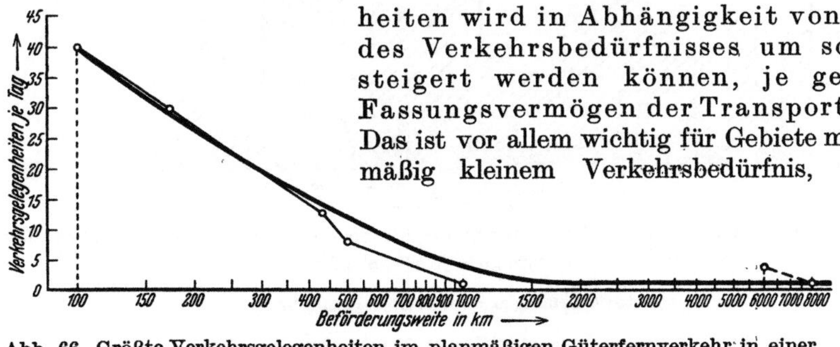

Abb. 66. Größte Verkehrsgelegenheiten im planmäßigen Güterfernverkehr in einer Richtung in Abhängigkeit von der Beförderungsweite.
—— Verkehrsgelegenheiten der Eisenbahn
- - - - Verkehrsgelegenheiten der Überseeschiffe zwischen Erdteilen
—— Durchschnittliche Verkehrsgelegenheiten

wagens wesentlich bessere Verkehrsgelegenheiten schaffen können als bisher, da sie im Vergleich zu den früher verwandten größeren Transporteinheiten wirtschaftlicher arbeiten können.

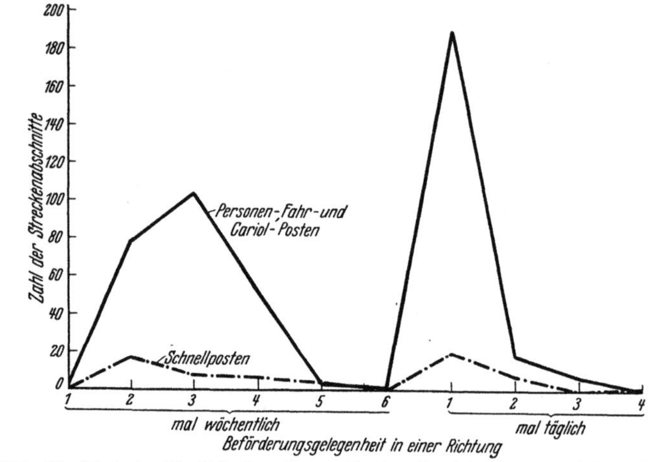

Abb. 67. Verkehrshäufigkeit auf preußischen Poststraßen im Jahre 1841.

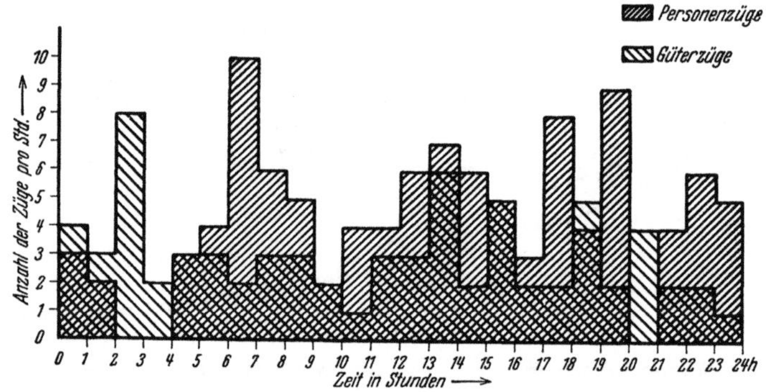

Abb. 68. Tagesschwankungen in der Streckenbelastung nach Personen- und Güterzügen auf einer stark belasteten zweigleisigen Eisenbahn Deutschlands im Jahre 1930.

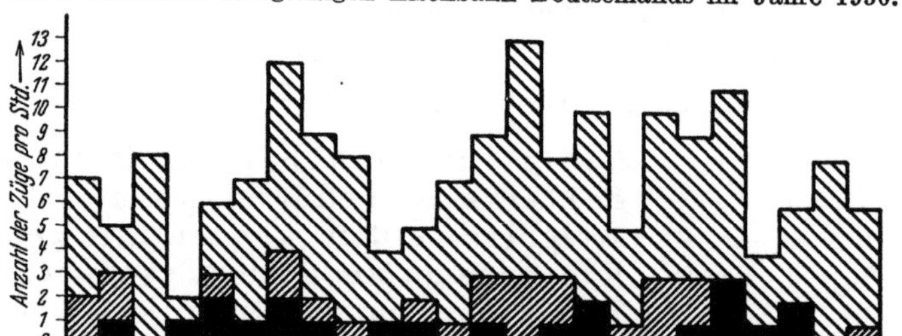

Abb. 69. Tagesschwankungen in der Streckenbelastung der Eisenbahnen Deutschlands im Jahre 1930.

stark belastete zweigleisige Hauptbahn

mittelstark belastete zweigleisige Hauptbahn

Belastung einer eingleisigen Nebenbahn

Wie im einzelnen die Verkehrsgelegenheiten in einem großen Eisenbahnnetz eines Kulturlandes gelagert sind, zeigen die Abb. 68 und 69, die die Tagesschwankungen der Streckenbelastung im Fernverkehr angeben. Sie lassen die von der zeitlichen Lage der Verkehrsbedürfnisse bestimmten Verkehrsspitzen in den Morgen-, Mittags- und Abendstunden im Personenverkehr und in den Abend- und Nachtstunden im Güterverkehr erkennen. Im Laufe des Nachmittags werden die Güter verladen, in den Abend- und Nachtstunden befördert, damit sie möglichst am nächsten Tag am Empfangsort sind. Die auf einem großen Personenbahnhof abgefertigten Züge drängen sich, wie Abb. 70 zeigt, in den Morgen- und Abendstunden zusammen, während zur Nachtzeit das Verkehrsbedürfnis nur geringe Verkehrsgelegenheiten verlangt.

Die im Grundplan der Beförderungsgelegenheiten angebotenen Verkehrsleistungen werden im Interesse der Wirtschaftlichkeit des Verkehrsbetriebs sich den Verkehrsschwankungen bis zu einem gewissen Grade anpassen müssen. Das geschieht bei den Eisenbahnen im Personenverkehr weniger durch Ausfall von Zügen als vielmehr durch Anpassung der Wagenzahl der einzelnen Züge an den Verkehrsumfang. Diese Anpassung wird am schwierigsten sein für den Personenverkehr, da eine gewisse Zahl von Wagen jeder Wagenklasse mitgeführt werden muß. Im Güterverkehr ist die Anpassung einfacher und wirkungsvoller durchführbar. Wie weit sie im allgemeinen gelingt, zeigen die Abb. 71 und 72 (s. S. 156). Dem im Sommer stark ansteigenden Verkehrsbedürfnis im Personenverkehr steht ein Tiefstand im Winter gegenüber. Während diesem Wechsel die Zugkilometer am wenigsten im Interesse der Aufrechterhaltung möglichst vieler Verkehrsgelegenheiten folgen können, ist die Anpassung der Wagenkilometer bereits wesentlich besser. Daß sie aber nicht in gleichem Maße wie das Verkehrsbedürfnis zunehmen, erklärt sich daraus, daß die Platzausnutzung im Sommer größer ist als im Winter. Auch dieses Schaubild zeigt wieder die besondere Bedeutung kleiner Transporteinheiten für eine leichte Anpassungsfähigkeit des Betriebsapparats an das Verkehrsbedürfnis. Im Güterverkehr braucht auf die Häufigkeit der Verkehrsgelegenheiten nicht die Rücksicht genommen zu werden wie im Personenverkehr. Deshalb ist bei ihm die Anpassung der Transporteinheiten an das Verkehrsbedürfnis wesentlich besser als im Personenverkehr möglich. Das Schaubild zeigt aber auch, welchen gewaltigen Schwankungen die Betriebsleistungen der Eisenbahnen unter den Wirkungen der Verkehrsschwankungen unterworfen sind und wie elastisch und beweglich ein Verkehrsbetrieb ganz allgemein sein muß, um diesen Schwankungen im Interesse der Wirtschaftlichkeit folgen zu können.

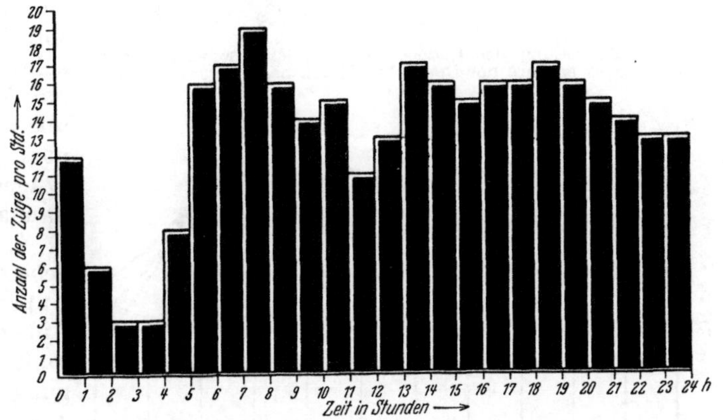

Abb. 70. Tagesschwankungen in der Zahl der abgefertigten Personenzüge auf großen Bahnhöfen Deutschlands im Jahre 1930.

Hier tritt nun die große Bedeutung eines genügenden Fahrzeugparks für die Bewältigung der Verkehrsspitzen in Erscheinung. Der Fahrzeugpark eines jeden Verkehrsmittels muß so bemessen sein, daß auch die höchsten

Verkehrsspitzen reibungslos bedient werden können. Es sind zu diesem Zweck Reserven an Fahrzeugen vorzusehen, die 20—25% der durchschnittlich in den Monaten eines Jahres für Verkehrszwecke gestellten Fahrzeuge betragen.

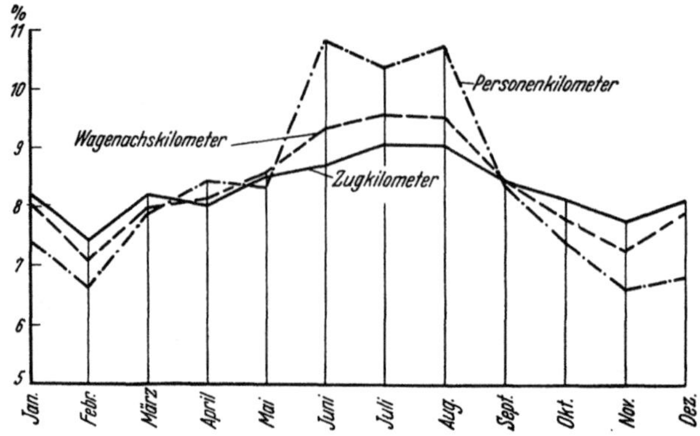

Abb. 71. Anpassung des Betriebs an die Saisonschwankungen des Personenverkehrs der Deutschen Reichsbahn im Jahre 1930.

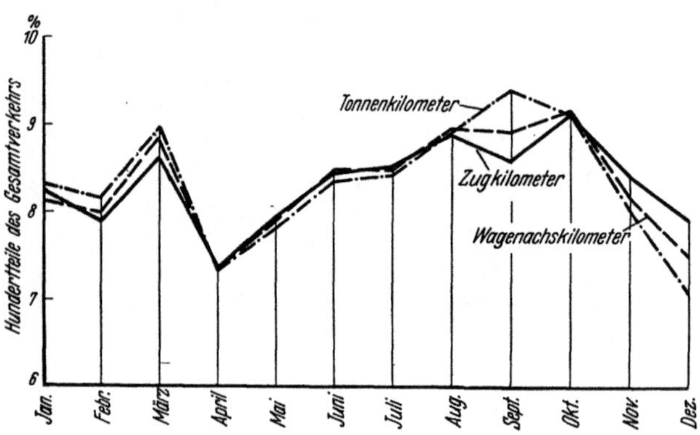

Abb. 72. Anpassung des Betriebs an die Saisonschwankungen des Güterverkehrs der Deutschen Reichsbahn im Jahre 1930.

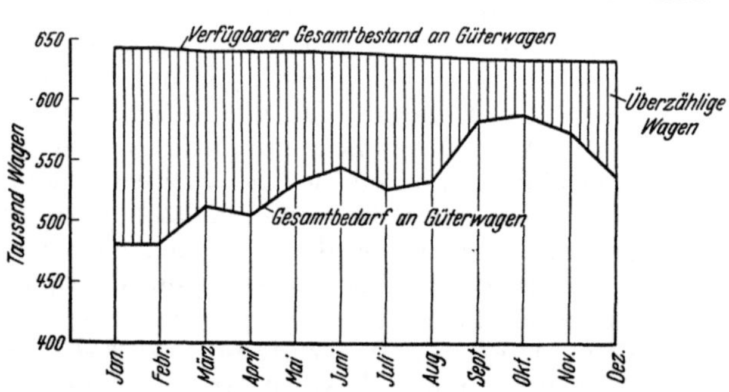

Abb. 73. Güterwagenbedarf und Saisonschwankungen im Güterverkehr der Deutschen Reichsbahn im Jahre 1930.

Für das Jahr 1930, das bereits in der Zeit absteigender Wirtschaftskonjunktur liegt, lag der für die vorhergehenden wirtschaftlich besseren Jahre benötigte Wagenpark der Eisenbahnen wesentlich über seiner höchsten Bedarfsspitze an Fahrzeugen, wie aus Abb. 73 hervorgeht. Die Bedarfsspitze des Jahres 1930 selbst liegt entsprechend dem großen Verkehrsbedürfnis im Herbst im Monat Oktober. Sie überragt um 25% den niedrigsten monatlichen Wagenbedarf, der im Januar auftritt.

4. Ausnutzung des angebotenen Laderaums. Die Anpassung der technischen Anlagen an den Verkehrsumfang bestimmt die Belegung des Verkehrswegs mit Transporten, die Zahl der Transporteinheiten und damit den Beschäftigungsgrad des technischen Apparats. Es spielt dabei noch eine besondere Rolle die Ausnutzung des angebotenen Laderaums durch Nutzlast oder zahlende Last. Bei allen Maßnahmen, die ein Verkehrsunternehmen zur Anpassung an die Verkehrsbedürfnisse und ihre Schwankungen zu treffen hat, ist der Gesichtspunkt leitend, neben einem möglichst günstigen Angebot an Verkehrsgelegenheiten vor allem eine möglichst gute Ausnutzung des angebotenen Laderaums durch zahlende Nutzlast im Interesse der Wirtschaftlichkeit des Verkehrsbetriebs zu erzielen. Kein Verkehrsmittel ist in der Lage, die angebotenen Platz- oder Tonnenkilometer mit Nutzlast voll zu besetzen und damit eine 100%ige Ausnutzung seiner Leistungsfähigkeit zu erhalten. Die Ursachen liegen in den Verkehrsschwankungen, in den ungleichen Verkehrsbeziehungen und zum Teil in der technischen Eigenart des Verkehrsmittels selbst. Die technische Eigenart des Verkehrsmittels spielt dann eine besondere Rolle, wenn die Fahrzeuge nicht für jedes Gut freizügig verwendet werden können. Im Personenverkehr kann der 1. und 2. Klasse-Wagen nicht als 3. Klasse-Wagen eingesetzt werden und umgekehrt. Im Güterverkehr sind bei den Eisenbahnen verschiedene Wagentypen eingeführt, beispielsweise gedeckte Wagen für Güter, die vor Witterungs-

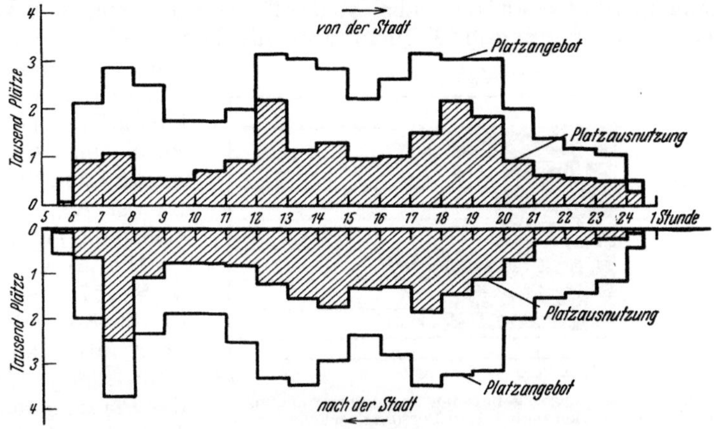

Abb. 74. Charakteristik des angebotenen und genutzten Fassungsraums auf einer Straßenbahnlinie bei gebrochener Arbeitszeit.

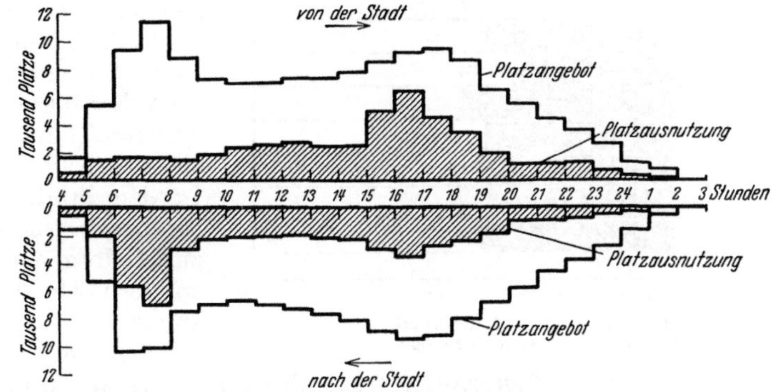

Abb. 75. Charakteristik des angebotenen und genutzten Fassungsraums auf einer Straßenbahnlinie bei durchgehender Arbeitszeit.

einflüssen zu schützen sind, und offene Wagen, deren Güter dieses Schutzes nicht bedürfen. Haben wir es also mit einem Verkehrsgebiet zu tun, das Rohstoffe, z. B. Kohlen in offenen Wagen bezieht und Fertigwaren in gedeckten Wagen versenden muß, so werden die offenen Wagen im Rücktransport nach dem Rohstoffgebiet nicht alle wieder mit Nutzlast beladen werden können, sondern einen Leerweg zum nächsten Beladeort übernehmen müssen. Es ergeben sich hieraus und aus den ungleichen Verkehrsbeziehungen der Orte und Gebiete sowie aus den Verkehrsschwankungen verschiedene Ausnutzungsgrade der Ladefähigkeit. Verringert wird die Ausnutzung bei den Eisenbahnen vor allen Dingen auch dann noch, wenn wie in England Privatwagen in einem Eisenbahnbetrieb in großer Menge laufen und nur für Zwecke des Eigentümers verwendet werden können.

Die Ausnutzung der Fahrzeuge durch Nutzlast ergibt sich aus dem Verhältnis der in bestimmten Zeiträumen, meist in einem Jahr,

$$\frac{\text{genutzten Personenkilometer}}{\text{angebotene Platzkilometer}} \text{ oder } \frac{\text{genutzten Tonnenkilometer}}{\text{angebotene Tonnenkilometer Ladefähigkeit}},$$

nicht etwa aus dem Verhältnis zwischen den beförderten Personen oder Tonnen zu den angebotenen Plätzen oder Tonnen Ladefähigkeit, da dieses Verhältnis nicht die Verschiedenartigkeit der Transportweiten des Verkehrsguts enthält und daher ein falsches Bild ergibt. Der Begriff der Ausnutzung bezieht sich stets auf die Bewegung, nicht etwa auf die Ruhelage der Fahrzeuge. Menge und Weg geben den richtigen Ausnutzungsgrad, nicht aber die Menge allein. Nur bei den großstädtischen Verkehrsmitteln kann wegen der kurzen Transportwege das Verhältnis von Platzbesetzung zum Platzangebot für den Ausnutzungsgrad zugrunde gelegt werden.

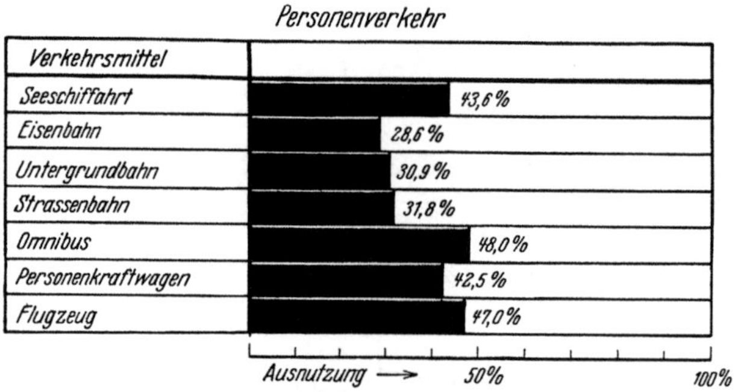

Abb. 76. Ausnutzung des angebotenen Fassungsvermögens verschiedener Verkehrsmittel im Personenverkehr.

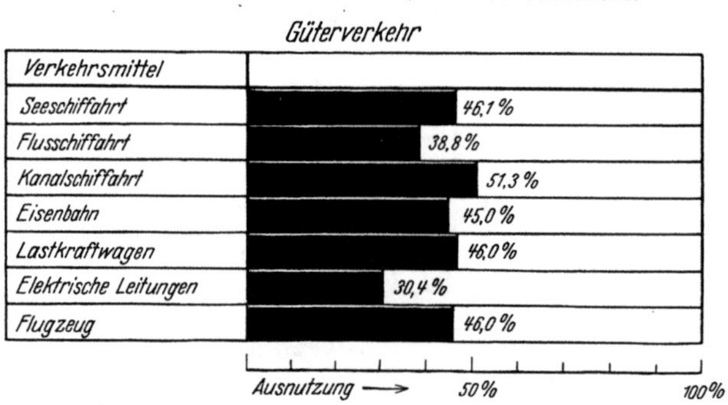

Abb. 77. Ausnutzung der angebotenen Ladefähigkeit verschiedener Verkehrsmittel im Güterverkehr.

Die Abb. 74 und 75 (s. S. 157) geben für ein großstädtisches Verkehrsmittel zu den verschiedenen Tageszeiten das Platzangebot und die Platzausnutzung bei gebrochener und durchgehender Arbeitszeit an. Die Platzausnutzung übersteigt nur zu Zeiten der Verkehrsspitzen 50%, zu anderen Tageszeiten liegt sie wesentlich niedriger. In den Städten mit gebrochener Arbeitszeit tritt zu der Morgen- und Abendspitze noch die Mittagspitze im Verkehr. Der guten Ausnutzung in einer Richtung zur Zeit einer Verkehrsspitze steht eine sehr schlechte in der anderen Richtung stets gegenüber. Ähnlich ist das Bild auch bei Fernbahnen, wenn auch bei wesentlich geringeren Verkehrsmengen, gelagert.

Die Ausnutzung des Laderaums im Fernverkehr liegt sowohl im Personen- wie im Güterverkehr im Jahresdurchschnitt unter 50% der angebotenen Verkehrsleistungen, wie die Abb. 76 und 77 zeigen. Am ungünstigsten liegen hierbei im Personenverkehr die Verkehrsmittel, deren Transporteinheiten aus mehreren und verschiedenartigen Fahrzeugen bestehen, wie bei allen Eisenbahnen. Am günstigsten liegt die aus einem Einzelfahrzeug bestehende Transporteinheit. Im Güterverkehr ist die Ausnutzung bei den Verkehrsmitteln für ausgesprochenen Massenverkehr am günstigsten und auch bei den aus einem Einzelfahrzeug bestehenden Transporteinheiten. Die Ausnutzung der elektrischen Leitungen ist verhältnismäßig gering, da sich die Kraft- und Lichtabnahme nur auf bestimmte Tageszeiten erstreckt, während in den übrigen Zeiten die Transportfähigkeit der Leitungen nicht ausgenutzt werden kann.

Die durchschnittliche Ausnutzung der Verkehrsmittel durch Nutzlast ist eine wichtige Grundlage für die Bemessung des Fahrzeugparks und die Preisbildung. Je größer die Ausnutzung ist, um so größer ist die Zuladelast und die Einnahme des Verkehrunternehmens.

Das Bestreben, die Ausnutzung des angebotenen Laderaums so gut wie möglich zu gestalten, hat im heutigen Verkehrswesen durch die Entwicklung der technischen Mittel besondere Bedeutung gewonnen. Wir haben gesehen, daß die Leistungsfähigkeit des Verkehrsmittels durch den Umfang der Verkehrsbedürfnisse der zahlreichen großen und kleinen Verkehrsquellen stark beeinflußt wird. Sind diese Verkehrsbedürfnisse ständig klein, wie auf dem platten Land, so muß die Transporteinheit klein sein, wenn man eine genügende Ausnutzung der Ladefähigkeit bei möglichst häufiger Verkehrsbedienung erzielen will. Sind sie groß, so kann die Transporteinheit groß sein, sie kann aber auch klein sein, wenn sie in entsprechend verstärktem Maße eingesetzt wird. Welche von beiden, große oder kleine Transporteinheit, dann einzuführen ist, entscheidet die Wirtschaftlichkeit oder die Selbstkostenhöhe. Spricht diese in gleichem Maße für die kleine und große Transporteinheit, so wird der kleinen der Vorzug zu geben sein, da sie für die im gleichen Verkehrsgebiet liegenden geringen Verkehrsbedürfnisse ohnehin in Frage kommt.

Bisher ist die Entwicklung so gelaufen, daß die großen Transporteinheiten der Eisenbahnen und Wasserstraßen in starken Verkehrsbeziehungen wesentlich billiger arbeiteten als die kleinen Transporteinheiten. Im Kraftwagen ist eine kleine Transporteinheit geschaffen, die an diesem Verhältnis noch wenig ändern konnte, da sie noch zu teuer arbeitet. Lediglich im Stückgutverkehr, der der Eisenbahn nur eine Auslastung von 18% der angebotenen Ladefähigkeit bringt, sind die Lastkraftwagen in der Lage, bei einer Ausnutzung von 60—70% auf nicht zu große Entfernungen billiger zu arbeiten. Technisch ist der Kraftwagen für das geringe Verkehrsbedürfnis auf dem platten Land besonders geeignet. Aber er kann sich dort wegen der verhältnismäßig geringen Ausnutzung seiner Ladefähigkeit und den damit verbundenen höheren Transportkosten für die Verkehrsleistung noch nicht durchsetzen. Die Eisenbahnen versuchen ihrerseits durch Motorisierung ihrer Fahrzeuge kleine Transporteinheiten auf den Strecken mit schwachem Verkehrsbedürfnis einzusetzen. Versuche mit Triebwagen kennzeichnen den Weg, der hierbei eingeschlagen werden kann.

Die kleinen und großen Transporteinheiten werden dort in erster Linie zu einem Ausgleich drängen, wo landwirtschaftlich-industrielle Wirtschaftsstruktur vorhanden ist oder sich durchzusetzen beginnt. Die Konzentration in den Großstädten ist nicht nur moralisch schädlich, sondern auch unnötig, da bei dem guten Straßen- und Eisenbahnnetz viele Fabriken ebenso gut oder gar besser auf dem platten Land arbeiten könnten. Die Verhältnisse in Württemberg, im Saargebiet und in Sachsen bestätigen das zur Genüge. Dort konnte sich die landwirtschaftlich-industrielle Bevölkerung entwickeln auf Grund der Verkehrsarbeit auf einem dichten Netz von Haupt- und Nebenbahnen. Die weitere technische Entwicklung im Verkehrswesen wird zeigen müssen, wie weit der Kraftwagen sowie die kleinen Transporteinheiten der Eisenbahnen sich hier mit erträglichen Transportkosten einschalten können.

c) Übergangs- und Umschlagverkehr.

Es sind bisher die Faktoren behandelt worden, die die Leistungsfähigkeit eines einzelnen Verkehrsmittels in technischer, betrieblicher und verkehrlicher Hinsicht beeinflussen. Nun sind aber in einem großen Wirtschafts- oder Verkehrsgebiet mehrere Verkehrsmittel vorhanden, die in vielen Fällen in der Weise aufeinander angewiesen sind, daß eines der Zubringer oder Abnehmer des anderen ist. Es löst dann gleichsam aus Gründen der Zweckmäßigkeit des Transports und der technischen Eignung des Verkehrsmittels auf dem Beförderungsweg eines Verkehrsguts ein Verkehrsmittel das andere ab. Das Verkehrsgut wird von dem Versender bis zum Empfänger nicht durch ein Verkehrsmittel oder einstufig, sondern durch mehrere Verkehrsmittel oder mehrstufig befördert. Die Ablösung vollzieht sich im Übergangs- und Umschlagverkehr. Das ist von Bedeutung für die Leistungsfähigkeit der Verkehrsmittel in einem Verkehrsgebiet in bezug auf Schnelligkeit und Wirtschaftlichkeit der Beförderung, denn jeder Übergang oder Umschlag kostet Zeit und Geld.

Der Übergang oder Umschlag vollzieht sich zwischen

1. Eisenbahn und Eisenbahn,
2. Eisenbahn und Straße,
3. Eisenbahn und Wasserstraße,
4. Eisenbahn und Lager,
5. Wasserstraße und Lager,
6. Schiff und Schiff.

Nur die körperlichen Verkehrsgegenstände können diesem Wechsel der Verkehrsmittel unterworfen werden, da die unkörperlichen transporttechnisch an ein Verkehrsmittel gebunden sind.

Der Übergang von Personen von einem Verkehrsmittel zum anderen vollzieht sich überall in einfachster Weise und ohne wesentlichen Zeitverlust. Eine gewisse Unbequemlichkeit des Umsteigens mit Gepäck ist dabei nicht zu vermeiden.

Der Übergang von Gütern verlangt dagegen mehr oder weniger umfangreiche Umschlaganlagen und eine Übergangszeit, die für die Schnelligkeit des Transports für das betreffende Gut von besonderer Bedeutung ist. Vom Standpunkt der gewollten Ortsveränderung eines Verkehrsguts ist die Übergangs- oder Umschlagzeit ein reiner Zeitverlust, der nur dann in Kauf genommen werden kann, wenn der Wechsel im Verkehrsmittel entweder aus technischen Gründen nötig oder aus verkehrswirtschaftlichen Gründen zweckmäßig ist. Der Wechsel ist aus technischen Gründen in erster Linie erforderlich, wenn das Verkehrsgut vom Land über weite Meeresflächen zu befördern ist, oder ein Verkehrsmittel das Gut nicht genügend weit bis zu den eigentlichen Empfangsstätten bringen kann. Er kommt verkehrswirtschaftlich in Frage, wenn Schnelligkeit und Billigkeit den Übergang des Verkehrsguts von einem Verkehrsmittel zum anderen als zweckmäßig erscheinen lassen.

Der Wechsel kann sich in drei Formen vollziehen. Erstens kann das Gut von den Fahrzeugen des einen Verkehrsmittels auf die Fahrzeuge des anderen Verkehrsmittels umgeladen werden. Dann handelt es sich um einen unmittelbaren Übergang des Verkehrsguts. Zweitens kann das ganze Fahrzeug mit Ladung von dem neuen Verkehrsmittel übernommen und weiter befördert werden, so daß der Übergang mehr mittelbarer Natur ist. Zwischen beiden liegt der Übergang des Verkehrsguts unter Verwendung von Behältern, die als Gefäß das Gut am Versandort aufnehmen und es ohne jede weitere Behandlung an der Empfangsstätte abgeben. Diese Behälter sind so hergerichtet, daß sie auf ihrem Beförderungsweg die verschiedensten Verkehrsmittel, vor allem Lastkraftwagen, Eisenbahnen und Schiffe benutzen und in einfachster Form mittels fester und beweglicher Ladeanlagen sowie auf Rollen von einem Fahrzeug auf das andere gesetzt werden können.

Die zeitraubendste, aber die große Masse der Güter treffende Übergangsart ist die erste, also der unmittelbare Umschlag des Verkehrsguts. Die Gesamtzeit für diesen Übergang setzt sich aus der eigentlichen Umschlagzeit und der Liege- oder Bereitstellungszeit des Fahrzeugs zusammen. Die Fahrzeuge der beiden zusammenarbeitenden Verkehrsmittel müssen dabei örtlich einander so nahe gebracht werden, daß das Umladen sich möglichst bequem vollziehen kann. Sie werden vielfach aufeinander warten müssen. Daraus ergibt sich eine Liege- oder Bereitstellungszeit, die zusammen mit der Umschlagzeit den gesamten Zeitverlust beim Übergangsverkehr darstellt. In Tabelle 53 ist dieser Zeitverlust für die verschiedenen Übergangsmöglichkeiten in größenordnungsmäßigen Zahlen angegeben. Es war notwendig, für die Zeitberechnung die übliche Ladefähigkeit der Fahrzeuge und nicht etwa die Zeit je Tonne zugrunde zu legen, um praktische Vergleichszahlen zu erhalten. Der gesamte Zeitverlust ist am größten beim Übergang von Schiff zu Schiff, da es sich hier durchweg um große Gütermengen je Fahrzeug handelt, weiterhin von Eisenbahn zu Schiff bei Gütern, die wie Kali und Zucker schwierig zu verladen sind. Den geringsten Zeitverlust verursacht der Übergang von der Eisenbahn auf das Straßenfahrzeug, weil es sich hier um verhältnismäßig geringe Mengen handelt.

Tabelle 53. Zeitverlust beim Übergangs- oder Umschlagsverkehr.

Umschlag vom	Umschlag zum	Größe der Transporteinheit	Umschlagsart	Umschlagzeit bei Tagesbetrieb Tage[1]	Liege- oder Bereitstellungszeit Tage	Summe des Zeitverlustes Tage
1	2	3	4	5	6	7
Seeschiff	Binnenschiff					
	Getreide	5000 t Seedampfer	2 schwimmende Getreideheber .	2,5	2	4,5
	Erz	1000 t Kahn	4 Verladebrücken.	1	2	3
Binnenschiff	Seeschiff	1000 t Kahn 3000 t Seedampfer	2 Verladebrücken oder 2 Schwimmkrane	2	2	4
Eisenbahn	Binnenschiff					
	Kohlen	15 t Wagen	1 Kipper	0,5	1,5	2
		1000 t Kahn	Kübelverladung .	1	1,5	2,5
	Kali	600 t Kahn	von Hand mit Schurren	3	1,5	4,5
	Zucker	600 t Kahn	Sackrutschen. . .	2,5	1,5	4
Binnenschiff	Eisenbahn					
	Kohlen	1000 t Kahn 15 t Wagen	2 Verladebrücken.	0,5	1	1,5
	Zucker	600 t Kahn 15 t Wagen	2 Portaldrehkräne	1	1	2
Eisenbahn	Straßenfahrzeug	15 t Wagen 2,5 t Lastkraftwagen	von Hand	0,25	0,25	0,5
Straßenfahrzeug	Eisenbahn	2,5 t Lastkraftwagen 15 t Wagen	von Hand	0,5	0,25	0,75

[1] Beim Übergang auf die kleinere Transporteinheit ist nur die Hälfte der Umschlagzeit eingesetzt, da die kleinere Transporteinheit bereits während des Umschlags einen Teil des Verkehrsgutes den Empfangsstätten zuführt.

Bei der Analyse der Umlaufzeit der Fahrzeuge haben wir bereits im vorhergehenden Abschnitt den großen Zeitanteil der Beladung und Entladung im Eisenbahn- und Wasserverkehr kennengelernt. Er betrug bei Eisenbahnen 46% und bei den Wasserstraßen 40% der gesamten Umlaufzeit der Fahrzeuge der beiden Verkehrsmittel. Die Bestrebungen, diese für die eigentliche Ortsveränderung verlorene Zeit auf ein möglichst geringes Maß zu bringen, sind stets sehr stark gewesen. Durch Steigerung der Leistungsfähigkeit der Umschlageinrichtungen wie Krananlagen, Elevatoren[1], Kübel, Einführung von Selbstentladewagen sowie durch Verbesserung der Liege- und Bereitstellungszeiten sind bereits wesentliche Fortschritte gegenüber früher erzielt worden.

Für Massengüter scheint kaum noch eine weitere Verminderung der Übergangszeit möglich. Dagegen hat sich unter dem Zwang der Spezialisierung der Verkehrsarbeit durch neue Verkehrsmittel die Verbesserungsarbeit dem schnellen und billigen Übergang von hoch- und mittelwertigen Gütern zugewandt. Die Wege, die heute in dieser Richtung versucht werden, verfolgen den Zweck, das in nicht zu großen Mengen anfallende Verkehrsgut, das nach Art und Wert auch vielfach einer gewissen Verpackung bedarf, in besonderen Gefäßen oder Behältern[2] zu verladen, die einen Wechsel des Verkehrmittels in schneller und einfacher Form gestatten und damit die Übergangszeit wesentlich verkürzen. Im Prinzip liegt in dem Behälter eine weitere Unterteilung des Fahrzeugparks. Während bisher Triebkraft und Fahrzeug für die Nutzlast in einem Fahrzeug vereinigt oder voneinander getrennt waren, bringt der Behälter eine Teilung zwischen Fahrgestell für Nutzlast und dem eigentlichen Ladegefäß. Er macht also das Fahrgestell unabhängig von dem Ladegefäß und damit auch von der bisherigen starken Bindung an die Belade- und Entladearbeit, die nun im wesentlichen nach den Versand- und Empfangsstätten der Wirtschaft verlegt werden kann. Es liegen für diese Entwicklung zum Teil ähnliche betriebswirtschaftliche Gründe vor wie bei der Trennung der Triebkraft vom Fahrzeug, die zur Einführung von Schleppern im Straßen- und Wasserverkehr und von Lokomotiven im Eisenbahnverkehr führte.

Die Größe der Behälter wird wie die Größe der bisherigen Fahrzeuge für die Nutzlast in erster Linie nach der Struktur des Verkehrsbedürfnisses zu bemessen sein. Je differenzierter das Verkehrsbedürfnis nach Raum und Menge in einem Verkehrsgebiet ist, um so kleiner wird die Einheit des Behälters sein müssen und umgekehrt. So hat sich in den Vereinigten Staaten von Amerika in erster Linie der schwere Behälter mit 5—6,5 t Nutzladefähigkeit durchgesetzt, in England und Deutschland dagegen der mittlere und kleine Behälter mit 3,5 bzw. 1,5 t. Wie auch die Ladefähigkeit und die Verwendungsmöglichkeiten der Behälter sich weiter entwickeln werden, sie werden sich grundsätzlich auf den besonders gearteten Verkehrsbedürfnissen einer Volkswirtschaft aufbauen, andererseits aber auch auf die nationale und internationale Zusammenarbeit der Verkehrsmittel Rücksicht nehmen müssen. Im Jahre 1933 wurde bereits in Paris ein internationales Behälterbüro errichtet, das den organisatorischen Zusammenschluß von Eisenbahnverwaltungen, Frachtfuhrunternehmern, Schiffahrtsgesellschaften und den Benutzern dieser Verkehrsmittel zu einer internationalen Arbeitsgemeinschaft auf dem Gebiet der Güterbeförderung darstellt. Das Büro verfolgt das Ziel, die geeignetsten Behälter zu entwickeln, den Austausch zu organisieren, die zollamtliche und tarifarische Behandlung zu erleichtern und den Behälterverkehr ganz allgemein zu fördern. Der Behälterverkehr stellt eine sehr wichtige Grundlage für die Zusammenarbeit der Verkehrsmittel in einem Verkehrsgebiet dar, da er die Beförderung von bestimmten Gütern in zahlreichen Verkehrsbeziehungen schneller und wirtschaftlicher gestaltet.

---

[1] Aumund, „Güterumschlag." VDI-Verlag, Berlin 1926.

[2] Schröder, „Fahrbare oder nicht fahrbare Groß- und Kleinbehälter." Verkehrstechn. Woche 1919 u. 1931.

Bäseler, „Zur Einheitsform der Behälter." Zeitschrift des Vereins Mitteleuropäischer Eisenbahnverwaltungen, Heft 42, 1932.

Brauner, „Behälterverkehr", Berlin 1933.

Der Übergangs- und Umschlagverkehr könnte im Binnenverkehr für Güter ganz ausgeschaltet und unnötig werden, wenn ein Verkehrsmittel in der Lage wäre, sowohl in technischer wie in wirtschaftlicher Hinsicht die Versand- und Empfangsstätte unmittelbar besser zu bedienen als alle anderen Verkehrsmittel. In technischer Hinsicht kann der Lastkraftwagen am unmittelbarsten die Verkehrsquellen erreichen. Ihm folgt der Eisenbahnverkehr, der in Deutschland 60% der Güter unmittelbar auf Anschlußgleisen der Werke oder der Lager und 40% mittelbar von dem Straßenverkehr übernimmt, da er technisch nicht zu allen Verkehrsquellen gelangen kann. Wenn der Lastkraftwagenverkehr seiner technischen Eignung einer unmittelbaren Bedienung aller Verkehrsquellen auch den Vorzug einer billigen Bedienung hinzufügen könnte, so wäre er in der Lage, im Binnenverkehrswesen den Übergangs- und Umschlagsverkehr nahezu auszuschalten. Wir werden im Abschnitt über Wirtschaftlichkeit sehen, daß er dazu heute nur zu einem geringen Teil im Fernverkehr in der Lage ist, während er im Nahverkehr bereits in starkem Maße seine Beweglichkeit voll ausnutzen kann.

d) Der Betriebsplan als Grundplan für die Leistungsfähigkeit eines Verkehrsmittels.

Jedes Verkehrsunternehmen muß für die Erfüllung bestimmter Verkehrsaufgaben im Personen- und Güterverkehr für die einzelnen Strecken seines Netzes, die neu gebaut oder eingerichtet werden sollen, einen Plan aufstellen, aus dem zu ersehen ist, mit welchen technischen und betrieblichen Mitteln der anfallende Verkehr nach Zeit und Menge bewältigt werden soll. Dieser Plan besteht aus zwei Abschnitten. Der erste Abschnitt muß Aufschluß geben über die gesamte Streckenlänge der Linie und die einzelnen Entfernungen der Stationen voneinander, ferner über die an den verschiedenen Stationen anfallenden Verkehrsmengen und ihre Richtung sowie über die zeitliche Lage der Verkehrsgelegenheiten oder der Verkehrsbedienung. Dieser Abschnitt enthält also das Bild der *Bewegungsvorgänge der Transporteinheiten und der Verkehrsgelegenheiten in Abhängigkeit von der Nachfrage nach Ortsveränderung*. Auf den ersten Abschnitt baut sich der zweite Abschnitt auf, der die *Betriebs- und Verkehrsleistungen* enthält, sowie die *technische Ausgestaltung und Organisation der Strecke und der Stationen einschließlich des Bedarfs an Personal und Fahrzeugen*.

Beide Abschnitte zusammen bilden den *Betriebsplan als Grundlage für die Leistungsfähigkeit einer Verkehrsstrecke*. Da er Aufschluß gibt über die wichtigsten Faktoren eines Verkehrsbetriebs, die die einmaligen und fortlaufenden Ausgaben bestimmen, so ist der Betriebsplan weiterhin eine unentbehrliche Grundlage für die Selbstkostenberechnung und die *Beurteilung der Wirtschaftlichkeit* einer Verkehrslinie. Er ist in dieser Form vor allem für die Entscheidung über die Zweckmäßigkeit des Baus und der Einrichtung neuer Verkehrslinien notwendig. Die Vorhaltung des technischen Apparats und des Personals sowie die Betriebsleistungen bestimmen die Kosten des Angebots, während die Verkehrsleistungen die Einnahmen aus der Nachfrage ergeben.

In den Abb. 78—80 (79 u. 80 besondere Tafeln) sind Betriebspläne für eine Kraftomnibus-, Eisenbahn- und Transkontinentalluftverkehrslinie auf Grund praktischer Werte aufgestellt. Der obere Teil, der dem ersten Abschnitt entspricht, veranschaulicht die räumliche Ausdehnung der Strecke, die Lage der Stationen, die räumliche Verteilung, Menge und Richtung der Verkehrsbedürfnisse sowie die zeitlichen Verkehrsgelegenheiten oder den Fahrplan. Der untere Teil, der dem zweiten Abschnitt entspricht, enthält die Betriebs- und Verkehrsleistungen, die räumliche Verteilung und Art der technischen Anlagen der Stationen, der

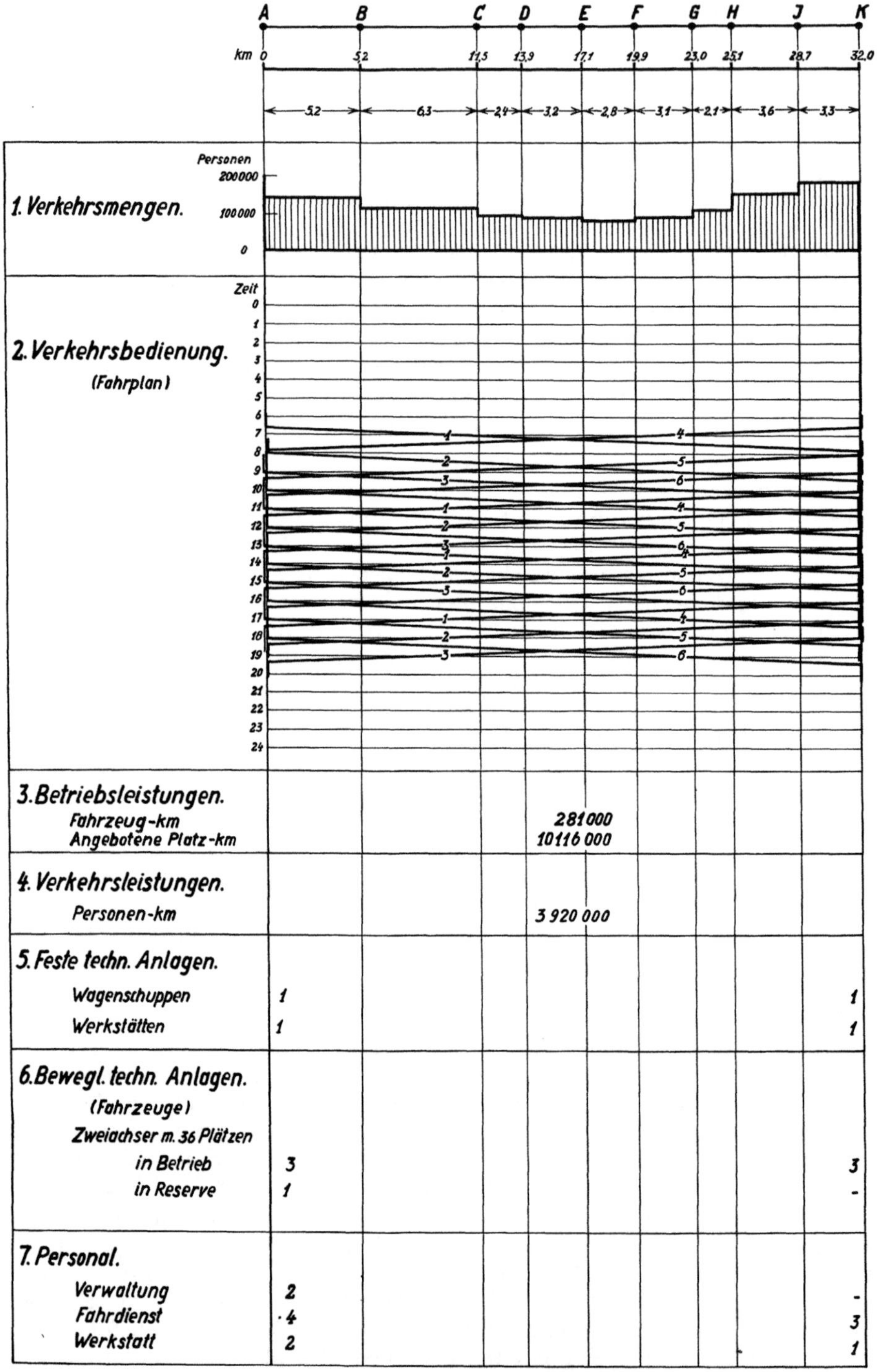

Abb. 78. Betriebsplan der Kraftomnibuslinie A—K.
(Abb. 79 u. 80 besondere Tafeln).

beweglichen Anlagen und des Personals. Der eigentliche Verkehrsweg ist als gegeben anzusehen, da der Betriebsplan Aufschluß geben soll, wie und mit welchen Mitteln auf dem Verkehrsweg der Betrieb zur Erfüllung der Verkehrsaufgaben organisiert werden muß.

Für die Aufstellung des Betriebsplans in seinen Einzelheiten sind besondere Untersuchungen durchzuführen. Die Verkehrsmengen an Personen und Gütern, die an den einzelnen Verkehrsquellen oder Stationen aufkommen, benutzen nach irgendeiner Richtung die Transporteinheit des Verkehrswegs. Um sie zu bestimmen, sind örtliche Erhebungen im Verkehrsgebiet nötig, durch die das Verkehrsbedürfnis nach Art, Menge und Richtung erfaßt werden kann. Trägt man den zu erwartenden Verkehr, wie im Betriebsplan geschehen, unter der Strecke auf, so ergibt sich das Belastungsbild der Strecke nach Verkehrsmengen. Diesem Belastungsbild muß die Verkehrsbedienung soweit entsprechen, daß das Verkehrsbedürfnis stets voll befriedigt werden kann. Hierzu ist der Einsatz einer bestimmten Zahl von Transporteinheiten nötig, die in bestimmten Zeitabständen planmäßig verkehren und soviel Fassungs- und Ladevermögen ihrer Fahrzeuge bieten müssen, daß der Verkehr bewältigt werden kann. Zu welchen Tageszeiten die Verkehrsgelegenheiten geboten werden müssen, hängt von dem zeitlichen Bedürfnis nach Ortsveränderung ab. Dieses wird im Nahverkehr (Abb. 78) in viel engeren Zeitabständen liegen als im Fernverkehr.

In dem Betriebsplan ist die zeitliche Lage der Transportgelegenheiten in der Form von Zeitwegelinien oder eines bildlichen Fahrplans dargestellt. Die Ordinate des Fahrplans enthält die Zeit, die Abszisse die Entfernung. Die Zeitwegelinien werden nach bestimmten Erfahrungen der Fahrzeitermittlung[1] festgestellt und eingetragen und geben so ein anschauliches, räumlich und zeitlich orientiertes Bild über die Möglichkeiten zur Befriedigung der Verkehrsbedürfnisse durch das untersuchte Verkehrsmittel. In dem Fahrplan der Eisenbahn (Abb. 79) stellen die starken Linien die Personenzüge und die schwachen Linien die Güterzüge dar. Es ist zu erkennen, daß die Verkehrsgelegenheiten der Eisenbahn im Personenverkehr am Tag wesentlich zahlreicher sind als im Güterverkehr, weil ersterer im allgemeinen häufigere Gelegenheiten zur Ortsveränderung verlangt.

Aus dem Fahrplan können nun ohne weiteres die angebotenen Betriebsleistungen nach Zug- und Fahrzeugkilometer, sowie die angebotenen Verkehrsleistungen nach Platz- und Tonnenkilometer ermittelt werden. Die tatsächlich genutzten Verkehrsleistungen nach Personen- und Tonnenkilometer ergeben sich aus den Verkehrsmengen und dem von ihnen im einzelnen zurückgelegten Beförderungsweg. Vergleichen wir beispielsweise die genutzten Verkehrsleistungen mit den angebotenen in Abb. 78 oder 80, so sind erstere stets kleiner als letztere, da, wie früher bereits ausgeführt, der Ausnutzungsgrad der Nutzladefähigkeit durch Verkehrsmengen durchweg unter 50% der angebotenen Nutzladefähigkeit liegt.

Der Fahrplan bestimmt die betrieblichen und verkehrlichen Aufgaben der einzelnen Stationen, zu deren Erledigung jede Station mit genügend leistungsfähigen festen Anlagen ausgerüstet und, wenn nötig, mit genügendem Personal besetzt sein muß. An bestimmten Stationen muß der Fahrzeugpark mit entsprechendem Fahrpersonal untergebracht sein. Je mehr Transporteinheiten eine Station berühren und je mehr Verkehr auf einer Station aufkommt, um so größer und wichtiger ist die auf den Stationen bereit zu haltende menschliche Arbeitskraft. So kennzeichnet der Betriebsplan in den

---

[1] Müller, „Die Fahrzeitermittelung" in Försters Taschenbuch für Bauingenieure, Berlin 1928.

Angaben zu den Punkten 5—7 auch die betriebliche und verkehrliche Bedeutung der einzelnen Stationen.

Während in dem Betriebsplan für den Omnibus- und Eisenbahnverkehr jede Station der Strecke eine gewisse Verkehrsmenge für die Verkehrslinie aufbringt, ist in dem Betriebsplan für den Transkontinentalluftverkehr der Verkehrszweck dieser Linie abgestellt auf eine Luftverkehrsverbindung zwischen zwei bestimmten Gebieten, beispielsweise Europa—Ostasien. Zwischen beiden Gebieten fließt ein bestimmter, für den Luftverkehr in Frage kommender Verkehrsstrom, der auf den Unterwegsstationen sich nicht ändert, da diese Stationen auf den Kontinentalluftverkehr anzuweisen sind, damit der Transkontinentalluftverkehr seinem eigentlichen Zweck dienen kann. Der Verkehrsstrom bleibt also für den untersuchten Betrieb auf der ganzen Strecke gleich und zeigt daher nicht das auf den anderen Betriebsplänen charakteristische Bild einer wechselnden Verkehrsstärke. Die Unterbrechung des Flugs an den verschiedenen Unterwegsstationen ist nicht aus verkehrlichen, sondern aus betrieblichen Gründen nötig, um Flugzeuge und Personal zu wechseln oder Betriebsstoffe zu ergänzen.

Die Aufstellung von Betriebsplänen erfordert eine genaue Kenntnis der verkehrs- und betriebswirtschaftlichen Grundlagen des Verkehrsmittels und des praktischen Verkehrsbetriebs. Es liegt häufig, vor allem im heutigen Verkehrswesen die Notwendigkeit vor, die zweckmäßigsten Verkehrsmittel zur Bedienung bestimmter Verkehrsbeziehungen zu ermitteln. Zum Vergleich der hierfür grundsätzlich in Frage kommenden Verkehrsmittel bietet der Betriebsplan ein unentbehrliches Rüstzeug, mit dem der Verkehrsfachmann arbeiten muß. Er erkennt aus ihm zunächst die Leistungsfähigkeit einer Verkehrslinie nach Schnelligkeit und Verkehrsgelegenheiten sowie die Organisation oder die Ausrüstung der Strecke mit Fahrzeugen und Personal. Er muß aber auch auf ihn zurückgreifen, wenn er die Wirtschaftlichkeit der Verkehrslinien prüfen soll. Der Betriebsplan ist daher eine wichtige Grundlage für die Untersuchung der Wirtschaftlichkeit eines Verkehrsmittels, die im nächsten Abschnitt behandelt wird.

3. Die Wirtschaftlichkeit der Verkehrsmittel.

Die Wirtschaftlichkeit der Verkehrsmittel drückt den Erfolg aus, mit dem der Verkehr bedient wird. Es ist ihr Ziel, unter möglichst günstigen Bedingungen die Nachfrage nach Verkehr zu befriedigen. Sie muß daher nicht allein beurteilt werden nach den Ausgaben, die ein Verkehrsunternehmen zur Durchführung der Verkehrsarbeit hat, sondern auch nach der Güte der Verkehrsarbeit und den Einnahmen, die erzielt werden. Die Ausgaben, die Qualität der Verkehrsleistungen und die Einnahmen müssen in einem möglichst günstigen Verhältnis zueinander stehen, damit sowohl das Verkehrsunternehmen wie die Wirtschaft mit dem Ergebnis der Verkehrsarbeit zufrieden sind.

Die Wirtschaftlichkeit auf der Ausgabenseite wird in erster Linie durch den Grundsatz bestimmt, mit möglichst geringem Aufwand gute Verkehrsleistungen anzubieten. Sie betrachtet das innere Leben eines Verkehrsbetriebs unter dem Einfluß der wirtschaftlichen Kräfte und findet ihren stärksten Ausdruck in der Höhe der Selbstkosten für die Betriebs- und Verkehrsleistungen. Es ist das Bestreben der Verkehrsunternehmungen und eine sehr wichtige Forderung der Allgemeinwirtschaft, die Selbstkosten möglichst niedrig zu halten. Die Wirtschaftlichkeit auf der Einnahmenseite wird mittelbar bestimmt durch die Güte der Verkehrsleistungen. Je schneller und billiger diese angeboten werden, um so mehr wird das Verkehrsbedürfnis belebt und um so größere Verkehrsmengen, aus deren Ortsveränderung die Einnahmen erzielt werden, wenden sich dem Verkehrsmittel zu. So ergibt sich für jedes Verkehrsunternehmen das wichtige und ständig lebendige Zusammenspiel zwischen Ausgaben und Einnahmen, das seine Wirtschaftlichkeit bestimmt. Es muß dabei erreicht werden, daß die Ausgaben so weit als möglich gesenkt werden und die Einnahmen unter der Wirkung günstig angebotener Verkehrsleistungen mindestens die Ausgaben decken, möglichst aber übersteigen, ohne daß ihre Höhe das Verkehrsbedürfnis in fühlbarem Maße dämpft.

Die Ausgaben- und Einnahmenseite eines Verkehrsunternehmens müssen als organisch zusammenhängende und sich gegenseitig stark beeinflussende Faktoren in ihren Wechselbeziehungen klargelegt werden. Sie dürfen in einem Unternehmen nicht unabhängig voneinander behandelt werden, sondern die Selbstkostenrechnung muß die Grundlage dafür geben, wie sich die Maßnahmen der Preisbildung für das Unternehmen im ganzen auswirken. Nur in diesem Zusammenspiel wird die gesamte Betriebs-, Preisbildungs- und Wirtschaftspolitik des Verkehrsunternehmens die Wege finden können, auf denen eine möglichst gesunde Entwicklung erzielt werden kann.

Die Lebensfähigkeit und Daseinsberechtigung eines Verkehrsunternehmens ist im allgemeinen nur dann gegeben, wenn der Ausgleich zwischen Ausgaben und Einnahmen aus eigener Kraft erzielt wird. In diesem Fall weist das Verkehrsunternehmen eine Eigenwirtschaftlichkeit auf im Gegensatz zu einer Fremdwirtschaftlichkeit, bei der der Ausgleich zwischen Ausgaben und Einnahmen nur durch Zubußen und Unterstützungen von dritter oder fremder Seite möglich ist, und die daher nicht allgemein, sondern nur in besonderen Fällen Berechtigung hat. Denn jedes Verkehrsmittel sollte, wie jeder Wirtschaftszweig, sich selbst tragen oder seine Ausgaben durch eigene Einnahmen, die sich aus dem Verkehrsbetrieb ergeben, decken. Dabei ist es nicht unbedingt erforderlich, daß in jedem Jahr die Ausgaben durch Verkehrseinnahmen gedeckt werden, sondern es wird sich in der Regel mit Rücksicht auf die Verkehrsschwankungen die Notwendigkeit ergeben, das Unternehmen in ungünstigen Zeiten teilweise mit Erträgnissen der besseren Zeiten zu finanzieren.

Die Mittel und Wege, einen gesunden Ausgleich zwischen Ausgaben und Einnahmen zu erreichen, werden in besonderem Maße bestimmt durch das Wesen der Selbstkosten und die Rücksicht, die die Preisbildung im Verkehrswesen auf sie nehmen muß. Der Preis für eine Verkehrsleistung setzt sich aus den Selbstkosten und dem Gewinn oder Verlust zusammen. Die Selbstkosten werden ein bestimmtes Maß nicht überschreiten dürfen, wenn die Benutzung des Verkehrsmittels nicht gehemmt und die Ertragsfähigkeit des Verkehrsunternehmens gewährleistet bleiben soll. Insoweit wird die Preisbildung von den Selbstkosten in starkem Maße abhängig sein, wenn sie auch im übrigen beeinflußt wird von der Art und Lage der Verkehrsbedürfnisse und von volkswirtschaftlichen Gesichtspunkten.

Die Selbstkosten setzen sich im allgemeinen in einem Wirtschaftsbetrieb aus den Herstellungs- und Absatzkosten zusammen. Diese vor allem für industrielle Unternehmungen übliche und zweckmäßige Scheidung ist bei den Verkehrsmitteln nicht verwendbar. In dieser Beziehung liegt ein grundsätzlicher Unterschied zwischen den Kosten der Güterherstellung und des Verbrauchs gegenüber den Kosten des Güterumlaufs vor. Bei den industriellen Unternehmungen ist es ohne jeden Einfluß auf die Herstellungskosten, ob das Erzeugnis in der Nähe oder in großer Entfernung abgesetzt wird, wenn nur die Menge der Produktion die gleiche bleibt. Nur die Kosten des Absatzes ändern sich mit der Entfernung des Absatzgebiets von der Herstellungsstätte. Bei den Verkehrsmitteln fällt bei der Darbietung von Verkehrsleistungen Herstellung und Absatz zusammen, so daß die für beide gemeinsam entstehenden Kosten sich mit der Entfernung des Absatzes ändern. Das gibt der Selbstkostenstruktur eines Verkehrsbetriebs eine ganz andere und viel größere Bedeutung für die Preisbildung als bei industriellen Unternehmungen. Dadurch, daß Produktions- und Absatzfeld im Verkehrsbetrieb zusammenfallen, ist die Preisbildung in hohem Maße an die Kostenbildung gebunden, wenn sie nicht grundsätzlich gegen die wirtschaftlichen Zusammenhänge zwischen Angebot und Nachfrage verstoßen will.

Zwischen den Selbstkosten und den Preisen für die Transportleistungen stehen die Verkehrsbedürfnisse nach Art, Menge und Reichweite. Sie sind Ursache und Grundlage für die Selbstkosten, aber auch Maßstab für die Transportpreise, weil für die Befriedigung der Verkehrsbedürfnisse nur bestimmte Transportkosten tragbar sind. Über den Weg der Verkehrsbedürfnisse sind die Selbstkosten mit den Transportpreisen so miteinander verbunden, daß alle drei zusammen, nicht eines allein, die Wirtschaftlichkeit der Verkehrsmittel bestimmen.

Die Untersuchung der Faktoren, die von der Ausgaben- und Einnahmenseite her die Wirtschaftlichkeit eines Verkehrsmittels bestimmen, muß sich daher erstrecken auf die Verkehrsbedürfnisse, den Aufbau oder das Wesen der Selbstkosten und die Preisbildung. Die theoretischen Erkenntnisse, die hierbei gewonnen werden, können nur Wegweiser sein und der Leitung eines Verkehrsunternehmens ihr wirtschaftliches Handeln erleichtern, aber dieses nicht allein entscheiden. Es gibt keine durch Zahlen irgendwie erfaßbare absolute Wirtschaftlichkeit, sondern nur eine Wirtschaftlichkeit in relativer Abhängigkeit von dem Willen des leitenden Menschen. Das trifft vor allem für das regional weit verzweigte Arbeitsfeld der Verkehrsmittel zu, das die Anwendung wirtschaftlich richtiger Grundsätze um so mehr erschwert, als jedes Verkehrsunternehmen neben seinen privatwirtschaftlichen Zielen auch volkswirtschaftlichen Interessen dienen muß. Je klarer aber die Leitung die inneren Zusammenhänge zwischen den Verkehrsbedürfnissen und den Kosten für ihre Befriedigung erkennen kann, um so leichter wird es ihr möglich sein, die privatwirtschaftlichen Interessen des Unternehmens mit den Forderungen der Volkswirtschaft in Einklang zu bringen und eine gesunde Verkehrswirtschaft zu betreiben.

a) Die Ermittlung der Verkehrsmengen für eine Verkehrslinie.

Wir haben bereits bei der allgemeinen Behandlung der Verkehrsbedürfnisse im Abschnitt II festgestellt, daß diese in erster Linie von der Wirtschaftsstruktur des Verkehrsgebiets abhängig sind und bestimmt werden. Kein Gebiet ist einem anderen in seiner Wirtschaftsstruktur völlig gleich. Es liegen stets mehr oder weniger große Unterschiede in den Grundlagen, Abhängigkeiten und den äußeren Erscheinungen des wirtschaftlichen Lebens vor. Es sind daher auch die Verkehrsbedürfnisse eines Gebiets niemals völlig gleich gelagert im Vergleich zu einem anderen Gebiet. Nur Gebiete ähnlicher Wirtschaftsstruktur können ähnliche Verkehrsbedürfnisse haben. Daß dies der Fall ist, ist früher bereits bei den generellen Untersuchungen über Ursachen, Umfang und Reichweite der Verkehrsbedürfnisse grundsätzlich festgestellt worden.

Über diese allgemeine Beziehung zwischen Wirtschaft und Verkehrsbedürfnis eines Gebiets hinaus wird es für den Einzelfall nötig sein, die verschiedenen Faktoren zu untersuchen, die das spezifische Verkehrsbedürfnis in engeren Grenzen bestimmen. Denn je eingehender sie erfaßt werden können und bekannt sind, um so wirkungsvoller kann das Verkehrsgebiet durch Verkehrslinien erschlossen und um so zweckmäßiger der Verkehrsapparat mit dem geringsten Aufwand auf sie eingestellt werden.

Die Größe der Verkehrsmenge für eine Verkehrslinie hängt ab von dem spezifischen Verkehrsbedürfnis im Nah- und Fernverkehr und wird bestimmt durch die

1. Größe des Einflußgebiets,
2. mehr oder weniger günstige Lage des Verkehrsnetzes zu den Verkehrsquellen,
3. Wirtschaftsstruktur des Verkehrsgebiets,
4. Zahl und zeitliche Lage der Verkehrsgelegenheiten,
5. Preisgestaltung,
6. örtlichen Umstände.

Hier interessiert uns in erster Linie die Größe des Einflußgebiets zur Bestimmung der Verkehrsbedürfnisse in Abhängigkeit von der wirtschaftlichen Struktur des Verkehrsgebiets. Die übrigen Faktoren beziehen sich auf Besonderheiten der verschiedenen Verkehrswege, die an dieser Stelle nicht zu erörtern sind. Das Einflußgebiet einer Verkehrslinie wird bestimmt durch den Betriebswert des Verkehrsmittels in bezug auf Schnelligkeit, Häufigkeit der Verkehrsgelegenheiten und durch den Verkehrswert in bezug auf Billigkeit und Bequemlichkeit. Es liegt beiderseits der Verkehrslinie. Da der Zugang und Abgang des Verkehrs nur an bestimmten Punkten oder den Stationen der Verkehrslinie möglich ist, so setzt sich das Einflußgebiet aus den Einflußzonen der Stationen zusammen. Ist das Liniennetz eines Verkehrsmittels so dicht, daß sich die Einflußgebiete der einzelnen Linien überschneiden, so darf diese Überschneidung nicht zu groß sein, wenn nicht der Verkehrsanfall für die einzelnen Linien zu gering und damit die Wirtschaftlichkeit geschmälert werden soll. Je größer der Betriebs- und Verkehrswert eines Verkehrswegs ist, um so größer kann seine verkehrliche Anziehungskraft auf die Umgebung und um so weiter sein Einflußgebiet sein.

Die Größe der Einflußzone ist im Nah- und Fernverkehr verschieden. Sie ist im Nahverkehr wesentlich kleiner als im Fernverkehr, da der Anmarschweg zur nächsten Station eines Verkehrsmittels in einem richtigen Verhältnis zu dem anschließenden Reise- und Transportweg stehen muß. Die verhältnismäßig kurzen Beförderungsweiten in einer Großstadt gestatten nur kurze Anmarschwege, die verhältnismäßig großen Beförderungsweiten im Fernverkehr dagegen erheblich weitere. Im großstädtischen Verkehr können als zulässige Anmarschwege angenommen werden[1]:

Bei Straßenbahnen und Omnibus
- im Stadtinnern. . . . . 550 m,
- in Außenbezirken. . . . . 1000 m,

bei Schnellbahnen
- im Stadtinnern. . . . . 700 m,
- in Außenbezirken. . . . . 1000 m und mehr.

Daraus ergibt sich eine durchschnittliche einseitige Breite des Einflußgebiets der Straßenbahnen zu rund 400 m und ein Halbmesser der Einflußzone der Schnellbahnstationen von 500 m. Die zweckmäßigste Maschenweite für ein großstädtisches Verkehrsnetz beträgt dann 0,8—1 km. Alle in der Einflußzone wohnenden

[1] Lehner, „Die Linienführung innerstädtischer Verkehrsmittel." Archiv für Eisenbahnwesen, Berlin 1932.
Giese, „Die Tarifverhältnisse und die Wirtschaftlichkeit der Berliner Verkehrsgesellschaft." Berlin 1931.
Kemmann, „Die Berliner Verkehrsaktiengesellschaft, Betrachtungen zur Tarif- und Verkehrsgestaltung." Berlin 1931.

Einwohner, die als Verkehrsbevölkerung zu bezeichnen sind, ergeben, multipliziert mit dem richtig gewählten spezifischen Verkehrsbedürfnis der Großstadt, die Zahl der Fahrten, die für die Linien zu erwarten sind. Das spezifische Verkehrsbedürfnis setzt sich zusammen aus dem allgemeinen und dem besonderen Verkehr. Zum allgemeinen Verkehr einer Großstadt gehören der Berufs- und Wohnverkehr, der Geschäfts- und Marktverkehr, zum besonderen Verkehr der Vergnügungsverkehr, der Bahnhofsverkehr von und zu den Fernbahnhöfen, sowie der Ausflugsverkehr. Im Abschnitt II sind in Abb. 6 (s. S. 28) Durchschnittswerte für das spezifische Verkehrsbedürfnis von Mittel-, Groß- und Weltstädten gegeben worden.

Während die Einflußzonen der großstädtischen Verkehrsmittel verhältnismäßig einfach zu bestimmen sind, da es sich immer wieder um eine Verkehrsart, den Personenverkehr, handelt und außerdem die Bevölkerung und Siedlungsverhältnisse einer jeden Großstadt leicht zu übersehen und zu beurteilen sind, sind die Einflußzonen für eine Linie des Fernverkehrs schwieriger zu bestimmen. Sie hat sowohl den Personen-, wie den Güterverkehr zu bedienen, und da sie Verkehrsgebiete verschiedenartigster Wirtschaftsstruktur durchzieht, so werden die Verkehrsbedürfnisse entlang der Linien sehr unterschiedlich sein können.

Trotzdem lassen sich für ein durch Eisenbahnen erschlossenes Gebiet die Einflußgebiete der einzelnen Linien nach bestimmten Grundsätzen feststellen und auf neu zu bauende Linien zur Ermittlung ihres Verkehrsbedürfnisses anwenden[1]. Die für die Eisenbahnen in Frage kommende Methode kann sinngemäß und grundsätzlich auch auf andere Verkehrsmittel angewandt werden.

Das Einflußgebiet einer Eisenbahn setzt sich aus den Einflußzonen der einzelnen Stationen zusammen. Die Einflußzone der Station entwickelt sich kreisförmig von der Station als Mittelpunkt ausgehend nach außen in die Umgebung. Bei jeder Einflußzone ist ein engeres und ein weiteres Einflußgebiet zu unterscheiden. Als engeres Einflußgebiet kann die Kreisfläche bezeichnet werden mit einem Halbmesser von 1,5 km, als weiteres Einflußgebiet die über das engere Einflußgebiet hinausgehende Fläche mit einem Halbmesser von 1,5—7 km. Die Fläche des engeren Einflußgebiets bietet ungefähr Raum für eine Stadt von 30000 Einwohnern. Die Unterteilung der Einflußzone nach engerem und weiterem Einflußgebiet kommt nur für Stationen von weniger als 30—35000 Einwohnern in Frage, da, wie bereits in Abschnitt II näher ausgeführt, nur bei ihnen das Verkehrsbedürfnis der Station auch von dem Hinterland beeinflußt wird. Bei größeren Orten tritt der Einfluß des Hinterlandes so sehr zurück, daß das Verkehrsbedürfnis nur von der Einwohnerzahl des Stationsorts bestimmt wird.

Die in den Einflußzonen wohnenden Einwohner werden ein bestimmtes spezifisches Bedürfnis für den Personen- und Güterverkehr haben, das in erster Linie abhängig ist von der Bevölkerungsart und der Wirtschaftsstruktur des Verkehrsgebiets und von der Entfernung der Wohnungen vom Stationsort. Das Verkehrsbedürfnis wird dabei wie im großstädtischen Verkehr von allgemeiner und besonderer Art sein, je nachdem es sich um Verkehrsbedürfnisse handelt, die immer wieder in einem Verkehrsgebiet auftreten, oder um solche, die nur an bestimmten Stellen vorhanden sind. So gehört zum besonderen Personenverkehr der Arbeiter-, Touristen-, Vergnügungs-, Bäderverkehr usw., zum besonderen Güterverkehr der Verkehr, den großindustrielle Werke und Bodenschätze in der Nähe bestimmter Stationen oder Linien über das allgemeine

[1] Risch, „Wirtschaftliche Erwägungen“ in „Linienführung“ der Handbibliothek für Bauingenieure, Berlin 1920.

Verkehrsbedürfnis hinaus mit sich bringen. Während der allgemeine Verkehr für eine Eisenbahnlinie aus dem Verkehrsumfang von Eisenbahnen in einem Verkehrsgebiet ähnlicher Wirtschaftsstruktur in der Regel abgeleitet werden kann, ist der besondere Verkehr örtlich festzustellen. Es empfiehlt sich aber auch für den allgemeinen Verkehr, für den Verkehrsergebnisse auf verwandten Eisenbahnen benutzt werden, durch örtliche Erhebungen seine Richtigkeit nachzuprüfen.

Im Personenverkehr beträgt das für den allgemeinen Verkehr vorhandene spezifische Verkehrsbedürfnis oder die auf den Einwohner des Einflußgebiets entfallende durchschnittliche Zahl der abgefahrenen Personen oder Reisenden im Jahr

3— 6 in rein landwirtschaftlichen Gebieten,
6—12 in vorwiegend landwirtschaftlichen Gebieten,
12—18 in gemischt landwirtschaftlich-industriellen Gebieten,
18—26 in überwiegend industriellen Gebieten mit starkem Handels- und Geschäftsleben.

Dieses spezifische Verkehrsbedürfnis ist aber nur für die Bewohner des engeren Verkehrsgebiets einer Station, also im Umkreis von 1,5 km, vorhanden. Im weiteren Verkehrsgebiet, das bis zum Umkreis von 7 km reicht, nimmt mit der Entfernung das spezifische Verkehrsbedürfnis ab und zwar in vorwiegend industriellen Gegenden stärker als in vorwiegend landwirtschaftlichen Gegenden. Um die im weiteren Verkehrsgebiet vorhandene Verkehrsbevölkerung zu ermitteln, wird die in ihm wohnende Bevölkerung mit einem Reduktionsfaktor multipliziert. Das geschieht in der Weise, daß die im weiteren Verkehrsgebiet wohnende Bevölkerung in vorwiegend industriellen Gebieten mit $^1/_{10}$ und in vorwiegend landwirtschaftlichen Gebieten mit $^1/_5$ ihrer Einwohner multipliziert wird[1]. Hieraus sowie aus den Einwohnerzahlen des engeren Verkehrsgebiets ergibt sich dann die gesamte für die Station in Frage kommende Verkehrsbevölkerung. Multipliziert man die Verkehrsbevölkerung mit dem nach der wirtschaftlichen Struktur des Verkehrsgebiets in Frage kommenden spezifischen Verkehrsbedürfnis, so erhält man die Zahl der abfahrenden Reisenden, die jährlich die Station benutzen werden. Die geringere Beteiligung des Hinterlands am Personenverkehr in industriellen Gebieten erklärt sich daraus, daß die industriellen Stationsorte die besten Abnehmer für die Landbevölkerung sind, während in vorwiegend landwirtschaftlichen Gebieten die umliegenden Dörfer einer Station vielfach die Eisenbahn benutzen müssen, um ihre Erzeugnisse absetzen zu können.

Dem so gewonnenen allgemeinen Personenverkehr ist der zu erwartende besondere Verkehr zuzurechnen, um den Gesamtpersonenverkehr für eine Linie zu erhalten. Dieser besondere Verkehr ist durch örtliche Erhebungen festzustellen. Wird eine neue Verkehrslinie auch noch von durchgehendem Verkehr berührt werden, so bringt auch dieser Einnahmen für die neue Linie. Es ist daher zu untersuchen, wie weit die neue Linie dem Durchgangsverkehr dient und auf die Einnahmen des bestehenden Verkehrs zurückwirkt.

In ähnlicher Form wie für den Personenfernverkehr kann auch die Verkehrsmenge im Güterfernverkehr einer Eisenbahn ermittelt werden. Auch hier sind die gleichen Maße für das engere und weitere Einflußgebiet einer Station und für die Ermittlung der Verkehrsbevölkerung wie für den Personenverkehr anzuwenden. Nur das spezifische Verkehrsbedürfnis oder die auf den Kopf der Ver-

[1] Schaarschmidt, „Untersuchungen über den Anteil des Hinterlandes am Ortsverkehr." Technische Hochschule Dresden 1914.
Launhardt, „Theorie des Trassierens." Hannover 1887.

kehrsbevölkerung entfallende Gütermenge im Jahr ist naturgemäß ein anderes als im Personenverkehr. Die durchschnittliche Menge der abgehenden und ankommenden Güter im Jahr kann auf den Kopf der Verkehrsbevölkerung angenommen werden zu

1—2 t in kleinbäuerlichen, landwirtschaftlichen Gebieten,

4—5 t in landwirtschaftlich-industriellen Gebieten,

6—8 t in vorwiegend industriellen Gebieten,

10—18 t in Rohstoffgebieten und in landwirtschaftlichen Gebieten mit großem Grundbesitz.

Dieses spezifische Verkehrsbedürfnis multipliziert mit der Verkehrsbevölkerung gibt die jährlich für eine Station im Versand und Empfang zu erwartenden Gütermengen. Dem allgemeinen Güterverkehr ist ein etwa zu erwartender Sondergüterverkehr, der sich aus der Erschließung der Gegend durch einen neuen Verkehrsweg, aus Großanlagen der Industrie und aus Bodenschätzen ergibt, zuzurechnen. Auch hier ist wie beim Personenverkehr zu untersuchen, ob die

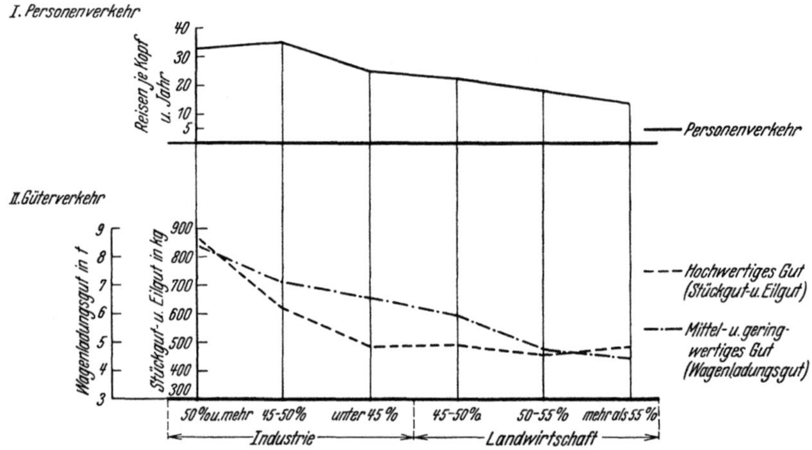

Abb. 81. Verkehrsmenge auf Eisenbahnen je Kopf der Einwohner und Jahr in Abhängigkeit von der wirtschaftlichen Struktur des Landes (Württemberg) im Jahre 1930.

neue Linie für den Durchgangsverkehr in Frage kommt und von ihm Verkehrsmengen, Einnahmen und Rückwirkungen zu erwarten sind.

In Abb. 81 ist für ein gemischt landwirtschaftlich und industrielles Wirtschaftsgebiet das spezifische Verkehrsbedürfnis oder die auf den Eisenbahnen je Kopf der Einwohner des Stationsorts im Jahr entfallende Menge an Reisen und Gütern dargestellt. Die Zahlen liegen durchweg etwas höher als die oben angegebenen Zahlen für das spezifische Verkehrsbedürfnis von Gebieten ähnlicher Wirtschaftsstruktur, weil es sich zum Teil um ein dicht besiedeltes Gebiet mit hochentwickelter Industrie handelt. Die Einwirkung des Hinterlandes ist in den Zahlen schon enthalten. Weiterhin zeigt die Unterteilung des Güterverkehrs nach Wagenladungen sowie nach Stückgut und Eilgut, daß das Stückgut und Eilgut oder hochwertiges Gut in industriellen Gebieten wesentlich höher anfällt als in landwirtschaftlichen Gebieten und in letzteren nahezu konstant bleibt. Die in dieser Abbildung für Industrie und Landwirtschaft angegebenen Prozente beziehen sich auf die bei der Volkszählung festgestellten Zahlen der Berufstätigen.

Für den Verkehr auf Wasserstraßen wird im einzelnen die Verkehrsmenge durch örtliche Erhebungen ermittelt werden müssen, da zusammenhängende

Wasserstraßennetze nur wenig vorkommen, aus deren Verkehrsleistungen allgemeine Schlüsse für das Verkehrsbedürfnis einer neuen Linie zu ziehen wären. Für den Kraftwagenverkehr auf Landstraßen werden die auf den Eisenbahnen liegenden Verkehrsströme an hochwertigen Gütern einen Anhalt für den Verkehrsanfall geben können neben besonderen örtlichen Erhebungen bei der Einrichtung von neuen Kraftverkehrslinien. Im Luftverkehr werden die auf große Entfernungen durch Eisenbahnen und Seeschiffe bisher beförderten Personen 1. und 2. Klasse, hoch- und eilwertige Güter sowie die Postmengen auf diesen Strecken einen Anhalt für den voraussichtlichen Verkehr unter Berücksichtigung eines gewissen Verkehrszuwachses bieten können[1]. In allen Fällen, in denen für neue Verkehrsmittel der zu erwartende Verkehrsumfang von vorhandenen Verkehrsmitteln abgeleitet wird, ist zu untersuchen, wie weit das neue Verkehrsmittel neue Verkehrsbedürfnisse zu beleben vermag. So hat der Luftverkehr ein ganz neues Verkehrsbedürfnis nach dem Versand frischer Blumen auf große Entfernungen entstehen lassen, das allein durch die hohe Reisegeschwindigkeit der Flugzeuge ausgelöst werden konnte. Die Niederlande und auch Italien haben aus diesem Verkehr eine sehr wesentliche Belebung ihres nationalen Luftverkehrs erfahren. Für die Ermittlung der Menge elektrischer Energie, Gas und flüssiger Brennstoffe sind Einzelerhebungen auf Grund des auf den Kopf der Bevölkerung entfallenden Verbrauchs in Gebieten ähnlicher wirtschaftlicher Struktur notwendig.

In allen Fällen, in denen auf Grund von Erfahrungen in Verkehrsgebieten ähnlicher Wirtschaftsstruktur die Verkehrsmengen berechnet werden können, ist eine Nachprüfung der gefundenen Werte durch örtliche Feststellungen erforderlich. Bei diesen Feststellungen ist weiterhin zu untersuchen, auf welche Beförderungsweiten und in welcher Richtung der Verkehr die neue Linie benutzen wird, um die Verkehrsleistungen der neuen Linie genauer bestimmen zu können. Aus dem allgemeinen, besonderen und Durchgangsverkehr ergeben sich die Verkehrsmengen, für die eine Verkehrsstrecke hergerichtet und der Betriebsapparat hinreichend bemessen werden muß. Das Zusammenspiel zwischen Verkehrsmenge, Betriebsapparat und der Einrichtung der Verkehrslinie mit ihren festen Anlagen, Fahrzeugen und dem Personal wird in dem bereits behandelten Betriebsplan einer Verkehrslinie veranschaulicht, der eine wichtige Grundlage für die Bestimmung des Aufwands oder der Selbstkosten, die die Darbietung der Verkehrsleistungen erfordert, darstellt.

So sehr die Güte der Verkehrsleistungen eines Verkehrsmittels in erster Linie maßgebend für ihre Einschätzung durch den Verkehrsinteressenten ist, so bedarf doch auch jedes Verkehrsmittel einer gewissen Werbung für seine Verkehrsarbeit. Sie ist um so notwendiger, je mehr Verkehrsmittel in einem Verkehrsgebiet sich in die Befriedigung des Verkehrsbedürfnisses teilen müssen. Die Werbung kann durch Verbesserung der Verkehrsleistungen erfolgen oder durch Aufklärung der Öffentlichkeit über die Art und Güte der Verkehrsleistungen, insbesondere aber liegt sie auf dem Gebiet geschickter Anpassung der Verkehrsgelegenheiten an spezielle Verkehrsbedürfnisse, wie sie heute besonders im Erholungs- und Vergnügungsverkehr und im schnellen Transport hochwertiger Güter verlangt wird.

b) Die Selbstkosten des Verkehrs.

Die Ortsveränderung von Personen, Gütern und Nachrichten verursacht persönliche und sachliche Kosten, die entweder unmittelbar im Tätigkeitsbereich des Verkehrsinteressenten oder in dem der Verkehrs-

[1] Pirath, „Verkehrsströme im Luftverkehr." Forschungsergebnisse des Verkehrswissenschaftlichen Instituts für Luftfahrt, Heft 1. München 1929.

unternehmungen entstehen. Es ist Sache der Verkehrsinteressenten, den Verkehrsgegenstand für seine Ortsveränderung vorzubereiten oder technisch transportfähig zu machen. So muß der Reisende seine Reiseausrüstung beschaffen und sein Reisegepäck herrichten. Güter müssen vom Versender versandfähig verpackt oder zerlegt, Briefsendungen mit den für die Beförderung notwendigen Umschlägen und Aufschriften versehen werden.

Die hierbei entstehenden Kosten sind im Personenverkehr im wesentlichen abhängig von dem Zweck der Reise und den persönlichen Wünschen des Reisenden. Im Güterverkehr werden sie durch die Art des Guts und die Eigenart des zu benutzenden Verkehrsmittels bestimmt, im Briefverkehr in der Hauptsache von der Art der Briefsendung. Ein transporttechnisch empfindliches Gut, beispielsweise eine hochwertige Maschine, verlangt eine einfachere Verpackung, wenn sie auf kurze Entfernungen durch ein einziges Verkehrsmittel befördert wird, als wenn sie auf große Entfernungen durch mehrere Verkehrsmittel zu befördern und dabei öfters umzuladen ist.

Alle mit der Herrichtung der technischen Transportfähigkeit verbundenen Kosten wird der Verkehrsinteressent in seine Berechnungen für die Gesamtkosten der Ortsveränderung von Verkehrsgegenständen einbeziehen müssen, vor allem dann, wenn er die Wahl zwischen mehreren Verkehrswegen und -mitteln hat. Sie werden aber in der Regel, besonders im Fernverkehr, weit geringer sein als die Kosten, die die Beförderung des Verkehrsgegenstands von der Verkehrsquelle zum Zielpunkt verursacht und die im Tätigkeitsbereich des Verkehrsunternehmens entstehen. Diese Kosten sind daher in erster Linie ausschlaggebend für die Beurteilung der Frage, mit welchem Kostenaufwand irgendein Verkehrsgegenstand bei seiner beabsichtigten Ortsveränderung belastet wird. So kommt es, daß im Verkehrswesen im allgemeinen unter Transportkosten nur die Kosten der eigentlichen Ortsveränderung, nicht auch die der Vorbereitung verstanden werden, trotzdem der Verkehrsinteressent mit beiden rechnen muß.

Die persönlichen und sachlichen Kosten, die die eigentliche Ortsveränderung eines Verkehrsgegenstands auslöst, können sich zusammensetzen aus dem Kostenaufwand eines oder mehrerer Verkehrsmittel, im letzteren Fall einschließlich Übergangskosten von einem zum anderen Verkehrsmittel. Wir haben es dann mit einstufigen oder mit mehrstufigen Beförderungskosten für den betreffenden Verkehrsgegenstand zu tun.

Ein Reisender, der im Kraftwagen von seiner Wohnung zum Zielpunkt fährt, verursacht nur einen einstufigen Beförderungsaufwand, dagegen ein Reisender, der mit der Straßenbahn zum Bahnhof fährt, dann die Eisenbahn und zum Schluß den Kraftwagen benutzt, um zu seinem Zielpunkt zu gelangen, einen mehrstufigen Beförderungsaufwand. Die mehrstufigen Beförderungskosten setzen sich aus mehreren einstufigen Beförderungskosten und unter Umständen noch aus Übergangskosten, beispielsweise für Gepäckbeförderung von einem Verkehrsmittel zum anderen zusammen. Ebenso verhält es sich im Güterverkehr, bei dem allerdings die Kosten des Übergangsverkehrs, wie beispielsweise beim Umschlag von Gütern zwischen Eisenbahn und Wasserstraßen, stärker den gesamten Beförderungsaufwand beeinflussen als im Personenverkehr. In allen Fällen sind aber auch hier die Kosten für den eigentlichen Transport durchweg wesentlich höher als die Kosten des Übergangs. Die Selbstkosten der Beförderung eines Verkehrsgegenstands von der Verkehrsquelle zur Empfangsstätte werden demnach zu gliedern sein nach den einstufigen Kosten der eigentlichen Beförderung in den Fahrzeugen eines oder mehrerer Verkehrsmittel und den Kosten des Übergangsverkehrs. Diese Gliederung gestattet dann auch einen Vergleich der Kosten der eigentlichen Ortsveränderung für verschiedene Verkehrsmittel.

Die Selbstkosten des Verkehrs umfassen den in Geld ausgedrückten Aufwand des Verkehrsinteressenten zur Vorbereitung und der Verkehrsunternehmungen zur Durchführung der Ortsveränderung eines Verkehrsgegenstands von der Verkehrsquelle zur Empfangsstätte. Während nun die Selbstkosten, die dem Verkehrsinteressenten entstehen, durchweg in jedem einzelnen Fall verschieden gelagert und in ihrer Höhe sehr gering sind, unterliegen die Selbstkosten der Verkehrsunternehmungen bestimmten Gesetzen, deren Kenntnis für die Verkehrswirtschaft von besonderer Bedeutung ist. Jedes Verkehrsunternehmen wird sich über seine Kosten, die ihm eine Verkehrsleistung verursacht, im klaren sein müssen, wenn es eine durchsichtige Politik in der Preisbildung mit dem Ziel verfolgen will, die Selbstkosten seiner Arbeit durch Verkehrseinnahmen zu decken. Dieser mit Eigenwirtschaftlichkeit des Verkehrsunternehmens bezeichnete wirtschaftliche Erfolg verlangt die Ermittlung der Selbstkosten nach Grundsätzen, die alle die Kosten bestimmenden Faktoren richtig erfassen.

In diesem Sinne sind die einstufigen Beförderungskosten, die im Tätigkeitsbereich eines Verkehrsunternehmens entstehen, die Selbstkosten eines bestimmten Verkehrsmittels, die mehrstufigen Beförderungskosten aber die Selbstkosten mehrerer Verkehrsmittel und unter Umständen die Selbstkosten des Übergangs. Kennen wir daher die Selbstkosten eines jeden Verkehrsmittels und des Übergangs, so können für jede Ortsveränderung von Verkehrsgegenständen die Gesamtselbstkosten ermittelt werden. Die Untersuchung der Selbstkosten im Verkehr beruht daher in der Hauptsache auf der Untersuchung der einstufigen Selbstkosten der Verkehrsmittel und der Selbstkosten des Übergangsverkehrs. Bei der ausschlaggebenden Bedeutung der Selbstkosten der Verkehrsmittel, die aus dem eigentlichen Vorgang der Ortsveränderung sich ergeben und die auch in erster Linie den Wirtschaftlichkeitsvergleich der Verkehrsmittel miteinander ermöglichen, ist ihre Behandlung in grundsätzlicher Form nötig. Die Selbstkosten für den Übergang können dagegen als Sondererscheinung im Verkehrsvorgang angesehen werden, die sich einer grundsätzlichen Behandlung mehr oder weniger entzieht.

1. Die Selbstkosten der Verkehrsmittel. Die Summe des in Geld ausgedrückten Aufwands eines Verkehrsunternehmens für die Ortsveränderung von Personen, Gütern und Nachrichten umfaßt die Selbstkosten des Verkehrsmittels. Die Selbstkosten setzen sich aus verschiedenen Elementen zusammen, deren Gliederung am zweckmäßigsten nach den Ursachen ihrer Entstehung erfolgt. Jedes Verkehrsunternehmen hat bestimmte technische Anlagen insbesondere Weg, Kraft und Fahrzeuge bereitzuhalten, an den öffentlichen Lasten teilzunehmen, einen Geschäftsbetrieb zu führen und das für die Darbietung der Verkehrsleistungen nötige Personal und Material zu stellen. Daraus entstehen ihm Kosten, die sich zusammensetzen aus der Verzinsung und Abschreibung des in den Anlagen investierten Kapitals, aus den Steuern, Geschäftsunkosten sowie Kosten für Material und Personal des Verkehrsbetriebs. Sie stellen die Kostenarten dar, deren Gliederung zweckmäßig nach folgendem Aufbau erfolgt[1]:

I. Zinsendienst
   1. Verzinsung des Anlagekapitals,
   2. Tilgung des Anlagekapitals.

II. Abschreibungen
   1. Einmalige Abschreibungen,
   2. Besondere Abschreibungen und Rücklagen.

[1] Sommer, „Selbstkostenermittlung im Verkehrswesen.“ Verkehrstechn. Woche, Berlin 1927.

III. Werbe- und ähnliche Kosten.
IV. Kosten für Leistungen Dritter
1. Unternehmerarbeiten,
2. Leistungen fremder Verkehrsverwaltungen,
3. Verbandsbeiträge,
4. Versicherungen,
5. Post- und Telephongebühren.
V. Kosten für Leistungen des Staats und der Aufsichtsbehörde
1. Steuern und andere Abgaben,
2. Gerichtskosten,
3. Leistungen der Aufsichtsbehörden.
VI. Personalkosten
1. Gehälter,
2. Löhne,
3. Reisekosten, Prämien, sonstige Zuwendungen,
4. Soziale Aufwendungen.
VII. Materialkosten
1. Werkstoffe,
2. Betriebsstoffe,
3. Baustoffe,
4. Gas und Elektrizität,
5. Rohmaterialien,
6. Sonstige Materialien.

Ein Verkehrsunternehmen, das alle diese Kostenarten zu tragen hat, also auch sein Anlagekapital verzinst und seine Anlagen der wirklichen Entwertung entsprechend abschreibt, arbeitet mit objektiven Selbstkosten, da es alle für die Erfüllung des Verkehrszwecks notwendigen Aufwendungen als Ausgaben zu verantworten und durch Einnahmen zu decken hat. Im Gegensatz zu diesen objektiven Selbstkosten stehen die partiellen Selbstkosten eines Verkehrsunternehmens, das nur einen Teil der objektiven Selbstkosten zu tragen hat, während der übrige Teil von anderen Stellen übernommen wird. Nach dem heutigen Stand der Entwicklung sind im allgemeinen die Unternehmungen der Seeschiffahrt, Eisenbahnen und Leitungen für die objektiven Selbstkosten verantwortlich, während in der Kanalschiffahrt und im Straßenverkehr partielle Selbstkostendeckung insofern vorliegt, als die Verzinsung des Anlagekapitals für den Verkehrsweg zum großen Teil durch die Allgemeinheit getragen wird. Uns interessieren, um zu allgemein gültigen Schlüssen über das Selbstkostenwesen der Verkehrsmittel zu gelangen, nur die objektiven Kosten. Nur sie geben eine klare Grundlage für die wirklichen Selbstkosten und für den Vergleich verschiedener Verkehrsmittel und ihre volkswirtschaftliche Bedeutung.

Jede Kostenart belastet in einem bestimmten Zeitraum, für den ähnlich wie bei anderen Wirtschaftszweigen das Jahr in Frage kommt, das Verkehrsunternehmen mit geldlichen Verpflichtungen. Sollen diese Verpflichtungen ständig auf ihre wirtschaftliche Notwendigkeit überwacht und geprüft werden, so müssen die Stellen des Verkehrsbetriebs, an denen die einzelnen Kostenarten entstehen, mit diesen Kosten in Beziehung gebracht werden. Die Kostenarten müssen demnach auf die verschiedenen Kostenstellen verteilt werden. Das ist bei den Verkehrsmitteln um so notwendiger, als nicht wie bei industriellen Unternehmungen der Betrieb örtlich begrenzt ist, sondern sich auf weite Flächen und zwar auf Strecken und Stationen erstreckt. Die Strecken und Stationen eines Verkehrsbetriebs haben gleichsam den Charakter selbständig wirtschaftender Stellen oder Gruppen im Gesamtunternehmen. Die einzelnen Stellen sind am unmittelbarsten an einer richtigen Bewirtschaftung des Verkehrsmittels beteiligt. Ihr Anteil an den Gesamtausgaben und an den Kostenarten ist daher ständig festzustellen und mit ihren Leistungen zu vergleichen. Auf diese Weise bildet eine richtige Gliederung der Kostenarten nach Kostenstellen eine wertvolle Grundlage für die wirtschaftliche Betriebsführung von Verkehrsmitteln. Sie hat aber auch noch einen anderen wichtigen Zweck. Im allgemeinen dient ein Verkehrsmittel mehreren Verkehrsarten, wie beispielsweise dem Personen-, Güter- und Nachrichtenverkehr. Will das Verkehrsunternehmen wissen, welchen Aufwand an Kosten es zu tragen hat für die verschiedenen Verkehrsarten, so muß an den einzelnen Stellen des Verkehrsapparats der Kostenanteil erfaßt werden, um die Verteilung der Gesamtselbstkosten auf die Hauptverkehrsarten zu erhalten.

Eine Verteilung der Selbstkosten auf die Erzeugnisse des Verkehrs nach Einzelkosten und Gemeinkosten, wie es bei Industriebetrieben möglich und zweckmäßig ist[1], ist bei Verkehrsbetrieben nicht durchführbar. Es ist im Charakter der Verkehrsleistung, eines Personenkilometers oder Tonnenkilometers, begründet, daß überhaupt keine Erzeugniseinzelkosten auftreten. So ist beispielsweise das Tonnenkilometer als technischer Ausdruck für eine Arbeit zur Ermöglichung der Ortsveränderung eines Guts weder mit Kosten für Material noch für Löhne, die sich im einzelnen für jedes Tonnenkilometer erfassen lassen, behaftet. Es ist also nicht möglich, die Verkehrsleistung als Kostenträger zur Grundlage der Kostenermittlung eines Verkehrsunternehmens zu machen, wie dies bei den Erzeugnissen oder den Kostenträgern in industriellen Unternehmungen der Fall ist. Es kommt hinzu, daß die Verkehrsleistung überhaupt keinen Maßstab bildet zur Überwachung des betrieblichen Wirkungsgrads eines Verkehrsunternehmens, sondern daß hierfür nur die Betriebsleistungseinheit eine brauchbare Unterlage bietet. Aber auch diese Betriebsleistungseinheit läßt sich nicht nach Einzel- und Gemeinkosten kostentechnisch erfassen. Wohl aber hat jedes Verkehrsunternehmen gemeinsame Kostenstellen, wie allgemeine Unkosten des Gesamtunternehmens, Verwaltung usw. und Einzelkostenstellen, wie Stationskosten, Unterhaltung der Fahrzeuge. Sie sind aber lediglich zur zweckmäßigen Unterteilung der Kostenstellen eingeführt und stehen nicht in unmittelbarer Beziehung zu den Betriebs- oder Verkehrsleistungen.

Aus allem ergibt sich, daß die Selbstkosten eines Verkehrsunternehmens nur nach dem „Wie“ und „Wo“ ihres Entstehens oder nach Arten und Stellen analysiert und aus ihrer Summe die Kosten für die Betriebsleistungseinheit und aus dieser die Kosten des „Wofür“ ihres Entstehens oder der Verkehrsleistungseinheit bestimmt werden. Die Betriebsleistungs- und Verkehrsleistungseinheit stellen im Grund genommen die Einzelerzeugnisse eines Verkehrsunternehmens dar. An ihnen wird die Produktion der Verkehrsmittel gemessen, sie sind die Kostenträger.

Der Betrieb beurteilt seine Produktion nach dem Umfang der Ortsveränderung der Fahrzeuge, also nach

Triebkraftleistungen wie Lokomotivkilometer, Schleppkilometer,
Transporteinheitsleistungen wie Zugkilometer, Schiffskilometer, Flugkilometer,
Fahrzeugleistungen wie Wagenkilometer, Rangierkilometer, Achskilometer.

In der Seeschiffahrt muß vielfach bei der Verschiedenheit der Qualität der betrieblichen Leistungen von einer kombinierten Leistungseinheit, der Reise, ausgegangen werden.

Der Verkehr beurteilt die Produktion nach dem Umfang der Ortsveränderung von Personen und Gütern, also nach

Personenkilometer und Tonnenkilometer oder nach beförderten Personen und Gütern.

---

[1] Walther, „Grundzüge industrieller Kostenlehre.“ Schweiz. Bauztg., Zürich 1923.

Für Straßenbahnen ist als besondere Leistungseinheit im Betrieb das Rechnungskilometer eingeführt[1]. Es stellt eine Kombination von Trieb- und Beiwagenkilometer dar. Diese Zusammenfassung ist möglich, da die gesamten Betriebskosten eines Beiwagens etwa halb so groß sind wie die eines Triebwagens, so daß

$$1 \text{ Rechnungswagen} = 1 \text{ Triebwagen} = 2 \text{ Beiwagen}$$

ist. Das Rechnungskilometer ist das Produkt aus dem Rechnungswagen $\times$ 1 km. Bei anderen Verkehrsmitteln wie Eisenbahnzügen und Schleppzügen ist diese Verbindung nicht möglich, da bei ihnen die wichtigsten Kostenarten des Betriebs der Zahl der gefahrenen Wagenkilometer in nicht so weitgehendem Maße proportional sind als bei den Straßenbahnen und weil weiterhin die beförderten Verkehrsgattungen zahlreicher sind.

Die mit der Produktion in Betrieb und Verkehr verbundene Geldbewegung bestimmt das finanzielle Ergebnis in Form von Ausgaben und Einnahmen für die Betriebs- und Verkehrsleistungen.

Für den Vergleich der Wirtschaftlichkeit verschiedener Verkehrsmittel sind in erster Linie die Selbstkosten der Verkehrsleistungen maßgebend. Die Selbstkosten der Betriebsleistungen sind eine eigene Angelegenheit des Verkehrsunternehmens und für dieses wichtig. Beide Selbstkosten ergeben sich aus der gleichen Ermittlung der Selbstkosten nach Kostenarten und Kostenstellen, indem einmal die Summe der Kostenarten und Kostenstellen nach Betriebsleistungen, das andere Mal nach Verkehrsleistungen umgelegt wird, um die Einheitskosten der Produktion zu erhalten.

Die Erfassung und der Aufbau der Selbstkosten eines Verkehrsmittels lassen sich für grundsätzliche Betrachtungen am klarsten darstellen in einem Verkehrsbetrieb, der für eine neue Verkehrsbeziehung eingerichtet werden soll. Die Selbstkosten des Verkehrs auf einer Verkehrslinie bestimmen auch grundsätzlich die Selbstkosten des Verkehrs auf einem Verkehrsnetz. Zur Einrichtung einer neuen Verkehrsverbindung bedarf es der Bereitstellung der technischen Anlagen in Gestalt von Weg, Stationen, Triebkraft und Fahrzeugen, sowie der Organisation zur Benutzung der technischen Anlagen für Verkehrszwecke, die den Betrieb und die Verwaltung umfaßt. Die Kosten der Anlage bezeichnet man mit Anlagekosten, die Kosten der Organisation oder des Betriebs und der Verwaltung mit Betriebskosten.

Die Kosten, die Anlage und Organisation laufend in ihren einzelnen Arten verursachen, führten zum Aufbau des Grundschemas für die Erfassung der objektiven Selbstkosten, wie es am Anfang dieses Abschnitts bekanntgegeben wurde. Jeder Ermittlung der Selbstkosten muß demnach die Feststellung des Umfangs und der Kosten der technischen Anlagen und der Organisation des Betriebs sowie der Verwaltung in Abhängigkeit von dem Zweck und Umfang des Verkehrs vorausgehen. Hierzu dient ein Kostenanschlag für den Bau des Verkehrswegs, falls ein solcher neu zu schaffen ist, und ein Betriebsplan, der Aufschluß gibt über die erforderliche Zahl der Fahrzeuge, die Einrichtung und Besetzung der Stationen sowie über das Fahr- und stationäre Personal. In den Abb. 78—80 sind die Betriebspläne für eine Omnibus-, Eisenbahn- und Transkontinentalluftverkehrslinie dargestellt und erläutert worden.

Für diese Verkehrslinien ist das Anlage- und Betriebskapital in den Tabellen 54—56 ermittelt. Das Anlagekapital ist unterteilt nach festen Anlagen, die ortsgebunden im Weg und in den Stationen liegen, und beweg-

[1] Böhm, „Die Abhängigkeit des Kostenpreises der Fahrleistungen von Straßenbahnen mit Liniencharakter.“ Würzburg 1932.

lichen Anlagen, die nicht ortsgebunden sind und die die Triebmaschine und die Fahrzeuge umfassen. Bei der Inbetriebnahme des Verkehrswegs muß ein Betriebskapital zur Verfügung stehen, aus dem die laufenden dringenden

Tabelle 54. Anlage- und Betriebskapital der Kraftomnibuslinie A—K.

I. Anlagekapital	
1. Feste Anlagen	
Garagen und Werkstätten	33600 RM.
2. Bewegliche Anlagen	
Fahrzeuge: 7 Wagen zu 23800 RM	166600 „
zusammen	200200 RM.
II. Betriebskapital	41000 „
Anlage- und Betriebskapital	241200 RM.

Tabelle 55. Anlage- und Betriebskapital der Eisenbahn A—N.

I. Anlagekapital	
1. Feste Anlagen	
Strecke und Bahnhöfe	2532000 RM.
2. Bewegliche Anlagen	
Fahrzeuge:	
6 Tenderlokomotiven je 50000	300000 „
17 Personenwagen je 30000	510000 „
4 Packwagen je 11000	44000 „
15 gedeckte Güterwagen je 7000	105000 „
50 offene Güterwagen je 5000	250000 „
5 Viehwagen je 8000	40000 „
6 Kesselwagen je 7000	42000 „
3 Packwagen je 8000	24000 „
10 Langholzwagen je 6000	60000 „
zusammen	1375000 RM.
Gesamtes Anlagekapital	3907000 RM.
II. Betriebskapital	50000 „
Anlage- und Betriebskapital	3957000 RM.

Tabelle 56. Anlage- und Betriebskapital der Transkontinentalluftverkehrslinie A—M.

I. Anlagekapital	
1. Feste Anlagen	
Flugzeughallen	380000 RM.
Flugzeugwerften	600000 „
Instandsetzungswerkstätten	300000 „
Sonstige Einrichtungen	160000 „
	1440000 RM.
2. Bewegliche Anlagen	
Flugzeugzellen	812000 „
Motoren	871000 „
Zellenersatzteile	147000 „
Motorenersatzteile	224000 „
Fuhrpark	50000 „
	2104000 RM.
3. Einlaufkosten	500000 „
zusammen	4044000 RM.
II. Betriebskapital	450000 „
Anlage- und Betriebskapital	4494000 RM.

Ausgaben eines halben Betriebsjahres gedeckt werden können, falls die laufenden Einnahmen nicht genügend zur Deckung der Kosten anfallen. Dieses Betriebskapital ist auch für die weitere Zeit für dringende Ausgaben bereitzuhalten, so daß es wie das Anlagekapital verzinst werden muß.

Das Verhältnis der Kosten für feste und bewegliche Anlagen ist bei den Verkehrsmitteln verschieden. Je höher der Anteil der festen Anlagen an den Gesamtanlagekosten ist, um so starrer ist der Verkehrsapparat an sein einmal gewähltes Verkehrsgebiet gebunden, je geringer er ist, um so leichter kann durch Verschiebung der beweglichen Anlagen

Tabelle 57. Verhältnis der Anlagekosten für feste und bewegliche Anlagen von Verkehrsmitteln.

Verkehrsmittel	Kosten für feste Anlagen %	Kosten für bewegliche Anlagen %
1	2	3
Eisenbahn	70	30
Seilschwebebahn	89	11
Seeschiffahrt	30	70
Binnenschiffahrt	70	30
Kraftomnibus (ohne Anlagekosten des Wegs)	20	80
Kraftomnibus (mit Anlagekosten des Wegs)	77	23
Flugzeug	40	60

der Verkehrsapparat in mehreren Verkehrsgebieten eingesetzt werden. Der Anteil der Kosten der festen Anlagen ist um so größer, je mehr ein Verkehrsmittel eines künstlichen Weges bedarf. Tabelle 57 gibt neben den Tabellen 54—56 hierzu einen grundsätzlichen Überblick. Die Eisenbahnen, Binnenschiffahrt und besondere Kraftwagenstraßen sind Verkehrsmittel mit

Tabelle 58. Charakteristik der Anlagekosten von Eisenbahnen zur Zeit der Eröffnung und im Jahre 1930.

Eisenbahn	Anlagekosten der Eisenbahnen bei Eröffnung 1840-1845				
	Gesamt 1000 RM	Feste Anlagen (Wege)		Bewegliche Anlagen (Fahrzeuge)	
		1000 RM	in % der gesamten	1000 RM	in % der gesamten
1	2	3	4	5	6
1. Stuttgart—Ulm—Friedrichshafen	34400	31210	90,7	3190	9,3
2. Düsseldorf—Elberfeld	6090	5540	90,9	550	9,1
3. Köln—Duisburg—Hamm—Minden	60510	52470	86,7	8040	13,3
4. Leipzig—Dresden	18650	16920	90,7	1730	9,3
5. Deutsche Reichsbahn 1930	26176000	19710000	74	6466000	26

starker Bindung an das Gebiet ihrer Anlage. Die Seeschiffahrt und der Kraftverkehr auf vorhandenen Straßen sind Verkehrsmittel mit geringster Bindung. Zwischen beiden Gruppen steht der Luftverkehr. Das Verhältnis zwischen den Kosten für feste und bewegliche Anlagen bei einem Verkehrsmittel ändert sich im allgemeinen mit der Zunahme des Verkehrs, den das Verkehrsmittel zu bewältigen hat, da dann der Fahrzeugpark in erster Linie vermehrt werden muß, während die ursprüngliche Anlage des Weges für höhere Leistungen genügt. Tabelle 58 zeigt, wie sich bei den Eisenbahnen im Lauf der Zeit dieses Verhältnis geändert und wie der Anteil der Kosten für bewegliche Anlagen immer mehr von früher rund 10% auf heute 26% der gesamten Anlagekosten zugenommen hat.

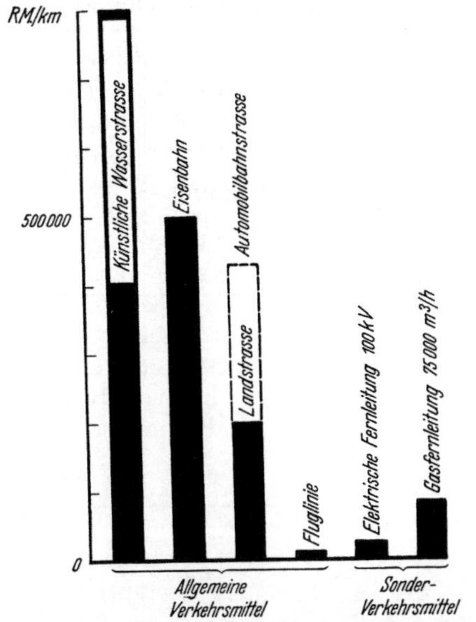

Abb. 82. Anlagekosten des Verkehrswegs für 1 km Streckenlänge zweispurig (zweispurig = 1 Spur für jede der beiden Fahrtrichtungen).

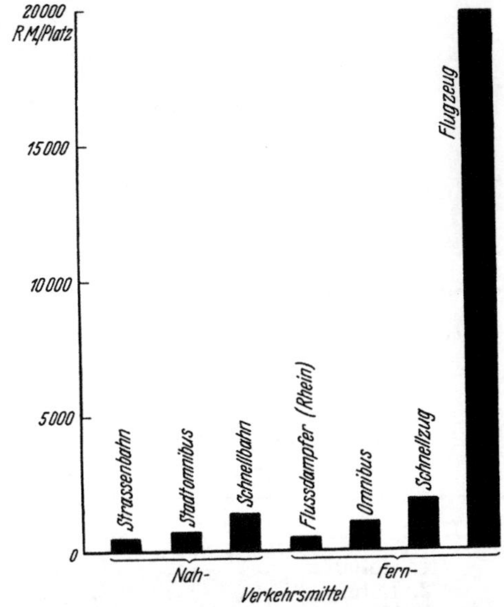

Abb. 83. Anlagekosten je Platz Fassungsvermögen der Transporteinheit im Personenverkehr.

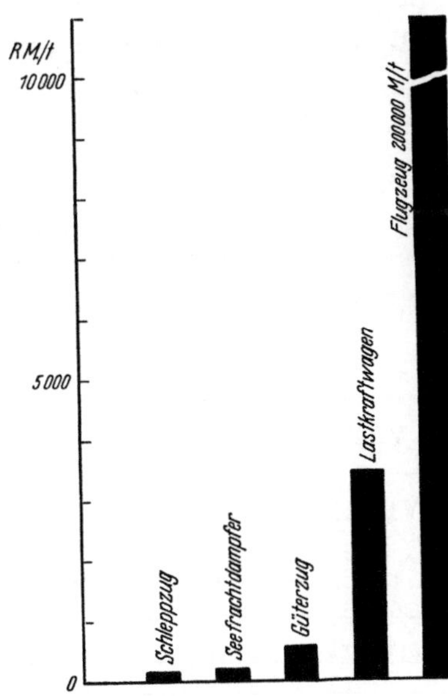

Abb. 84. Anlagekosten je Tonne Ladefähigkeit der Transporteinheit im Güterverkehr.

Eine weitere Erklärung für das unterschiedliche Verhältnis der Kosten für feste und bewegliche Anlagen bei den verschiedenen Verkehrsmitteln gibt Abb. 82, die die durchschnittlichen Anlagekosten eines zweispurigen Verkehrswegs für 1 km Streckenlänge enthält. Die Kosten der beweglichen Anlagen sind, bezogen auf den Platz Fassungsvermögen oder die Tonne Ladefähigkeit, bei verschiedenen Verkehrsmitteln, wie Abb. 83 und 84 zeigen, bei weitem nicht so großen Unterschieden unterworfen als die Anlagekosten des Wegs derselben Verkehrsmittel. Nur das Flugzeug verlangt als hochwertiges technisches Instrument im Vergleich zu den übrigen Verkehrsmitteln eine außergewöhnliche hohe Kapitalinvestition für die Bereitstellung des nötigen Laderaums. Ihm folgt, allerdings in weitem Abstand, der Lastkraftwagen, weil hier die Vereinigung von Triebmaschine und Ladegefäß in einem Fahrzeug höhere Kosten verursacht als bei dem vergleichsfähigen Güterzug. Der Seeverkehr weist sowohl in den festen wie in den beweglichen Anlagen die relativ günstigsten Verhältnisse auf für die Kapitalinvestition. Er ist vom Standpunkt der Kapitalbeschaffung das zweckmäßigste Verkehrsmittel. Diesem Umstand verdankt er

Tabelle 59. Grundplan der Selbstkostenrechnung

Kostenarten	Gemeinsame Kostenstellen des Gesamtunternehmens: Allgemeine Unkosten des Gesamtunternehmens	Verwaltung und Büroräume	Ersatzteillager
1	2	3	4
I. Materialkosten.			
1. Betriebsstoffe	—	—	—
2. Bereifung	—	—	2070
3. Büromaterialien, Vordrucke usw.	—	275	—
4. Beleuchtung und Heizung	—	150	—
5. Sonstige Materialien	—	196	2560
II. Personalkosten.			
1. Gehälter	—	2400	—
2. Löhne	—	—	—
3. Tagegelder, Reisekosten, besondere Zuwendungen	—	2000	—
4. Soziale Aufwendungen	—	—	—
III. Kosten für Leistungen des Staates			
1. Steuern und andere Abgaben	—	—	—
2. Gerichts- und Polizeikosten	256	—	—
IV. Kosten für Leistungen Dritter			
1. Fremde Unternehmerleistungen	108	1760	—
2. Verbandsbeiträge	1220	—	—
3. Versicherungen	—	—	—
4. Post- und Telephongebühren	670	—	—
5. Mieten und Pacht	—	—	—
6. Frachtkosten	—	—	291
V. Werbekosten	108	—	—
VI. Abschreibungen.			
1. Normale Abschreibungen 20%	—	—	—
2. Besondere Abschreibungen	7800	—	—
VII. Verzinsung des Anlagekapitals 6%	—	—	—
VIII. Bankspesen	366	—	—
	10528	6781	4921

für die Kraftomnibuslinie A—K. (Kosten in RM.)

Einzelkostenstellen					
Kostenstellen der Betriebsstellen		Kostenstellen der Strecke			
Betriebsstelle A Stationäre Kosten, Garagen, Haltestellen, Werkstatt	Betriebsstelle K Stationäre Kosten, Garagen, Haltestellen, Werkstatt	Unterhaltungskosten der Straße (Kraftfahrzeugsteuer)	Unterhaltung der Fahrzeuge	Reine Beförderung	Kapital- und Verzinsungsdienst für die Fahrzeuge
5	6	7	8	9	10
—	—	—	—	58 085	—
—	—	—	—	—	—
1 180	1 180	—	—	—	—
100	90	—	—	—	—
588	500	—	14 365	—	—
2 200	—	—	—	—	—
1 900	1 900	—	—	20 800	—
64	40	—	—	1 038	—
95	95	—	—	1 060	—
—	—	5 730	—	—	—
—	—	21	—	175	—
20	—	—	27 154	—	—
—	—	—	—	889	—
112	90	—	—	—	6 963
420	360	—	—	—	—
1 698	1 200	—	—	—	—
—	—	—	9	12	—
—	—	—	—	—	—
720	720	—	—	—	33 320
—	—	—	—	—	—
1 010	1 010	—	—	—	10 000
—	—	—	—	—	—
10 107	7 185	5 751	41 528	97 187	50 283

Summe 234 271,— RM.
Fahrzeug-km: 281 000, mithin je Fahrzeug-km: 0,84 RM.
Personen-km: 3 920 000, mithin je Personen-km: 0,06 RM.

nicht zum wenigsten seine wirtschaftlich hochwertigen Leistungen im Weltverkehr. Ganz allgemein zeigen die Untersuchungen, daß die neuen Verkehrsmittel, wie Kraftwagen auf vorhandenen Landstraßen und Luftverkehr, im Gegensatz zu den sonstigen Verkehrsmitteln eine starke Verlagerung in der Bedeutung der beweglichen Anlagen bei der Kapitalbeschaffung zeigen, die ihrem freizügigen und bereitwilligen Einsatz für Verkehrszwecke zweifellos zustatten kommt.

Das Anlage- und Betriebskapital der Verkehrsmittel ist die Grundlage für den Zinsendienst und die Abschreibung der technischen Anlagen. Für den Zinsendienst gelten die üblichen Zinssätze. Wird das Kapital getilgt, so ist eine Abschreibung nicht nötig, denn dann kann bei Ersatzbeschaffungen für die Anlagen das Geld wieder neu geliehen werden. Wird dagegen, wie es im Verkehrswesen in der Regel üblich ist, das Kapital nicht getilgt, so muß die Anlage abgeschrieben werden. Die Abschreibungen sind Rücklagen, die notwendig sind, um mit dem allmählichen Verschleiß oder Abgang der technischen Anlagen die Mittel zu ihrem Ersatz zu beschaffen und zur Verfügung zu haben. Durch jährliche planmäßige Abschreibung sinkt der Wert der Anlage vom Neuwert W auf den Altwert W' und hat den Mittelwert $\frac{W + W'}{2}$. Bei einem Zinssatz von 5% ist dann die durchschnittliche Zinsbelastung oder der Zinsendienst

$$\frac{W + W'}{2} \cdot 0{,}05.$$

Der Abschreibungssatz richtet sich nach dem durchschnittlichen Lebensalter der technischen Einrichtung, das vom Verschleiß oder vom technischen Fortschritt, der zur Überalterung einer Anlage führen kann, abhängt. Hierzu sind im Abschnitt IV, 2 bezüglich des Fahrzeugparks nähere Angaben gemacht. Bezüglich des Verkehrswegs müssen die Abschreibungssätze nach dem Lebensalter der Einzelkonstruktionen eines Verkehrswegs auf Grund von Erfahrungen gewählt werden. Zu diesen sogenannten normalen Abschreibungen treten vielfach besondere Abschreibungen, die sich aus unerwarteten Entwertungen der technischen Anlage, beispielsweise bei dauerndem Verkehrsrückgang und bei katastrophalen Zerstörungen von Verkehrsanlagen durch Naturereignisse ergeben.

Nachdem so die laufenden Ausgaben des Verkehrsmittels für den Zinsendienst und die Abschreibungen festgelegt sind, können auf Grund des Betriebsplans und der Erfahrungen vorhandener Verkehrsbetriebe die übrigen Kostenarten für den Verkehrsbetrieb ermittelt und auf die Kostenstellen verteilt werden. Als Beispiel für eine den technischen Verhältnissen entsprechende Selbstkostenrechnung für ein Verkehrsunternehmen ist in Tabelle 59 und 60 der Selbstkostenplan für die bereits behandelte Omnibus- und Transkontinentalluftverkehrslinie aufgestellt. Diese Grundpläne enthalten alle Kosten, die dem Verkehrsunternehmen bei der Vorbereitung und Durchführung der Verkehrsleistungen entstehen, so daß, wie in der Tabelle geschehen, die Gesamtkosten auf die Verkehrsleistungen umgelegt und die Selbstkosten für diese ermittelt werden können. In diesen Tabellen sind die Kostenarten so auf die gemeinsamen und Einzelkostenstellen verteilt, daß festgestellt werden kann, mit welchen Kosten die einzelnen Stellen arbeiten. Werden zu diesen Kosten die Betriebsleistungen der Stellen in Beziehung gesetzt, so wird es möglich, für die einzelnen Stellen ein Wirtschaftsergebnis zu ermitteln und ihr wirtschaftliches Arbeiten fortlaufend zu überwachen. Die Buchhaltung liefert die Werte für die Selbstkostenrechnungen. Sie bildet damit eine unentbehrliche Grundlage für die Aufstellung und die Ermittlung der Selbstkosten.

Aufbau und Inhalt des Grundschemas zur Erfassung der Selbstkosten eines Verkehrsmittels zeigen zwei charakteristische Grundtatsachen und zwar die Scheidung nach Kosten, die

1. von der Beförderungsweite abhängig oder unabhängig sind,
2. von der Verkehrsmenge oder der Verkehrsleistung abhängig oder unabhängig sind.

Tabelle 60. Grundplan der Selbstkostenrechnung für die Transkontinentalluftverkehrslinie A—M (Kosten in RM.).

Kostenarten	Gemeinsame Kostenstellen des Gesamtbetriebs	Einzelkostenstellen			
		Hafenkosten		Streckenkosten	
		Flughafen	Werkstätten	Flugzeuge	Bodenorganisation
1	2	3	4	5	6
I. Materialkosten.					
Betriebsstoffe	—	—	—	840 000	
Ersatzteile	—	—	—	420 000	
Sonstige Materialien . . .	50 000	150 000	250 000	—	
II. Personalkosten	108 000	312 000	240 000	576 000	
III. Kosten für Leistungen des Staates.					
IV. Kosten für Leistungen Dritter.					
Start- und Landegebühren	—	150 000	—	—	
Versicherungen	—	25 000	—	255 000	
Funkdienst	150 000	—	—	—	
Provisionen	120 000	—	—	—	
V. Werbekosten	100 000	—	—	—	
VI. Abschreibungen . . .	52 000	38 000	117 000	609 000	
VII. Zinsendienst	—	38 000	106 000	216 000	
Unvorhergesehenes . . .	500 000	—	—	—	
	1 080 000	713 000	713 000	2 916 000	
Summe . .	5 422 000				

Fahrzeug-km 3 173 248, mithin je Fahrzeug-km 1,71 RM.
tkm Post und Fracht 1 434 000, mithin je tkm 3,78 RM.

Die Verteilung der Kostenarten nach Kostenstellen läßt klar erkennen, daß die Kosten der örtlichen Betriebsstellen oder Stationen unabhängig von der Beförderungsweite sind, denn sie entstehen, ohne daß der Verkehrsgegenstand irgendeiner Ortsveränderung unterworfen wird. Abhängig von der Beförderungsweite sind dagegen die Kosten der Strecken, da sie an der eigentlichen Ortsveränderung unmittelbar beteiligt sind. Die gemeinsamen Kostenstellen des Gesamtunternehmens sind zum Teil abhängig, zum Teil unabhängig von der Beförderungsweite.

Von den Kostenarten ist ein Teil fest oder unabhängig davon, ob viel oder wenig Verkehr zu bewältigen ist, ein Teil aber veränderlich und abhängig vom Verkehrsumfang. Damit ergibt sich für das Verkehrsunternehmen die Möglichkeit, seine Selbstkosten nach den Beförderungsweiten und nach dem Umfang der Verkehrsbedürfnisse zu untersuchen und sie so in Beziehung zu bringen zur Einschätzung der Beförderungsarbeit durch die Verkehrsinteressenten, die die ihnen gebotenen Verkehrsleistungen nach bestimmten Preissätzen bezahlen müssen. Der Verkehrsinteressent wird um so mehr geneigt sein, Transportkosten zu tragen, je weiter die Beförderungsweite ist. Andererseits wird aber sein Verkehrsbedürfnis steigen, je niedriger die Transportpreise sind, die von dem Verkehrsumfang beeinflußt werden. Lassen sich daher die Selbstkosten in eine gesetzmäßige Abhängigkeit zur Beförderungsweite und zum Verkehrsumfang bringen, so entsteht damit ein Hilfsmittel für die Verkehrswirtschaft, das für den Einsatz des zweckmäßigsten Verkehrsmittels für bestimmte Verkehrszwecke unentbehrlich ist.

Die Selbstkosten in Abhängigkeit von der Beförderungsweite bauen sich auf den Bewirtschaftungszustand eines bestimmten Zeitabschnitts, in der Regel eines Jahres, auf, in dem das Verkehrsmittel seine Verkehrsarbeit leistet. Es entspricht das einer statischen Betrachtung der Selbstkosten. Werden für die Beförderung einer Person oder einer Tonne die von der Beförderungsweite unabhängigen Kosten oder die Stationskosten mit a und die von der Beförderungsweite abhängigen Kosten oder Streckenkosten mit $b.l$ bezeichnet, wobei b der Streckensatz für 1 km und l die Beförderungsweite in Kilometer bedeutet, so sind die Selbstkosten je Person oder Tonne

$$K = a + b.l.$$

Es ist dabei mit genügender Genauigkeit angenommen, daß die Streckenkosten in geradliniger Abhängigkeit zur Transportweite stehen. Es entspricht dies nicht immer ganz den wirklichen Verhältnissen, doch ist beispielsweise bei den Eisenbahnen eine merkliche relative Senkung erst bei sehr großen Entfernungen festzustellen, so daß diese Änderung der Streckenkosten vernachlässigt werden kann. Anders liegt es allerdings bei der Energieübertragung mit hochgespanntem elektrischen Strom, bei der infolge der Leitungsverluste sich die Streckenkosten mit den größeren Entfernungen besonders stark erhöhen. Während nun die Stationskosten a aus dem Grundschema der Selbstkostenberechnung ermittelt werden können, muß der Faktor b mit Hilfe der mittleren Beförderungsweite

$$l_m = \frac{\text{Personenkilometer}}{\text{Personen}} \text{ oder } \frac{\text{Nutztonnenkilometer}}{\text{Tonnen}}$$

festgesetzt werden. Trägt man in einem Koordinatensystem über der mittleren Beförderungsweite die gesamten Selbstkosten je beförderte Person oder Tonne als Ordinate auf, so enthält diese in einer Summe die Stationskosten a', die Verwaltungskosten v und die Streckenkosten b' je beförderte Person oder Tonne. Die Verwaltungskosten v müssen sowohl den Stationskosten wie den Streckenkosten zugeschlagen werden, da die allgemeine Verwaltung für ihre Stationen und Strecken arbeitet. Der Verteilungsschlüssel ergibt sich aus dem Verhältnis $\frac{a'}{b'}$. Die Stationskosten erhöhen sich dann auf das Maß

$$a = a' + v \,.\, \frac{a'}{b'}$$

und die Streckenkosten werden

$$b \,.\, l_m = b' + \left(v - \frac{v \,.\, a'}{b'}\right).$$

Damit ist auf der Ordinate der Ausgangspunkt für die Streckenkostenlinie $a + b.l$ festgelegt. Die Verbindungslinie dieses Punktes mit dem oberen Ende der Selbstkostenordinate über der mittleren Beförderungsweite ergibt die Selbstkostenlinie in Abhängigkeit von der Beförderungsweite. Aus den Kosten für die Beförderung einer Person oder Tonne ergeben sich die Kosten k je Personenkilometer und

Tonnenkilometer in Abhängigkeit von der Beförderungsweite aus der Gleichung

$$k = \frac{a}{l} + b,$$

die einer Hyperbel entspricht.

Auf Grund dieser Betrachtungen sind nun für die bereits behandelte Omnibus-, Eisenbahn- und Luftverkehrslinie die Selbstkosten je Person und Tonne sowie je Personenkilometer und Tonnenkilometer in Abhängigkeit von der Beförderungsweite in den Abb. 85—88 (s. S. 188) dargestellt. In welcher Weise hierbei die Kostenarten nach Stations- und Streckenkosten grundsätzlich verteilt worden sind, ergibt sich aus der Tabelle 61 (s. S. 190). Die Schaubilder vermitteln wertvolle Einblicke in die Selbstkostenstruktur der verschiedenen Verkehrsmittel. Der Personenverkehr auf Straßen und Eisenbahnen verursacht verhältnismäßig geringe Stationskosten, da die Abfertigung der Personen und die Bildung der Transporteinheiten auf einfachen Anlagen und mit geringem Zeitaufwand erledigt werden können. Es sind daher die Selbstkosten im Personenverkehr in starkem Maße abhängig von den Streckenkosten, so daß die Preisbildung nach ihnen erfolgen muß. Der Güterverkehr verlangt besondere Ladeanlagen und eine umfassende Arbeit für die Bildung der Transporteinheiten, so daß bei ihm die Stationskosten verhältnismäßig höher sind. Die Preisbildung muß daher sowohl nach den Stationskosten, wie nach den Streckenkosten erfolgen, wenn die Bezahlung der Verkehrsleistungen in einem gewissen Einklang mit dem Aufwand des Verkehrsunternehmens stehen soll. Im Transkontinentalluftverkehr liegen die Streckenkosten wieder höher als im Eisenbahngüterverkehr, doch zeigt das Schaubild, welche verhältnismäßig hohen Kosten für die Einrichtung und den Betrieb der Flughäfen auf großen Luftverkehrslinien eingesetzt werden müssen.

Das Schaubild für die Kosten je Personenkilometer und Tonnenkilometer zeigt, wie stark bei nahen Entfernungen die Stationskosten die Selbstkosten beeinflussen, vor allem im Güterverkehr der Eisenbahnen.

Die statische Betrachtungsweise nach der Abhängigkeit der Selbstkosten von der Beförderungsweite gestattet die Festlegung der Grenzweite einer wirtschaftlichen Beförderung bei einer Zusammenarbeit der Verkehrsmittel in den Gebieten, in denen mehrere Verkehrsmittel miteinander im Wettbewerb stehen. Hierauf wird später noch eingegangen werden.

Es liegt in der Natur der statischen Betrachtung eines Wirtschaftsergebnisses eines Unternehmens, daß mit ihr nur der Wirtschaftszustand eines bestimmten Zeitabschnitts untersucht und nach seinen Kostenelementen festgelegt wird. Sie erfaßt nicht die Abhängigkeit der Selbstkosten von dem Verkehrsumfang oder dem Beschäftigungsgrad des Verkehrsunternehmens. Es gilt also, die Rückwirkungen der großen Verkehrsschwankungen auf die Selbstkosten festzustellen, und zwar in einer dynamischen Betrachtungsweise, die die Beziehungen zwischen Selbstkosten und Verkehrsgröße aufdeckt. Damit kommen wir zur zweiten Grundtatsache, die das Selbstkostenschema klar legte, zur Scheidung nach Kosten, die von der Verkehrsgröße abhängig und unabhängig sind. In der Regel werden diese Kosten als veränderliche und feste Kosten in Abhängigkeit von der Verkehrsgröße bezeichnet.

Die industrielle Kostenlehre hat die große Bedeutung der Selbstkosten in Abhängigkeit von dem Beschäftigungsgrad eingehend behandelt. Ihre Ergebnisse lassen sich grundsätzlich auch auf Verkehrsmittel anwenden[1]. Die Wichtigkeit

[1] Peiser, „Der Einfluß des Beschäftigungsgrads auf die industrielle Kostenentwicklung.“ Berlin 1924.

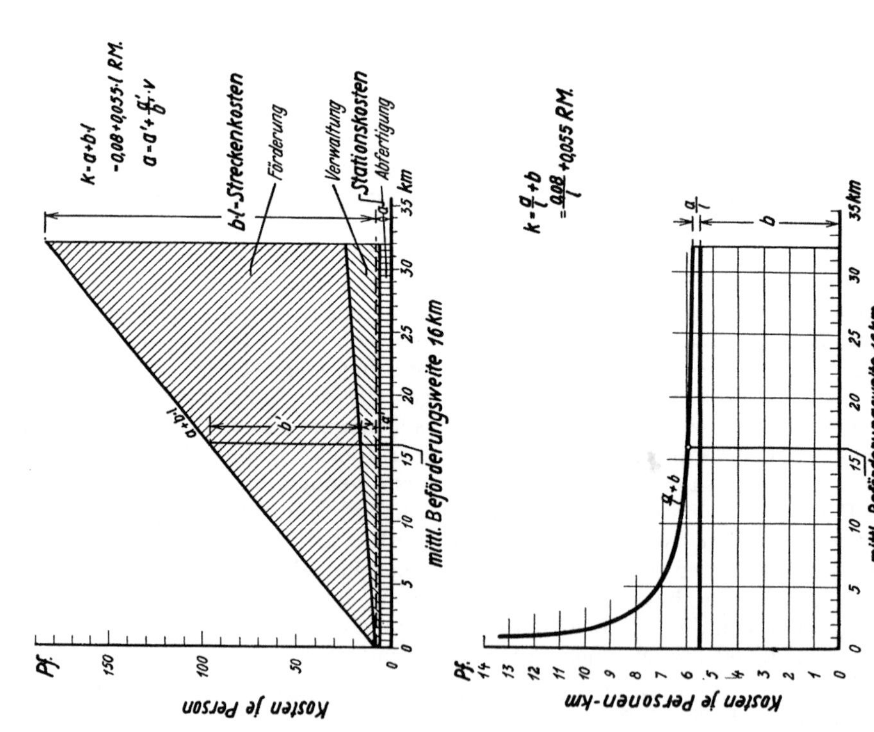

Abb. 85. Selbstkosten im Personenverkehr der Kraftomnibuslinie A—K in Abhängigkeit von der Beförderungsweite.

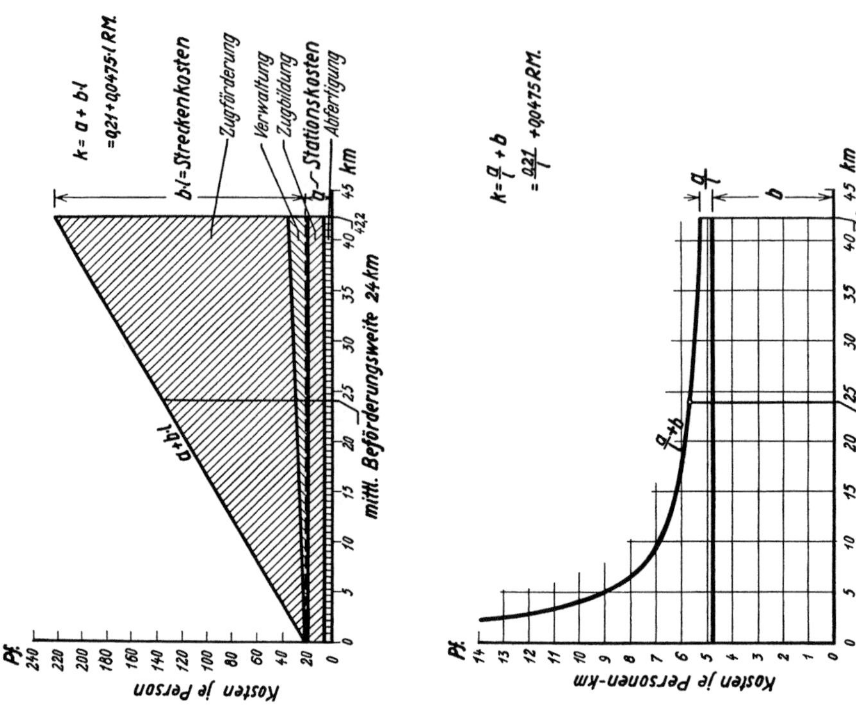

Abb. 86. Selbstkosten im Personenverkehr der Eisenbahn A—N in Abhängigkeit von der Beförderungsweite.

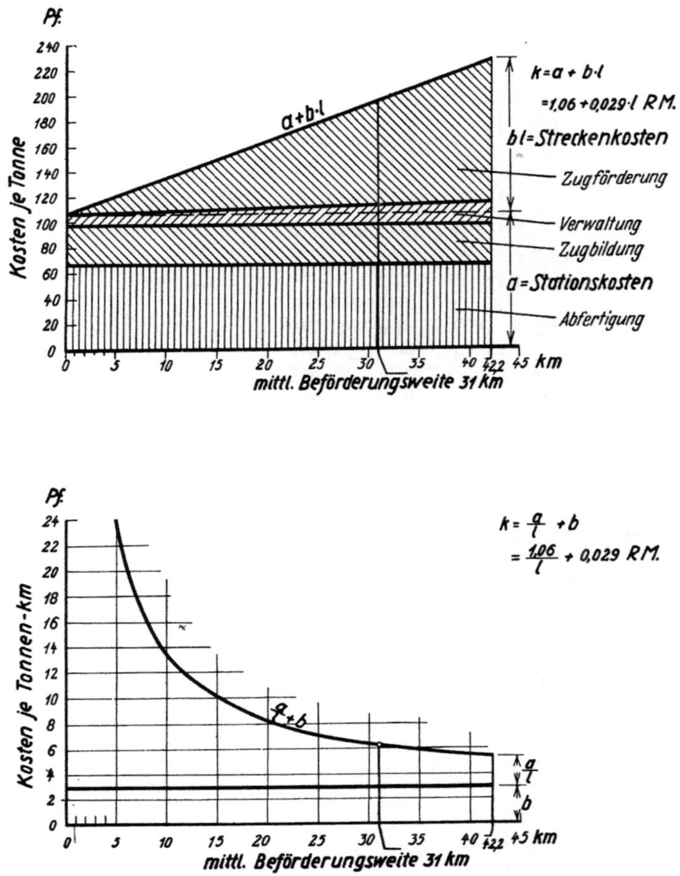

Abb. 87. Selbstkosten im Güterverkehr der Eisenbahn A—N in Abhängigkeit von der Beförderungsweite.

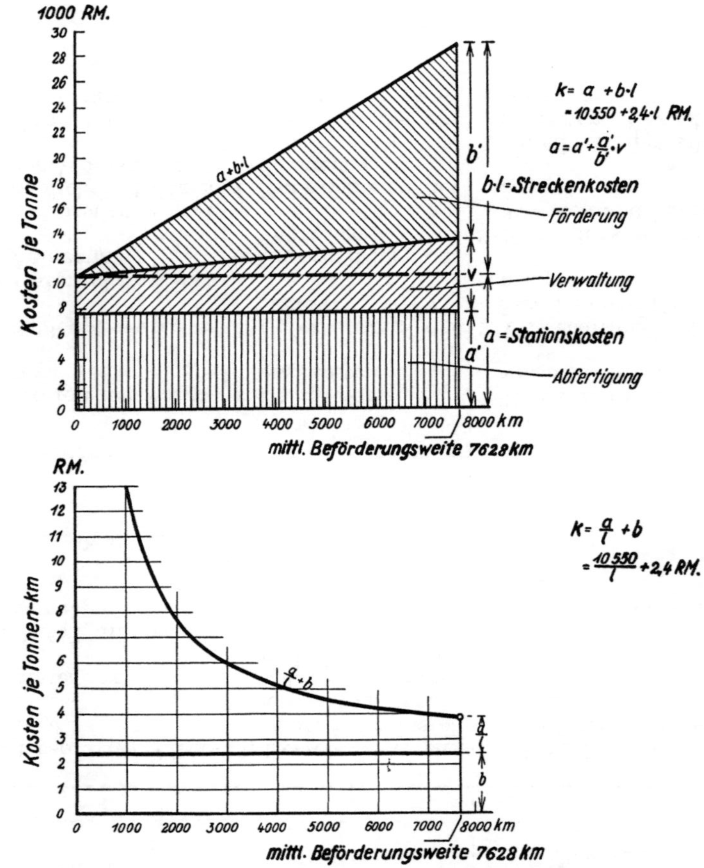

Abb. 88. Selbstkosten im Güterverkehr der Transkontinentalluftverkehrslinie A—M in Abhängigkeit von der Beförderungsweite.

Tabelle 61. Zusammensetzung der Stations- und Streckenkosten bei den verschiedenen Verkehrsmitteln.

Kostenart	Eisenbahn	Natürliche Binnenwasserstraßen	Künstliche Binnenwasserstraßen	Kraftwagen	Flugzeug
1	2	3	4	5	6
Stationskosten. . . .	1. Abfertigung 2. Zugbildung 3. Unterhaltung und Kapitalkosten der Bahnhöfe 4. Anteil an der allgemeinen Verwaltung	1. Kosten der Liegetage 2. Hafenkosten 3. Anteil an der allgemeinen Verwaltung 4. (Umschlagkosten)	1. Kosten der Liegetage 2. Hafenkosten 3. Anteil an der allgemeinen Verwaltung 4. (Umschlagkosten)	1. Kosten der einzelnen Betriebsstellen einschl. Tankanlagen, Garagen und Vorhalten der Reparaturwerkstätten 2. Anteil an der allgemeinen Verwaltung	1. Flughafenkosten und Vorhalten der Reparaturwerkstätten 2. Anteil an der allgemeinen Verwaltung
Streckenkosten . . .	1. Zugförderung Darin enthalten auch Unterhaltung der Strecken und Fahrzeuge 2. Kapitalkosten der Strecken und Fahrzeuge 3. Anteil an der allgemeinen Verwaltung	1. Kosten der Fahrttage 2. Schleppkosten 3. Unterhaltung der Fahrzeuge	1. Kosten der Fahrttage 2. Schleppkosten 3. Unterhaltung der Fahrzeuge 4. Unterhaltung der baulichen Anlagen der Wasserstraßen 5. Kapitalkosten der Wasserstraße	1. Reine Beförderungskosten 2. Unterhaltung der Straße 3. Unterhaltung der Fahrzeuge 4. Kapitalkosten der Fahrzeuge 5. Anteil an der allgemeinen Verwaltung	1. Reine Beförderungskosten 2. Unterhaltung der Strecken und Fahrzeuge 3. Kapitalkosten der Strecken und Fahrzeuge 4. Anteil an der allgemeinen Verwaltung

der Berücksichtigung der Verkehrsgröße ist schon lange von Verkehrsfachleuten erkannt[1], allerdings in der Praxis der Verkehrsbetriebe noch verhältnismäßig wenig berücksichtigt worden. Je größer der Anteil der festen Kosten an den Gesamtkosten ist, um so wichtiger ist die Berücksichtigung der Größe des Verkehrs, da der feste Kostenanteil der Verkehrsleistungseinheit mit dem anfallenden Verkehr ganz erheblichen Schwankungen unterworfen ist. Die veränderlichen Kosten steigen nach bestimmten Gesetzen mit den Schwankungen des Verkehrs. Sie ändern sich dabei proportional mit der Verkehrsgröße, oder degressiv, — sie wachsen langsamer als die Verkehrsgröße, — oder progressiv, — sie wachsen schneller als die Verkehrsgröße. Im allgemeinen kann proportionale Veränderung angenommen werden.

Welche Kostenarten zur Gruppe der festen und veränderlichen Kosten zu rechnen sind, zeigt in genereller Weise Tabelle 62 (s. S. 194). Die festen Kosten entstehen in erster Linie aus der Bereithaltung der technischen Anlagen und eines Teils des Personals, ganz unabhängig davon, ob viel oder wenig Verkehr zu bewältigen ist. Sie sind aber nur fest innerhalb bestimmter, allerdings recht weiter Grenzen. Bei sehr starken Verkehrsrückgängen müssen größere Einschränkungen im Verwaltungsapparat und in den festen Personalkosten vorgenommen werden, während bei großem, dauerndem Verkehrszuwachs die Verwaltung vermehrt, der Betriebsmittelpark vergrößert und unter Umständen die baulichen Anlagen erweitert werden müssen. Bei der charakteristischen Darstellung der Selbstkosten in Abhängigkeit von der Verkehrsgröße werden demnach nicht, wie bei der statischen Betrachtungsweise, einfache Kennlinien sich ergeben, sondern es wird die Kennlinie in Stufen sich entwickeln. Die Unterhaltung des Transportwegs, der Stationen und der Fahrzeuge fällt zum Teil unter die festen, zum Teil unter die veränderlichen Kosten, je nach den technischen Eigenarten der Verkehrsmittel. Die technischen Anlagen sind, ob sie benutzt werden oder nicht, gewissen Zerstörungen durch Witterungseinflüsse unterworfen, die beispielsweise bei Eisenbahnwagen allein 35% der gesamten Unterhaltungskosten betragen. Diese Kosten sind demnach fest, während die aus der eigentlichen Benutzung der technischen Anlagen sich ergebenden Unterhaltungskosten veränderlich sind. Nur die reinen Betriebskosten für Fahrpersonal und Betriebsstoffe sind fast völlig abhängig von der Verkehrsgröße.

In den Abb. 89—92 (s. S. 192) ist für die früher behandelte Omnibus-, Eisenbahn- und Luftverkehrslinie die Abhängigkeit der Selbstkosten von der Verkehrsgröße, die durch die Verkehrsleistungen ausgedrückt ist, veranschaulicht und zwar sind jedesmal die Gesamtkosten und die Kosten je Personenkilometer und Tonnenkilometer dargestellt. Die Beziehungen zwischen den Gesamtkosten und den Verkehrsleistungen werden festgestellt nach der Gleichung:

$$K = A + B . L$$

in gleicher Weise wie für die statische Betrachtungsweise. Hier bedeuten:

A = feste Kosten für normalen Beschäftigungsgrad,

B = Kostensatz der veränderlichen Kosten für die Einheit der Verkehrsleistung,

L = Verkehrsleistungen bei normalem Beschäftigungsgrad.

Jeder Verkehrsbetrieb ist für einen bestimmten Beschäftigungsgrad hergerichtet und organisiert. Wird er im Durchschnitt mit 70% seiner Leistungsfähigkeit für Verkehrszwecke ausgenutzt, so ist er in der Lage, den saisonmäßigen Verkehrs-

[1] Blum-Jacobi-Risch, „Verkehr und Betrieb der Eisenbahnen." Berlin 1925. Sachs, „Verkehrswesen." Berlin 1918/19/20/22.

Petersen, „Die Aufgaben des großstädtischen Personenverkehrs und die Mittel zu ihrer Lösung." Städtebauliche Vorträge, Bd. 1, Heft 8, Berlin 1908.

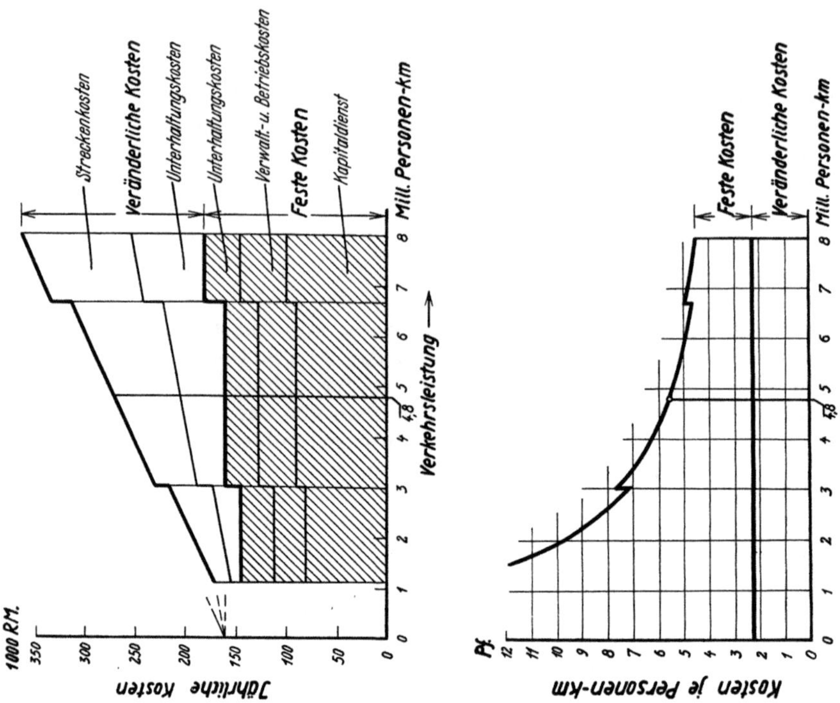

Abb. 90. Selbstkosten im Personenverkehr der Eisenbahn A—N in Abhängigkeit von der Verkehrsgröße.

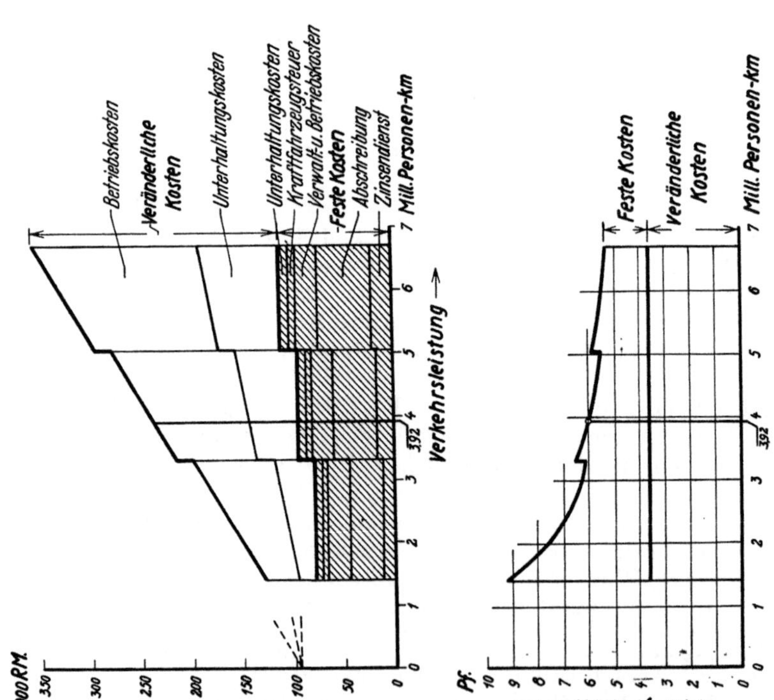

Abb. 89. Selbstkosten im Personenverkehr der Kraftomnibuslinie A—K in Abhängigkeit von der Verkehrsgröße.

spitzen, die bis zu 30% über der durchschnittlichen Beschäftigung liegen, gerecht zu werden. Der durchschnittlichen Beschäftigung von 70% der technischen Leistungsfähigkeit des vorhandenen Betriebsapparats entspricht der normale Beschäftigungsgrad.

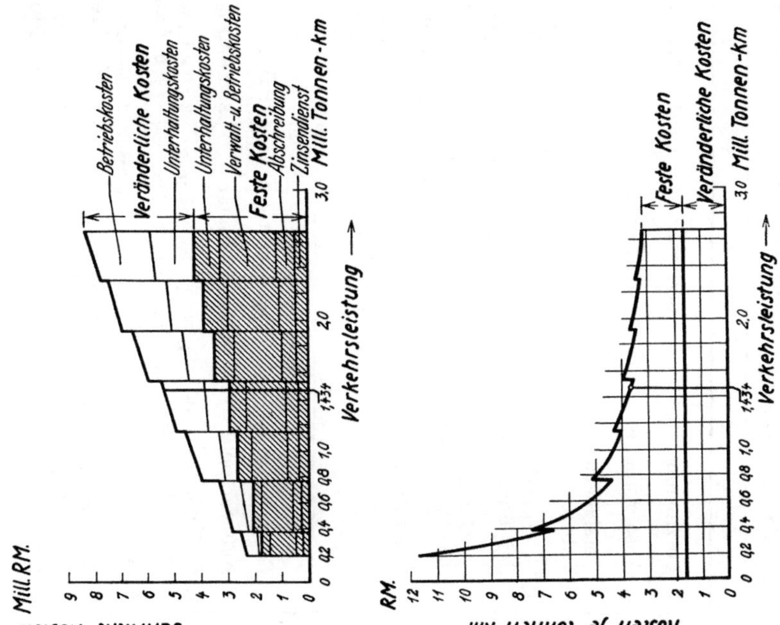

Abb. 92. Selbstkosten im Güterverkehr der Transkontinentalluftverkehrslinie A—M in Abhängigkeit von der Verkehrsgröße.

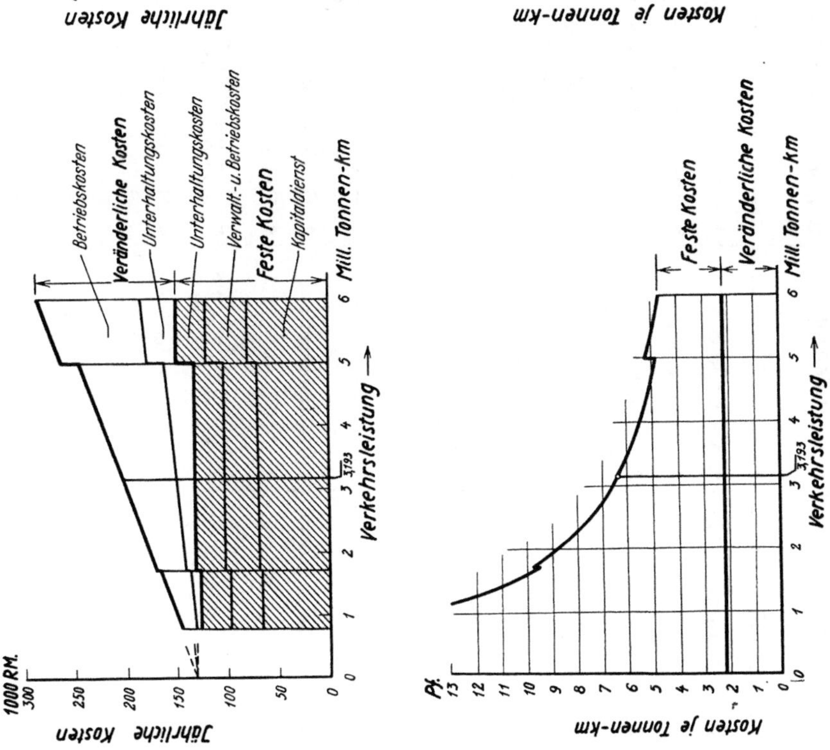

Abb. 91. Selbstkosten im Güterverkehr der Eisenbahn A—N in Abhängigkeit von der Verkehrsgröße.

Tabelle 62. Zusammensetzung der festen und veränderlichen Kosten bei den verschiedenen Verkehrsmitteln.

Kostenart	Eisenbahn	Natürliche Binnenwasserstraßen	Künstliche Binnenwasserstraßen	Kraftwagen	Flugzeug
1	2	3	4	5	6
Feste Kosten	1. Verzinsung 2. Abschreibung 3. $^1/_3$ Unterhaltung der Fahrzeuge 4. $^1/_3$ Unterhaltung des Wegs und der Bauwerke (ohne Oberbau) 5. Feste Personalkosten, Verwaltung	1. Verzinsung 2. Abschreibung 3. Versicherung der Fahrzeuge 4. $^1/_3$ Unterhaltung der Fahrzeuge 5. Verwaltung	1. Verzinsung 2. Abschreibung 3. Versicherung der Fahrzeuge 4. $^1/_3$ Unterhaltung der Fahrzeuge 5. $^2/_3$ Unterhaltung der Wasserstraßen 6. Verwaltung	1. Verzinsung 2. Abschreibung 3. Versicherung 4. $^1/_3$ Unterhaltung der Fahrzeuge 5. Unterhaltung der Gebäude 6. Feste Personalkosten 7. Verwaltung	1. Verzinsung 2. Abschreibung 3. Versicherung 4. $^2/_5$ Unterhaltung der Fahrzeuge 5. Unterhaltung der Gebäude 6. Flughafenpersonal 7. Verwaltung
Veränderliche Kosten	1. Betriebsstoffe 2. Fahrpersonal 3. $^2/_3$ Unterhaltung der Fahrzeuge 4. $^2/_3$ Unterhaltung des Wegs und der Bauwerke 5. Unterhaltung und Erneuerung des Oberbaus	1. Betriebsstoffe 2. Fahrpersonal 3. $^2/_3$ Unterhaltung der Fahrzeuge 4. Hafenabgaben 5. Versicherung der Ladung	1. Betriebsstoffe 2. Fahrpersonal 3. $^2/_3$ Unterhaltung der Fahrzeuge 4. Hafenabgaben 5. $^1/_3$ Unterhaltung der Wasserstraßen 6. Betrieb der Wasserstraßen 7. Versicherung der Ladung	1. Betriebsstoffe 2. Fahrpersonal 3. $^2/_3$ Unterhaltung der Fahrzeuge 4. Unterhaltung und Erneuerung der Bereifung 5. Unterhaltung des Wegs	1. Betriebsstoffe 2. Fahrpersonal 3. $^3/_5$ Unterhaltung der Fahrzeuge 4. Motorabschreibung 5. Unterhaltung des Flugplatzes

Trägt man in dem Punkt der Abszisse, der der Verkehrsleistung bei normalem Beschäftigungsgrad entspricht und der in der Abbildung gekennzeichnet ist, die Gesamtkosten bei normalem Beschäftigungsgrad auf, so läßt sich aus dem Anteil der festen und veränderlichen Kosten die Neigung der Kostenlinie für den normalen Beschäftigungsgrad ermitteln. Auf Grund des Betriebsplans des Verkehrsmittels läßt sich nun feststellen, bei welchem Verkehrsrückgang die festen Kosten sich verringern und bei welcher Verkehrssteigerung sie zunehmen. Die Abnahme und Zunahme der festen Kosten äußert sich in Kostensprüngen, die in erster Linie aus dem Abstoßen oder dem Neueinsatz von Fahrzeugen und Personal sich ergeben.

Die Einheitskosten k der Verkehrsleistungen je Personenkilometer und Tonnenkilometer lassen sich wieder wie bei der statischen Betrachtungsweise aus der Gleichung

$$k = \frac{A}{L} + B$$

ermitteln und anschaulich darstellen, wie es auf den Abbildungen unten geschehen ist. Die Abbildungen zeigen in übersichtlicher Weise das Verhältnis der festen zu den veränderlichen Kosten in Abhängigkeit von den Verkehrsleistungen. Die festen Kosten der Omnibuslinie sind verhältnismäßig niedrig, da eine Verzinsung des Wegs bei den vorhandenen Straßen nicht in Frage kommt. Die Eisenbahnen haben verhältnismäßig hohe feste Kosten, die in erster Linie von dem hohen Kapitaldienst für Weg und Stationen bestimmt werden. Der Kapitaldienst der Eisenbahnen setzt sich aus dem Zinsendienst und aus einem Teil der Abschreibungen zusammen, während nach dem Geschäftsverfahren bei den Eisenbahnen der andere Teil der Abschreibungen in den festen Unterhaltungskosten enthalten ist. Die Kostensprünge in der Kostenlinie ergeben sich in der Hauptsache aus der Änderung der festen Kosten nach Unter- oder Überschreitung eines bestimmten Beschäftigungsgrads. Sie liegen bei dem Omnibus- und Eisenbahnverkehr in ziemlich weiten Abständen der Verkehrsleistungen. Die Höhe der Sprünge liegt im allgemeinen nicht über 5% der Gesamtkosten der nächst niedrigeren Kostenstufe. Im Luftverkehr liegen die Stufen der festen Kosten und damit der Gesamtkosten in engeren Abständen der Verkehrsleistungen, da bei der geringen Nutzladefähigkeit der Flugzeuge eine Verstärkung des Flugzeugparks bei Verkehrszunahme schneller nötig wird als bei den übrigen Verkehrsmitteln.

Aus den Schaubildern für die Kosten der Verkehrsleistungseinheit ist zu erkennen, wie mit zurückgehendem Verkehr die Selbstkosten der Einheit ganz erheblich steigen, vor allem bei den Verkehrsmitteln mit hohem Anteil der festen Kosten. Andererseits ändern sich mit zunehmendem Verkehr die Einheitskosten immer weniger. Der Einfluß der festen Kosten ist also bei schwacher Beschäftigung des Verkehrsunternehmens besonders nachteilig. Trägt man in die Schaulinie der Selbstkosten die durchschnittlichen Einnahmen für die Verkehrsleistungseinheit parallel zur Abszisse ein, so liegt im Schnittpunkt zwischen der Einnahmelinie und der Selbstkostenlinie die Grenze zwischen Gewinn und Verlust. Liegen die gesamten Verkehrsleistungen unter den diesem Schnittpunkt entsprechenden Verkehrsleistungen, so tritt bei jedem Personenkilometer und Tonnenkilometer Verlust ein. Gehen sie darüber hinaus, so schneidet das Unternehmen mit Gewinn ab.

Besonders groß ist bei zurückgehendem Verkehr der Verlust bei kapitalintensiven Unternehmungen, also bei den Verkehrsmitteln mit hohen festen Kosten. Sie müssen gegen Rückschläge durch Rücklagen oder stille Reserven, die in guten Zeiten aus den Einnahmen herausgewirtschaftet werden, besonders gerüstet sein.

Die Verkehrsmittel unterliegen bei Verkehrsrückgang noch einem besonderen, von außen kommenden Zwang. Während industrielle Betriebe bei mangelnder Beschäftigung in der Lage sind, zeitweise still zu liegen, ist bei der für die Wirtschaft unentbehrlichen Verkehrsarbeit der Hauptverkehrsmittel ein Stillegen des Verkehrsbetriebes bei starkem Verkehrsrückgang in der Regel unmöglich. Es kommt hinzu, daß bei Wiederaufstieg der Wirtschaft das Verkehrsmittel in erster Linie durch seine Arbeit mithelfen muß, um rechtzeitig die Verkehrsbedürfnisse in jeder Weise zu befriedigen. Die Struktur der Selbstkosten zeigt, wie sehr gerade in schlechten Zeiten die Verkehrsmittel mit Unterbilanz arbeiten müssen, um der Wirtschaft zu dienen und sich aktionsfähig für die Zeiten des wirtschaftlichen Aufstiegs zu erhalten.

Die Untersuchungen über die Selbstkosten in Abhängigkeit von der Transportweite und dem Verkehrsumfang führten zu Schaubildern, die in ihren grundsätzlichen Elementen das Wesen der Selbstkosten in statischer und dynamischer Betrachtungsweise klarlegten. Es muß aber hier nochmals betont werden, daß diese Überlegungen nicht zu dem Irrtum verleiten dürfen, als ob wirtschaftliche Vorgänge in absoluten Zahlen und in Formeln restlos geklärt und erfaßt werden können. Trotzdem kann ohne weiteres gesagt werden, daß für bestimmte Betriebe und für ein normales wirtschaftliches Geschehen die theoretischen Untersuchungen über die Selbstkosten unentbehrlich sind, um die Kostenbildung zu beobachten, sie für die Preisbildung auszuwerten und die Selbstkosten verschiedener Verkehrsmittel miteinander zu vergleichen.

2. Charakteristik der Selbstkosten verschiedener Verkehrsmittel. Auf Grund der allgemeinen Untersuchungen über die Selbstkosten der Verkehrsmittel lassen sich nun praktische Grundlagen schaffen für den Vergleich verschiedener Verkehrsmittel untereinander. Ein derartiger Vergleich ist besonders notwendig in Gebieten, in denen wie im heutigen Verkehrswesen mehrere Verkehrsmittel im Wettbewerb um die Verkehrsarbeit stehen. Hier werden für die Entscheidung über die Wahl des zweckmäßigsten Verkehrsmittels neben der Güte der Verkehrsleistungen die objektiven Selbstkosten der einzelnen Verkehrsmittel von ausschlaggebender Bedeutung sein. Das trifft insbesondere für die Verkehrsarten zu, die wie die große Masse des Güterverkehrs in erster Linie Wert auf Billigkeit der Beförderung legen. Aber auch für die Verkehrsarten, die die Schnelligkeit besonders hoch einschätzen, wird bei gleicher Reisegeschwindigkeit der im Wettbewerb stehenden Verkehrsmittel die Höhe der Selbstkosten sehr wesentlich sein. Es kann sich bei diesen Vergleichen nur um die objektiven Selbstkosten handeln, die den Gesamtaufwand der Ortsveränderung umfassen. Denn die Volkswirtschaft wird nach ihnen den wirklichen und allgemeinen Wert eines Verkehrsmittels im Vergleich mit einem anderen Verkehrsmittel einschätzen.

Der Vergleich der Selbstkosten mehrerer Verkehrsmittel im gleichen Verkehrsgebiet kann nur unter Zugrundelegung eines für die Verkehrsmittel nach Art und Menge gleichen Verkehrs erfolgen. Nur auf diese Weise kann ein richtiges Urteil gefunden werden, ob dieser Verkehr billiger mit dem einen oder anderen Verkehrsmittel zu befördern ist. So ist es nicht zulässig, etwa die Kosten von Stückgut auf Eisenbahnen und Kraftwagen mit den Kosten von Massengut auf den im Wettbewerb mit ihnen stehenden Wasserstraßen zu vergleichen, da für die Beförderung der beiden Güterarten ein ganz verschiedener Aufwand notwendig ist.

Mehrere im Wettbewerb stehende Verkehrsmittel werden praktisch diesen Wettbewerb nur räumlich durchführen können. Das führt zwangsläufig zur statischen Betrachtungsweise, also zur Ermittlung der Selbstkosten in Abhängigkeit von der Beförderungsweite für heute im praktischen Verkehrsleben tätige Verkehrsbetriebe. Das setzt voraus, daß der betriebliche Beschäftigungsgrad oder die Ausnutzung des Fahrzeugparks für die zu vergleichenden Verkehrsmittel nahezu gleich ist. Dieser Zustand war im Jahre 1930 insofern vorhanden, als bei allen Verkehrsmitteln eine durchschnittliche Beschäftigung des Fahrzeugparks von 70% seines Bestands zur Befriedigung der Verkehrsbedürfnisse vorlag. Um richtige Vergleichsgrundlagen zu erhalten, ist es weiterhin notwendig, daß die Selbstkosten für die geleisteten Personenkilometer und Tonnenkilometer auf einen bei den verschiedenen Verkehrsmitteln üblichen Ausnutzungsgrad des Fassungsvermögens oder der Ladefähigkeit der Fahrzeuge bezogen werden. Zu diesem Zweck empfiehlt es sich zunächst, die Ermittlung der Selbstkosten für die angebotenen Verkehrsleistungen in Form von Personenkilometer und Tonnenkilometer

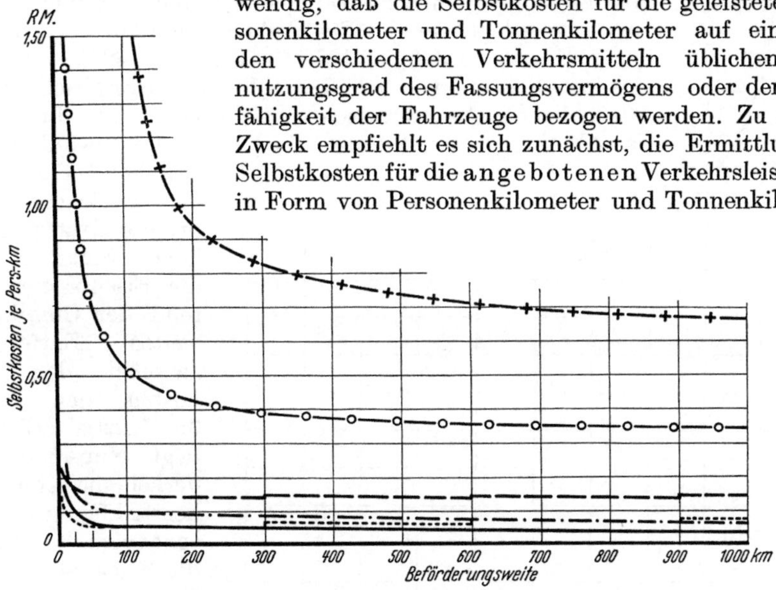

Abb. 93. Selbstkostenvergleich der Verkehrsmittel für Personenfernverkehr. (Selbstkosten für 1 Personenkilometer in Abhängigkeit von der Beförderungsweite.)
Die mittlere Beförderungsweite beträgt beim Verkehrsflugzeug 400 km, Privatflugzeug 250 km, Kraftomnibus 15 km, D-Zug 2. Klasse 240 km, 3. Klasse 180 km.

—+— Verkehrsflugzeug im planmäßigen Luftverkehr, 50% Auslastung
—o— Privatflugzeug, 50% Auslastung
— — Privatkraftwagen, 50% Auslastung
------- Kraftomnibus, 50% Auslastung
—·— Eisenbahn, D-Zug, 2. Klasse, 34% Auslastung
——— Eisenbahn, D-Zug, 3. Klasse, 32% Auslastung

zu bestimmen, so daß aus ihnen die Selbstkosten für die geleisteten oder genutzten Personenkilometer und Tonnenkilometer entsprechend dem Auslastungsgrad ermittelt werden können. Betragen beispielsweise die Selbstkosten für das angebotene Tonnenkilometer 1 RM., so werden bei 50% Auslastung der Ladefähigkeit der Fahrzeuge mit Nutzlast die Kosten für das geleistete oder genutzte Tonnenkilometer $\frac{1,0}{0,5} = 2$ RM. betragen.

Auf dieser Grundlage und unter genauer Angabe des den praktischen Verhältnissen entsprechenden Ausnutzungsgrads sind in den Abb. 93—97 die Selbstkosten im Personen- und Güterverkehr der im gleichen Verkehrsgebiet tätigen Verkehrsmittel in Abhängigkeit von der Beförderungsweite für das geleistete oder genutzte Personenkilometer und Tonnenkilometer veranschaulicht. Zur eindeutigen Klarlegung der Grundlagen für ihre Aufstellung sind die heute für deutsche Verhältnisse üblichen mittleren Beförderungsweiten, auf denen die Kostenlinien nach der statischen Betrachtungsweise aufgebaut sind, einzeln für die verschiedenen Verkehrsmittel angegeben. Sollte sich für ein Verkehrsmittel in späteren Zeiten die mittlere Beförderungsweite wesentlich ändern, so ändern sich auch die Selbstkostenlinien, und es wären dann nach den gleichen Methoden neue Selbstkostenlinien für den Vergleich aufzustellen.

Für den im gleichen Verkehrsgebiet durch Eisenbahnen, Kraftwagen und Flugzeuge bedienten Personenverkehr zeigt Abb. 93 (s. S. 197) die Selbstkosten für das genutzte Personenkilometer. Im Kraftwagen- und Luftverkehr ist der bisher im öffentlichen Verkehr festgestellte günstigste Ausnutzungsgrad der angebotenen Platzkilometer durch Reisende von 50% zugrunde gelegt, für die Eisenbahnen die übliche Ausnutzung der 2. Klasse zu 34% und der 3. Klasse zu 32%. So ergeben sich die Kostenlinien für den Selbstkostenvergleich, die den tatsächlichen Verhältnissen entsprechen. Der Luftverkehr bezahlt den großen Vorzug seiner hohen Geschwindigkeit mit sehr hohen Selbstkosten der Beförderung. Der private Kraftwagen hat höhere Selbstkosten als die Eisenbahnen, während der Omnibus auf weiten Entfernungen zwischen den Selbstkosten der 2. und 3. Klasse Eisenbahn liegt. Nur in den Nahverkehrsbeziehungen ist der Kraftwagen im Personenverkehr billiger als die Eisenbahn. Bei dem Kraftwagenverkehr ist noch zu berücksichtigen, daß er bei der vorliegenden Berechnung die vorhandenen Straßen benutzen kann, ohne daß er eine Verzinsung der Anlagekosten der Straßen zu tragen hat. Die Anlagekosten der Straße werden im vorhandenen Straßennetz als in früherer Zeit abgeschrieben angesehen. Beim Bau von besonderen Kraftwagenstraßen, deren Verzinsung der Kraftwagenverkehr zu tragen hätte, würde sich das Selbstkostenbild zuungunsten des Kraftwagens ändern.

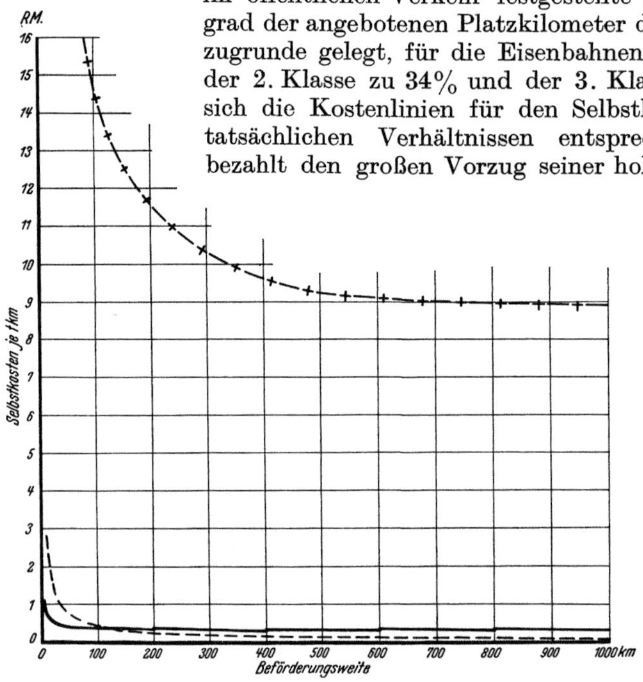

Abb. 94. Selbstkostenvergleich der Verkehrsmittel für hochwertige Güter. Die mittlere Beförderungsweite beträgt beim Verkehrsflugzeug 400 km, bei der Eisenbahn (Frachtstückgut) 206 km, beim Lastkraftwagen 100 km.
—+— Verkehrsflugzeug im planmäßigen Luftverkehr, 50% Auslastung
------ Eisenbahn: Frachtstückgut 18% Auslastung
——— Lastkraftwagen 5 t, 50% Auslastung

Für die gleichen Verkehrsmittel sind in Abb. 94 die Selbstkosten im Güterverkehr für ein genutztes Tonnenkilometer hochwertigen Guts veranschaulicht. Auch hier ist der der Wirklichkeit entsprechende Ausnutzungsgrad zugrunde gelegt, der bei den Eisenbahnen nach der Eigenart ihres Betriebs wesentlich niedriger ist als bei den übrigen Verkehrsmitteln. Trotzdem sind die Eisenbahnen auf große Entfernungen wesentlich billiger. Im Nahverkehr ist dagegen der Lastkraftwagen billiger als die übrigen Verkehrsmittel; der Luftverkehr zeigt wieder seine weit über den übrigen Verkehrsmitteln liegenden hohen Selbstkosten.

In Abb. 95 ist das sehr lehrreiche **Zusammenspiel zwischen den Selbstkosten der angebotenen und der genutzten Verkehrsleistungseinheit**, dem Tonnenkilometer, im Eisenbahn- und Kraftwagenverkehr veranschaulicht. Es ist dabei die Beförderung von Stückgut und Wagenladungsgut, also von hochwertigem, mittel- sowie geringwertigem Gut, auf Eisenbahnen den für beide Güterarten in Frage kommenden Transporteinheiten im Straßenverkehr von 5 t bzw. 15 t Ladefähigkeit gegenübergestellt. In der oberen Figur sind die Selbstkosten für das angebotene Tonnenkilometer Ladefähigkeit veranschaulicht, in der unteren, und zwar aus der oberen entsprechend dem eingesetzten praktisch vorkommenden Ausnutzungsgrad abgeleitet, die Selbstkosten für das geleistete oder das genutzte Tonnenkilometer.

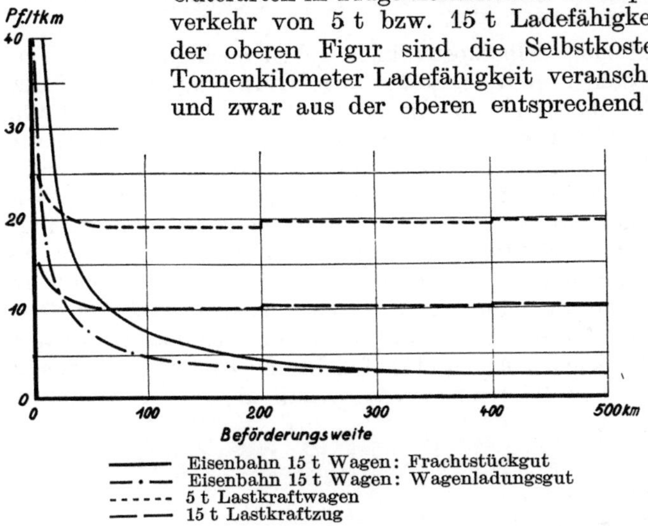

Zunächst ist zu erkennen, daß in der angebotenen Verkehrsleistungseinheit die Eisenbahn in den weiten Entfernungen wesentlich billiger ist als der Kraftwagen und nur in den Entfernungen unter 100 km teurer ist als dieser. Legen wir aber die im Eisenbahn- und Lastkraftwagenverkehr praktisch vorkommenden Auslastungsgrade zugrunde, so ändert sich das Bild zugunsten des Lastkraftwagens. Das geleistete Tonnenkilometer Nutzlast wird im Stückgutverkehr erst bei Entfernungen von mehr als 150 km infolge des geringen Auslastungsgrads bei den Eisenbahnen billiger als bei dem Lastkraftwagen, im Wagenladungsverkehr infolge des besseren Ausnutzungsgrads dagegen bereits bei Entfernungen von über 55 km. Es zeigt sich eine ganz charakteristische Wettbewerbsfähigkeit des Lastkraftwagens auf nahe Entfernungen. Sie ist am weitreichendsten bei hochwertigem Gut, dagegen stark abfallend bei mittel- und geringwertigem Gut, so daß nach dem heutigen Stand der Entwicklung der Lastkraftwagen für Nahverkehrsbeziehungen neben dem Vorzug einer größeren Beweglichkeit auch den Vorzug der Billigkeit hat. Wir sehen aber auch, daß dieser Vorzug in einem weitgehenden Ausmaß **bedingt** ist durch eine gegenüber anderen Verkehrsmitteln außergewöhnlich gute Ausnutzung der Ladefähigkeit durch Nutzlast. Ist diese Ausnutzung in

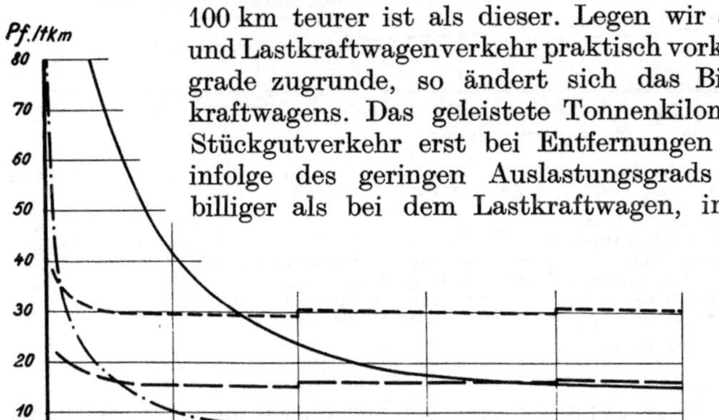

Abb. 95. Beziehungen zwischen den Selbstkosten je angebotenes Tonnenkilometer Ladefähigkeit und geleistetes Tonnenkilometer Nutzlast im Güterverkehr bei Eisenbahn und Kraftwagen.
——— Eisenbahn 15 t Wagen: Frachtstückgut, 18% Ausnutzung
—·— Eisenbahn 15 t Wagen: Wagenladungsgut, 50% Ausnutzung
------ 5 t Lastkraftwagen, 65% Ausnutzung
— — 15 t Lastkraftzug, 65% Ausnutzung

schwachen Verkehrsbeziehungen, wie beispielsweise auf dem platten Land, nicht mehr gegeben, so nehmen die Selbstkosten für das geleistete Tonnenkilometer stark zu. Die in der unteren Figur der Abbildung gegebene Wettbewerbslage von Eisenbahn und Lastkraftwagen in Abhängigkeit von den Selbstkosten ist daher gebunden an die Bedingung s t a r k e r V e r k e h r s s t r ö m e vor allem im Stückgutverkehr, in die sich der Lastkraftwagen unter Erzielung eines möglichst hohen Ausnutzungsgrads einschalten kann.

Die in Abb. 95 enthaltenen Selbstkostenlinien geben noch nicht den Vergleich für die Transportkosten v o m V e r s e n d e r z u m E m p f ä n g e r, da bei den Eisenbahnen noch die Kosten für die An- und Abfuhr oder bei Gleisanschlüssen noch die Anschlußgebühren in allen d e n Fällen hinzukommen, in denen der Lastkraftwagen im Haus-Haus-Verkehr das Gut befördert. Die Stückgüter werden im Kraftwagenverkehr im allgemeinen mittels leichter Kraftwagen gesammelt und dann als Sammelladung durch schwere Kraftwagen auf große Entfernungen befördert. Im Stückgutverkehr würden demnach für die Eisenbahnen wie für den Lastkraftwagen die gleichen An- und Abfuhrkosten zu den Selbstkosten der Abb. 95 hinzutreten, so daß die in der Abbildung

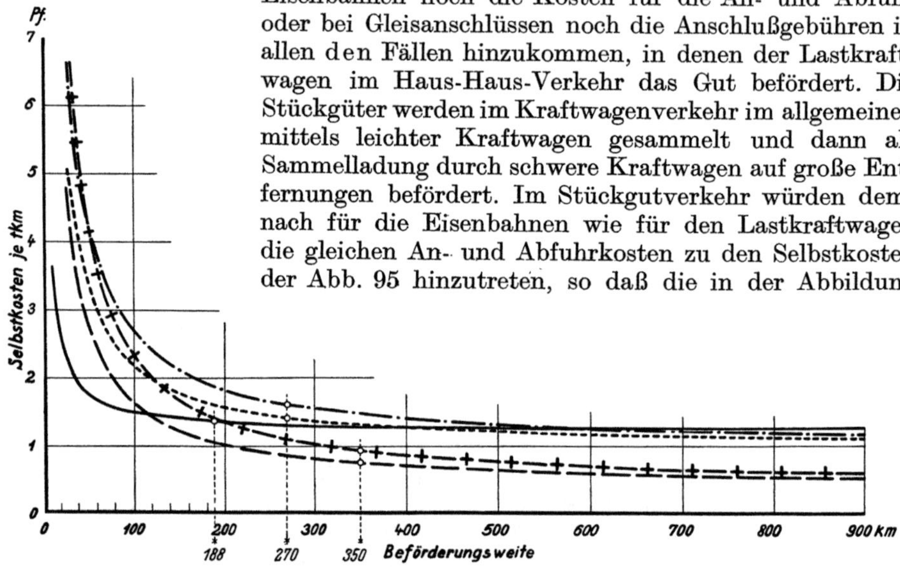

Abb. 96. Selbstkostenvergleich der Verkehrsmittel für Massengüter. (Selbstkosten für 1 tkm Nutzlast in Abhängigkeit von der Beförderungsweite.)

Eisenbahn, geschlossene Züge
20 t Wagen, 60% Auslastung } ———

Natürliche Wasserstraße
1000 t Kahn, 60% Auslastung } —+— mit zweimaligem Umschlag; — — — ohne Umschlag

Künstliche Wasserstraße
750 t Kahn, 60% Auslastung } —·— mit zweimaligem Umschlag; -------- ohne Umschlag

Mittlere Beförderungsweite ⋮ *

enthaltenen Selbstkostenlinien ohne weiteres als Vergleichslinien für die Selbstkosten der beiden Verkehrsmittel anzusehen sind. Im Wagenladungsverkehr bietet der Lastkraftwagen reinen Haus-Haus-Verkehr, während die Eisenbahnen entweder eine besondere Ab- und Anfuhr mittels Straßenfahrzeugen oder die Bedienung von Anschlüssen erfordern. Im W a g e n l a d u n g s v e r k e h r würden daher die Selbstkosten für das geleistete Tonnenkilometer Wagenladungsgut auf Eisenbahnen noch zu erhöhen sein bei An- und Abfuhr des Guts mittels Lastkraftwagen um

20% bei 50 km Beförderungsweite,
11% bei 154 km Beförderungsweite
(entspricht der mittleren Beförderungsweite),
9% bei 250 km Beförderungsweite,
6% bei 400 km Beförderungsweite

und bei Gleisanschlüssen für die gleichen Beförderungsweiten um 2,4 bis 1,1%.

Die Wettbewerbsgrenze des Lastkraftwagens für Wagenladungsgut würde sich entsprechend zugunsten des Lastkraftwagens von 55 km auf 65 km bzw. auf 57 km Beförderungsweite verbessern. Allerdings ist bei den Selbstkosten des Lastkraftwagens nicht berücksichtigt, daß für seine finanzielle Belastung durch Kosten der Straßenunterhaltung die heutigen Steuersätze eingesetzt sind, die durchweg niedriger sind, als sie bei genügender Heranziehung der Lastkraftwagen zur Übernahme der Straßenunterhaltungskosten entsprechend der von ihnen ausgehenden Abnutzung sein müßten.

Für den Massengutverkehr auf Eisenbahnen und Wasserstraßen ist in Abb. 96 der Selbstkostenvergleich bei üblichem Ausnutzungsgrad und bei voller

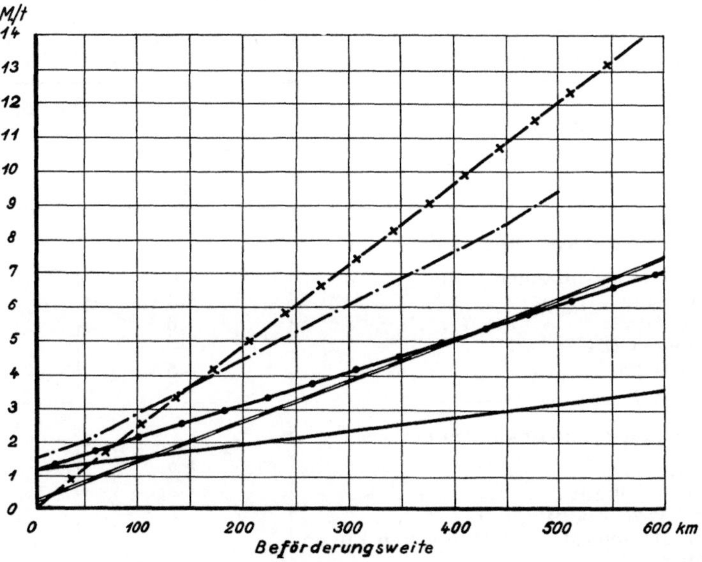

Abb. 97. Selbstkostenvergleich der Verkehrsmittel für die Beförderung von Steinkohle in roher und veredelter Form. Selbstkosten der Beförderung von 1 t Steinkohle in Abhängigkeit von der Beförderungsweite. (Elektrische Energie und Gas auf 1 t Steinkohle umgerechnet; 1 kWh=1 kg und 1 cbm Gas = 2,3 kg Steinkohle.)
Eisenbahn 20 t-Wagen, geschlossene Züge
Elektrische Fernleitungen für 30 000 kWh im Jahr
Gasfernleitung für 75 000 cm³/h Zechengas bei 2,5 Pf/kWh für Kompressorstrom bis 500 km Entfernung
Natürliche Wasserstraßen, 1000 t-Kahn
Künstliche Wasserstraßen, 750 t-Kahn.

Verantwortung der Verkehrsunternehmungen für die objektiven Selbstkosten also unter Einschluß der im allgemeinen nicht auf dem Wasserverkehr ruhenden vollen Verzinsung der Anlagekosten der künstlichen Wasserstraßen dargestellt. Um richtige Vergleichsgrundlagen zu erhalten, wurde für die Eisenbahn ein geschlossener Güterzug mit Wagen von 20 t Ladefähigkeit den Untersuchungen zugrunde gelegt, da diese Transporteinheit verkehrstechnisch in erster Linie dem Massentransport auf Wasserstraßen entspricht. Die praktisch vorhandenen mittleren Beförderungsweiten der verschiedenen Verkehrsmittel sind der Ermittlung der Selbstkostenlinien zugrunde gelegt und eingetragen. Es entspricht ferner einer richtig gewählten Vergleichsgrundlage, daß der Verzinsung der Anlagekosten der künstlichen Wasserstraßen der gleiche Prozentsatz von $3\frac{1}{2}\%$ zugrunde gelegt wurde, wie er im Jahre 1930, das als Normalwirtschaftsjahr angenommen ist, bei der Reichsbahn für ihre festen Anlagen erzielt wurde. Es zeigt sich, daß die natürlichen Wasserstraßen bereits auf Beförderungsweiten über 120 km ohne Umschlag und über 200 km mit Umschlag billiger sind als die Eisenbahnen, die künstlichen Wasserstraßen dagegen über 400 bzw. 580 km. Innerhalb eines Wasserstraßennetzes, das aus natürlichen und künstlichen Wasserstraßen besteht, wird eine Zusammenarbeit zwischen beiden zu Selbstkosten für die Verkehrsleistungseinheit führen, die zwischen den oben genannten Grenzwerten liegen. Ganz allgemein ist aber weiterhin festzustellen, daß die Wettbewerbsgrenzen zwischen Eisenbahn und Wasserstraßen sich nicht so scharf abzeichnen wie zwischen Eisenbahn und Kraftwagen. Der Wasserstraßentransport kommt in erster Linie für große Entfernungen in Frage, ohne daß allerdings vor allem bei den künstlichen Wasserstraßen eine wesentliche Verbilligung des Transports gegenüber den Eisenbahnen erzielt wird[1].

Tabelle 63. Durchschnittliche Selbstkosten für ein angebotenes Personen- und Tonnenkilometer der verschiedenen Verkehrsmittel.

Verkehrsmittel	Selbstkosten	
	Pf. je Pkm	Pf. je tkm
1	2	3
Nahverkehrsmittel.		
Straßenbahn mit Anhänger	1,0	—
Schnellbahn	1,5	—
Omnibus	1,6	—
Lastkraftwagen (2 t)	—	30
Privatkraftwagen	4,5	—
Fernverkehrsmittel.		
Eisenbahn	1,2	—
Eisenbahn, Stückgut	—	5,0
Eisenbahn, Wagenladungsgut	—	2,0
Eisenbahn, Massengut in geschlossenen Zügen	—	0,81
Seeschiffahrt	—	0,1
Natürliche Wasserstraßen ohne Umschlag	—	0,45
Künstliche Wasserstraßen ohne Umschlag	—	0,84
Omnibus	2,1	—
Lastkraftwagen (5 t)	—	19,0
Flugzeug im planmäßigen Verkehr	35,0	450,0

Für den Selbstkostenvergleich des Transports von Energie und Wärme in roher und veredelter Form auf Eisenbahnen, Wasserstraßen und Leitungen ist Abb. 97 (s. S. 201) aufgestellt. Die Beförderung von veredelter Energie und Wärme mittels Leitungen ist, als reiner Transportvorgang betrachtet, teurer als die Beförderung der gleichen Energie- und Wärmemenge in Gestalt von Rohkohle. Diese höheren Beförderungskosten können jedoch angesichts der sonstigen Vorzüge der veredelten Energie und Wärme, die vor allem in ihrer rationellen und bequemen Verwendung durch die Verbraucher liegen, in Kauf genommen werden. Wir haben es hier mit einem Transportvorgang zu tun, der nur im Zusammenhang mit anderen wirtschaftlichen Gegebenheiten volkswirtschaftlich richtig gewertet werden kann, und nur so mit der Beförderungsarbeit anderer Verkehrsmittel zu vergleichen ist.

Um einen zahlenmäßigen Überblick zu gewinnen, zu welchen Selbstkosten im Durchschnitt die einzelnen Verkehrsmittel des Nah- und Fernverkehrs ihre Verkehrsleistungen anbieten, ist Tabelle 63 aufgestellt. Die Zahlen um-

[1] Napp-Zinn, „Binnenschiffahrt und Eisenbahn." Leipzig 1928.

Tabelle 64. Charakteristik der Selbstkosten im Personen- und Güterverkehr.

Kostenarten	Nahverkehrsmittel					Fernverkehrsmittel								
	Straßenbahn %	Städt. Schnellbahn %	Omnibus[1] %	Lastkraftwagen[1] %	Privatkraftwagen[1] %	Eisenbahn Pers. %	Eisenbahn Güter %	Seeschiffahrt %	Natürl. Wasserstraßen %	Künstl. Wasserstraßen %	Omnibus[1] %	Lastkraftwagen[1] %	Luftverkehr %	Elektrische Leitungen %
1	2	3	4	5	6	7	8	9	10	11	12	13	14	15
I. Feste Kosten														
1. Verzinsung des ortsgebundenen Anlagekapitals	6	41,5	1	1	4	12	11	1	3	27	1	1	3	46
2. Verzinsung des nicht ortsgebundenen Anlagekapitals	9	13	5	6	10	5	5	30	17	11	6	5	4	—
3. Abschreibungen	12	10	7	13	22	12	7	14	8	7	14	11	10	16
4. Versicherungen	8	0,5	1	4	7	—	—	3	7	5	3	4	6	—
5. Unterhaltung der Fahrzeuge	5	2	8	4	2	4	4	2	2	1	6	4	8	—
6. Unterhaltung des Weges und der Bauwerke	4	2	1	1	9	3	4	—	—	3	2	1	3	11,7
7. Feste Personalkosten des Betriebes	5	4	7	—	—	19	24	—	—	—	3	—	12	1
8. Verwaltung und Allgemeines	5	3	4	7	—	6	6	6	7	7	5	6	8	0,3
Summe feste Kosten	54	76	34	36	54	61	61	56	44	61	40	32	54	75
II. Veränderliche Kosten														
9. Betriebsstoffe	8	4	13	19	24	6	6	16	23	11	25	24	17	25
10. Fahrpersonal	23	12	31	17	—	18	18	15	25	23	11	23	11	—
11. Unterhaltung der Fahrzeuge	9	4	17	25	15	8	8	4	5	3	21	18	18	—
12. Unterhaltung des Weges und der Bauwerke	6	4	5	3	7	7	7	9	3	2	3	3	—	—
Summe veränderliche Kosten	46	24	66	64	46	39	39	44	56	39	60	68	46	25

[1] Ohne Verzinsung und Abschreibung der Anlagekosten für den Weg.

fassen die objektiven Selbstkosten für die angebotenen Personen- und Tonnenkilometer. Nur bei den Kraftwagen ist zu berücksichtigen, daß die Verzinsung des Anlagekapitals für den Weg nicht in den Zahlen enthalten ist, die die Kosten um 10—15% erhöhen würde. Im Personenverkehr bieten von den Nahverkehrsmitteln die Straßenbahnen zu den niedrigsten Selbstkosten das Personenkilometer an, von den Fernverkehrsmitteln die Eisenbahnen. Am teuersten ist wieder das Flugzeug. Im Güterverkehr ist die Seeschiffahrt die bei weitem billigste Transportart. Ihr folgt die Schiffahrt auf Wasserstraßen und die Eisenbahn. Der Lastkraftwagen verursacht im Nahverkehr verhältnismäßig hohe Selbstkosten für das angebotene Tonnenkilometer, da die Verkehrsleistungen infolge der zahlreichen Aufenthalte für Auf- und Abladen der Güter und für Leerfahrten in kurzen Verkehrsbeziehungen im Jahr wesentlich geringer sind als im Fernverkehr. Das Flugzeug liegt mit seinen Selbstkosten in einem Abstand über allen übrigen Verkehrsmitteln, der verhältnismäßig wesentlich größer ist als die Spannung im Personenverkehr. Würden alle Verkehrsmittel die gleiche Auslastung des Fassungsvermögens oder der Ladefähigkeit ihrer Fahrzeuge durch Nutzlast erzielen, so würden die Selbstkosten für die angebotenen Verkehrsleistungen zum unmittelbaren Vergleich für die Kosten der genutzten Verkehrsleistungen bei den verschiedenen Verkehrsmitteln dienen können. Wir haben aber gesehen, daß der Auslastungsgrad verschieden ist und schwankt. Es lassen sich also für den Einzelfall die Zahlen zum Vergleich der Selbstkosten nur verwenden, wenn der richtige Ausnutzungsgrad eingesetzt ist.

Im neuzeitlichen Verkehrswesen, in dem bisher gut beschäftigte Verkehrsmittel durch neue Verkehrsmittel mehr oder weniger starke Verkehrsverluste zu verzeichnen haben, ist es von besonderer Wichtigkeit, die Abhängigkeit der Selbstkosten von dem Beschäftigungsgrad für die verschiedenen Verkehrsmittel zu untersuchen. Wir haben gesehen, daß hierzu die dynamische Betrachtungsweise, die die Abhängigkeit der Selbstkosten von den Verkehrsleistungen behandelt, ein geeignetes Mittel bietet. Nach dieser Methode sind für die Nah- und Fernverkehrsmittel die festen und veränderlichen Kosten für bestimmte Verkehrsunternehmungen ermittelt und in Tabelle 64 (s. S. 203) aufgenommen. Jedes Verkehrsmittel zeigt einen bestimmten Charakter im Verhältnis der festen zu den veränderlichen Kosten. Es liegen nun aber nicht allein starke Unterschiede in diesem Verhältnis vor, sondern es sind auch die Anteile der einzelnen Kostenarten bei den verschiedenen Verkehrsmitteln stark wechselnd. Am stärksten sind hierbei die Schwankungen in der Verzinsung des Anlagekapitals, weil bei vielen Verkehrsmitteln der Weg von der Natur gegeben ist und bei anderen künstlich mit mehr oder weniger hohen Kosten hergerichtet werden muß. Den höchsten Anteil an festen Kosten haben die städtischen Schnellbahnen und die elektrischen Leitungen, den niedrigsten die mit den Zinsen der Anlagekosten der Straßen nicht belasteten Kraftwagen. Zwischen beiden liegen die Eisenbahn, Seeschiffahrt und die Binnenwasserstraßen. Es mag auffällig erscheinen, daß auch die Sonderverkehrsmittel, wie die Fernversorgung mit elektrischer Energie, von der Verkehrsgröße abhängige Kosten aufweisen. Sie setzen sich im wesentlichen aus den Energieverlusten zusammen, die gleichsam einen Verlust des Transportguts und damit die Triebkraft darstellen, die rund 10% der beförderten Energiemenge verzehrt.

Auf Grund der Tabelle 64 ist unter Zusammenfassung verschiedener Kostenarten Tabelle 65 aufgestellt und für die wesentlichsten Verkehrsmittel in Abb. 98 veranschaulicht. In Tabelle 65 ist weiterhin besonders untersucht, wie sich das Verhältnis der festen und veränderlichen Kosten beim Kraftwagenverkehr ändert, wenn die Verzinsung der Straßen einbezogen wird. In Abb. 98 ist zur besseren Veranschaulichung die Abhängigkeit der veränderlichen Kosten vom Auslastungs- oder Ausnutzungsgrad prinzipiell dargestellt. Zu diesem Zweck wurden die tatsächlichen Verhältnisse bestimmter Verkehrsunternehmungen nach ihrer Lage im wirtschaftlich einigermaßen normalen Jahre 1930 zugrunde

Tabelle 65. Wirtschaftliche Anpassungsfähigkeit der Verkehrsmittel an die Verkehrsgröße.

Verkehrsmittel	Feste Kosten				Veränderliche Kosten		
	Zinsen	Abschreibungen	Feste Betriebskosten	Summe	Reine Beförderungskosten	Sonstige veränderliche Kosten	Summe
	%	%	%	%	%	%	%
1	2	3	4	5	6	7	8
Eisenbahn	15	15	31	61	22	17	39
Seeschiffahrt.	30	14	12	56	32	12	44
Natürliche Wasserstraßen	17	8	19	44	47	9	56
Künstliche Wasserstraßen	34	12	15	61	34	5	39
Kraftomnibus	7	18	15	40	40	20	60
Kraftomnibus mit Verzinsung der Straße. . .	17	16	13	46	36	18	54
Lastkraftwagen	6	11	15	32	58	10	68
Lastkraftwagen mit Verzinsung der Straße. . .	25	14	11	50	43	7	50
Privatkraftwagen	10	22	22	54	35	11	46
Flugzeug	7	8	39	54	26	20	46

gelegt und ihr betrieblicher Ausnutzungsgrad, der durchschnittlich 70% der möglichen Spitzenleistung des vorhandenen technischen Apparats beträgt, gleich 1 gesetzt. Bei Rückgang des betrieblichen Ausnutzungsgrads infolge Rückgang des Verkehrsumfangs ändern sich nur die veränderlichen Kosten,

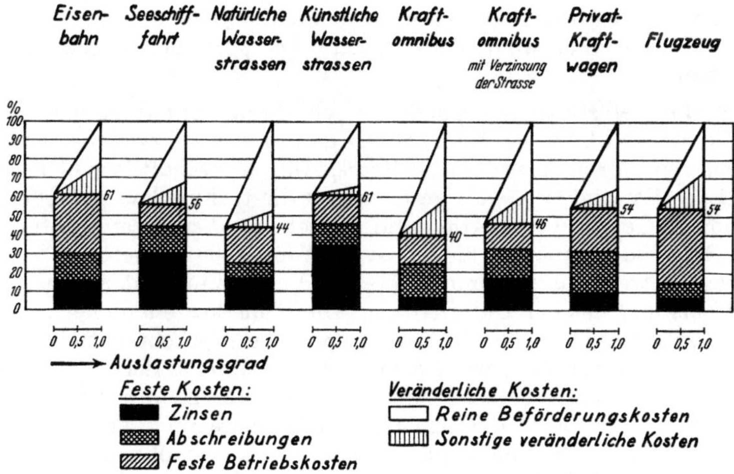

Abb. 98. Wirtschaftliche Anpassungsfähigkeit der Verkehrsmittel an die Verkehrsgröße.

während die festen Kosten konstant bleiben. Dieser Vorgang ist ohne Berücksichtigung der früher festgestellten kleinen Sprünge in der Selbstkostenlinie in der Abbildung prinzipiell veranschaulicht.

Das Schaubild gibt einen charakteristischen Überblick und Anhalt über das Verhältnis der festen und veränderlichen Kosten, und damit einen Maßstab für die Verkehrselastizität oder die wirtschaftliche Anpassungsfähigkeit eines Verkehrsmittels an die Verkehrsgröße. Je größer der Anteil der festen Kosten an den Gesamtkosten ist, um so empfindlicher ist das Verkehrsmittel gegen Verkehrsverminderungen, um so mehr hängt die Wirtschaftlichkeit des Verkehrsunternehmens vom Verkehrsumfang ab.

Aus der Darstellung ist zu ersehen, daß von den allgemeinen Verkehrsmitteln die Eisenbahnen die größte Empfindlichkeit bei Verkehrsverminderungen aufweisen, unter ihnen wieder vor allem die mit elektrischem Betrieb ausgestatteten großstädtischen Schnellbahnen. Am leichtesten paßt sich der Kraftwagenverkehr den Verkehrsveränderungen an, vor allem dann, wenn er, wie es heute der Fall ist, von der Verzinsung des Wegs entlastet ist. Daß aber auch beim Kraftwagenverkehr mit zunehmender Größe der einzelnen Unternehmungen die festen Kosten mit Rücksicht auf die dann notwendigen umfangreichen stationären Anlagen nicht unerheblich zunehmen, zeigen die Ergebnisse amerikanischer Kraftverkehrsgesellschaften im Güterverkehr[1]. Während bei kleinen Unternehmungen der Anteil der festen Kosten 48—50% beträgt, nimmt er bei großen Unternehmungen auf 56—58% zu. Diese im Vergleich zu europäischen Verhältnissen im ganzen gesehenen hohen festen Kosten in Amerika sind zum Teil auf die geringeren Betriebsstoffkosten sowie auf höhere Kosten für Geschäftsführung und Werbung zurückzuführen.

Ganz allgemein scheint heute die Daseinsfähigkeit der ausgebauten Eisenbahnnetze schwer belastet durch ihre festen Kosten, die ihren Gegenwert in genügenden Verkehrsmengen finden müssen. Es liegt eine gewisse Tragik in der Entwicklung des Verkehrswesens, daß das besonders auf großen Verkehrsumfang angewiesene Verkehrsmittel, die Eisenbahn, in erster Linie durch neue Verkehrsmittel in seinem Verkehrsgebiet berührt und in seinem Verkehrsumfang beeinträchtigt wird. Bei den gewaltigen Werten, die in allen Kulturländern in den Eisenbahnanlagen investiert sind, wäre eine Abschreibung oder ein Verlust dieser Substanz nur zu vertreten, wenn neue Verkehrsmittel der Allgemeinheit erheblich wertvollere und wohlfeilere Dienste bei gesunder Wirtschaftsführung bieten können.

Werden die Selbstkosten gegliedert nach ihrem Anteil an den laufenden Kosten, die der Fahrweg, Betrieb und Verkehr sowie die Fahrzeuge verursachen, so ergibt sich ein weiteres, für wirtschaftliche Überlegungen wichtiges Bild. Es zeigt, wie weit im einzelnen die technischen Anlagen und ihre Organisation in Gestalt von Betrieb und Verkehr an den Gesamtkosten beteiligt sind. Die Selbstkostenanalyse hierzu ist in Tabelle 66 aufgestellt. Die Kosten des Fahrwegs setzen sich zusammen aus der Verzinsung und Abschreibung des Anlagekapitals und aus der Unterhaltung. Die Selbstkostenanteile zeigen wieder das charakteristische Bild der hohen Anteile der Verkehrsmittel, für die ein Weg künstlich hergerichtet werden muß. Der Vergleich der Kosten des Fahrwegs für den Kraftwagenverkehr ohne und mit Verzinsung der Anlagekosten des Wegs zeigt die große Entlastung, die der Kraftwagenverkehr durch zinslose Zurverfügungstellung des heutigen Straßennetzes genießt, aber auch seine wesentlich stärkere Belastung, falls er etwa beim Bau von Kraftwagenstraßen die Verzinsung selbst zu tragen hätte.

---

[1] Motor Truck Freight Transportation. U. S. Department of Commerce, Washington 1932.

Die Ausgaben des Betriebs und Verkehrs setzen sich aus den Aufwendungen für das in Verwaltung, Betrieb und Verkehr tätige Personal und aus den Betriebsstoffen zusammen. Die Betriebsstoffe sind nicht bei den Kosten der Fahrzeuge und Triebmaschinen, sondern als ursächlich mit den Betriebsarbeiten zusammenhängend zum Betrieb und Verkehr gerechnet. Es springt der überall große Anteil der **Personalkosten** in die Augen, der bei den Eisenbahnen mit ihrem weit verzweigten Betriebsnetz und großen Stationen am höchsten, bei den **Privatkraftwagen** ohne bezahlten Kraftwagenführer am niedrigsten ist. Bei den Betriebsstoffen ist das Verhältnis nahezu umgekehrt wie beim Personal, ohne daß allerdings eine unmittelbare Beziehung zwischen beiden für die Größe der Anteile besteht. Die Eisenbahnen weisen einen sehr niedrigen Kostenanteil für Betriebsstoffe auf, die Kraftwagen den höchsten, so daß eine Verteuerung der Betriebsstoffe bei letzteren wesentlich stärker auf die Gesamtselbstkosten wirkt als bei den Eisenbahnen.

Die laufenden Selbstkosten für die Fahrzeuge setzen sich wie beim Fahrweg aus Verzinsung, Abschreibung und Unterhaltung zusammen. Hier tritt **die große Bedeutung der Fahrzeugkosten bei Verkehrsmitteln mit natürlichem Fahrweg** in besondere Erschei-

Tabelle 66. **Charakteristik der jährlichen Selbstkosten von Verkehrsmitteln im Jahre 1930.**

Verkehrsmittel	Fahrweg			Betrieb und Verkehr			Fahrzeuge			Verwaltung	Summe
	Verzinsung und Abschreibung	Unterhaltung	Zusammen	Personal	Betriebsstoffe	Zusammen	Verzinsung und Abschreibung	Unterhaltung	Zusammen		
	%	%	%	%	%	%	%	%	%	%	%
1	2	3	4	5	6	7	8	9	10	11	12
Personenverkehr											
Eisenbahn	10	15	25	38	7	45	4	20	24	6	100
Straßenbahn	9	11	20	39	8	47	16	14	30	3	100
Omnibus ohne Verzinsung des Weges	2	2	4	13	26	39	23	29	52	5	100
Omnibus mit Verzinsung des Weges	13	2	15	11	24	35	20	26	46	4	100
Privatkraftwagen	0,5	19,5	20	7	36	43	32	5	37	—	100
Flugzeug	1	3	4	37	16	53	20	20	40	3	100
Güterverkehr											
Eisenbahn	12	17	29	42	6	48	4	13	17	6	100
Seeschiffahrt	9	1	10	15	16	31	44	8	52	7	100
Natürliche Wasserstraßen	3	3	6	25	23	48	25	14	39	7	100
Künstliche Wasserstraßen	29	6	35	23	11	34	15	9	24	7	100
Lastkraftwagen ohne Verzinsung des Weges	1	5	6	23	35	58	16	14	30	6	100
Lastkraftwagen mit Verzinsung des Weges	25	4	29	18	26	44	12	10	22	5	100
Flugzeug	1	3	4	37	16	53	20	20	40	3	100

nung. Deshalb zeigt die Seeschiffahrt die größte Belastung durch Fahrzeugkosten, sie beträgt nahezu die Hälfte der Gesamtkosten. Ihr folgen die natürlichen Wasserstraßen und die von der Verzinsung des Fahrwegs entlasteten Kraftwagen. In der Unterhaltung verursachen die Fahrzeuge des Personenverkehrs entsprechend ihrer besseren Ausstattung verhältnismäßig höhere Kosten als die Fahrzeuge des Güterverkehrs.

3. Die Selbstkosten des Übergangsverkehrs. Der Übergang des Verkehrsguts von einem Verkehrsmittel zum anderen vollzieht sich in der Regel durch Umsteigen, Umladen oder Umschlag des Verkehrsguts. Er ist vom Standpunkt der Selbstkosten des Verkehrs fast ausschließlich für den Güterverkehr von Bedeutung. Ist das Gut in besonderen Behältern verpackt, die den Umschlag erleichtern, so bleibt es in seinem ursprünglichen Ladegefäß von der Versandstelle bis zur Empfangsstelle. Der Umschlag ist dann nur mittelbar. Wird es dagegen aus einem Ladegefäß in ein anderes umgeladen, so haben wir es mit einem unmittelbaren Umschlag zu tun. Am stärksten vertreten ist der unmittelbare Umschlag zwischen Eisenbahn und Straßenfahrzeugen, zwischen Land und Wasser sowie zwischen Schiff und Schiff. Von den auf Eisenbahnen beförderten Gütern werden 40% zwischen Eisenbahn und Straßenfahrzeugen umgeschlagen, von den auf Wasserstraßen beförderten Gütern 90% zwischen Wasserfahrzeugen und Landverkehrsmitteln.

Über die Umschlagkosten gibt Tabelle 67 für Hand- und Maschinenbetrieb Durchschnittswerte für die am meisten vorkommenden Umschlagsgüter. Die Umschlagkosten umfassen die Arbeitskosten und die Kosten der benutzten Geräte wie Karren, Krane, Kübel, Becherwerke. Während die Zeit für den Umschlag einer gleichen Gütermenge bei Handbetrieb wesentlich höher ist als bei Maschinenbetrieb, sind die Umschlagkosten für 1 t des gleichen Guts nur wenig bei Hand- und Maschinenbetrieb verschieden. Die Mechanisierung der Umschlagsarbeit hat in erster Linie zur Erhöhung der Leistungsfähigkeit der Umschlagsanlagen und zur Verkürzung der Umschlagzeit, weniger dagegen zur Senkung der Umschlagkosten geführt. Die Erhöhung der Umschlagleistung hat jedoch die Selbstkosten des eigentlichen Transports insofern sehr günstig beeinflußt, als die Belade- und Entladezeiten der Fahrzeuge wesentlich verringert und damit die Kosten für den Fahrzeugpark erheblich vermindert werden konnten. Die höchsten Umschlagkosten verursacht sperriges Stückgut, die niedrigsten der Umschlag von Schüttgut mittels Kipper und Kübel.

Die Umschlagkosten sind bei mehrstufigen Beförderungskosten den Selbstkosten der eigentlichen Ortsveränderung zuzuschlagen, um die Gesamtkosten des Transports zu erhalten. Sie beeinflussen die gesamten Transportkosten um so mehr, je häufiger das Gut umgeschlagen wird und je geringer die Beförderungsweiten von Umschlag zu Umschlag sind. Es wird sich der mit Umschlag verbundene Transport eines Guts durch verschiedene Verkehrsmittel oder der gebrochene Transport gegenüber dem unmittelbaren oder ungebrochenen Transport in der Regel nur dann wirtschaftlich rechtfertigen lassen, wenn die Umschlagkosten durch geringere Selbstkosten der eigentlichen Ortsveränderung oder durch die Güte des Transports ausgeglichen werden. Bei manchen Gütern ist bei der Gesamtkalkulation der Transportkosten noch die Wertminderung des Guts zu berücksichtigen, die z. B. beim Kohlenumschlag allein 8—10% des Kohlenwerts beträgt[1].

[1] Schilling, Zeitschrift für Binnenschiffahrt 1907.
Pirath, „Beförderung von Massengütern auf Eisenbahnen und Wasserstraßen." Berlin 1927.

Tabelle 67. Umschlagzeiten und Kosten im Übergangsverkehr.

Güterart	Umschlag		Umschlagmittel	Arbeitsstunden des Umschlagmittels für 10 t Gut	Umschlagkosten für 1 t Gut Pf
	von	auf			
1	2	3	4	5	6
Gewöhnliches Stückgut . . .	Eisenbahn	Straßenfahrzeug[1]	von Hand	6,0	52
Sperriges Stückgut . . .	„	Straßenfahrzeug[1]	„ „	30,0	250
Milchkannen . . .	„	Straßenfahrzeug[1]	„ „	2,0	18
Holz	„	Straßenfahrzeug[1]	„ „	8,0	70
Kohlen	„	Straßenfahrzeug[1]	„ „	4,0	35
Behälterverkehr .	„	Straßenfahrzeug[1]	von Hand mit Kran	0,8	42
Kohlen	„	Binnenschiff	Kipper	0,04	12
Kohlen	„	„	10 t Portaldrehkran mit Kübel	0,06	16
Kali	„	„	von Hand mit Rutschen	3,2	30
Stückgut	„	Binnenschiff[1]	Portaldrehkran	0,25	70
Kohlen	Binnenschiff	Eisenbahn	Verladebrücke 5 t Greifer	0,15	25
Getreide	„	Speicher	Becherwerk	0,2	28
Getreide	„	„	Saugheber	0,2	37
Bunkerkohlen . .	„	Seeschiff	Körbe und Handwinde	0,6	60
Bunkerkohlen . .	„	„	Körbe und Dampfwinde	0,5	38
Bunkerkohlen . .	„	„	schwimmender Kohlenheber	0,3	30
Getreide	Seeschiff	Binnenschiff	schwimmender Getreideheber	0,07	43
Kohlen	„	„	Körbe und Dampfwinde	0,29	40
Kohlen	„	„	schwimmender Kohlenheber	0,17	30
Kohlen	„	„	Verladebrücke 5 t Greifer	0,06	20
Erz	„	„	Verladebrücke 12,5 t Greifer	0,08	20
Leichtes Stückgut . . .	„	Schuppenspeicher	Portaldrehkran	0,30	170
Schweres Stückgut . . .	„	Schuppenspeicher	Portaldrehkran	0,35	63

[1] und umgekehrt.

Für den im Landesverkehr Deutschlands üblichen Umschlagverkehr zwischen Eisenbahnen und Straßenfahrzeugen erhöht ein zweimaliger Umschlag die durchschnittlichen Selbstkosten für 1 tkm Schüttgut in Wagenladungen auf die mittlere Transportweite von 154 km um 11%. Im Umschlagverkehr zwischen Land und Wasser beträgt beispielsweise im Verkehr auf dem Rhein zwischen dem Ruhrgebiet und Mannheim bei einer Beförderungsweite von 350 km die Erhöhung der Selbstkosten der Ortsveränderung bei zweimaligem Umschlag je Tonnenkilometer Schüttgut rund 20%.

c) Die Preisbildung der Verkehrsmittel.

Die Preisbildung im Verkehrswesen erfolgt nach den allgemeinen Grundsätzen der Leistung und Gegenleistung in der Ortsveränderung von Personen, Gütern und Nachrichten. Auf der einen Seite ist es das Bestreben des Verkehrsunternehmens, für seine Verkehrsleistungen die Ausgaben oder Selbstkosten und darüber hinaus noch einen Gewinn herauszuwirtschaften. Auf der anderen Seite wird der Verkehrsinteressent um so eher geneigt sein, angemessene Preise für die ihm gebotenen Verkehrsleistungen zu zahlen, je höher diese für seine Zwecke zu bewerten sind.

In diesem Zusammenspiel zwischen Kosten der Verkehrsleistung und ihrem Verkehrswert für den Verkehrsinteressenten liegt das Wesen der Preisbildung. Je nachdem, ob dieses Zusammenspiel vom Verkehrsunternehmen so verstanden wird, möglichst hohe Gewinne zu erzielen oder aber sich zur Entlastung der Volkswirtschaft mit einem bescheidenen Gewinn oder mit der Deckung der Selbstkosten zu begnügen, erfolgt die Preisbildung nach privatwirtschaftlichen oder gemeinwirtschaftlichen Gesichtspunkten. Vielfach bestimmen auch nationalwirtschaftliche Überlegungen, die eine Stützung der heimischen Wirtschaft durch günstige Preisbedingungen der Verkehrsmittel zum Ziele haben, die Preisbildung im volkswirtschaftlichen Sinne.

In der Regel sind die beiden Grundsätze miteinander verbunden, so daß sich die Preise zwischen den Selbstkosten als untere Grenze und dem Wert der Leistung für den Verkehrsinteressenten als obere Grenze bewegen. Weil nach der Struktur der Selbstkosten das Verkehrsunternehmen Wert auf möglichst großen Verkehrsumfang legen muß, sieht es sich aus wirtschaftlichen Gründen gezwungen, die Preise nicht zu hoch festzusetzen, da zu hohe Preise das Verkehrsbedürfnis und damit den Verkehrsumfang drosseln. Denn jeder Verkehrsrückgang führt, wir wir gesehen haben, zu starker Steigerung der Selbstkosten und zu finanziellen Verlusten, die das Verkehrsunternehmen vermeiden will. Nur dort, wo die Verkehrsbedürfnisse nur durch ein Verkehrsmittel allein befriedigt werden können, also ein tatsächliches Monopol für dieses Verkehrsmittel vorliegt, besteht die Gefahr einer weit über die Selbstkosten hinausgehenden Preisbildung zur Erzielung möglichst hoher Gewinne. Aber auch in diesem Falle schafft im allgemeinen das von der Höhe der Transportkosten abhängige Verkehrsbedürfnis insofern einen Ausgleich, als das Unternehmen kein Interesse an der Drosselung des Verkehrsbedürfnisses durch zu hohe Preise haben kann.

Die Preisbildung im Verkehrswesen erfolgt im allgemeinen nach vier Grundsätzen, und zwar nach dem Prinzip

1. der Gleichheit der Transportpreise im Raum,
2. der Berücksichtigung des Werts des Verkehrsgegenstandes,
3. der Struktur und der Höhe der Selbstkosten,
4. des Wertes der Ortsveränderung für den Verkehrsinteressenten.

Die beiden ersten Prinzipien dienen vorwiegend volkswirtschaftlichen Forderungen, die beiden letzten ergeben sich in erster Linie aus den privatwirtschaftlichen Überlegungen des Verkehrsunternehmens. Je größer die Bedeutung eines Verkehrsmittels für die Volkswirtschaft ist, um so mehr ist seine Preisbildung an eine möglichst weitgehende Berücksichtigung aller vier Prinzipien gebunden, je geringer seine Bedeutung ist, um so mehr können die volkswirtschaftlichen Prinzipien zurücktreten.

Um die Allgemeinheit vor unbilligen Preisfestsetzungen von Verkehrsmitteln mit Monopolcharakter zu schützen, hat der Staat überall dort starken Einfluß auf die Preisbildung der Verkehrsmittel genommen, wo die Gefahren einer Ausnutzung des Monopols durch das Verkehrsunternehmen vorliegen. Es geschieht dies entweder in der Form, daß der Staat selbst die Verwaltung und den Betrieb der Verkehrsmittel übernimmt oder aber sich die Genehmigung der Beförderungspreise vorbehält. In allen Gebieten aber, in denen mehrere Verkehrsmittel sich in die Verkehrsarbeit teilen, regelt der Wettbewerb zwischen den Verkehrsmitteln bis zu einem gewissen Grade einen gesunden Ausgleich zwischen den verlangten und gezahlten Preisen. Nur kann dieser Wettbewerb, wenn er sich nach privatwirtschaftlichen Gesichtspunkten vollzieht, dazu führen, daß nur starke Verkehrsbeziehungen bedient und schwache Verkehrsbeziehungen wegen zu geringer Deckung der Selbstkosten vernachlässigt werden.

Hier spielt nun ein sehr wichtiger, allgemeinwirtschaftlicher Grundsatz der Preisbildung der Verkehrsmittel eine Rolle, und zwar die Forderung nach gleichen Preisen für die gleiche Verkehrsleistung in räumlicher Beziehung und ohne Rücksicht auf die räumlich sehr verschieden gelagerten Verkehrsbedürfnisse. Es entspricht dies dem Prinzip der Gleichheit der Transportpreise im Raum. Jedes Verkehrsnetz setzt sich zusammen aus verkehrlich stark und schwach belasteten Strecken. Die ersteren verbinden die Orte und Gebiete mit starken wirtschaftlichen Kräften und daher großen Verkehrsbedürfnissen, die letzteren die Gebiete mit wenig entwickelter Wirtschaft und daher geringen Verkehrsbedürfnissen. In dem Gebiet einer Volkswirtschaft liegt der Sinn einer wirtschaftlichen Verbundenheit in der Richtung, daß jeder Gebietsteil unter den gleichen Bedingungen teil hat an den Mitteln, die dem Wohl und dem Gedeihen der Volkswirtschaft dienen, und das sind in erster Linie die Verkehrsmittel. Sollen die Verkehrsmittel ihrem Zweck als Hilfsmittel der Volkswirtschaft zur Schaffung einer gesunden Arbeitsteilung innerhalb dieser dienen, so werden die wirtschaftlich schwachen Gebiete nicht stärker mit Transportkosten für die gleiche Verkehrsleistung belastet werden dürfen als die wirtschaftlich starken. Nach dem Selbstkostengesetz der Verkehrsmittel würden aber gerade erstere höhere Selbstkosten für die Verkehrsleistungseinheit verursachen als letztere, da der geringe Verkehr eine schlechte Ausnutzung der Verkehrsanlagen und damit höhere Selbstkosten für die Verkehrsleistungseinheit mit sich bringt. Es liegt im Interesse einer jeden Volkswirtschaft, diese Mehrbelastung wirtschaftlich schwacher Gebiete dadurch zu verhindern, daß die guten Verkehrseinnahmen aus wirtschaftlich starken Gebieten dazu verwendet werden, um im ganzen Gebiet der Volkswirtschaft für das gleiche Verkehrsmittel gleiche Preise für die Ortsveränderung des Verkehrsgegenstands festzusetzen.

Diese als regionaler Ausgleich der Transportpreise anzusprechende volkswirtschaftliche Grundlage für die Preisbildung im Verkehrswesen ist besonders dann möglich und von großer Bedeutung, wenn ein leistungsfähiges Verkehrsmittel möglichst vielen Verkehrsbedürfnissen gerecht zu werden vermag.

Diese Rolle hatten bisher die Eisenbahnen übernommen und übernehmen sie auch heute noch. Durch sie kann das platte Land zu denselben Transportpreisen bedient werden wie wirtschaftlich hoch entwickelte Industriegebiete, trotzdem das durchweg niedrige Verkehrsbedürfnis des platten Landes vom Standpunkt der Selbstkosten wesentlich höhere Tarife erforderlich machen würde als sie im regionalen Ausgleich der Transportpreise tatsächlich geboten werden können. Diese Preisbildung nach dem Prinzip der Gleichheit der Transportpreise im Raum hat aber auch noch die große siedlungspolitische Bedeutung, daß bei einem nach volkswirtschaftlichen Gesichtspunkten ausgebauten Verkehrsnetz nicht durch unerträgliche Transportkosten im Güterverkehr die Landbewohner von ihrer Scholle in die Großstädte und Wirtschaftszentren getrieben werden.

Dem gleichen Gesichtspunkt eines volkswirtschaftlichen Ausgleichs, wenn auch nicht in so ausschlaggebender Form, gilt der Grundsatz, die Preise so hoch zu bemessen, als sie der Verkehrsgegenstand ohne merkliche Dämpfung der Verkehrsbedürfnisse tragen kann. Es entspricht dies dem Prinzip der Preisbildung unter Berücksichtigung des Werts des Verkehrsgegenstands. Wenn auch dieser Grundsatz im eigentlichen Sinne auf privatwirtschaftliche Überlegungen zurückzuführen ist, insofern die Einnahmen dort gesucht werden, wo sie am höchsten sind, so dient er doch auch volkswirtschaftlichen Notwendigkeiten. Wirtschaftlich gut gestellte Reisende und hochwertige Güter können für das Personenkilometer oder Tonnenkilometer mit höheren Transportkosten belastet werden als wirtschaftlich weniger gut gestellte Reisende oder geringwertige Güter, ohne daß ihre wirtschaftliche Transportfähigkeit wesentlich beeinflußt wird. Bei ihnen ist, selbst bei wesentlich höheren Transportpreisen für die Verkehrsleistungseinheit, die Belastung, wie wir im Abschnitt II gesehen haben, im Verhältnis zum Wert der Güter wesentlich geringer als bei den geringwertigen, aber lebensnotwendigen Gütern. Zwar sind im allgemeinen für die hochwertigen Verkehrsgegenstände auch vom Verkehrsunternehmen bessere Leistungen in Schnelligkeit und Bequemlichkeit zu bieten, auf die sie besonderen Wert legen und die an sich höhere Selbstkosten für die Verkehrsleistungseinheit verursachen. So wird den Reisenden der 1. und 2. Klasse eine größere Bequemlichkeit und bessere Ausstattung der Wagen geboten als den Reisenden der 3. Klasse, und die hochwertigen Güter in Form von Expreß-, Eil- und Stückgut werden schneller befördert als Massengut. Aber die damit verbundenen höheren Selbstkosten bilden vielfach nur einen Bruchteil der höheren Belastbarkeit des Beförderungsguts. So wird es möglich, aus den verhältnismäßig hohen Einnahmen der höheren Klassen und der hochwertigen Güter die Transportkosten für die untere Klasse und für geringwertige Güter niedriger zu halten, als es ohne diese Einnahmen möglich wäre. Dies dient zum Ausgleich wirtschaftlich ungleicher Kräfteverteilung, auf die die Volkswirtschaft eines Landes Wert legen muß.

Vom allgemeinwirtschaftlichen Standpunkt muß weiterhin noch verlangt werden, daß jedermann und jeder Wirtschaftszweig für die gleiche Verkehrsleistung die gleichen Beförderungspreise bezahlt, also keine Unterschiede in der Behandlung der Verkehrsinteressenten gemacht werden. Zu Zeiten, in denen in manchen Gebieten nur ein leistungsfähiges Landverkehrsmittel in Gestalt der Eisenbahnen zur Verfügung stand, die Wirtschaft also auf dieses allein angewiesen war, bildete sich weiterhin im Zusammenhang mit den gleichen Preisen auch die Beförderungspflicht für die Eisenbahnen heraus, nach der diese jedes ihnen zur Beförderung angebotene Verkehrsgut zu den festgesetzten Preisen und Bedingungen befördern müssen; gleichgültig ob die

Einnahmen daraus gering oder hoch sind, wenn es nur bestimmten Vorschriften der Verpackung und der Sicherheit genügt.

Je mehr ein Verkehrsunternehmen neben seinen privatwirtschaftlichen Gesichtspunkten den volkswirtschaftlichen Forderungen gerecht zu werden vermag, um so eher wird es seiner Aufgabe im menschlichen Gesellschaftsleben gerecht. Aber auch in diesem Fall wird der wirtschaftliche Erfolg des Verkehrsunternehmens dadurch bestimmt, daß eine volle Kostendeckung der Gesamtselbstkosten durch Verkehrseinnahmen, abgesehen von Zeiten allgemeinen wirtschaftlichen Tiefstands, dauernd erreicht wird.

Bei der Deckung der Ausgaben durch Verkehrseinnahmen kann es sich ebenso wenig wie bei einem industriellen Betrieb darum handeln, für jeden noch so kleinen Einzelteil des Betriebs eine eigene Wirtschaftlichkeit zu erlangen, sondern die Deckung muß im Rahmen des ganzen Unternehmens erreicht werden. Die allgemeinwirtschaftlichen Aufgaben, die ein leistungsfähiges Verkehrsmittel zu erfüllen hat und die vor allem in einem regionalen Ausgleich der Transportpreise liegen, führen sogar zu einer selbstverständlichen Unwirtschaftlichkeit einzelner Linien, die nur von der Wirtschaftlichkeit des Gesamtunternehmens aus gesehen in Kauf genommen werden kann. So ist das Nebenbahnnetz großer Eisenbahnunternehmungen in der Regel ein Geschäftsbetrieb, dessen Unterbilanz von Überschüssen der Hauptbahnen im Interesse einer guten Erschließung des platten Landes gedeckt werden muß. Bei einem Kraftverkehrsnetz von allgemeiner Bedeutung wird in gleicher Weise ein wenig einträgliches Netz durch ein einträgliches Netz überlagert werden. Dieser Grundsatz eines Ausgleichs in den Erträgnissen der verschiedenen Linien eines Verkehrsnetzes schließt nun aber in keiner Weise aus, daß sich das Verkehrsunternehmen ständig über die wirtschaftliche Bedeutung einer jeden Linie fortlaufend im klaren ist. Hierbei bietet, wie bereits an anderer Stelle hervorgehoben, die Selbstkostenermittlung im Zusammenhang mit der Beobachtung der Wandlungen des Verkehrsumfangs der Verkehrslinien wertvolle Erkenntnisgrundlagen.

Für die Preise im Verkehrswesen sind verschiedene Ausdrücke gebräuchlich. Im Personenverkehr sprechen wir von Fahrpreisen, im Güterverkehr von Frachtpreisen und Gebühren, im Nachrichtenverkehr von Gebühren. Die Form der Preisbildung kann in der freien Vereinbarung zwischen dem Verkehrsunternehmen und dem Versender bestehen, oder es werden für alle in gleicher Weise bindende Einheitspreise für bestimmte Verkehrsleistungen festgesetzt. Letztere werden nach einem arabischen Wort, das Preisverzeichnis bedeutet, Tarife genannt. Wir haben demnach in der Form freie und gebundene Preise zu unterscheiden. Die freien Preise herrschen im Gelegenheitsverkehr der Schiffahrt und des Straßenverkehrs vor, die gebundenen Preise im planmäßigen Verkehr der Eisenbahnen, Straßen, Seeschiffahrt und im Luft- und Nachrichtenverkehr. Die gebundenen Preise haben vom allgemeinen Standpunkt den besonderen Vorzug, daß alle Verkehrsinteressenten gleich behandelt werden und unter den gleichen Bedingungen sich der Verkehrsmittel bedienen können. In Verkehrsgebieten, in denen, wie beispielsweise im Binnenverkehr des neuzeitlichen Verkehrswesens, beide Formen der Preisbildung vorherrschen, ist das auf freie Preisbildung gestellte Verkehrsunternehmen in der Lage, die Wettbewerbsmöglichkeiten viel nachhaltiger auszunutzen als ein Verkehrsunternehmen mit gebundenen Preisen. Das hat zu Verkehrsproblemen geführt, auf die wir später noch zu sprechen kommen.

Die Preise für die Ortsveränderung der Verkehrsgegenstände sind aufgebaut als:

1. Einheitlicher Tarif für das Streckenkilometer oder Entfernungstarif,
2. Gestaffelter Tarif für das Streckenkilometer, der einen einheitlichen Tarif

für das Streckenkilometer darstellt, jedoch bei verschiedenen Entfernungsstaffeln sich ändert und daher auch Staffeltarif genannt wird,

3. Einheitstarif für die gesamte Strecke,
4. Einheitstarif für Teile der Strecke oder Zonentarif,
5. Zuschlag für besondere Leistungen.

Die Tarifarten 1 und 2 werden ausgedrückt durch den Tarif für einen Personenkilometer und Tonnenkilometer, die Tarifarten 3, 4 und 5 durch den Tarif für die Person, Tonne und das Stück. Im großstädtischen Verkehrswesen werden die Tarifarten 1, 2 und 4 als Leistungstarife bezeichnet, weil sie dem Prinzip der Leistung und Gegenleistung entsprechen, und die Tarifart 3 als Einheitstarif, weil er für das gesamte Netz unabhängig von der Fahrtlänge gilt.

Zur Berechnung der Gesamtfracht nach Tarifart 1 und 2 wird nicht immer der reine Fahrweg des Guts zugrunde gelegt, sondern ein Rechnungswert, das sogenannte Tarifkilometer, das im Durchschnitt im Eisenbahnwesen bis zu 5% über oder unter dem reinen Fahrt- oder Betriebskilometer liegt. Auf diesen Unterschied ist bei der Verwendung statistischer Zahlen Rücksicht zu nehmen, um Fehlschlüsse zu vermeiden.

Die verschiedenen Tarifarten sind in erster Linie entstanden aus der Struktur der Selbstkosten in Abhängigkeit von der Beförderungsweite und aus Gründen einer bequemen Abfertigung vor allem im großstädtischen Verkehrswesen. Das führte zur Preisbildung nach dem Prinzip der Struktur und der Höhe der Selbstkosten. Je größer der Anteil der Streckenkosten an den gesamten Selbstkosten einer Verkehrsleistungseinheit ist, je mehr demnach die Beförderungspreise von der zurückgelegten Strecke abhängen, um so eher wird der Tarif auf das Streckenkilometer bezogen werden. Treten dagegen die Streckenkosten gegenüber den Stationskosten stärker zurück, so daß die Beförderungspreise in erster Linie von den örtlichen und von der Beförderungsarbeit unabhängigen Kosten bestimmt werden, so wird der Tarif für die Gesamtstrecke festgesetzt werden können. Abb. 99 zeigt den Aufbau der Selbstkosten nach Stations- und Streckenkosten bei den verschiedenen Verkehrsmitteln, der die heute bestehenden Tarifarten erklärt.

Im Briefverkehr ist der Anteil der Stationskosten, im Straßenbahnverkehr der Anteil der Streckenkosten am höchsten. Diesem Grundcharakter der Selbstkosten entspricht die Preisbemessung im Briefverkehr nach Einheitstarifen für die Gesamtstrecke. Dem widerspricht auch nicht die Tatsache, daß das Briefporto nach dem Ausland, also auf kontinentale und transozeane Entfernungen höher ist als im Inland. Im Straßenbahnverkehr herrscht, trotzdem der Anteil der Streckenkosten am höchsten ist, der Zonentarif aus praktischen Gründen der Abfertigung der Reisenden vor, da der Fahrpreis im einzelnen nicht nach Streckenkilometern bemessen werden kann. Da die Zonen aber in der Regel nur 2—3 km betragen, so kann praktisch im Vergleich mit den Fernverkehrsmitteln von einem einheitlichen Tarif für das Streckenkilometer gesprochen werden. Wenn demgegenüber Straßenbahnen von Groß- und Weltstädten den Einheitstarif für das Gesamtnetz eingeführt haben, so ist hierbei der Einfachheit der Abfertigung eine zu große Bedeutung beigelegt und dem Kurzstreckenfahrer eine zu große Belastung zugemutet worden. Die wirtschaftlich richtige Preisbemessung wird bei den Straßenbahnen den überwiegenden Einfluß der Streckenkosten durch von der Beförderungsweite abhängige Tarife berücksichtigen müssen.

Im Güterverkehr auf Eisenbahnen und Wasserstraßen ist der Anteil der Stationskosten verhältnismäßig hoch. Das hat dazu geführt, die Tarife zu teilen in Strecken- und Stations- oder Abfertigungstarife. Die Streckentarife sind einheitliche Tarife für das Streckenkilometer, die entweder für die gesamte Strecke oder für Teile oder Staffeln von ihr maßgebend sind. Die Tarife oder Gebühren für die Abfertigung sind auf die Tonne Gut bemessen und in ihrer Unabhängigkeit von der Beförderungsweite konstant. Im Fernpersonenverkehr überwiegen die Streckenkosten erheblich, so daß in der Regel der einheitliche Tarif nach Streckenkilometern besteht und nur in wenigen Fällen eine Verbindung zwischen diesem und dem Einheitstarif für die Gesamtstrecke in Form

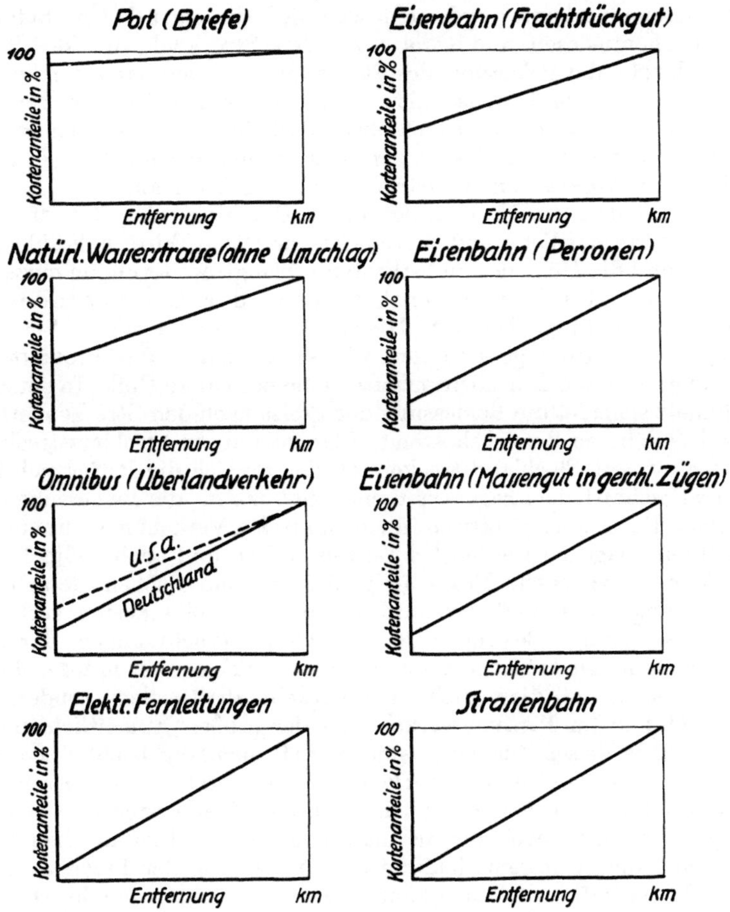

Abb. 99. Aufbau der Selbstkosten nach Stations- und Streckenkosten bei verschiedenen Verkehrsmitteln.

des Zonentarifs vorhanden ist. Das Schaubild über den Omnibusverkehr in Deutschland und den Vereinigten Staaten von Amerika auf Abb. 99 zeigt in einer für den zukünftigen Aufbau der Preisbildung in Abhängigkeit von der Beförderungsweite charakteristischen Weise den starken Anteil der Stationskosten im Omnibusverkehr der Vereinigten Staaten von Amerika. Hier ist der Omnibusverkehr bei dem fast völligen Mangel an Nebenbahnen bereits in so starkem Maße eingeführt, daß die Unternehmungen besondere Bahnhöfe und umfangreiche Wagenhallen errichten müssen, die nun die von der Beförderungsweite unabhängigen Kosten erhöhen und damit die wirtschaftliche Anpassungsfähigkeit an Verkehrsveränderungen erschweren. Bei den elektrischen Fernleitungen kommt grundsätzlich der einheitliche Tarif für das Streckenkilometer nach der Struktur der Selbstkosten für die Preisbildung in Frage. Da aber bei dem fast zeitlosen Transport elektrischer Energie praktisch eine Flächenverteilung der Energie über den Weg der Leitungen möglich ist, so scheidet die Beförderungsweite als Maß für die Preisbildung im wesentlichen aus. Das Leitungsnetz ist gleichsam eine stationäre Anlage, in der der elektrische Strom jederzeit verbrauchsbereit zur Verfügung steht. Je engmaschiger das Netz ist, um so teurer ist die Anlage. Da ferner die elektrische Energie als Produkt gleichzeitig mit der Transportleistung verkauft wird, so lassen sich die eigentlichen Beförderungskosten nicht herauslösen und etwa nach den Streckenkosten des Transports bemessen, obwohl die Belastung des Strompreises durch Transportkosten nicht unerheblich ist und im Durchschnitt 70% des Strompreises bei Fernleitungen beträgt. Die Art des Güterverbrauchs beeinflußt hier die Form der Preisbildung und gleicht sie der von den Kosten der Ortsveränderung unabhängig gemachten Preisbildung im Absatz von industriellen Erzeugnissen an.

Die Tarifbildung selbst erfolgt unter Beachtung der Grundforderungen, die die volkswirtschaftliche und privatwirtschaftliche Wirtschaftsführung sowie die Struktur und die Höhe der Selbstkosten verlangt, weiterhin im einzelnen nach dem Wert, den der Verkehrsinteressent der Ortsveränderung der Verkehrsgegenstände beimißt. Hierbei spielen die regionale Verteilung der Erzeugungs- und Absatzgebiete der Wirtschaft sowie die Produktions- und Absatzbedingungen der Einzelwirtschaften eine besondere Rolle. In einem dichten Eisenbahnnetz scheidet die Bemessung der Preise nach den Streckenverhältnissen ganz aus. Die höheren Betriebskosten auf Hügelland- und Gebirgsstrecken gegenüber denjenigen auf Flachlandstrecken würden an sich die Berücksichtigung der technisch-wirtschaftlichen Eigenarten einer Strecke für die Bemessung der Preise rechtfertigen. Es ist aber praktisch in einem großen Verkehrsnetz unmöglich, dies durchzuführen. Dagegen werden bei Einzelstrecken und auch vielfach im Kraftwagenverkehr verschiedene Preise in gebirgigen und flachen Gebieten für die Verkehrsleistung auf Grund der unterschiedlichen Selbstkosten verlangt.

Es ist das ständige Bestreben der Verkehrsunternehmungen, durch richtige Preisbemessung möglichst hohe Einnahmen zu erzielen, aber mit den Preisen nur so hoch zu gehen, daß diese nicht den Verkehr abschrecken, sondern eher ihn anregen. Während im Personenverkehr bei der großen Einheitlichkeit des Verkehrsgegenstands dieses Zusammenspiel verhältnismäßig leicht übersehbar und durchführbar ist, hat es im Güterverkehr zu einem besonderen Wissensgebiet des Tarifwesens geführt, in dem nur noch erfahrene Spezialisten die Ursachen und Grundlagen der Einzeltarife für die mannigfaltigen und zahlreichen Güterarten übersehen und die Weiterentwicklung und Anpassung der Preise an die Wandlungen der Wirtschaft vornehmen können. Im Nachrichtenverkehr ist ähnlich wie im Personenverkehr bei der Einheitlichkeit der Verkehrsgegenstände körperlicher und unkörperlicher Art die Preisbemessung einfach zu gestalten.

In welchem Gesamtbild die Tarife im Güterverkehr an den Einnahmen beteiligt sind, ist bereits im Abschnitt III in Abb. 41 (s. S. 98) erläutert worden. Die Abbildung zeigt, wie weit die Einnahmen der hochwertigen Güter für das Tonnenkilometer über der Durchschnittseinnahmelinie liegen, trotzdem dieser Unterschied nicht durch die Selbstkosten im Transport begründet ist. Ihre Belastbarkeit durch Transportkosten ist größer als die aller anderen Güter. Auf der anderen Seite liegen die geringwertigen Güter unter der Durchschnittseinnahmelinie, weil nur in dieser zulässigen Belastung durch Transportkosten ihre Ortsveränderung in großem Maße im Interesse der Arbeitsteilung im Gebiete einer Volkswirtschaft oder der Weltwirtschaft lohnend ist. Ein grundsätzlich ähnliches Bild wie im Güterverkehr liegt auch im Personenverkehr der Eisenbahnen vor, bei dem die höheren Preise für die oberen Klassen wesentlich über den Durchschnittseinnahmen liegen. Im Postverkehr zeigt Abb. 100 das Verhältnis zwischen Einnahmen und Ausgaben für die verschiedenen Postarten in den Vereinigten Staaten von Amerika. Die Einnahmen aus dem hochwertigen Verkehr in Form der Briefe liegen weit über den Selbstkosten dieses Verkehrs, während der mit Transportkosten wenig belastbare Zeitungsverkehr seine Selbstkosten in keiner Weise deckt. Der Überschuß im Briefverkehr wird vor allem durch die Unterbilanz im Paketverkehr, der als Güterverkehr anzusprechen ist, ausgeglichen, so daß insgesamt die amerikanische Post mit Verlust arbeitet.

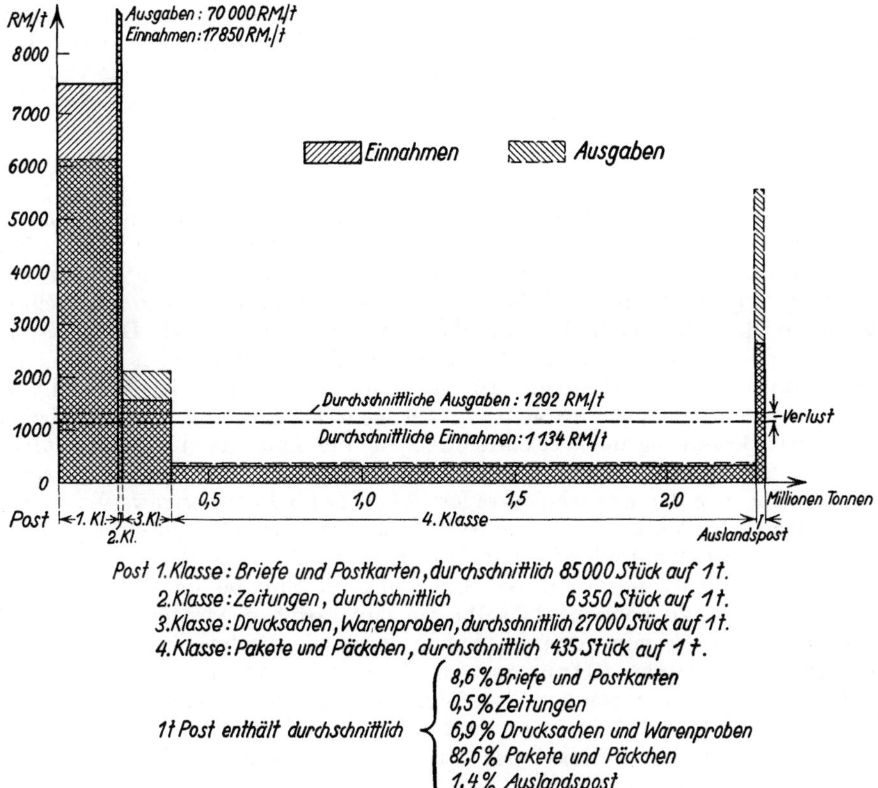

Abb. 100. Charakteristik der Einnahmen und Ausgaben im Postverkehr der Vereinigten Staaten von Amerika im Jahre 1930.

In dem Verhältnis des Mengenanteils der hochwertigen, mittelwertigen und geringwertigen Güter zu dem Einnahmeanteil der gleichen Güter zeigt sich im Eisenbahnverkehr der praktisch gegebene Ausgleich zwischen dem Verkehrsumfang und den Einnahmen, die der Verkehr im einzelnen bringt. Wie Abb. 41 (s. S. 98) zeigt, pendelt um die mittelwertigen Güter das Verhältnis zwischen Mengen- und Einnahmeanteil in der Weise, daß bei hochwertigen Gütern der Einnahmeanteil, bei geringwertigen Gütern der Mengenanteil wesentlich größer ist. Andererseits liegt die Haupteinnahme im Eisenbahnverkehr bei den Massengütern, sie bilden das Rückgrat für eine wirtschaftlich gute Beschäftigung des Betriebsapparats.

Der wirtschaftliche Erfolg eines Verkehrsunternehmens wird vielfach gemessen durch den Betriebskoeffizienten oder die Betriebszahl. Sie ist das Verhältnis in hundert Teilen zwischen den Betriebsausgaben ohne Schuldendienst zu den Einnahmen in der Zeit eines Jahres. Der Vergleich der Betriebszahlen des gleichen Unternehmens für mehrere aufeinander folgende Jahre gibt einen Anhalt über die Entwicklung des Verkehrsmittels in wirtschaftlicher Hinsicht. Für diesen Vergleich ist allerdings Voraussetzung, daß er im Zusammenhang mit dem Bruttogewinn des Unternehmens erfolgt, damit die Wechselbeziehungen zwischen den das Wirtschaftsergebnis beeinflussenden einzelnen Faktoren richtig erkannt und gewertet werden[1].

Mit der Betriebszahl ist nicht zu verwechseln die Wirtschaftszahl, die das Verhältnis zwischen den Betriebsausgaben mit Schuldendienst, also den Gesamtausgaben, und den Einnahmen enthält. Je weiter diese Zahl unter 100% liegt, um so besser hat das Verkehrsunternehmen wirtschaftlich abgeschnitten. Der Vergleich dieser Zahlen für verschiedene Jahre ist unter den gleichen Einschränkungen zulässig wie bei der Betriebszahl.

d) Subventionen.

Es ist in der Eigenart der Verkehrsmittel begründet, daß sie einer verhältnismäßig langen Entwicklungszeit bedürfen, bis die teuren und meist umfangreichen technischen Anlagen und kostspieligen Erfahrungen zu einheitlicher Wirkung gelangen und das zunächst zögernde Verkehrsbedürfnis so weit beleben, daß eine Wirtschaftlichkeit des Verkehrsmittels zu erwarten ist. Da diese Entwicklungszeit erheblich über das bei anderen Wirtschaftszweigen übliche Maß hinausgeht, so ist es erklärlich, daß das damit verbundene Risiko nicht von Einzelnen sondern von der Gesamtheit getragen werden muß, und daß bei der allgemeinen Bedeutung der Verkehrsmittel für ein Land auch die öffentliche Hand sich an ihm beteiligen muß. Dieser Grundsatz ist in allen Ländern anerkannt und auch bei dem Hauptverkehrsträger, den Eisenbahnen, angewandt worden. Nur England, das dank eines in der Weltwirtschaft vor 100 Jahren begründeten Reichtums starke Kapitalkräfte entwickeln konnte, war in der Lage, auf eine materielle Unterstützung der Eisenbahnen in ihrer Entwicklungszeit seitens des Staats verzichten zu können. Alle übrigen europäischen Staaten und auch die Vereinigten Staaten von Amerika haben dagegen durchweg das System der Gewährung von Unterstützungen oder Subventionen beim Ausbau einer Eisenbahnlinie angenommen und verfolgt. Bei den neuen Verkehrsmitteln wie Kraftwagen und Luftverkehr ist es nicht anders. Bei ihnen hat auch England eine tatkräftige finanzielle Mitarbeit des Staates nicht vermeiden können.

Die Berechtigung der Subventionen und ihre Anwendung warf aber auch bald die sehr schwer zu beantwortende Frage auf, wie ihre schädlichen Wirkungen, die vor allem in einer unklaren Lage der Verantwortlichkeit für eine möglichst wirtschaftliche Betriebsführung des Verkehrsmittels liegen, vermieden werden konnten. Die große Zahl der Subventionsmethoden charakterisiert und erklärt die in dieser Richtung liegenden Versuche, die Unterstützung auf das unbedingt notwendige Maß zu beschränken und den Verkehrsunternehmungen durch die Form der Subventionen einen starken Anreiz zur wirtschaftlichen Führung ihrer Betriebe zu geben.

Um das zu erreichen, kam bei den Eisenbahnen in erster Linie die Unterstützung des Staats bei der Beschaffung des nötigen Anlagekapitals und bei der

[1] Tecklenburg, „Der Betriebskoeffizient der Eisenbahnen und seine Abhängigkeit von der Wirtschaftskonjunktur.“ Archiv für Eisenbahnwesen, Berlin 1911.

Überwindung der durchweg schlechten ersten Betriebsperiode in Frage. Als Gegenwert mußte der Staat außer dem Recht der Konzessionserteilung auch eine Kontrolle über die Wirtschaftsführung der subventionierten Bahnen und einen Anteil an ihren über ein gewisses Maß hinausgehenden Überschüssen für sich in Anspruch nehmen.

Im Eisenbahnwesen sind unter diesen allgemeinen Gesichtspunkten zwei große Gruppen von Subventionsmethoden angewandt worden, die direkte und die indirekte Subvention. Unter ersterer ist eine unmittelbare Unterstützung oder vermögensrechtliche Leistung seitens des Staates an die zu unterstützende Gesellschaft zu verstehen, unter letzterer eine Befreiung von gewissen staatlichen Lasten und Abgaben. Da die Erleichterungen für die Bahngesellschaften durch indirekte Subventionen zwar mannigfaltiger Art, aber in ihrem Umfang nicht wesentlich waren, haben die direkten Subventionen wegen der durch sie verursachten erheblichen Belastungen des Staatshaushalts größere Bedeutung gewonnen. Es soll daher in erster Linie auf ihre Methoden und Wirkungen kurz eingegangen werden.

Grundsätzlich sind bei den direkten Subventionen zu unterscheiden solche, bei denen eine staatliche Unterstützung ohne wesentliche Gegenleistung beansprucht wird, und solche, bei denen die Gewährung einer Subvention von der Verpflichtung zu bestimmten Gegenleistungen seitens der unterstützten Gesellschaft abhängig gemacht wurde.

Die erste Art, oder die Subvention ohne Gegenleistung, bestand in der Schenkung von Landstrecken und in der kostenlosen Zurverfügungstellung des Unterbaus ohne Oberbau und Betriebsmittel durch den Staat an eine betriebsführende Gesellschaft. Der erste Weg wurde in den Vereinigten Staaten von Amerika und Kanada bei dem Bau der großen Pazifikbahnen[1], der zweite dagegen nur in Frankreich beschritten, aber wegen seiner großen Belastung für den Staat bereits nach 5 Jahren wieder verlassen. An ihre Stelle trat eine auch in anderen Staaten in einzelnen Fällen angewandte direkte Subventionsmethode in Gestalt der Barzahlung von jährlichen Zuschüssen, deren Bemessung nach oben und unten aber sehr bald zu Schwierigkeiten führte. Ferner wurde bei verschiedenen Bahnen durch Gewährung von Darlehen, also von rückzahlbaren Geldern, oder durch Übernahme eines Teils der Aktien durch den Staat eine Subvention ohne besondere Gegenleistung gewährt.

Allen diesen Subventionen haftete der große Nachteil an, daß sich der Staat jeder maßgebenden Kontrolle und Einwirkung in bezug auf die wirtschaftliche Führung des Unternehmens begab und damit der volkswirtschaftliche Wert der Subventionen erheblich gemindert wurde. Es setzte sich daher gegenüber den bisher besprochenen Methoden allmählich eine grundsätzlich zweckmäßigere, die der Ertragsgarantie, in fast sämtlichen Staaten durch. Die Ertragsgarantie besteht darin, daß der Staat eine bestimmte Verzinsung des wirklich notwendigen Anlagekapitals garantiert und als finanzielle Gegenleistung eine Beteiligung an den ein bestimmtes Maximum überschreitenden Überschüssen der Bahngesellschaften erhält, so daß die Ertragsgarantie zurückerstattet werden kann. Zweifellos konnte sich diese Methode erst durchsetzen, als erkannt worden war, daß zahlreiche Bahnen mit großen Einnahmen aufwarten konnten und der Staat ein Interesse daran haben mußte, mit Hilfe dieser Einnahmen weitere Bahnen durch Ertragsgarantie zu entwickeln. Das Kontroll- und Aufsichtsrecht des

[1] v. d. Leyen, „Nordamerikanische Eisenbahnverhältnisse.“ Archiv für Eisenbahnwesen 1884.
Sauborn, „Congressional Grants of Land in Aid of Railways.“ Madison 1899.

Staats, das mit dieser Ertragsgarantie verbunden war, gab eine Gewähr für eine rationelle Führung des Bahnunternehmens und eine möglichst volkswirtschaftliche Verwendung der Subventionen. Durch die Ertragsgarantien wurde nicht allein den Privatunternehmungen die Beschaffung des Kapitals wesentlich erleichtert, sondern, was besonders wichtig ist, es wurde ihnen auch in den ersten meist ertragslosen Betriebsjahren eine wertvolle Unterstützung ihres Kredits geboten. Die vom Staat geleisteten Summen stellen dabei kein Geschenk dar, sondern sie belasten die Gesellschaft dauernd wie ein Darlehen. Es lag daher für die Bahngesellschaften ständig der Anreiz vor, die Garantie so wenig wie möglich in Anspruch zu nehmen oder mit anderen Worten, ihren Betrieb so wirtschaftlich wie möglich zu machen. Wichtig ist auch, daß die Ertragsgarantie für die Dauer der Konzession oder für mindestens 50 Jahre, also für lange Zeit, geboten wurde, die Bahngesellschaft demnach mit ihr als sicherem Geschäftsbestandteil arbeiten konnte.

Die Garantiesätze lagen in Preußen bei 3,5—4%, in Frankreich und Österreich bei 4—5% des Anlagekapitals. Die Verzinsung des Anlagekapitals zu 3,5—4% machte in den ersten 10—20 Jahren der Eisenbahnzeit 20—25% der Gesamtausgaben der Eisenbahnunternehmungen aus. Die vom Staat gebotenen Ertragsgarantien wurden allerdings nicht immer in voller Höhe beansprucht, sondern durchschnittlich nur zu 0,5—1% des Anlagekapitals. Wesentlich ist, daß die Staaten sich zu einer Bürgschaft bereit fanden, die der Ausdehnung des Eisenbahnwesens einen starken Impuls gab. In Preußen waren im Jahre 1847 47% aller Bahnstrecken mit Unterstützung des Staats gebaut, wofür eine Ertragsgarantie von 3,32 Millionen Mark geboten wurde, eine Summe, die bei dem damaligen Geldwert und dem Staatsgebiet Preußens zweifellos eine großzügige Maßnahme darstellt[1]. Ende der 60er Jahre des vorigen Jahrhunderts brachte die Entwicklung des Eisenbahnverkehrs in Preußen die Eigenwirtschaftlichkeit der Eisenbahnen mit sich, so daß die Subventionen eingestellt werden konnten.

Gegenüber den Subventionsmethoden im Eisenbahnwesen sind die im Schiffahrt- und Kraftfahrwesen verhältnismäßig einfacher Art. In der Seeschiffahrt ist bis zum Weltkrieg eine Subventionierung von Schiffahrtsgesellschaften durch die Länder nicht oder nur in einzelnen Fällen festzustellen. Im wesentlichen entwickelte sie sich nach Abschluß einer Anlaufzeit aus eigenen Kräften. Nur im Überseepostverkehr garantierten die Länder ihren Seeschiffahrtsgesellschaften bestimmte Einnahmen, wenn ein planmäßiger Postverkehr dafür auf bestimmten Linien geboten wurde. Es war also eine Unterstützung auf Leistung und Gegenleistung, wobei die Gegenleistung, die die Post erhielt, in der Postbeförderung, also verkehrlicher Art war. Wie weit dabei die Postanstalten zusetzten, ist nicht bekannt geworden. Doch hat auch diese Methode ähnlich wie die Ertragsgarantie den großen Wert, daß das Schiffahrtsunternehmen das größte Interesse daran hatte, möglichst wirtschaftlich den Postverkehr zu erledigen. Im letzten Jahrzehnt ist in fast allen Ländern über die Postverträge hinaus eine Unterstützung der nationalen Schiffahrt durch Gewährung von Baudarlehen zu sehr niedrigen Zinssätzen eingeleitet worden[2]. Der Erfolg dieser Subventionierung ist zum Teil ein ungesundes Anwachsen des Schiffsraums über

---

[1] Schreiber, „Die Preußischen Eisenbahnen und ihr Verhältnis zum Staat." Berlin 1874.

Gross, „Die Staatssubventionen für Privatbahnen." Wien 1882.

[2] Siegert, „Die Subventionen der Weltschiffahrt und ihre sozialökonomischen Wirkungen." Berlin 1930.

Saugstad, „Shipping and Shipbuilding Subsidies." Department of Commerce, Washington 1932.

den Bedarf hinaus und eine schlechte Ausnutzung des Schiffsparks, was vielfach zu unmittelbaren Unterstützungen durch die Länder zwecks Ausgleichs von Fehlbeträgen führte.

Im Kraftwagenverkehr wurden im Interesse seiner Entwicklung die Straßen zunächst ohne Entgelt für die Unterhaltung zur Verfügung gestellt. Als jedoch mit der Zunahme des Kraftwagenverkehrs die Unterhaltungskosten gegenüber dem früheren Fuhrverkehr erheblich stiegen, wurden die Kraftwagen zur teilweisen Tragung der Kosten herangezogen. Während in manchen Ländern dieser Anteil den tatsächlichen Aufwendungen für die Unterhaltung wenigstens für den Personenverkehr ungefähr entspricht, wird er in anderen Ländern noch bewußt niedrig gehalten im Interesse der Stärkung des Kraftwagenverkehrs. Dadurch ergibt sich für den Kraftwagenverkehr dieser Länder und zwar vor allem für den Verkehr mit Lastkraftwagen eine Entlastung, die ungefähr 15—20% der objektiven Selbstkosten im Kraftwagenverkehr ausmacht. Es wird also hier noch bei einem bereits verhältnismäßig stark entwickelten Verkehrsmittel eine indirekte Subvention gegeben, die ein sehr großes Entgegenkommen seitens der Allgemeinheit bedeutet. Dieses Entgegenkommen wirkt sich in der betreffenden Verkehrswirtschaft der Länder, in denen nun subventionierte und nicht subventionierte Verkehrsmittel sich gegenseitig das Verkehrsgut streitig machen, vom volkswirtschaftlichen Standpunkt gesehen nicht günstig aus, da die wirtschaftlichen Grundlagen für den Wettbewerb ungleich und daher ungesund verteilt sind.

Die Subventionsmethoden für den in der Entwicklung stehenden Luftverkehr entsprechen grundsätzlich denjenigen im Eisenbahnwesen und Überseeverkehr. Doch mußten bei ihm materiell neue Wege beschritten werden. Während im Eisenbahnverkehr sich die Subventionen in erster Linie auf die Anlage des Wegs erstreckten und die Fahrzeuge nur eine geringe Bedeutung für die Entwicklungsarbeit der Eisenbahnunternehmungen hatten, müssen im Luftverkehr in erster Linie die Luftfahrzeuge reif für ihren verkehrsmäßigen Einsatz auf den verkehrswirtschaftlich günstigsten Entfernungen, den Weltluftlinien, gemacht werden. Die Entwicklungsarbeit liegt hier demnach zunächst auf dem Gebiet des Fahrzeugbaus und erst in zweiter Linie auf dem Gebiet der Bodenorganisation für den Luftverkehrsbetrieb. Daraus ergibt sich die bei fast allen anderen Verkehrsmitteln nicht notwendig gewordene Subventionierung der Fahrzeugindustrie, neben der die Bodenorganisation und der Luftverkehr noch besonders vom Staat in der Entwicklungszeit unterstützt werden müssen. Daran ändert auch nichts der Umstand, daß die Unterstützung der Fahrzeugindustrie heute in den meisten Ländern mittelbar durch den Luftverkehr geht, der seine Subventionen für den Ankauf der Luftfahrzeuge benutzt[1].

Die Subventionen im Verkehrswesen sollten grundsätzlich auf die Entwicklungszeit bis zur Erreichung einer gewissen Verkehrsreife des betreffenden Verkehrsmittels beschränkt bleiben. Vor allen Dingen aber wird die Volkswirtschaft eines Landes nur dann einen Vorteil von der ihr durch Subventionen entstehenden Belastung erwarten können, wenn wesentliche Verbesserungen in der Verkehrsbedienung durch neue Verkehrsmittel erwartet werden können, oder durch diese ein bisher nicht genügend befriedigtes Verkehrsbedürfnis befriedigt werden kann. Im neuzeitlichen Verkehrswesen ist die Beachtung dieser Grundforderung durch die Verkehrspolitik eines Landes um so schwieriger, als entwickelte und in der Entwicklung befindliche Verkehrs-

[1] Pirath, „Preisbildung und Subventionen im Luftverkehr." Forschungsergebnisse des Verkehrswissenschaftlichen Instituts für Luftfahrt an der Technischen Hochschule Stuttgart, Heft 3. München 1930.

mittel im gleichen Verkehrsgebiet tätig sind und die Unterschiede ihrer Verkehrsleistungen nach Güte und Kosten zum Teil so gering sind, daß die Entscheidung über die Zweckmäßigkeit und die Höhe der Subventionen schwer zu treffen ist. Wir werden im Abschnitt über die Synthese der verschiedenen Verkehrsmittel hierauf noch zurückkommen.

V. Wissenschaftliche Betriebsführung im Verkehrswesen.

1. Sinn und Ziel der wissenschaftlichen Betriebsführung im Verkehrswesen.

Die neuzeitliche Betriebswirtschaft verfolgt, allgemein gesprochen, das Ziel, die für die Einzelwirtschaften und die Gesamtwirtschaft wichtige Frage zu lösen, wie mit dem geringsten Aufwand an Zeit, Kraft und Stoff, die die Elemente jeglicher Gütererzeugung bilden, der beste wirtschaftliche Erfolg in irgendeinem Wirtschaftszweig erzielt wird. Das bewußte Streben zur günstigsten Lösung dieser Frage ist durchaus nicht neu. Es beherrschte die Denkart des Menschen wohl seit den Anfängen seines Daseins und veranlaßte ihn immer wieder, neue Mittel zu finden, um seine Arbeit so erfolgreich wie möglich zu gestalten. Auch die neuzeitliche Betriebswirtschaft ist ein Kind der bisherigen wirtschaftlichen Entwicklung und kann dem Nährboden langjähriger Erfahrung früherer Zeiten nicht entsagen, ohne ihren Wert und ihre Bedeutung zu verlieren. Wandelbar und neu sind nur die Verfahren, die angewandt werden, um in einem Betrieb den höchsten wirtschaftlichen Erfolg zu erreichen. Ihre wesentlichen Merkmale bestehen heute darin, daß die Verfahren weitgehend auf allgemein gültigen Grundsätzen aufgebaut sind.

Diese allgemein gültigen Grundsätze, deren sich die neuzeitliche Betriebswirtschaft zur Förderung einer wirtschaftlichen Gütererzeugung vornehmlich bedient, finden ihren Ausdruck durch die Methoden der wissenschaftlichen Betriebsführung. Sie geben die Mittel an die Hand, alle Elemente, die den Erfolg und Mißerfolg beeinflussen, klar zu umgrenzen und zu erfassen, ohne daß allerdings ihre Anwendung allein in der Lage wäre, das wirtschaftliche Geschehen nach allen Richtungen zu erklären und ausschlaggebend zu beeinflussen. Die wissenschaftliche Betriebsführung entstand und ist nur lebensfähig in engster Fühlung mit der Praxis. Sie befaßt sich weniger mit dem Güterverbrauch als vielmehr mit der Gütererzeugung und bei dieser nicht allein mit der reinen Technik des Betriebs, sondern auch mit der Arbeitstechnik oder der besten Regelung der Arbeit.

Die wissenschaftliche Betriebsführung bedient sich grundsätzlich des Mittels einer scharfen und klaren Zergliederung und Erfassung eines Arbeits- oder Betriebsvorgangs in allen seinen Einzelheiten. Der hierdurch erzielte Einblick in die Quellen aller Aufwendungen an Zeit, Kraft und Stoff ermöglicht es, Arbeiten, die bisher allein nach Gefühl, Überlieferung und Erfahrung ausgeübt wurden, in allen ihren Einzelheiten auf größte Zweckmäßigkeit zu überlegen und sich dabei auf Maß und Zahl exakt zu stützen. Dadurch schafft die wissenschaftliche Betriebsführung neben einem zuverlässigen Vergleich zwischen Aufwand und Leistung auch eine einwandfreie und unentbehrliche Unterlage für die Ermittlung der Selbstkosten und die richtige Preisbemessung für den Herstellungswert eines Guts. Es handelt sich dabei, wohl gemerkt, nicht um ein starres, schematisch anwendbares Gefüge von Regeln, sondern um eine allgemeine Methodik oder Art der zweckmäßigsten und billigsten Gestaltung der Arbeitsvorgänge, die für irgendeine Produktion notwendig sind. Zunächst auf die mechanische Industrie oder die industrielle Werkstatt beschränkt, haben die Gedanken und Methoden der wissenschaftlichen Betriebsführung heute überall in der Landwirtschaft, im Bergbau und auch im Verkehrswesen Eingang gefunden.

2. Analyse der Betriebs- und Verkehrsarbeit zur Beurteilung von Aufwand und Leistungen.

Die Methoden, deren sich die wissenschaftliche Betriebsführung im Verkehrswesen bedient, sind in ihrem Ziel von grundsätzlich ähnlicher Art wie in der mechanischen Industrie. In ihrem Wesen dagegen sind sie vielfach von diesen verschieden. Dieser Unterschied erklärt sich in erster Linie daraus, daß das Produktionsgebiet in der mechanischen Industrie in seinen Arbeitsgrundlagen wenig Ähnlichkeit hat mit wichtigen Arbeitsvorgängen eines Verkehrsbetriebs. Wohl gibt es auch bei den Verkehrsmitteln Betriebe, deren Arbeitsvorgänge denen in der mechanischen Industrie gleichkommen. Hierher gehören die Betriebe der Ausbesserungswerke für Fahrzeuge, die Arbeiten auf den Güterböden, die Ausführung von Ingenieurbauten und die Unterhaltung der technischen Anlagen. Alle diese Zweige eines Verkehrsbetriebs haben das eine mit der mechanischen Industrie gemeinsam, daß sie örtlich abgegrenzt sind und daß der Arbeitsprozeß sich in einem Arbeitsfeld abspielt, dessen Arbeitsbedingungen übersehen werden können. Anders ist es bei den Arbeiten, die der eigentlichen Ortsveränderung der Verkehrsgegenstände dienen oder dem Betrieb, der sich auf weite Flächen verteilt und getragen wird durch die Zusammenarbeit verstreut liegender Arbeitsstellen und durch die Leistungen auf Strecken und Betriebsstellen.

Die Raumausdehnung der Verkehrsmittel bedingt die Anwendung wissenschaftlicher Betriebsführung nach besonderen Gesichtspunkten und verlangt die Unterteilung des Betriebsfeldes in drei Gruppen:

Die erste Gruppe umfaßt den eigentlichen Betriebsfluß auf Strecken und Betriebsstellen.

Als zweite Gruppe ist die Arbeit der Betriebsstellen, als der in gewissem Grad örtlich begrenzten Arbeitsstellen zu untersuchen.

Als dritte Gruppe ist der einzelne im Betrieb tätige Mensch oder eine Gruppe von ihnen zu behandeln.

Die nach den Methoden der wissenschaftlichen Betriebsführung mögliche grundsätzliche Gliederung aller in diesen Gruppen anfallenden Arbeiten in ihre Einzelteile hat einen brauchbaren Weg gezeigt, auch bei den Verkehrsmitteln den Aufwand weitgehend nach seinen Entstehungsstellen und Ursachen zu erfassen und damit letzten Endes die Selbstkosten der betrieblichen Arbeiten erheblich einwandfreier zu ermitteln, als es bisher möglich war. Dadurch wird die eigentliche Betriebsarbeit nach Aufwand und Leistungen durchsichtig und ständig auf ihre Güte überprüfbar. Die Methoden und Mittel, die für diese eingehende Analyse der Arbeiten innerhalb der drei Gruppen des Betriebsfeldes in Frage kommen, sind:

1. die Statistik zur Feststellung des Produktionsumfangs in Gestalt der Betriebs- und Verkehrsleistungen sowie der Ausgaben und Einnahmen,

2. die Selbstkostenermittlung zur Feststellung des Aufwands,

3. die Arbeits- und Zeitstudien zur Beurteilung der Wirtschaftlichkeit der Arbeit,

4. die Psychotechnik und die Ausbildung des Personals zur Erzielung einer richtigen Verwendung der Arbeitskräfte.

Die Mittel 1—3 kommen in erster Linie für die Gruppe des Betriebsflusses auf Strecken und für die Gruppe der Arbeiten auf den Betriebsstellen in Frage, das Mittel 4 dient der Gruppe der zweckmäßigen Verwendung des Personals. Die Methoden der wissenschaftlichen Betriebsführung, die sich auf die Statistik und die Selbstkostenermittlung gründen, haben durch die Mechanisierung der Verarbeitung umfangreichen Zahlenmaterials eine besondere Bedeutung gewonnen. Diese Mechanisierung wurde durch das von Hollerith erfundene Lochkartenverfahren[1] ermöglicht, das heute im Zeitalter der großen Zahl sich zu einem besonders wertvollen Hilfsmittel für eine rechtzeitige und genaue Feststellung des Produktionsumfangs der Verkehrsmittel und für wichtige Verkehrszählungen entwickelt hat.

Für die Gruppe des Betriebsflusses auf den Strecken sind Untersuchungsmethoden aufgestellt über die Förderarbeit der Transporteinheiten, über die von der Triebkraft, dem Personalverbrauch und der Eigenart der Strecke abhängige betriebswirtschaftliche Wertung von Verkehrslinien, über den Umlauf der Fahrzeuge, rechtzeitige Ermittlung der betrieblichen und verkehrlichen Leistungen sowie der Selbstkosten der Betriebsarbeit. Für die Gruppe der Arbeit auf den Betriebsstellen wird durch Arbeits- und Zeitstudien erstens die genügende Ausnutzung der richtigen Verwendung des Personals durch besondere Arbeitsübersichten, und zweitens die zweckmäßigste Organisation der betrieblich notwendigen Bewegungsvorgänge der Transporteinheiten durch Betriebsübersichten untersucht. Die Arbeits- und Betriebsübersichten bilden die Grundlage für einen Vergleich zwischen Aufwand und Leistungen der Betriebsstellen. Im Verkehrswesen sind richtig ausgewählte und sorgfältig geschulte Kräfte eine Hauptvoraussetzung für einen sicheren und wirtschaftlichen Verkehrsbetrieb. Das Personal ist örtlich im wesentlichen auf sich selbst gestellt und daher in dem weiten Betriebsfeld mit hoher selbständiger Verantwortlichkeit ausgestattet. Das setzt bei der praktisch kaum möglichen Überwachung seiner Tätigkeit voraus, daß jeder Mann an die richtige Stelle gesetzt wird. Hier kann die wissenschaftliche Betriebsführung durch eine verständige psychotechnische Auswahl und gründliche Ausbildung des Personals für bestimmte Tätigkeiten im Verkehrsbetrieb wertvolle Arbeit leisten. Zur näheren Unterrichtung über die Einzelheiten der für die drei Gruppen in Frage kommenden Methoden der wissenschaftlichen Betriebsführung im Verkehrswesen sei auf das zu diesem Abschnitt im Literaturverzeichnis angeführte Schrifttum verwiesen.

Die wissenschaftliche Betriebsführung im Verkehrswesen bietet in ihren exakten Methoden zur Durchleuchtung der betrieblichen Vorgänge und zur Erfassung des Aufwands der Verkehrsarbeit ein wertvolles Mittel, im neuzeitlichen Verkehrswesen die Arbeit der verschiedenen Verkehrsmittel auf allgemein gültiger Grundlage nach Aufwand und Leistung zu untersuchen. Sie gibt der Leitung der einzelnen Verkehrsunternehmungen die Möglichkeit, sich auf das eingehendste über Lage und Erfolg der Bewirtschaftung des Verkehrsapparats ständig zu unterrichten und ihre Maßnahmen für die Erzielung eines möglichst günstigen Wirtschaftsergebnisses rechtzeitig zu treffen.

Dabei darf allerdings nicht vergessen werden, daß die exakten Methoden der wissenschaftlichen Betriebsführung in ihrer Bedeutung nicht überschätzt werden dürfen. Sie sind nur ein Hilfsmittel, allerdings ein sehr wichtiges Hilfsmittel, für die Leitung der Verkehrsunternehmungen, dem aber nicht der

[1] Feindler, Das Hollerith-Lochkarten-Verfahren. Berlin 1929.

Schwung zu kühnem Wagen geopfert werden darf. Der Wille zu einem gewissen System, wie es die wissenschaftliche Betriebsführung aufstellt, darf nicht zum Willen führen, Lebendiges in starre Regeln fassen zu wollen und unter Umständen zu ertöten. Der Unternehmungsgeist, der nicht allein zu gewinnen, sondern auch Verluste zu ertragen versteht, muß trotz der wertvollen klaren Erfassung zahlreicher, den wirtschaftlichen Erfolg beeinflussender Faktoren, wie sie die wissenschaftliche Betriebsführung ermöglicht, auch für die Zukunft die Entwicklung des Verkehrswesens beseelen. Die wissenschaftliche Betriebsführung im Verkehrswesen wird nur dann fruchtbar werden können, wenn ihre Untersuchungsergebnisse gedanklich durchdrungen werden von Menschen, denen eine reiche Erfahrung im Verkehrsleben und in Verkehrsbetrieben zur Seite steht.

VI. Die organisatorischen Grundlagen der Verkehrsmittel.

Einführung.

Die Organisation der Verkehrsmittel sorgt für das richtige Zusammenarbeiten aller Kräfte, die der Erfüllung des Verkehrszwecks dienen. Bei der großen Bedeutung der Verkehrsmittel für die Allgemeinheit hat sie die Beziehungen und das Einvernehmen mit den für die Verkehrspolitik eines Staates verantwortlichen Stellen ebenso zu berücksichtigen, wie sie im inneren Bereich des Verkehrsunternehmens die Voraussetzungen für einen zweckmäßigen Betrieb im Dienste des Verkehrs schaffen muß.

Die Organisation der Verkehrsmittel erstreckt sich daher in ihrem Aufbau auf zwei Hauptgebiete: Erstens knüpft sie die Beziehungen zwischen dem Verkehrsmittel und den Interessen der Allgemeinheit und der einzelnen Verkehrskunden, und zweitens faßt sie organisch die einzelnen Teile eines Verkehrsbetriebs durch richtige Arbeitsteilung zum gemeinsamen Ziel einer wirkungsvollen und wirtschaftlichen Verkehrsarbeit zusammen. Es ist der Sinn und das Wesen einer jeden Organisation, diese im Außen- und Innenleben des Verkehrsmittels zu erfüllenden Aufgaben so miteinander zu verbinden, daß sowohl das Verkehrsunternehmen wie auch die Allgemeinheit den größten Nutzen davon haben. Die Organisation schafft gleichsam den Rahmen, in dem ein Verkehrsmittel seinen Zweck am vollkommensten erreichen kann und das Zusammenspiel aller Kräfte gesichert wird. Sie wird getragen durch:

1. die Technik des Verkehrsmittels,
2. die Größe des Verkehrsunternehmens,
3. die Form des Verkehrsunternehmens.

1. Die Technik des Verkehrsmittels.

Die technischen Vorrichtungen zur Erfüllung eines Verkehrszwecks bilden in Gestalt des Wegs, der Kraft und der Fahrzeuge eine Einheit, die das Mindestmaß an Anlagen darstellt, das einem Verkehrsbetrieb zur Verfügung stehen muß. Werden Teile dieser Einheit von der Natur geboten, so vereinfacht sich die technisch-organisatorische Seite des Verkehrsmittels. Der einfache Verkehrsbetrieb auf Flüssen und Meeren im Altertum und Mittelalter, der dem geringen Verkehrsbedürfnis jener Zeit entspricht, stellte die einfachsten Anforderungen an die technische Organisation des Verkehrsmittels. Mit der Zunahme der Verkehrsbedürfnisse in der Neuzeit konnte die damit notwendig werdende Erhöhung der Leistungsfähigkeit der Verkehrsmittel vor allem im Landverkehr nur durch umfassende künstliche technische Anlagen, die sich auf Weg, Kraft und Fahrzeuge erstreckten, geschaffen werden. In dem Verkehr auf Meeren, Strömen und in der Luft blieben diese künstlichen Anlagen zwar im wesentlichen auf die Fahrzeuge beschränkt. Sie erreichten aber auch hier ein so hohes Maß an Vervollkommnung, daß ihre Herrichtung und ihre Benutzung mit hohen Aufwendungen verbunden war.

Die künstlichen technischen Anlagen wuchsen immer mehr aus ihrer anfänglich lokalen Bedeutung heraus zu unentbehrlichen Verbindungsmitteln zwischen den im Raum einer Volkswirtschaft, eines Kontinents und der Welt verteilten wirtschaftlichen Kräften. Die Aufgaben der Verkehrsmittel erstreckten sich auf immer größere Flächen und führten zu zusammenhängenden Verkehrsnetzen zu Land, Wasser und in der Luft. Und da alle diese Verkehrsnetze dem einen Zweck dienten, die Ortsveränderung von Personen, Gütern und Nachrichten zu ermöglichen, so ergab sich aus der einheitlichen Zweckbestimmung die Notwendigkeit, die technischen Mittel so aufeinander abzustimmen, daß der Verkehr sich möglichst sicher, leistungsfähig und wirtschaftlich vollziehen konnte. Das führte innerhalb eines Landes und in Zusammenarbeit mit anderen Ländern zu bestimmten technisch-organisatorischen Maßnahmen. Diese beziehen sich beispielsweise im Eisenbahnwesen auf Vorschriften für den Bau der Wege und Fahrzeuge im Interesse der Sicherheit des Betriebs und der Freizügigkeit der Fahrzeuge, im Wasserstraßenverkehr auf einheitliche Sicherheitsvorschriften für den Bau der Schiffe, im Straßen- und Luftverkehr auf die Sicherheitsvorschriften für den Kraftwagen und die Flugzeuge.

Verlangt die Eigenart eines Verkehrsmittels neben der Einheit von Weg, Kraft und Fahrzeug auch die Einheit des Betriebs in der Hand eines Unternehmens, so erlangt die technische Organisation besondere Bedeutung. Eine derartige betriebsnotwendige Vereinigung von Bau und Betrieb liegt bei der Eisenbahn, den Leitungen für Energie und den unkörperlichen Nachrichten vor. Damit ist dem den Betrieb ausführenden Unternehmen die Verantwortung für den gesamten technischen Apparat und seine Benutzung auferlegt. Da eine Teilung dieser Verantwortung für Weg, Kraft und Fahrzeuge sowie für den Betrieb auf verschiedene selbständige Unternehmungen nicht möglich ist, so mußte sich aus technischen Gründen die Organisation auf alle diese Gebiete erstrecken und mit der Größe der Verkehrsaufgaben zunehmend zu Kapitalzusammenballungen führen, wie sie kein anderer Wirtschaftszweig zustande gebracht hat.

Nur bei den Verkehrsmitteln, bei denen eine Notwendigkeit der betrieblichen Zusammenfassung des gesamten technischen Apparats nicht vorliegt, konnte die aus der technischen Natur der Verkehrsmittel sich ergebende große kapitalistische Organisation bis zu einem gewissen Grade vermieden werden. Es konnte sich das Verkehrsunternehmen auf die Vorhaltung der Kraft und der Fahrzeuge und auf den Betrieb beschränken. Das ist der Fall bei der Überseeschiffahrt, beim Straßen- und Luftverkehr. Aber auch hier führte vielfach das Bestreben einzelner Unternehmungen, den Raum möglichst weitgehend für ihre Verkehrsarbeit zu erschließen, zu den größten Unternehmungen, die das internationale Wirtschaftsleben bisher hervorgebracht hat.

Bei dieser großen Bedeutung der technischen Organisation des Verkehrsmittels für die Größe des Verkehrsunternehmens ist es erklärlich, daß die Unternehmungen alle Produktionsgebiete, die nicht unmittelbar zur Verkehrsbedienung gehören, anderen Stellen überlassen, soweit es die Sicherheit und Leistungsfähigkeit des Verkehrsmittels gestattet. Die Verkehrsunternehmungen haben sich daher im allgemeinen ferngehalten von jener ungesunden Entwicklung in den Großbetrieben der Industrie, möglichst alle Gegenstände selbst herzustellen. Dieser als vertikale Organisation bezeichnete technische Unternehmungsaufbau berücksichtigt nicht die volkswirtschaftlichen Gesichtspunkte einer gesunden Arbeitsteilung. Bei den Verkehrsunternehmungen kann eine gegenteilige Entwicklung festgestellt werden. Die zum Betriebsapparat gehörenden technischen Anlagen sind überall dort, wo es die Art der Bewirtschaftung der Verkehrsmittel gestattete, in der Herstellung auf andere Wirtschaftszweige verteilt, so daß das Verkehrsunternehmen möglichst beweglich und unabhängig für seinen eigenen verkehrlichen Zweck gemacht wurde.

So ist im allgemeinen die Herstellung der Fahrzeuge besonderen Fahrzeugfabriken oder Schiffswerften überlassen worden. Das hat noch den besonderen Vorzug, daß eine die Aufgaben des Verkehrs behandelnde, von der Konstruktion unabhängige Stelle der Fabrikation den Weg zur Herstellung wirtschaftlich arbeitender Fahrzeuge weisen kann. Bei dem Straßen- und Wasserverkehr gestattete die Eigenart des Verkehrsbetriebs noch eine weitere Unterteilung der Verantwortung für die technische Organisation, indem das Verkehrsunternehmen nur für die Beschaffung der Fahrzeuge und den Betrieb, nicht aber für die Herstellung von Weg und Fahrzeugen verantwortlich ist. Zwar hat diese Verteilung der Verantwortung für die Herrichtung der für einen Verkehrszweck organisch zusammengehörenden technischen Anlagen gewisse Nachteile für die Bewirtschaftung des Verkehrsmittels, aber sie bietet andererseits den Vorzug einer freizügigeren Benutzung der meist vom Staat hergerichteten Wege. Nachteilig ist es für das Verkehrsunternehmen, wenn die Herstellung und Unterhaltung des Wegs nicht entsprechend den Bedürfnissen des Verkehrs erfolgt und nun der technische Apparat Schwächen zeigt, die seinen Verkehrswert herabsetzen. Soweit hierbei allerdings der Staat als mitarbeitende Stelle in Frage kommt, wird sich ein genügendes Zusammenarbeiten zwischen ihm und den Verkehrsunternehmungen in den meisten Kulturländern entwickeln können.

An dieser Stelle ist noch ein Sonderfall der technischen Organisation hervorzuheben, der den Schleppbetrieb in der Binnenschiffahrt betrifft. Schleppkraft und Fahrzeug sind unternehmungstechnisch vereint oder getrennt. Die Verkehrsunternehmungen mit vereintem Betrieb sind nun in der Lage, die Schleppkosten so hoch zu halten, daß der Einzelschiffer, der keine Schleppkraft besitzt und die Schleppkraft des vereinten Betriebs benutzen muß, wirtschaftlich dadurch zugrunde gerichtet werden kann. Um eine solche volkswirtschaftlich ungesunde Entwicklung in der technischen Organisation des Verkehrsmittels zu beseitigen, ist in zahlreichen Ländern für bestimmte künstliche Wasserstraßen ein staatliches Schleppmonopol eingerichtet, dessen Arbeit jedem Schiffseigner in gleicher Weise zur Verfügung steht. Es liegt hier der im Verkehrswesen seltene Fall vor, daß nicht allein der Weg, sondern auch die Kraft neutralisiert und in die Hand des Staats gelegt ist, um ihre Benutzung allen Verkehrstreibenden zu gleichen Bedingungen zu ermöglichen.

Die technische Organisation der Verkehrsmittel ist vielfach ausgedehnt worden auf eine Vereinigung mehrerer Verkehrsmittel in einem Verkehrsunternehmen. So betreiben zahlreiche Eisenbahngesellschaften Kraftwagenlinien, neuerdings auch Luftverkehrslinien, amerikanische Eisenbahnunternehmungen darüber hinaus auch Überseeschiffahrtslinien. Diese mehrstufige technische Organisation dient einer Bedienung des Verkehrs durch das zweckmäßigste Verkehrsmittel und kann zu wesentlichen Verbesserungen im Verkehrswesen führen. Sie ist betriebswirtschaftlich aber nur soweit zu vertreten, als bei dieser Zusammenfassung jedes Verkehrsmittel die Möglichkeit zu seiner vollen Entfaltung und Nutzanwendung hat. Vielfach haben Verkehrsunternehmungen Gewerbe, die unmittelbar mit dem Reiseverkehr zusammenhängen, wie Hotelbetriebe, übernommen. So sehr diese gewerbliche Betätigung eines Verkehrsunternehmens in wenig erschlossenen Gebieten wertvoll und vielfach notwendig ist, so sollten grundsätzlich derartige Nebenbetriebe im Interesse einer volkswirtschaftlich gesunden Arbeitsteilung dem freien Gewerbe überlassen bleiben.

2. Die Größe des Verkehrsunternehmens.

Die technische Organisation der Verkehrsmittel ergab bereits gewisse Grundlagen für die Größe der Verkehrsunternehmungen. Je mehr der technische Betriebsapparat in seinem ganzen Umfang aus betriebstechnischen Gründen in einer Hand vereinigt sein muß, und je mehr er auf große Raumweiten dem Verkehrszweck zu dienen hat, um so größer müssen auch die Verkehrsunternehmungen sein. Der Umfang des Unternehmens wird dabei lediglich nach oben begrenzt durch die Forderung nach genügender Beweglichkeit des Betriebs in technischer, verkehrlicher und geschäftlicher Hinsicht. Dieser Forderung nach Beweglichkeit wird die Leitung des Unternehmens nur dann entsprechen können, wenn sie mit dem praktischen Leben des Verkehrsbetriebs in genügendem Maße Fühlung halten und die einzelnen Betriebe des Unternehmens noch in der Wirtschaftlichkeit ihrer Arbeit übersehen und beurteilen kann. Ist dagegen der Betrieb an die Einheit des technischen Apparats nicht gebunden, so können die Unternehmungen um so kleiner sein, je weiter die Unterteilung der Verantwortung für die technischen Anlagen gehen kann. Der ersteren Voraussetzung folgt in erster Linie die Eisenbahn, der letzteren der Kraftwagenverkehr.

Diese von der technischen Organisation bestimmte Größe eines Verkehrsunternehmens steht nur zum Teil im Einklang mit dem Umfang des Unternehmens, der vom Standpunkt des Verkehrsinteressenten und der Allgemeinheit in Frage kommt. Der Verkehrsinteressent verlangt von jedem Verkehrsunternehmen eine sichere Bürgschaft für die in zeitlicher und finanzieller Hinsicht zuverlässige Befriedigung seiner Verkehrsbedürfnisse. Ein Verkehrsunternehmen kann zeitlich um so zuverlässiger den Verkehr bedienen, je mehr es jeglichen Schwankungen des Verkehrsbedürfnisses gewachsen ist. Ein großes Unternehmen kann diesen Schwankungen viel weitgehender gerecht werden als ein kleines Unternehmen, dessen Betriebsapparat auch bei kleinen Schwankungen sehr bald Transporte ablehnen muß. Der Verkehrsinteressent verlangt in finanzieller Hinsicht von dem Verkehrsunternehmen eine hinreichende Sicherung seines Verkehrsguts gegen Beschädigungen, die beim Transport auftreten. Auch hier gibt er dem großen, kapitalkräftigen Verkehrsunternehmen den Vorzug vor dem kleinen Unternehmen. In gleichem Sinne legt die Volkswirtschaft Wert auf eine zuverlässige Verkehrsbedienung durch große Verkehrsunternehmungen. Sie verbindet damit noch die weitere Forderung, daß durch große Verkehrsunternehmungen der bereits behandelte volkswirtschaftliche Ausgleich der Transportkosten in regionaler und finanzieller Hinsicht besser erzielt wird als durch kleine Unternehmungen.

Auf der anderen Seite ist vom Standpunkt des Verkehrsinteressenten und in gewissem Maß auch von dem der Volkswirtschaft eine Grenze für die Größe des Verkehrsunternehmens durch die Sorge gegeben, daß ein räumlich und kapitalmäßig zu starkes Unternehmen zu einseitiger Ausnutzung seiner wirtschaftlichen Machtfülle neigt. Es ist daher von jeher ein Kapitalausgleich angestrebt worden durch eine zweckmäßige regionale Unterteilung des Verkehrsgebiets auf verschiedene Verkehrsunternehmungen und durch einen gewissen Wettbewerb verschiedener Verkehrsmittel im gleichen Verkehrsgebiet. Wir werden im letzten Abschnitt über die Zusammenarbeit der Verkehrsmittel noch untersuchen, wie weit diese Teilung der Verkehrsarbeit auf mehrere Verkehrsunternehmungen ohne Nachteile für eine gesunde Verkehrswirtschaft und damit für die gesamte Volkswirtschaft gerechtfertigt sein kann. Ganz allgemein kann jedoch gesagt werden, daß große Verkehrsunternehmungen des öffentlichen Verkehrs sowohl für die Leistungsfähigkeit des Verkehrsbetriebs wie für die Belange der Verkehrskunden und der Volkswirtschaft den Vorzug verdienen vor kleinen Unternehmungen, so lange nicht die Gefahr einer Majorisierung der Allgemeinheit durch zu große Verkehrsunternehmungen besteht. Hierbei spielt die Unternehmungsform eine besonders wichtige Rolle.

An dieser Stelle ist allerdings in bezug auf die Größe eines Verkehrsunternehmens auf die besonderen Verhältnisse in der Binnenschiffahrt hinzuweisen. In der Binnenschiffahrt überwiegt in Deutschland und vor allem in den Niederlanden und in Frankreich der Kleinbetrieb des Privatschiffers, der auf dem eigenen Fahrzeug fährt und Unternehmer und Schiffer in einer Person ist. Durch die Einführung des Motorbetriebs in der neuesten Zeit ist seine Stellung gegenüber den Großreedereien sogar noch gestärkt worden. Daß sich in der Binnenschiffahrt der Kleinbetrieb so gut gehalten hat, erklärt sich aus dem bei keinem anderen Verkehrsmittel im Güterverkehr vorhandenen innigen Verhältnis zwischen Mensch und Fahrzeug, denn stets wohnt der Privatschiffer mit seiner Familie an Bord. Durch die Mitarbeit der Familienangehörigen kann der Privatschiffer oder Partikulier, wie er am Rhein allgemein genannt wird, die Selbstkosten in verkehrsstillen Zeiten in weitgehendem Umfang den verringerten Einnahmen anpassen. Er ist daher besonders geeignet, den Spitzenverkehr zu übernehmen. Sozial und volkswirtschaftlich hat der Partikulierschiffer gegenüber dem Reedereibetrieb den großen Vorteil, selbständige Unternehmer an die Stelle von abhängigen Angestellten und Arbeitern zu setzen, die mit ihrem Beruf, den sie traditionsgemäß seit Generationen ausüben, ganz anders verwachsen sind. Auch das ist eine Erscheinung, wie sie bei keinem anderen Verkehrsmittel des Güterverkehrs vorhanden oder zu erwarten ist.

3. Die Form des Verkehrsunternehmens.

Die Prinzipien, nach denen ein Verkehrsunternehmen zu führen ist, liegen in zwei Richtungen. Erstens unterliegt ein Verkehrsunternehmen als Transportanstalt den allgemeinen Grundsätzen, die die Privatwirtschaft beherrschen, und zweitens ist es als Träger lebenswichtiger Interessen der Volkswirtschaft von der Verkehrspolitik des Staats abhängig. Das Streben, zwischen diesen beiden Grundsätzen, die in mancher Hinsicht einander entgegengesetzt sind, einen möglichst günstigen Ausgleich zu schaffen, führte zu bestimmten Unternehmungsformen. Es handelte sich dabei in erster Linie um die Frage, ob ein Verkehrsunternehmen nach den Grundsätzen der Privatwirtschaft oder der Gemeinwirtschaft geführt werden soll, oder mit anderen Worten, ob das Eigentum eines Verkehrsmittels zweckmäßig in der Hand eines privaten oder staatlichen Unternehmens liegt.

Am stärksten tritt dieses Problem bei den Eisenbahnen zu Tage. Bei ihnen war die Frage, ob Privatbahn oder Staatsbahn, um so brennender, als die Eisenbahn als Hauptträger des Verkehrs auf das Gebiet einer Volkswirtschaft beschränkt ist und unmittelbar nicht in Berührung kommt mit dem Verkehrsfeld anderer Länder, wie das bei den meisten übrigen Verkehrsmitteln, vor allem dem Übersee- und Luftverkehr der Fall ist. Die Beschränkung eines Verkehrsmittels auf das Gebiet eines Staats unterwirft es in stärkstem

Maße den Wirtschaftsprinzipien des Landes. So kommt es, daß in der Tat die Wahl der einen oder anderen Unternehmungsform für die Eisenbahn in der Regel der Ausdruck der wirtschafts- und staatspolitischen Anschauungen des betreffenden Landes und Volkes geworden ist. In allen Ländern, in denen die Wirtschaftsautorität des Staats vorherrschte, wie in den Mittel- und Oststaaten Europas, setzte sich das Staatsbahnprinzip durch. In den Ländern aber, in denen der Wirtschaftsliberalismus vertreten wurde, wie beispielsweise in den Weststaaten und in den angelsächsischen Ländern, überließ man die Bahnen den Privatunternehmungen.

In beiden Fällen war sich die Verkehrspolitik des Staats darüber klar, daß jedes Verkehrsunternehmen sowohl nach privat- wie nach gemeinwirtschaftlichen Gesichtspunkten geführt werden muß. Der Unterschied in den verschiedenen Staaten lag nur darin, daß die Meinungen, welchem System größere Vorzüge einzuräumen seien, auseinandergingen. Auf der anderen Seite waren sich die Verkehrsunternehmungen durchaus bewußt, daß das Verkehrswesen einen Teil der politischen Struktur des Staats bildet und daher den Grundlagen der Verkehrspolitik unterworfen ist.

Je mannigfaltiger und lebenswichtiger die Interessen der Nation durch die Arbeit der Verkehrsmittel berührt werden, um so näher liegt der Gedanke, dem Staat die Verwaltung der Verkehrsmittel zuzuerkennen. Wir haben im Abschnitt I gesehen, von wie ausschlaggebender Bedeutung der gesamte Verkehr für das Wirtschaftsleben eines Landes ist. Er beeinflußt die Standortsverhältnisse und die Entwicklungsgrundlagen der Wirtschaft, das Siedlungswesen, er greift mit seinen Anlagen in die Eigentumsverhältnisse der Bewohner ein, bedarf großer Kapitalien, deren Beschaffung zum Teil nur dem Staat oder anderen öffentlichen Körperschaften möglich ist. Er verlangt einen besonderen Schutz durch Gesetz und Polizei und hat für die Landesverteidigung besondere Aufgaben zu erfüllen. Auf allen diesen Gebieten ist ein wichtiges Verkehrsmittel aufs engste mit der Verkehrspolitik des Staats oder der Kommunen verknüpft. Ohne die regelnde und fördernde Mitarbeit der öffentlichen Hand ist die Wahrung lebenswichtiger Interessen des Staats im Verkehrswesen nicht möglich. Dadurch, daß die Eisenbahnen als Staatsbahnen nicht Aktiengesellschaften wie die Privatbahnen waren, wurde ihre Wertsubstanz der Spekulation weitgehend entzogen. Sie konnten damit aber auch bis auf den Grund Alleinbesitz des Volkes werden und bleiben.

Welche Schäden für die Volkswirtschaft entstehen können, wenn hierbei eine unzureichende staatliche Verkehrspolitik der freien Wirtschaft die Ausgestaltung der Verkehrsmittel überläßt, zeigt die Eisenbahnwirtschaft in den Vereinigten Staaten von Amerika. Dort wurde der Ausbau und der Betrieb der Eisenbahnen fast vollständig dem freien Spiel der Kräfte überlassen. Die Landesteile mit günstigen Arbeitsbedingungen für die Wirtschaft erhielten zu viel, die wirtschaftlich weniger günstigen Landesteile zu wenig Bahnen. Im Straßenverkehr war es ähnlich. Das führte zu ungesunden Zusammenballungen von Wirtschaftskräften und Siedlungen in einzelnen Ländern, während das platte Land völlig vernachlässigt wurde. Im Kampf um die großen Verkehrsströme überboten sich die konkurrierenden Eisenbahngesellschaften im Bau neuer Bahnen und Bahnhöfe, so daß mit der Zeit eine Überkapazität der Leistungsfähigkeit im Eisenbahnwesen entstand, die zu hohen Betriebskosten und heute zu einer starken Belastung der Eisenbahnen im Wettbewerb mit anderen Verkehrsmitteln, vor allem mit dem Kraftwagen, führte[1]. Ganz allgemein waren in allen Ländern zu

[1] Pirath, „Verkehrsprobleme und Eisenbahnen in den Vereinigten Staaten von Amerika.“ Berlin 1932.

Zeiten des privaten Verkehrsbetriebs die Privatbahnen grundsätzlich bestrebt, im Sinne privatwirtschaftlicher Geschäftsführung nur Bahnen für verkehrsstarke Gebiete zu bauen und für die Erschließung von wirtschaftsschwachen Gebieten sich weitgehend der Hilfe des Staats zu bedienen. Die gleichmäßige Behandlung der Landesteile und der Wirtschaft in der Verkehrsbedienung mußte vielfach durch den Staat erzwungen werden. Auf der anderen Seite muß den Privatverkehrsunternehmungen im allgemeinen das Verdienst zuerkannt werden, daß sie in der Entwicklungszeit eines Verkehrsmittels den Unternehmungsgeist aufgebracht haben, der für den Fortschritt im Verkehrswesen notwendig war und vom Staat nicht verlangt werden konnte.

Das Beispiel der amerikanischen Eisenbahnen zeigt, daß die vollkommen freie Wirtschaft im Verkehr unzweckmäßig ist. Es berechtigt aber andererseits nicht dazu, den reinen Staatsbetrieb für das gesamte Verkehrswesen für richtig zu halten. Es würde dabei die Gefahr bestehen, daß der reine Staatsbetrieb die Methoden der staatlichen Verwaltungspraxis unbewußt auf ein wirtschaftliches Unternehmen überträgt. Die Verbindung der Finanzierung eines Verkehrsunternehmens mit dem Staatshaushalt führt zu Erschwernissen und Hemmungen, da sie vielfach dem Verkehrsunternehmen nicht die Beweglichkeit gestattet, die für ein wirtschaftliches Unternehmen notwendig ist. Vor allem aber besteht bei reinem Staatsbetrieb die Gefahr politischer Beeinflussung in bezug auf den Bau von Verkehrswegen und in der Angestelltenverwendung. Diese Gefahr wird um so größer sein, je weniger sich die Politik eines Landes dem allgemeinen Wohl und je mehr sie sich den Interessen einzelner verpflichtet fühlt und sich darauf einstellt.

In bezug auf die innere wirtschaftliche Führung eines Verkehrsunternehmens kommt es sowohl bei dem Privat-, wie bei dem Staatsbetrieb darauf an, in welchem Geist und mit welchem Geschick die Verwaltung geordnet und geführt wird und welches Maß von Beweglichkeit gesichert ist. Die Entscheidung, ob Staats- oder Privatbetrieb, ist also nicht allgemein zu treffen, sondern sie hängt von der regionalen Ausdehnung des Verkehrsmittels sowie von den besonderen Verhältnissen und Anschauungen des Landes ab. Je mehr ein Verkehrsmittel seine Tätigkeit nur im Gebiet einer Volkswirtschaft entfalten kann und für diese von besonderer Bedeutung ist, um so eher ist praktisch die staatliche Unternehmungsform gerechtfertigt. Reicht dagegen ein Verkehrsmittel über die Grenzen eines Landes hinaus, so wird die private Wirtschaftsform in Frage kommen, da sie allein im Bereich der Weltwirtschaft die genügende Bewegungsfreiheit und Initiative besitzt, um im Wettbewerb mit anderen nationalen Verkehrsmitteln bestehen zu können. In allen Fällen wird jedes Verkehrsunternehmen, ob Privat- oder Staatsunternehmen, die Wurzeln seiner Kraft im nationalen Boden seines Heimatlandes suchen müssen. Jeglicher Verkehr ist organisatorisch fundiert in der wirtschaftspolitischen Macht der Nation. Die Tatsache, daß die Weltwirtschaft aus den Einzelwirtschaften der Länder besteht, führt zwangsläufig auch zu dem nationalen Nährboden aller Verkehrsmittel. Das ist besonders klar in der Seeschiffahrt und im Luftverkehr zutage getreten. Bei den Eisenbahnen ist es bei ihren landesgebundenen Aufgaben selbstverständlich.

So weit das eigentliche Verkehrsunternehmen sich mit den zum Transport mittelbar gehörenden Nebenleistungen wie Verladung, Umschlag und Auswahl des zweckmäßigsten Verkehrsmittels befaßt, dient es der Spedition und einer individuellen Beratung und Bedienung der Verkehrsinteressenten. Die Spedition schließt den Frachtvertrag ab und überläßt einem oder mehreren Verkehrsunternehmungen oder Frachtführern den Transport des Guts. Sie ist von besonderem Wert bei mehrstufigem Transport im internationalen Verkehr und bei der Erledigung des stark differenzierten Nahverkehrs.

Die Unternehmungsform im Verkehrswesen ist heute in den wirtschaftsstarken Ländern nur im Eisenbahnwesen verschieden gelagert. Bei allen anderen Verkehrsmitteln besteht in fast allen Ländern die gleiche Regelung. Bei den Eisenbahnen hat sich aber im Gegensatz zu früheren Zeiten eine gewisse Angleichung zwischen dem reinen Privat- und Staatsbetrieb vollzogen. In den Ländern mit früher ausgesprochenem Privatbetrieb hat der Staat starken Einfluß auf die Eisenbahnen genommen, um die Forderungen der Volkswirtschaft, des Siedlungswesens und der Landesverteidigung sicher zu stellen. In den Ländern mit früher stark ausgeprägtem Staatsbetrieb sind die Nachteile dieser Unternehmungsform durch eine autonome Stellung der Eisenbahnen gegenüber dem Staat bis zu einem gewissen Grade beseitigt worden. Die Autonomie gestattet eine gewisse Loslösung der Eisenbahn von der Staatsverwaltung, den Staatsfinanzen und der Staatspolitik und damit eine selbständigere Führung der Eisenbahnen nach wirtschaftlichen Gesichtspunkten[1]. Nur der Nachrichtenverkehr und hier vor allem der Briefverkehr ist in ähnlicher und vielfach noch stärkerer Weise wie die Eisenbahn dem Prinzip des Staatsbetriebs gefolgt. Alle übrigen Verkehrsmittel, die See- und Binnenschiffahrt, der Kraftwagen, die Luftfahrt und die

Tabelle 68. Eigentumsverhältnisse im Verkehrswesen im Jahre 1930.

Verkehrsart	Vergleichsgrundlagen		Staatlich %	Privat %
	Einheit	Gebiet		
1	2	3	4	5
I. Weltverkehr				
1. Überseeschiffahrt . .	Br. Reg. T.	Welt	6	94
2. Transkontinentalluftverkehr	Netzlänge	Welt	18	82
II. Binnenverkehr				
1. Eisenbahn	Netzlänge	Welt	38	62
	,,	Europa	54	46
	,,	Amerika	15	85
	,,	Asien	69	31
	,,	Afrika	48	52
	,,	Australien	94	6
2. Wasserstraßen				
Schlepper	Zahl der Fahrzeuge	Deutschland	1	99
Frachtschiffe	,, ,, ,,	Deutschland	—	100
	,, ,, ,,	Niederlande	—	100
3. Kraftwagen				
Öffentlicher Personenverkehr	,, ,, ,,	Deutschland	12	88
	,, ,, ,,	U. S. A.	—	100
Öffentlicher Güterverkehr	,, ,, ,,	Deutschland	1	99
	,, ,, ,,	U. S. A.	—	100
4. Luftverkehr	Netzlänge	Welt	6	94
5. Nachrichten				
Briefe und Pakete. .		Welt	100	—
Telefon und Telegraph	Zahl der Anschlüsse	Welt	33	67
	,, ,, ,,	Europa	87	13
	,, ,, ,,	Amerika	1	99
	,, ,, ,,	Asien	90	10
	,, ,, ,,	Afrika	99	1
	,, ,, ,,	Australien	94	6
6. Leitungen	Netzlänge	Deutschland	—	100

[1] Witte, „Eisenbahn und Staat.“ Weltwirtsch. Arch., Jena 1932.

Leitungen für veredelte Energie werden durch private Unternehmungen betrieben. Das erklärt sich zum Teil aus ihrem über die Landesgrenzen hinausreichenden Verkehrsfeld, zum Teil aus ihren betrieblichen und technischen Eigenschaften, die eine private Unternehmungsform begünstigen.

Tabelle 68 gibt einen Überblick über die Eigentumsverhältnisse oder die Unternehmungsform im Verkehrswesen in den einzelnen Ländern, Kontinenten und auf der Erde. Die Zahlen entsprechen den wirtschaftlichen Anschauungen der Länder und Völker sowie den technischen und betrieblichen Grundlagen der Verkehrsmittel. Zu der staatlichen Form ist auch die autonome Stellung der Eisenbahnen gerechnet worden, da in diesem Fall die Eisenbahn im Eigentum des Landes steht. Die Unternehmungen, an denen der Staat nur finanziell beteiligt ist, der Verkehrsbetrieb aber durch eine Privatgesellschaft mit gemischt-wirtschaftlichem Charakter durchgeführt wird, sind zu den Privatbetrieben gerechnet, da dem Staat nur ein seinem Aktienbesitz entsprechender Einfluß auf das Unternehmen zusteht. Hierher gehören vor allem die Luftverkehrsgesellschaften und die Unternehmen der Energiewirtschaft.

Ganz allgemein muß bei der Beurteilung des Werts der Organisation eines Verkehrsmittels daran festgehalten werden, daß auch die beste Organisation zum Nachteil des Unternehmens ausschlagen kann, wenn der Mensch, der ihr Inhalt und Sinn geben soll, sie in falschem Geist handhabt. Vor allem ist im Verkehrswesen die Organisationsform nach außen und innen in ihrem Wert in starkem Maße von den Persönlichkeiten, die ihr dienen, abhängig. Die mannigfaltigen Beziehungen zwischen der Arbeit der Verkehrsmittel und den Bedürfnissen der Allgemeinwirtschaft verlangen eine geistige Beweglichkeit der leitenden Menschen, die eine einmal gewählte Organisation nicht als etwas unabänderliches, sondern als Mittel zur zweckmäßigsten Erledigung der Verkehrsarbeit ansehen und sich zu Änderungen entschließen, wenn die Entwicklung es verlangt.

VII. Die Synthese der verschiedenen Verkehrsmittel im Dienste der Volkswirtschaft.

1. Sinn und Ziel einer Synthese der Verkehrsmittel.

Die verkehrswirtschaftliche Lage unserer Zeit wird vielleicht durch nichts so scharf gekennzeichnet als durch zwei Tatsachen: Die stark abweichenden Meinungen über den Wert der zahlreichen Verkehrsmittel und das Bedürfnis der Wirtschaft, diese Frage eindeutig beantwortet zu sehen. Es liegt auf der Hand, daß die zweite Erscheinung eine Folge der ersten ist. Nur die Synthese kann hier schließlich zum Ziel führen, wenn auch der Versuch, bestimmte Wege für ihre Durchführung zu geben, angesichts der zum Teil noch starken Entwicklung im Verkehrswesen nur unvollkommen sein kann. Da sich aber heute schon die maßgebenden Grundlagen zur Beurteilung und Lösung zahlreicher Verkehrsprobleme, die sich mit der Synthese oder der Zusammenarbeit der Verkehrsmittel beschäftigen, in starken Linien abzeichnen, so ist eine gewisse Plattform für die zusammenhängende Behandlung der Verkehrswirtschaft um so eher gegeben, als wir in den vorhergehenden Abschnitten die technischen und verkehrswirtschaftlichen Eigenarten der verschiedenen Verkehrsmittel analysiert haben.

Es muß allerdings hier besonders betont werden, daß das Verkehrswesen kaum ein Gebiet ist, das sich auf rein theoretischen Überlegungen und Untersuchungen aufbauen läßt. Es gehört ein eigenes Erleben in den Verkehrsbetrieben und ihren Beziehungen zur Allgemeinwirtschaft dazu, um die vielfach verschlungenen Fäden zwischen Wirtschaft und Verkehr zu erkennen und ihren Sinn zu deuten und zu erklären. Die regional weiträumigen Verkehrsbetriebe sind gleichsam die Forschungsanstalten, in denen Wissenschaft und Praxis in stärkster Berührung miteinander stehen und die Elemente der Verkehrsarbeit studieren und beobachten müssen. Bei jeder synthetischen Arbeit muß neben strenger Methodik auch die Intuition des Menschen walten. Gewiß kommt hierdurch ein irrationales Moment in die Verkehrswirtschaft, aber ebenso wie sich das Leben nicht auf eine Formel bringen läßt, so wird es auch notwendig, in dem lebendigen Geschehen des Verkehrs zahlreiche Lücken in der Erfahrung durch subjektive Anschauungen zu überbrücken.

Die subjektive Anschauung steht an der Wiege eines jeden neu sich entwickelnden Verkehrsmittels. Denn wer die großen Geschehnisse des Verkehrswesens mit der Absicht überschaut, die Erscheinungsgrundlagen zu erfassen, wird wahrnehmen, daß zu allen Zeiten jeder Wandel im Verkehrswesen sich in der Hingabe an eine neue Substanz ausdrückt, die plötzlich dem faustischen Drang zur Überwindung des Raums neue Möglichkeiten gibt. Es ist dann auch zu beobachten, daß das Denken nach Zweck und Mechanik vielfach überschattet wird durch die Ergriffenheit für ein neues Gebiet der Erlebnisse. Eine fast idealistisch zu nennende Begeisterung für das Neue sieht das Vergangene als verbraucht, weniger bedeutungsvoll an und bietet dem Neuen alle Möglichkeiten der Entwicklung zu seiner Vollendung. So erklären sich in erster Linie die gewaltigen Umwälzungen im neuen Verkehrswesen durch den Kraftwagen, das Flugzeug und den Funk, die als technische Erscheinung den Menschen wesensfremd, in ihrer Nutzanwendung aber einen Sinn für jeden erhalten.

Sobald aber diese im Irrationalen liegenden Triebkräfte, ohne die ein Fortschritt im Verkehrswesen nicht denkbar ist, neue Mittel zur Überwindung des Raums bis zu einer gewissen Reife entwickelt haben, setzt die Durchsicht und die Gesamtschau oder die Synthese ein, die über den wirklichen Sinn und das Wesen des Neuen im Dienste der menschlichen Gesellschaft Aufschluß geben soll.

In dieser Lage befindet sich heute das Verkehrswesen. Bewährte Verkehrsmittel sind in ihrer Entwicklung anscheinend schon über die Mittagshöhe hinweggeschritten, neue Verkehrsmittel treten gegen sie auf, versuchen an ihre Stelle zu treten und das Leben der Völker zu verändern. In diesem Werden und Vergehen des Verkehrslebens kann nur kühle Abwägung der Erscheinungsformen und der Verzicht auf jede beruhigende Selbsttäuschung die Grundlagen schaffen, die zu einem gesunden Neuerungs- und Ablösungsprozeß führen können. Es ist der Sinn und das Wesen einer Synthese der verschiedenen Verkehrsmittel, diese Grundlagen unter dem Gesichtspunkt zu untersuchen, daß jedes Verkehrsmittel nur im Dienste der Volkswirtschaft den Platz beanspruchen kann, der ihm auf Grund seiner besonderen Eigenschaften zukommt.

Jedes nationale Transportsystem stellt eine wesentliche Kraft für das wirtschaftliche und kulturelle Leben eines Volkes dar. Je stärker beide sind, um so weiter werden sie über die Grenzen der Volkswirtschaft vorstoßen und sich an der Weltwirtschaft und dem Weltverkehr beteiligen. Die nationalen Transportunternehmungen stehen im Weltverkehr im scharfen Wettbewerb, in dem sie nur dann bestehen können, wenn sie fest in der Wirtschaft ihres Landes verankert sind, und diese wieder durch eine geschlossene und einheitliche Verkehrswirtschaft und Verkehrspolitik in ihren Lebenselementen gestützt wird. Und gerade diese festgefügte und nach gesunden Grundsätzen geleitete Verkehrswirtschaft einer Volkswirtschaft ist es, die über allen Erscheinungen im neuzeitlichen Verkehrswesen stehen und die Richtschnur geben muß für eine Verkehrspolitik, die verantwortungsbewußt das Tatsächliche erkennt und dem gesunden Fortschritt im Verkehrswesen im Interesse des Landes, das sie vertritt, die Wege ebnet.

2. Die Verkehrseinheit im Bereich der Volkswirtschaft.

Eine Synthese der verschiedenen Verkehrsmittel hat in erster Linie Bedeutung für den öffentlichen Verkehr, für den privaten Verkehr nur insoweit, als dieser keine irgendwie geartete Sonderstellung gegenüber dem öffentlichen Verkehr einnehmen darf, die der öffentlichen Verkehrswirtschaft abträglich sein kann. Jede Synthese der Verkehrsmittel hat in gleicher Weise den Eigenarten der Verkehrsmittel wie den Bedürfnissen der Allgemeinwirtschaft gerecht zu werden. Sie findet ihren Ausdruck in der Verkehrseinheit für das Gebiet einer Volkswirtschaft. Der Sinn dieser Verkehrseinheit liegt ganz allgemein gesprochen in einem harmonischen Zusammenspiel zwischen Angebot und Nachfrage im öffentlichen Verkehrsleben. Ihr Wesen wird daher in erster Linie bestimmt durch die Art des Angebots der Verkehrsleistungen, durch die Verkehrsmittel und durch die Wünsche der Allgemeinheit und der einzelnen Verkehrsinteressenten nach Befriedigung ihrer Verkehrsbedürfnisse.

Das Bild im heutigen Verkehrsleben ist in bezug auf das Angebot nicht allein in technischer, sondern auch in wirtschaftlicher Hinsicht stark uneinheitlich gegenüber der Zeit vor 20 Jahren. Drei bedeutende Neuerscheinungen sind es, die zu dieser Uneinheitlichkeit führten. Es ist das erstens die Belebung der Landstraße durch den Kraftwagen, zweitens der Transport von Energiemengen in veredeltem Zustand mittels Leitungen und drittens die Verwendung des Luftwegs für den Luft- und Nachrichtenverkehr. Während die beiden ersten neuen Verkehrsmittel bereits stark entwickelt sind und wesentliche Verkehrsarbeit übernommen haben, steht der Luftverkehr erst in den Anfängen seiner Entwicklung. Technisch stehen heute im gleichen Verkehrsraum einer Volkswirtschaft fünf anstatt zwei Verkehrsmittel in früheren Zeiten zur Verfügung. Betrieblich suchen verschiedene Verkehrsunternehmungen auf den eingerichteten Verkehrslinien aus den gleichen Quellen und Richtungen größten Verkehrsbedürfnisses ein möglichst großes Verkehrsvolumen an sich zu ziehen. Organisatorisch ist neben die Großorganisationen und verhältnismäßig wenige kleine Unternehmungen der alten Verkehrsmittel eine Unzahl selbständiger Unternehmungen meist kleinen Umfangs der neuen Verkehrsmittel getreten. Verkehrswirtschaftlich ist ein Teil der Verkehrsmittel gebunden an volkswirtschaftliche und soziale Rücksichten bei ihrer Beförderungsarbeit, Preisbildung und der Verwendung ihres Verkehrspersonals, während die übrigen Verkehrsmittel größte Freiheit in ihrer Betätigung nach privatwirtschaftlichen Gesichtspunkten genießen.

Diesem in jeder Beziehung uneinheitlichen und mannigfaltigen Bild im Angebot der Verkehrsleistungen steht die Einheit der Verkehrsbedürfnisse und der Wunsch der Verkehrsinteressenten nach höchster Leistungsfähigkeit und Billigkeit der Transportarbeit gegenüber. Man könnte fast sagen, daß endlich das Verkehrswesen die Grundlagen der Industrie, bei der das Angebot und die Nachfrage im freien Spiel der Kräfte befriedigt werden, erlangt hat, und daß es ein besonderes Verdienst des neuzeitlichen Verkehrswesens wäre, diesen Gleichheitszustand mit der Industrie erreicht zu haben. Und doch ist ein derartiger Vergleich aus verschiedenen Gründen nicht angängig. Gehen wir diesen Gründen nach, so werden wir im einzelnen den Sinn der Verkehrseinheit erkennen.

Im Verkehrswesen fallen Produktions- und Absatzfeld räumlich zusammen, die Verkehrsmittel sind in gleichem Maße arbeits- und konsumorientiert. Die Produktionsstätten aller übrigen Wirtschaftszweige und vor allem der Industrie sind bei der örtlichen Herstellung ihrer Erzeugnisse im wesentlichen von der räumlichen Verteilung der Absatzstellen unabhängig. So kommt es, daß, wenn wir von einem einheitlichen Wirtschaftsgebiet sprechen, wir in erster Linie die Einheit der Grundbedingungen und der Art der Produktion, nicht aber durchweg die Einheit von Produktion und Absatz meinen. Im Verkehrswesen ist diese Trennung nicht möglich. In ihm sind Angebot und Nachfrage einheitlich und in einer Weise räumlich gebunden, daß der Begriff einer Verkehrseinheit eine viel umfassendere Bedeutung hat als der Begriff der Wirtschaftseinheit eines Gebiets. Diese Bedeutung wird um so größer sein, je weiträumiger die Verkehrsbeziehungen im nationalen Wirtschaftsraum sind, also je mehr wir es mit ausgesprochenem Fernverkehr zu tun haben, während sich der Nahverkehr elastischer den wirtschaftlichen Eigenarten seines verhältnismäßig kleinen Verkehrsgebiets anpassen kann. Das hindert aber nicht, daß auch im Nahverkehr die Grundsätze der Verkehrseinheit in ähnlicher Weise wirksam sind wie im Fernverkehr.

Die räumliche Starrheit und Gebundenheit zwischen Produktion und Absatz der Verkehrsmittel im Verkehrsgebiet einer Volkswirtschaft verlangen in viel klarerer und selbstverständlicher Weise gleiche wirtschaftliche Grundlagen der verschiedenen Verkehrszweige, als sie bei den übrigen Wirtschaftszweigen erforderlich sind. Den vorhandenen Verkehrswegen ist kein Ausweichen nach neuen Absatzgebieten möglich, wenn die bisherigen sich ihnen versagen. Alle Verkehrsmittel sind an das gleiche Absatzgebiet gebunden und von seinen Verkehrsbedürfnissen abhängig, soweit sie den gleichen Wirtschaftsraum bedienen. Ob spurgebunden oder nur weggebunden, alle Binnenverkehrsmittel unterliegen diesem Gesetz. Nur der Überseeverkehr kann sich im weiten und freien Verkehrsmedium des Meeres ihm weitgehend entziehen.

Auf der anderen Seite verlangt die Volkswirtschaft eines Landes die Verkehrsbedienung aller Landesteile zu den gleichen Bedingungen der Beförderung und des Preises im Sinne einer Stützung der wirtschaftlich schwachen Landesteile durch die wirtschaftlich starken. Das führte zusammen mit der räumlichen Bindung zwischen Angebot und Nachfrage zu der Verpflichtung der Verkehrsmittel, ihre verschiedenen Verkehrsleistungen im Raum ihres Verkehrsgebiets ohne Rücksicht auf große und kleine Verkehrsbedürfnisse, ohne Rücksicht auf lohnende oder weniger lohnende Verkehrsarbeit jedermann und jedem Wirtschaftszweig zu den gleichen Bedingungen zur Verfügung zu stellen. So entstand der Begriff der Verkehrseinheit in seiner eigentlichen volkswirtschaftlichen Bedeutung. Die Verkehrseinheit ist in ihrer vollendetsten Form eine Synthese zwischen Angebot und Nachfrage im Verkehrsleben unter gleichen und günstigsten Bedingungen für die Verkehrsmittel und die Allgemeinheit. Aus der Einheit zwischen Produktions- und Absatzfeld im Verkehrswesen in erster Linie geboren, umfaßt und verlangt sie:

Einheitliche Bedingungen für das Wirtschaftsgebaren der Verkehrsunternehmungen, gleiche Verpflichtungen der Verkehrsmittel der Allgemeinheit gegenüber, gleiche Bedienung aller Landesteile nach dem Grade ihres Verkehrsbedürfnisses, gleiches Entgelt für die gleichen Verkehrsleistungen ohne Unterschied der Person und der Wirtschaftszweige. Dies sind die Fundamente einer Verkehrseinheit, die in erster Linie einem Verkehrsmittel seine Existenzberechtigung geben, und die dem Verkehrswesen seine große Bedeutung im Rahmen der Volkswirtschaft eines

Landes zugewiesen haben. Glücklich das Zeitalter, das zu diesen Fundamenten verkehrs- und volkswirtschaftlicher Art die technische Einheit eines leistungsfähigen Verkehrsmittels und seiner Bewirtschaftung in Großorganisationen fügen und damit die wirkungsvollste harmonische Zusammenarbeit zwischen der Gütererzeugung und der Güterverteilung erzielen kann.

Als äußerer sinnfälliger Ausdruck der Auswirkungen einer solchen Verkehrseinheit sehen wir heute in jeder Wirtschaftskarte eines Landes die verschiedenen Gebiete wirtschaftlicher Einheit vor uns. Es ist das Gesicht der wirtschaftlichen Struktur eines Landes, das entstanden ist auf Grund einer bestimmten Verkehrseinheit und das starke Verzerrungen erleiden wird, wenn die Verkehrseinheit, die ihrem Aufbau diente, starken Veränderungen unterworfen ist, wie sie sich heute auf Grund des technischen Fortschritts anzubahnen beginnen.

Die Erzielung einer Verkehrseinheit, wie sie oben umschrieben wurde, ist in starkem Maße abhängig von der Technik der Verkehrsmittel. Diese Technik kann Ursache und Vollendung einer Verkehrseinheit sein, sie kann aber auch zu ihrem Totengräber werden, wenn sie nicht richtig geleitet wird. In dieser Beziehung muß die Synthese der verschiedenen Verkehrsmittel die richtigen Wege weisen. Es ist ihre Aufgabe, zu untersuchen, ob die starke Dynamik in der Technik der Verkehrsmittel im neuzeitlichen Verkehrswesen und der damit verbundene Wandel in der Verkehrseinheit als unabwendbares Schicksal, als Ersatz alter Verkehrsformen durch neue lebensfähigere Verkehrsarbeit zu begrüßen und hinzunehmen ist, oder ob er eine Fehlentwicklung bedeutet, die über kurz oder lang zu großen Nachteilen für die Allgemeinheit und für die Verkehrsmittel selbst ausschlagen kann.

Als Ausgangspunkt für die Untersuchung muß zeitlich und sachlich jene Periode im Verkehrswesen dienen, in der die Verkehrseinheit praktisch bestand und sich zu einem maßgebenden Faktor in der Volkswirtschaft entwickelt hat. Es ist jene Zeit vor dem Weltkrieg, in der in fast allen Kulturländern das Verkehrsbedürfnis im wesentlichen von Eisenbahnen, und zwar mengenmäßig in Deutschland zu 80—85% und daneben von Binnenwasserstraßen zu 15—20% bestritten wurde, und in der eine gesunde Arbeitsteilung zwischen diesen beiden Verkehrsmitteln gefunden war. Gegenüber diesem früheren Zustand fast patriarchalischer Einfachheit in der Verkehrsteilung fallen heute fünf wesentliche Neuerscheinungen auf, die Ursachen und Folgen der Wandlung der früheren Verkehrseinheit enthalten:

1. Zunahme kleiner Transporteinheiten und Zunahme der Verkehrsmittel mit einfachen betrieblichen Verhältnissen,
2. Dezentralisation der Verantwortung für die betriebssichere Bereithaltung der technischen Anlagen,
3. regionale Überlagerung mehrerer Verkehrsmittel im gleichen Verkehrsgebiet,
4. Auseinanderfließen der Verkehrsbedienung auf eine Vielzahl von Unternehmungen,
5. ein grundsätzlicher Einbruch in die bisherigen Methoden der Preisbildung im Transportwesen durch zunehmende Abkehr von der einheitlichen Preisbildung für jedermann und jeden Wirtschaftszweig.

Wir sehen, daß nicht allein in technischer und betrieblicher Hinsicht, sondern auch in organisatorischer, verkehrswirtschaftlicher und allgemeinwirtschaftlicher Beziehung starke Wandlungen der Verkehrseinheit vorliegen, die im einzelnen zu untersuchen sind, um die Verkehrsdiagnose zu stellen und aus ihr die Verkehrstherapie oder die Maßnahmen der Verkehrspolitik abzuleiten.

3. Die Ursachen und Folgen der Umwandlung der Verkehrseinheit im heutigen Verkehrswesen.

a) Die Umwandlung der Verkehrseinheit in technischer und betrieblicher Hinsicht.

Der technische Fortschritt im Verkehrswesen ist zweifellos in erster Linie die Ursache für die teilweise Zerschlagung der technischen Verkehrseinheit, wie sie im früheren Sinne durch die Eisenbahnen gegeben war. Die Möglichkeit, die gleichen Verkehrsbedürfnisse durch verschiedene Verkehrsmittel, verschieden nach ihren technischen und wirtschaftlichen Eigenschaften, zu befriedigen, legte die Bahn frei für eine technische Individualisierung der gesamten Verkehrsarbeit.. Sie konnte um so stärker sein, als vor allem der Kraftwagen ein betrieblich einfaches Instrument ist, das im Gegensatz zur Eisenbahn von jedermann für eigene Zwecke leicht verwendet werden kann. Die Steigerung einer technisch und betrieblich möglichen Verwendung von Verkehrsmitteln in der Hand der Verkehrsinteressenten ist eine besonders wichtige Erscheinung im heutigen Verkehrswesen. Sie kompliziert in erster Linie die Erhaltung einer Verkehrseinheit. Größenordnungsmäßig gibt Tabelle 69 einen Überblick über die im Landverkehr von Deutschland und den Vereinigten Staaten von Amerika

Tabelle 69. Charakteristik der betrieblichen Verwendungsfähigkeit der Verkehrsmittel nach nicht individuell und individuell benutzbaren Verkehrsmitteln im Landverkehr im Jahre 1930.

	Deutschland		Vereinigte Staaten von Amerika	
	angebotene Verkehrsleistung	%	angebotene Verkehrsleistung	%
1	2	3	4	5
I. Personenverkehr				
a) nicht individuelle Verkehrsmittel (Eisenbahnen, Straßenbahnen) Mill. Pkm . .	189800	83,0	574000	35,3
b) individuelle Verkehrsmittel (privater Kraftwagen, Omnibus) Mill. Pkm . .	38720	17,0	1051000	64,7
gesamt Mill. Pkm . .	228520	100,0	1625000	100,0
II. Güterverkehr				
a) nicht individuelle Verkehrsmittel (Eisenbahnen) Mill. tkm . .	135000	95,9	1785000	92,7
b) individuelle Verkehrsmittel (Lastkraftwagen) Mill. tkm . .	5800	4,1	140000	7,3
gesamt Mill. tkm . .	140800	100,0	1925000	100,0

angebotenen Verkehrsleistungen durch individuell und nicht individuell benutzbare Verkehrsmittel. Während im Güterverkehr die Verkehrsarbeit der nicht individuell arbeitenden oder an eine bestimmte Betriebsorganisation gebundenen Verkehrsmittel noch stark überwiegt, tritt sie im Personenverkehr vor allem in den Vereinigten Staaten von Amerika bereits sehr stark zurück infolge der jederzeitigen und leichten Verwendungsmöglichkeit des Personenkraftwagens. Würde in Deutschland für den Personenverkehr noch das Fahrrad als individuelles Verkehrsmittel berücksichtigt werden, so würde sich die Verkehrsleistung der individuell benutzten Verkehrsmittel um rund 15 Milliarden Personenkilometer oder um 5% am Anteil der Gesamtleistungen im Personenverkehr erhöhen. In ungefähr gleichem Verhältnis stehen in beiden Ländern die für private und öffentliche Verkehrszwecke angebotenen Verkehrsleistungen. Wir sehen, daß gegenüber der Vorkriegszeit, in der das individuell brauchbare Verkehrsmittel, abgesehen vom Fahrrad, keine Rolle spielte, die angebotenen Verkehrsleistungen der individuell verwendbaren Verkehrsmittel stark zugenommen haben.

Die technische Verkehrseinheit scheint unwiederbringlich verloren, und damit sind auch die Vorzüge, die sie in sich schließt, gefährdet. Es ist ein Vorzug, wenn für Nah- oder Fernverkehr das gleiche technische Instrument alle Verkehrsbedürfnisse bedienen kann, ein Vorzug für das Verkehrsunternehmen, weil es seinen Betrieb groß und leistungsfähig aufziehen und den Verkehrsschwankungen leicht folgen kann, ein Vorzug für die Verkehrsinteressenten, weil sie es versandtechnisch nur mit einem leistungsfähigen Verkehrsmittel zu tun haben und auf Grund seiner zuverlässigen Transportarbeit ihre Dispositionen treffen können.

Vielfach wird im Kraftwagen deshalb ein besonders geeignetes Instrument für eine technische Verkehrseinheit gesehen, weil der Kraftwagen eine Haus-Haus-Bedienung vom Versender zum Empfänger ermöglicht. Im Nahverkehr ist dies zweifellos eine nicht hoch genug zu schätzende Eigenart des Kraftwagens. Im Fernverkehr ist aber auch heute schon der Lastkraftwagen im Stückgutverkehr auf das Sammeln der Stückgüter in der Nahzone mittels leichter Kraftwagen und auf die Umladung des Stückguts auf die schweren, billiger arbeitenden Kraftwagen des Ferngütertransports angewiesen, so daß der Haus-Haus-Verkehr bei der Beförderung von Stückgut auf größere Entfernungen nur in geringem Maße möglich ist. Dagegen würde im Wagenladungsverkehr der Lastkraftwagen zweifellos eine Haus-Haus-Beförderung für alle Güter restlos ermöglichen. Von diesem Vorzug würden aber nur 40% der Eisenbahnwagenladungen Gebrauch machen können, da heute schon 60% aller Eisenbahnwagenladungen im Anschlußgleis- und daher im Haus-Haus-Verkehr behandelt werden. Die nicht auf Gleisanschlüssen behandelten Wagenladungsgüter betreffen Versender und Empfänger, für die sich wegen verhältnismäßig geringer Gütermengen — im allgemeinen unter drei Wagenladungen in der Woche — ein Gleisanschluß nicht lohnt und die daher auf die An- und Abfuhr mittels Straßenfahrzeugen angewiesen sind. Das sind im allgemeinen die wirtschaftlich weniger kräftigen Kreise der Volkswirtschaft und besonders des platten Landes. Nach dem heutigen Stand der Entwicklung kann aber dieser beförderungstechnische Vorteil des Haus-Haus-Verkehrs für diesen Kundenkreis praktisch nicht erzielt werden, da der Bahntransport für Wagenladungsgut einschließlich Kosten der An- und Abfuhr für die durchschnittlichen Transportweiten im Ferngüterverkehr wesentlich billiger als der Lastkraftwagentransport ist.

Die Verkehrseinheit technisch und betrieblich wieder herzustellen, verbietet die Verschiedenartigkeit der Verkehrsmittel selbst im Landverkehr. Es kann lediglich über den Weg der Verwendung gleicher Ladegefäße in Form von Behältern und in der Benutzung gleicher Ladeanlagen eine gewisse technische Einheit im Interesse der Verfrachter und zur Beschleunigung des Transports angestrebt werden. Dann aber besteht kein Zweifel, daß, da ein Ausgleich der Betriebsmittel der verschiedenen Verkehrsmittel nicht möglich ist, eine gewisse Überkapazität des Betriebsapparats in Kauf genommen werden muß, die weit über dem früheren Spitzenbedarf der betriebstechnischen Einheit der Eisenbahnen zur Bewältigung der gleichen Verkehrsmenge liegt. Je mehr Verkehrsmittel sich technisch und betrieblich im gleichen Verkehrsgebiet in die

Einheit der Nachfrage teilen müssen, um so größer muß bei den stets im Laufe des Jahres wechselnden Verkehrsansprüchen insgesamt gesehen die Reserve des Betriebsapparats sein, und um so größer sein zeitweise unproduktiver Teil werden. Vom Standpunkt einer möglichsten Beschränkung des Leerlaufs des Betriebsapparats und damit einer billigen Transportarbeit war die frühere technische und betriebliche Einheit der Eisenbahnen im vorwiegend allein beherrschten Verkehrsfeld ein Vorzug, dessen auch nur teilweiser Verlust im neuzeitlichen Verkehrswesen die Aufwendungen für die gleichen Verkehrsleistungen stark belasten kann, und der daher durch geeignete Zusammenarbeit verschiedener Verkehrsmittel möglichst erhalten bleiben muß.

Wir sind im Wirtschaftsleben und vor allem in der Industrie gewohnt, dem Unternehmer die gesamte Verantwortung für die betriebssichere, ausreichende und wirtschaftliche Ausgestaltung und Unterhaltung seines Betriebsapparats zu überlassen. Das gleiche ist bei den Eisenbahnen und den Leitungen jeglicher Art der Fall, da hier nur eine einheitliche Verantwortung für Weg, Kraft und Fahrzeug einen zuverlässigen Betrieb gestattet. Im Wasserstraßen-, Kraftwagen- und Luftverkehr ist diese Verantwortung geteilt, weil die freizügige Benutzung des Wegs für jedermann technisch und betrieblich möglich ist und daher auch verlangt wird. Die öffentliche Hand sorgt für den Bau und die Unterhaltung des Wegs, und das Verkehrsunternehmen stellt lediglich die Triebkraft und die Fahrzeuge und führt den Betrieb. Es bedarf keiner näheren Ausführung, denn die Tatsachen im Lastkraftwagenverkehr zeigen es täglich, daß diese nicht zu vermeidende Dezentralisation der Verantwortung für die betriebsfähige Vorhaltung aller technischen Anlagen zu sehr ungesunden Erscheinungen führen kann, da organisch Zusammengehörendes von verschiedenen Gesichtspunkten aus als wesentlich für den Transportakt angesehen wird. Das Fehlen dieser Einheit in der Verantwortung für Weg und Fahrzeuge hat zweifellos, vom technischen Standpunkt aus gesehen, den Verkehrsmitteln nicht immer genützt, die sich dieser Trennung erfreuen. Es hat aber vor allem den Anlaß gegeben zu der Undurchsichtigkeit in den wirtschaftlichen Zuständigkeiten, die heute in dem Verkehr auf Straßen und künstlichen Wasserstraßen vorherrscht. Aber auch mit dieser Umwandlung der Verkehrseinheit wird sich die Zukunft abfinden müssen, wenn sie auch ein Nachteil im heutigen Verkehrswesen ist, der lediglich durch das starke Verantwortungsbewußtsein der öffentlichen Hand, die die Verkehrswege betreut, seine Schärfen verlieren kann.

Die regionale Überlagerung verschiedener Verkehrsmittel im gleichen Verkehrsgebiet ist die erste technische Voraussetzung für einen Wettbewerb unter den Verkehrsmitteln. Sie liegt heute in einem ganz anderen Maße vor als früher und hängt wie ein bedrohliches Gewitter über der Einfachheit der Verkehrsteilung in früherer Zeit. Gewiß ist nicht zu bestreiten, daß auch zu Zeiten der Eisenbahneinheit die in verschiedenen Landesteilen vorhandenen Binnenwasserstraßen den Eisenbahnen Wettbewerb geboten haben. Da aber abgesehen von den Niederlanden und Nordfrankreich ein einheitliches Wasserstraßennetz nicht vorhanden war, also nur verhältnismäßig kleine Teilgebiete des Eisenbahnnetzes mit Wasserstraßen im Wettbewerb standen, so konnte diese geteilte Wettbewerbslage die Verkehrseinheit der Eisenbahnen nur wenig beeinflussen. Anders liegen heute die Dinge. Neben zahlreichen Kanalbauten und dem großen Netz der elektrischen Leitungen gestattet vor allen Dingen das Straßennetz einen Parallelverkehr zu den Eisenbahnen, der vom technischen Standpunkt aus gesehen die Verkehrseinheit zerschlagen kann. Damit sind auf Grund der Ausbreitung der technischen Mittel Voraussetzungen für einen Wettbewerb gegeben, wie sie früher unmöglich waren, und die zum Schicksal eines fruchtbaren Verkehrswesens überhaupt werden können.

Überschauen wir nochmals die Umwandlungen der Verkehrseinheit in technischer und betrieblicher Hinsicht, die ihren Ausdruck gefunden haben in einer Zunahme der Verkehrsmittel mit einfachen betrieblichen Bedingungen, der Dezentralisation der Verantwortung für die Vorhaltung des Betriebsapparats sowie in einer starken regionalen Überlagerung der Verkehrsmittel im gleichen Verkehrsgebiet, so ist nicht zu verkennen, daß alle diese Umwandlungen als Tatsachen hingenommen werden müssen. Keine Verkehrspolitik wird willens oder in der Lage sein, diese technische Entwicklung im Verkehrswesen rückgängig zu machen. Jede Verkehrspolitik wird sich aber mit den verkehrs- und volkswirtschaftlichen Auswirkungen dieser Entwicklung auseinandersetzen und danach ihre Maßnahmen treffen müssen.

b) Die Umwandlung der Verkehrseinheit in verkehrswirtschaftlicher und organisatorischer Hinsicht.

Es erhebt sich hierbei zunächst die Frage, ob die Grundlagen der Verkehrswirtschaft für alle Verkehrsmittel gleich sind, also die Einheit und Gleichheit der Verantwortung für die Wirtschaftlichkeit der Unternehmungen heute schon gegeben ist. In finanzieller Hinsicht ist es eine in allen Ländern feststehende Tatsache, daß die Verkehrsunternehmungen weder auf den künstlichen Wasserstraßen noch auf den Straßen für die Kosten des Wegs in vollem Umfang wie die Eisenbahnen und Leitungen aufzukommen haben. Der Personenkraftwagen kann hierbei ausgenommen werden, da seine Beteiligung an der Straßenunterhaltung ausreichend erscheint. Dagegen beträgt auf Grund der eingehenden Untersuchungen in England[1] die finanzielle Belastung des Lastkraftwagens von mehr als 3 t Ladefähigkeit nur $^1/_2$ bis $^2/_3$ des notwendigen Ersatzes für die Unterhaltung der von ihm benutzten Straßen. In den anderen europäischen Ländern liegen die Verhältnisse ähnlich. Auf künstlichen Wasserstraßen müßten bei richtiger Deckung aller Selbstkosten im Vergleich mit den Eisenbahnen allein aus diesem Grunde die durchschnittlichen Frachtpreise um 18—20%, beim Lastkraftwagen um 8—10% höher liegen, wenn für letzteren die Verzinsung des alten Straßennetzes als nicht erforderlich angesehen wird.

Das sind finanzielle Erleichterungen für einzelne Verkehrsmittel, die um so mehr eine Entlastung für sie bedeuten, als dieselben Verkehrsmittel eine Teilung der Verantwortung für die Vorhaltung des Wegs einerseits und der Kraft und der Fahrzeuge andererseits zu ihrem Vorteil buchen können. Die sie betreibenden Verkehrsunternehmungen sind also bei ihrem Betriebsbeginn in einem sehr wesentlichen Teil, in der Kapitalbeschaffung für die Herrichtung des Betriebsapparats, entlastet, so daß ihr Risiko erheblich vermindert wird. Wie groß diese Entlastung ist, ergibt sich daraus, daß das Verhältnis der Anlagekosten für feste Anlagen oder den Weg zu den Anlagekosten für bewegliche Anlagen oder Fahrzeuge bei den künstlichen Wasserstraßen 70:30 beträgt, also ungefähr gleich dem bei den Eisenbahnen ist, beim Lastkraftwagen 20:80 bei kostenlosem Weg und 77:23, also fast umgekehrt, bei Kraftwagenstraßen, deren Kosten der Kraftwagen zu tragen hätte. Hierin liegt eine der hauptsächlichsten Erklärungen dafür, daß im Kraftwagenverkehr die Gründungen von Unternehmungen wie die Pilze aus der Erde schießen und sich verflüchtigen können, wenn der Rückgang des Verkehrsbedürfnisses ihnen keinen Gewinn mehr läßt. Die Verantwortung

[1] Report of the conference on rail and road transport vom 29. Juli 1932, herausgegeben vom His Majesty's Stationery Office, London 1932.

für die Vorhaltung des Weges und die Erhaltung der Wegsubstanz können sie anderen, und zwar der Allgemeinheit überlassen.

Das Bild des heutigen Verkehrswesens ist in der Gleichheit der finanziellen Grundlagen für die Geschäftsgebarung der Verkehrsunternehmungen denkbar verschieden und zuungunsten der Eisenbahnen, natürlichen Wasserstraßen und Leitungen gelagert. Die frühere Verkehrseinheit in dieser Richtung bei Eisenbahnen und natürlichen Wasserstraßen steht wie ein Markstein klarer Lastenverteilung heute gegenüber einer Dezentralisation der Verantwortung, die eine Gleichheit und Gebundenheit an die Gesetze der wirtschaftlichen Führung von Unternehmungen vielfach vermissen läßt. Zu welchen ungewöhnlichen Auswirkungen das führen kann, zeigen die Verhältnisse in den Niederlanden. Dort werden auf kleinen alten Provinzkanälen von der Schiffahrt hohe Abgaben erhoben, während die teuren neuen großen Kanäle frei vom Staat ohne Abgaben zur Verfügung gestellt werden. Im gleichen Land bringt der alte Radfahrerverkehr jährlich 12 Millionen Mark für Unterhaltung der Wege auf und der starke Kraftwagenverkehr nur 20 Millionen Mark[1]. Es stehen sich hier zwei Anschauungen gegenüber, denen alte und neue Verkehrsmittel unterworfen werden, die die Grundlagen des Wettbewerbs der Verkehrsmittel untereinander zuungunsten der alten Verkehrsmittel stark verschieben. Entlastung in der Aufbringung der Wegekosten und Erleichterung in der Kapitalbeschaffung für die Herrichtung des gesamten technischen Apparats können die künstlichen neuen Wasserstraßen und der Lastkraftwagenverkehr für sich buchen und sie gegen die alten Wasserstraßen und Eisenbahnen ausnutzen. Von einer Verkehrseinheit in finanzieller Hinsicht kann nicht mehr gesprochen werden. Es kommt hinzu, daß auch die Arbeitsbedingungen des Verkehrs- und Betriebspersonals nach Lohn und Arbeitszeit verschieden sind zum Nachteil der Eisenbahnen.

Bei dieser Sachlage wirkt der Streit um das Verkehrsgut doppelt tragisch für die Verkehrsmittel mit eigener und voller wirtschaftlichen Verantwortung für ihre gesamte Betriebsführung, wenn diese Verkehrsmittel und unter ihnen vor allem die Eisenbahnen aus volkswirtschaftlichen Gründen gebunden sind an die Befriedigung jeglicher Transportnachfrage, während die übrigen Verkehrsmittel sich ihre Transporte lediglich nach den Gesichtspunkten des größten Gewinns aussuchen können. Umstritten sind hierbei die hochwertigen Güter und die Massengüter. Vor allem für die hochwertigen Güter befindet sich hierbei der Lastkraftwagen in ungleich günstigerer Lage als die Eisenbahnen, da er in seiner kleinen Transporteinheit mit wesentlich größerer Ausnutzung der Ladefähigkeit durch Nutzlast rechnen kann als die Eisenbahnen. Einer Auslastung von 60—70% im Lastkraftwagenverkehr steht eine solche von 18% im Eisenbahnstückgutverkehr gegenüber, so daß der Lastkraftwagen im Stückgutverkehr niedrigere Tarife verlangen kann trotz wesentlich geringerer Betriebskosten der Eisenbahnen bei gleicher Ladefähigkeit. Man könnte hierin einen Vorzug für die Wirtschaft sehen, wenn diese niedrigen Tarife für den Lastkraftwagen nicht an die Notwendigkeit gebunden wären, nur in Verkehrsbeziehungen mit großem Verkehrsbedürfnis zu verkehren, während in Verkehrsbeziehungen mit geringem Verkehrsbedürfnis diese Auslastung nicht zu erzielen ist.

Nehmen wir theoretisch den Fall an, daß der Lastkraftwagen dereinst berufen sein sollte, den gesamten Eisenbahngüterverkehr oder auch nur einen größeren Teil von ihm zu übernehmen, so würde damit zwangsläufig die heute mögliche gute Auslastung des

[1] Reitsma, „Verkeersperikelen“ in „De Opbouw.“ Assen 1933.

Lastkraftwagens sinken auf ungefähr die gleiche Auslastung, wie sie heute die Eisenbahnen im Durchschnitt von 45% der Ladefähigkeit aufweisen. Denn auch der Kraftwagen wird aus der zeitlichen und mengenmäßigen Ungleichheit von Empfang und Versand in den verschiedenen Verkehrsbeziehungen seine Leerläufe übernehmen müssen, denen er sich heute noch in starken Verkehrsbeziehungen bei der Beförderung von Stückgütern mit Erfolg entziehen kann. Nichts beleuchtet stärker die Tatsache, in welcher Einseitigkeit und engen Bedingtheit die Transportkosten auf Lastkraftwagen Verkehr auf die Landstraße zu ziehen vermögen und wie falsch es ist, aus dieser Erscheinung allgemeine Schlüsse für die wirtschaftliche Überlegenheit des Lastkraftwagens über die Eisenbahnen zu ziehen. Eine starke Abgabe des Güterverkehrs von den Eisenbahnen an den Kraftwagen würde mit einer Erhöhung der Transportkosten im Güterverkehr verbunden sein.

Das ergibt sich auch aus folgender Überlegung. Die Kosten für das angebotene Tonnenkilometer Ladefähigkeit für Stückgut und Wagenladungen liegen heute bei den Eisenbahnen bei 5 bzw. 2 Pf./tkm in Deutschland, in den Vereinigten Staaten von Amerika bei 3 bzw. 1,5 Pf./tkm. Demgegenüber betragen sie beim Lastkraftwagen mit 5 und 15 t Ladefähigkeit in Deutschland 19 bzw. 10 Pf./tkm, in den Vereinigten Staaten von Amerika 18 bzw. 9 Pf./tkm. Das sind Spannungen, die der Kraftwagen nur im hochwertigen Stückgutverkehr durch die bisherige Auslastung ausgleichen kann, während er in dem umfassenderen Wagenladungsverkehr den großen Vorsprung der Eisenbahnen wegen nahezu gleicher Ausnutzung wie bei den Eisenbahnen nicht aufholen kann.

Es ist eine fast schicksalhafte Entwicklung, daß die große Transporteinheit der Eisenbahnen ausgehöhlt wird durch die kleine Einheit des Lastkraftwagens. Wäre die Entwicklung umgekehrt gegangen, wäre also zeitlich die Eisenbahn dem Kraftwagen gefolgt, so würde es zweifellos heute als eine große Errungenschaft angesehen werden, von der kleinen Einheit im Fernverkehr zur großen Einheit überzugehen und damit die tatsächlich bisher im Eisenbahnverkehr erzielten großen Senkungen der Transportkosten für die große Masse der Güter zum Besten der Allgemeinheit zu erzielen.

Organisatorisch haben die technischen Eigenarten der Verkehrsmittel eine Vielzahl von Unternehmungen bei den neuen Verkehrsmitteln entstehen lassen. Während Europa 65 und die Vereinigten Staaten von Amerika 164 große Eisenbahngesellschaften haben, die ungefähr 70—75% des gesamten Fernverkehrs bewältigen, und während in Deutschland im Nahverkehr einschließlich Straßenbahnen 600 Verkehrsunternehmungen tätig sind, betätigen sich im öffentlichen Omnibusverkehr heute schon allein 700 Gesellschaften, in den Vereinigten Staaten von Amerika 5900, in England 6430 Gesellschaften. Im Lastkraftwagenverkehr liegen die Verhältnisse ähnlich. Im Nahverkehr spielt sich zur Zeit der schärfste Wettbewerb um den Besitzstand des Verkehrs ab mit einem Überangebot an Verkehrsleistungen, das bald alle Unternehmungen zu Zuschußbetrieben machen wird, wenn nicht für ihre zweckmäßige Zusammenarbeit gesorgt wird. Die durchschnittliche Zahl der Fahrzeuge von Lastkraftwagenunternehmungen liegt in Deutschland bei 1,4, in England bei 8 und in den Vereinigten Staaten von Amerika bei 13 Wagen. Dieses Auseinanderfließen der Verkehrsarbeit in eine Unzahl von Unternehmungen im neuzeitlichen Verkehrswesen untergräbt immer mehr die volkswirtschaftlichen Vorzüge, die eine große Verkehrseinheit einem Lande bieten kann. Das Bestreben, nur verkehrsgünstige Beziehungen zu bedienen und weniger günstige zu vernachlässigen, findet in der großen Zahl der ungebunden arbeitenden Verkehrsunternehmungen einen starken Nährboden und beginnt den volkswirtschaftlichen Ausgleich in der Verkehrsbedienung zwischen stark und schwach besiedelten Landesflächen zum Nachteil der letzteren zu zerstören.

Das Angebot der Verkehrsleistungen im Kampf um das Verkehrsgut hat sich unter der Wirkung der ungleich verteilten Verantwortung für wirtschaftliches Arbeiten und der organisatorischen Dezentralisation der Verkehrsarbeit zu einem großen Überangebot von Verkehrsleistungen bei wenig veränderter Nachfrage entwickelt. Und da dieses Überangebot durchaus nicht lokaler Natur ist, sondern sich auf weite Räume und gleiche Verkehrsgebiete erstreckt, so haben wir einen übersteigerten Wettbewerb und einen Leerlauf der Verkehrsmittel, der schließlich nur Belastungen für die Allgemeinheit mit sich bringt. Das Beispiel der Überseeschiffahrt im letzten Jahrzehnt gibt einen Vorgeschmack über die Auswirkungen eines übersteigerten Wettbewerbs, der zwischen den schiffahrttreibenden Nationen in der Nachkriegszeit einsetzte und zu einer Überkapazität von 18% im Frachtraumangebot selbst in dem für die Schiffahrt günstigsten Jahre 1929 führte. Zur Zeit besteht ein Tonnageüberschuß von 45%. Die Folge ist ein Absinken der Frachtraten um 40% gegenüber den Frachtraten der Vorkriegszeit, obwohl die Betriebskosten in der Nachkriegszeit erheblich gestiegen sind. Selbst kapitalkräftige Reedereien sind in Schwierigkeiten und müssen durch staatliche finanzielle Maßnahmen gestützt werden. Was wir hier als praktische Auswirkung eines Überangebots von Verkehrsleistungen vor uns haben, droht auch bei der Entwicklung der Binnenverkehrsmittel.

c) Die Umwandlung der Verkehrseinheit in volkswirtschaftlicher Hinsicht.

Die Ausschließlichkeit des Betriebs auf Eisenbahnen im Bereich ihres Netzes durch ein Unternehmen, verbunden mit Wohlfeilheit und Schnelligkeit im Transport, gestattete die Konzentration der Verkehrsarbeit in einem Gebiet in einer Hand, die die günstigsten Voraussetzungen zur Schaffung eines nationalen Transportsystems nach allgemeinwirtschaftlichen Gesichtspunkten bot. Sie zwang alle Verkehrsbedürfnisse in ihren Arbeitsbereich, hoch und niedrig belastbare Verkehrsgattungen waren in gleicher Weise auf sie angewiesen, so daß eine gute Ausnutzung des Betriebsapparats durch zahlende Last möglich war.

Es hat zunächst den Anschein, als ob die Eisenbahnen an sich auf eine gute Ausnutzung ihres Betriebsapparats vielleicht mehr Wert legen müssen als die sonstigen Verkehrsmittel, da sie mit hohen, von der Verkehrsmenge unabhängigen oder festen Kosten besonders belastet sind. Diese Kostencharakteristik ist aber eine Eigentümlichkeit aller künstlichen Verkehrswege, und wenn etwa die künstlichen Wasserstraßen oder das Straßennetz den Verkehr zu bewältigen hätten, den bisher die Eisenbahnen bedienten, so würden auch bei ihnen die objektiven Selbstkosten eine ähnliche Charakteristik in Abhängigkeit vom Verkehrsumfang erhalten wie die Eisenbahnen. Die Stationsanlagen und der ständige Betriebsapparat würden dann auch bei ihnen so umfangreich und kostspielig sein, daß sich die tatsächlichen Selbstkosten nach festen und veränderlichen Kostenarten in ein gleich ungünstiges Verhältnis schieben würden, wie es heute bei den Eisenbahnen der Fall ist. Nach dem Ergebnis theoretischer Untersuchungen hierzu würde bei voller Selbstkostendeckung der Anteil der festen Kosten bei den künstlichen Wasserstraßen 61% und beim Lastkraftwagenverkehr 50% sein, gegenüber 61% bei den Eisenbahnen.

Es ist demnach nicht zulässig, aus der heute üblichen finanziellen Minderbelastung etwa eine verkehrswirtschaftlich günstige Kostencharakteristik allgemein abzuleiten für ein großes künstliches Wasserstraßen- und Kraftwagenstraßennetz, also ein Verkehrsnetz, wie es bisher die Eisenbahnen zur Bedienung der zahlreichen Verkehrsquellen nötig hatten. In diesem Punkt ist also letzten Endes keine die Allgemeinheit interessierende Verschiebung zu erwarten bei einer Ablösung alter Verkehrsmittel durch neue. Eisenbahnen, künstliche Wasserstraßen und Kraftwagenverkehr verlangen in gleicher Weise eine möglichst große Ausnutzung des vorhandenen Betriebsapparats, um ihre hohen festen Kosten auf die Verkehrseinheiten zur Erzielung niedriger Tarife verteilen zu können. Das tatsächliche Monopol der Eisenbahnen würde demnach, wenn die Eisenbahnen ihre Arbeit allmählich ganz abgeben müßten, lediglich abgelöst werden durch das Monopol eines anderen Verkehrsmittels. Es würde auch im Lastkraftwagenverkehr nur die Großorganisation sich durchsetzen, und der heutige Kleinbetrieb in diesem Verkehr in großen Zusammenschlüssen enden, die keinen Wettbewerb mehr zulassen und das, was man heute vielfach am Kraftwagen schätzt, Erzeugung eines frischen Wettbewerbs im Verkehrswesen, ins Gegenteil umkehren.

Ein derartiger Ablösungsvorgang könnte erträglich sein, wenn das ablösende Verkehrsmittel in jeder Hinsicht der Allgemeinwirtschaft ähnliche Verkehrsverbesserungen bringen könnte, wie es beispielsweise bei der Ablösung der Straße im Fernverkehr durch die Eisenbahnen der Fall war. In jener Zeit wurde die Transportgeschwindigkeit durch die Eisenbahnen um das 5fache erhöht, und die Transportkosten wurden für die große Masse der Güter auf $^1/_8$ gesenkt. Das ist aber in keiner Weise zu erwarten, da bei gleicher Verantwortung für die Wirtschaftlichkeit der Lastkraftwagen nur im Nahverkehr und die künstlichen Wasserstraßen nur auf ganz großen, meist über die nationalen Transportweiten hinausgehenden Entfernungen zu geringeren Selbstkosten als die Eisenbahnen den Verkehr bedienen können.

Die Verkehrseinheit der Eisenbahnen konnte sich erst praktisch durchsetzen, als die Einzelnetze der Entwicklungszeit zu großen Netzen zusammenwuchsen und nun die immer mehr zunehmende wirtschaftliche Einheit der Länder eine gleichmäßig gute Verkehrsbedienung aller Landesteile verlangte. Nun wurde es möglich, vom einnahmegünstigen Verkehrsfluß der Hauptverbindungen die Unterverteilung auf Linien mit geringem Verkehrsbedürfnis durchzuführen, die als Verkehrssystem für sich niemals eine eigene Wirtschaftlichkeit hätten erzielen können. Dieser Vorgang war vor allem für die Entwicklung der Landwirtschaft von außerordentlicher Bedeutung. In ihm liegt in erster Linie der allgemeinwirtschaftliche Vorzug eines alle Verkehrsaufgaben übernehmenden Verkehrsmittels wie die Eisenbahnen, weniger zunächst im Tarifaufbau nach volkswirtschaftlichen Gesichtspunkten.

Daß im Eisenbahnwesen die hochwertigen Güter höher mit Frachtkosten je Gewichtseinheit belastet werden als die mittel- und geringwertigen Güter, ist keine Eigentümlichkeit und auch keine Errungenschaft der Eisenbahnen. Dieser Grundsatz war schon im Altertum und im Mittelalter praktisch im damaligen Verkehrswesen geltend, da in jener Zeit nur hochwertige Güter mit Rücksicht auf die hohen Transportkosten transportfähig waren und geringwertige Güter diese Kosten nicht tragen und daher nicht mobilisiert werden konnten. Lediglich gleichsam die Beibehaltung der hohen Frachtbelastung der hochwertigen Güter auch für den Eisenbahnverkehr ergab den privatwirtschaftlichen Ausgangspunkt für die Tarifierung der mittel- und geringwertigen Güter im Eisenbahnverkehr in Verbindung mit der durch ihn möglichen starken Senkung der Selbstkosten. In der Tat sind die Tarife für hochwertige Güter ohne Berücksichtigung des Geldwerts heute auf Eisenbahnen in Pfennigen genau so hoch wie vor 100 Jahren auf den Straßen, nur bei den mittel- und geringwertigen Gütern, die allein 90% der gesamten Gütermenge ausmachen, liegen sie um 600—800% tiefer.

Sehen wir in einer möglichst weitgehenden Entlastung der geringwertigen Güter durch hohe Tarife für hochwertige Güter einen besonderen Vorzug für die Erweiterung ihrer Absatzfähigkeit und damit einen besonderen Vorteil für die Nationalwirtschaft, so gewinnt ein Verkehrssystem eines Landes, wie es bisher im Eisenbahnsystem zur Verfügung stand, den Wert einer volkswirtschaftlich wichtigen Einheit. Jedes Land hat seine Charakteristik in der regionalen Verteilung seiner besten Rohstoffgewinnung und Produktionsmöglichkeiten. Dieser Verteilung ihre räumlichen Hemmungen zu nehmen und dem Wirtschaftsleben eines Landes möglichst gleiche Bezugs- und Versandbedingungen in allen Landesteilen zu geben, ist das Werk einer Verkehrseinheit gewesen, wie sie früher bestand. Sie hat den Ländern ein wirtschaftliches Eigengesicht gegeben, das die Grundlage ihres Daseins bildet, und das nur im Eintausch wesentlicher Verbesserungen im Wirtschaftsleben geändert werden darf.

Dies ist der Standort, von dem aus das eigentliche Verkehrswesen zu beurteilen ist. Führt die technische Entwicklung dazu, ein Verkehrsmittel durch das andere ablösen zu lassen, so kann und darf dieser Umwandlungsprozeß nur vor sich gehen unter der Bedingung, daß die bisherige Verkehrseinheit im regionalen Sinne und der Grundsatz gleicher Verkehrsbedingungen für alle erhalten bleibt. Das neuzeitliche Verkehrswesen hat sich bisher zum Teil im anderen Sinne entwickelt. Es ist den Weg der Eigeninteressen der Verkehrsunternehmungen gegangen und weniger den Weg einer Unterordnung der Verkehrsarbeit unter die Bedürfnisse der Allgemeinheit. Es hat fast den Anschein, als ob der Wirtschaftszweig, der bisher in selbstverständlicher Planwirtschaft betrieben wurde, der freien Wirtschaft zu einem Zeitpunkt geopfert werden soll, in dem ernstlich an eine Planwirtschaft in der freien Wirtschaft gedacht wird. Es ist Sache der Verkehrspolitik, die Entwicklung wieder in gesunde Bahnen zu lenken, aber unter Vermeidung der Gefahren, die jede Vereinheitlichung mit sich bringt.

4. Die Gefahren der Verkehrseinheit.

Die Gefahren der Verkehrseinheit bestehen in dem möglichen Ausschluß jeglichen Wettbewerbs bei der Bedienung eines großen Verkehrsgebiets durch **ein** Verkehrsmittel und **ein** Verkehrsunternehmen, in der Hemmung der technischen Entwicklung und in dem Zusammenschluß des Verkehrspersonals zu einem mächtigen, die Wirtschaft beeinflussenden Faktor. Alle Staaten haben sich mehr oder weniger gegen diese Gefahren, die die durch die Eisenbahnen gebotene Verkehrseinheit mit sich brachte, geschützt durch eine staatliche Aufsicht und Einflußnahme, die den allgemeinen Interessen dienten in bezug auf gleichmäßige Verkehrserschließung des Landes, einheitliche Preisbildung für jedermann, Beförderungspflicht und Haftpflicht zum Schutze der Allgemeinheit. Auf gesetzlichem Wege sind hier Maßnahmen getroffen worden, die die Nachteile einer technisch und organisatorisch straff gegliederten Verkehrseinheit weitgehend unwirksam gemacht haben.

Da aber der Staat in die Betriebswirtschaft eines Verkehrsunternehmens im allgemeinen ohne Übernahme eigener unliebsamer Verantwortung nicht eingreifen kann, so ist ein Einheitsverkehrsmittel, das ohne Wettbewerb von außen arbeitet, geneigt, seinen Betrieb zu standardisieren und Verkehrsverbesserungen nur im Sinne der Erhaltung seines Besitzstandes vorzunehmen. Hier ist zweifellos eine Befruchtung von außen wertvoll und vielfach notwendig. Gewiß gibt es große Verkehrsunternehmungen, die fortschrittlich ihren Betriebsapparat ausgebaut haben und auch in der Verwendung neuer technischer Mittel nicht ängstlich an einem Mittel kleben. Die Größe und Bedeutung eines Wettbewerbs im Verkehrsleben findet aber dort eine Grenze, wo im Kampf der verschiedenen Verkehrsmittel um genügendes Verkehrsvolumen die Auslastung des Betriebsapparats so sehr zurückgeht, daß die Allgemeinheit damit verbundene höhere Selbstkosten tragen muß und der Nutzen des Wettbewerbs in einer allgemeinen Mehrbelastung der Wirtschaft versinkt. So sehr ein gewisser Wettbewerb im Verkehrswesen zu begrüßen ist, so würde er in seiner Totalität an den Bestand der Wirtschaft selbst rühren, nicht etwa allein an den einzelner Verkehrsmittel. Hierin liegt wohl eine der schwierigsten Aufgaben der Verkehrspolitik, einen gesunden Wettbewerb im Verkehrswesen nur so weit zuzulassen, als dadurch die für die Allgemeinheit notwendige Verkehrseinheit nicht gefährdet wird.

5. Die Verkehrspolitik zur Erzielung einer gesunden Verkehrseinheit.

Theoretisch sehr einfach könnte die Verkehrseinheit erhalten werden durch ein Gesetz, das bestimmt, daß aller lebenswichtige Personen- und Güterverkehr im gleichen Verkehrsgebiet in einer Hand, aber ohne Beschränkung auf ein technisches Verkehrsmittel erledigt wird. Die beste Ausnutzung des Betriebsapparats und die beste Verkehrsbedienung könnten damit gewährleistet sein. Dieser Weg ist in fast allen Ländern beschritten worden beim Nachrichtenverkehr der Post. Dabei waren aber im wesentlichen staatspolitische Gründe maßgebend neben der Erkenntnis, daß nach den Eigenarten des technischen Instruments nur ein Unternehmen den Betrieb durchführen kann, und die Schnelligkeit der Zustellung in einem Betrieb am besten gewährleistet ist.

Der Gedanke, auch für den Personen- und Güterverkehr ähnliches durch Gesetz durchzuführen, lag so lange nicht nahe, als die Eigenart eines Verkehrsmittels wie der Eisenbahnen ohnehin eine Zusammenfassung der beiden Verkehrsarten in einer Hand mit sich brachte. Erst im neuzeitlichen Verkehrswesen wurde die Frage akut, ihre Lösung aber auch bei der individuellen Gebrauchsmöglichkeit des Kraftwagens grundsätzlich schwierig gestaltet. Ein gesetzliches Monopol für irgendein Verkehrsunternehmen im Personen- und Güterverkehr müßte so umfassend sein, daß von einer freien Entwicklung der Verkehrsmittel kaum noch gesprochen werden kann. Das Unternehmen würde einen Personalbestand in sich vereinigen müssen, der in seiner Größe und Geschlossenheit leicht eine politische und wirtschaftliche Macht im Staate werden kann. Diese Nachteile eines gesetzlichen Monopols können um so weniger unberücksichtigt bleiben, als auch nach der Mannigfaltigkeit der Verkehrsmöglichkeiten, die die verschiedenen Verkehrsmittel bieten, ein Monopol organisatorisch kaum durchführbar sein wird.

Verzichtet man aber auf diesen Weg, so ist andererseits zu fordern, daß alte und neue Verkehrsformen nicht planlos nebeneinander stehen, daß vielmehr nach einem Gesamtplan verfahren wird, der den gesunden Wettbewerb nicht auszuschließen braucht. An der Spitze dieses Gesamtplanes müßte das Streben nach einer materiellen Verkehrseinheit stehen, in der für jedes Verkehrsmittel die gleiche Verantwortung für seine Wirtschaftlichkeit zu verlangen ist, und die Verkehrsbedienung für jedermann und jeden Wirtschaftszweig und jeden Gebietsteil des Landes unter gleichen Bedingungen sich vollzieht. Die Wege, die zur Befriedigung der ersten Forderung zu gehen sind, dürften einfach sein und gefunden werden, wenn wirklich sich die Sachkundigen der verschiedenen Verkehrsmittel zusammensetzen und Klarheit über gleiche Grundlagen der Wirtschaftlichkeit und der Arbeitsbedingungen schaffen. Die Verkehrspolitik wird nur dann auf die unbedingt notwendige tatkräftige Mitarbeit der Verkehrsunternehmungen zur Verbesserung der Verkehrsleistungen zum Wohl der Allgemeinheit rechnen können, wenn sich die Zusammenarbeit der Verkehrsmittel unter gerechten Wettbewerbsbedingungen vollziehen kann.

Ist der erste Weg beschritten, so wird die Erfüllung der zweiten Forderung wesentlich erleichtert sein, denn dann werden sich klarer die Grenzen abzeichnen, an denen sich die verschiedenen Verkehrsmittel aufeinander einstellen werden, ohne daß das Prinzip der Verkehrseinheit im volkswirtschaftlichen Sinne verlassen wird. Für diese Grenzen müßte dann allerdings eine sachkundig geleitete Verkehrspolitik die Zulassung neuer Verkehrsmittel von dem Bedürfnis unter Berücksichtigung der vorhandenen Verkehrsmittel abhängig machen und dürfte sich nicht damit begnügen, die gewerbepolizeiliche Genehmigung ohne Rücksicht auf die Nachfrage nach Verkehrsleistungen zu geben. In dieser Richtung hat England einen sehr wertvollen Weg beschritten durch Einrichtung von Verkehrskommissionen, in denen von Vertretern der Regierung unter beratender Mitarbeit von Vertretern der Verbraucherkreise und der verschiedenen Verkehrsmittel die Bedürfnisfrage vor Zulassung eines neuen Verkehrsunternehmens geprüft wird. Ihre Tätigkeit erstreckt sich zwar zunächst nur auf den Personenverkehr, aber es sind bereits Untersuchungen im Gange, sie auf den Güterverkehr auszudehnen. So ist die Möglichkeit gegeben, Wahrheit und Klarheit im Verkehrswesen zu schaffen, wo bisher vielfach Eigeninteressen und weniger das Allgemeininteresse ausschlaggebend waren. Es wäre denkbar, daß die oberste Aufsichtsinstanz für das nationale Verkehrswesen die Spitze bildet, von der aus in großen Linien eine gesunde materielle Zusammenarbeit der verschiedenen Verkehrsmittel nach volkswirtschaftlichen Gesichtspunkten und nach dem Stand der Entwicklung zu bestimmen wäre. Die Entscheidung für das zweckmäßigste Verkehrsmittel müßte dann unter einem Gesichtspunkt erfolgen, der die Verkehrswirtschaft in stärkstem Maße an das Wohlergehen der Allgemeinwirtschaft bindet. Ist ein Staat als Träger der Verkehrspolitik innerlich stark genug, um diese Bindung und Zusammenfassung in der Verkehrswirtschaft zu erzielen, so erfüllt er seine verkehrspolitischen Aufgaben, in besonders wirksamer, bisher kaum gekannter Form. Es hat den Anschein als ob diese ideale Lösung für eine gesunde Verkehrswirtschaft im Rahmen der gesamten Wirtschaftspolitik in Deutschland für den lebenswichtigen öffentlichen Verkehr im Anmarsch ist und schließlich gefunden wird.

Verlangen die höheren Gesichtspunkte der Gesamtwirtschaftspolitik ein Abweichen von den Grundsätzen der Eigenwirtschaftlichkeit der Verkehrsmittel, so wird die dann notwendig werdende finanzielle Entlastung der Verkehrswirtschaft auch allen lebenswichtigen Verkehrsmitteln zukommen müssen. Denn der Grundsatz der gleichen Verantwortung der Verkehrsmittel für ihre Wirtschaftlichkeit verliert auch dann nicht seine innere Bedeutung, wenn das Verkehrswesen, wie in der heutigen Zeit der Arbeitsnot aller Länder, unter die Forderungen der allgemeinen Wirtschaftspolitik gestellt werden muß. Wenn zur Behebung der nationalen Not, die die große Arbeitslosigkeit aller Kulturländer mit sich bringt, neue Verkehrswege aus allgemeinen Staatsmitteln gebaut werden, so wird die vorhandene Substanz wertvoller und leistungsfähiger Verkehrsanlagen in gleicher Weise der Allgemeinheit zu Lasten geschrieben werden müssen, wie es für die neuen allgemeinen Verkehrswege bei dem dann vielfach eintretenden Überangebot an Verkehrsanlagen nötig werden wird. In diesem

Fall muß es das Ziel einer tatkräftigen Verkehrspolitik sein, eine Schicksalsgemeinschaft der lebenswichtigen Verkehrsmittel zu schaffen, die in der Schicksalsgemeinschaft der gesamten Volkswirtschaft aufgeht. Dabei wird auch nicht zu vermeiden sein, daß die volle Eigenwirtschaftlichkeit der Verkehrsmittel den Forderungen der Nationalwirtschaft zeitweise geopfert und eine partielle Wirtschaftlichkeit der Verkehrsmittel in Kauf genommen wird. Die Verkehrsmittel sind ein Rüstzeug der Volkswirtschaft wie die Armee ein Rüstzeug der Staatsmacht ist. Ebenso wie die Armee jedem Staatsbürger Schutz zu bieten hat gegen Gefahren, die von außen den Bestand des Staats und damit der Volksgemeinschaft bedrohen, muß auch die Verkehrswirtschaft sich der Not der Volkswirtschaft unterordnen und unter besonderen Bedingungen arbeiten, wenn dadurch die Lebensmöglichkeiten eines jeden einzelnen des Volkes verbessert werden können. Diese besonderen Bedingungen müssen dann aber in gleicher Weise allen Verkehrsmitteln auferlegt werden, wenn die Verkehrswirtschaft in diesem Rettungsprozeß der Nation mit Erfolg mitarbeiten soll.

Die Verkehrspolitik muß allerdings das Verkehrsproblem als Ganzes sehen und nicht etwa als Eisenbahnproblem allein. Dann wird es nicht mehr möglich sein, dem einen Verkehrsmittel Beförderungspflichten aufzuerlegen, die von dem anderen nicht verlangt werden, ohne daß dieser Unterschied gebührend berücksichtigt wird. Die Erhaltung der Beförderungspflicht ist aber eine Forderung, die wesentlich für eine allgemeinwirtschaftliche Verkehrsbedienung ist, ebenso wie die Einheit und Gleichheit der Tarife ein wichtiges Fundament für das Wohlergehen der landwirtschaftlichen Gebiete und für eine gesunde Dezentralisation und Bodenständigkeit der Industrie darstellt. Auf der anderen Seite wird eine so auf die allgemeine Verkehrswirtschaft eingestellte Verkehrspolitik neuen aufstrebenden Verkehrsmitteln die Förderung zuteil werden lassen, die sie nach ihren verkehrlichen Vorzügen beanspruchen können.

Eine gesunde Verkehrseinheit würde wesentlich gefördert werden, wenn die Betriebspolitik der großen Verkehrsunternehmungen dahingehen würde, jedes geeignete Verkehrsmittel in ihren Geschäftsbereich einzubeziehen, so weit es zur Verbesserung ihrer Verkehrsleistungen dienen kann. Es besteht wohl kein Zweifel, daß für die Eisenbahnen des Fernverkehrs zur guten Organisation des Zubringer- und Verteilungsdienstes und für die schnelle Abfertigung der Güter, vor allem der Stückgüter, der Kraftwagen ein immer wertvolleres Betriebsmittel werden wird. Seine organische Einfügung in den Eisenbahnverkehr ist daher nicht allein vom Standpunkt der Verkehrsinteressenten, sondern auch vom Standpunkt des Verkehrsbetriebs zur Erzielung eines wirtschaftlichen und schnellen Transports anzustreben. Dabei wird unter anderem eine Konzentration des Eisenbahnverkehrs auf bestimmten Verteilungsbahnhöfen in Frage kommen, von denen aus der Kraftwagen die Unterverteilung des Verkehrs vor allem nach den Orten mit geringem Verkehrsbedürfnis, sowie den Zubringerdienst zu erledigen hat. In dem Verkehr auf weite Entfernungen wird eine organische Zusammenarbeit von Eisenbahn und Kraftwagen mit dem Luftverkehr in dem Maße sich aufbauen müssen, in dem der noch in starker Entwicklung befindliche Luftverkehr an Bedeutung für eine Volkswirtschaft gewinnt und zu wirtschaftlicher Selbständigkeit zu gelangen vermag.

Für Deutschland besteht um so mehr die Notwendigkeit, eine starke nationale Verkehrseinheit sich zu erhalten, als es im Wettbewerb mit den Verkehrsmagistralen der Nachbarländer im Osten und Westen nur dann sich durchsetzen wird, wenn sein inneres Verkehrswesen in starker Einheit und Geschlossenheit auftreten kann. Um diese Geschlossenheit zu erreichen oder zu erhalten, ist nicht zum wenigsten die Beantwortung der Frage von Bedeutung, ob der deutsche Wirtschaftsraum an Verkehrsmitteln regional den Sättigungsgrad bereits erreicht oder überschritten hat. Nichts ist schädlicher für eine nationale Verkehrswirtschaft als eine Überkapazität an Verkehrsmitteln, die die innere Kraft großer und leistungsfähiger Verkehrsunternehmungen als der Träger des nationalen Verkehrs aushöhlt und ihre Schwungkraft für die Erfüllung der Verkehrsaufgaben im Dienste der Volkswirtschaft untergräbt.

6. Die Zusammenarbeit im internationalen Verkehr.

Die Synthese der verschiedenen Verkehrsmittel im Bereich einer Volkswirtschaft bildet die Kernfrage jeder nationalen Verkehrswirtschaft. Die Grundsätze, nach denen sie sich zweckmäßig zu vollziehen hat, gelten auch bis zu einem gewissen Grade für die internationale Verkehrswirtschaft. Zwar wird sich die Zusammenarbeit im internationalen Verkehr in erster Linie in formaler Richtung äußern. Aber sie wird, richtig aufgezogen, der materiellen Zusammenarbeit der Verkehrsmittel im nationalen Wirtschaftsraum förderlich sein. In allen Kulturländern wird die Verkehrswirtschaft heute durch die gleichen Verkehrsprobleme beherrscht. Je mehr diese nach einheitlichen Gesichtspunkten gelöst werden, um so besser ist der Zusammenarbeit zwischen den Verkehrsmitteln der einzelnen Länder gedient.

Im Eisenbahnzeitalter hat Europa über die zahlreichen politischen Grenzen hinweg die Einheit im Ausbau der Eisenbahnen gefunden, obwohl einzelne Länder zunächst für sich ihre Eisenbahnnetze ohne ausgesprochenes Anschlußziel an die Nachbarstaaten entwickelten. Das Bedürfnis zu gegenseitigem Verkehr führte von selbst zum Zusammenschluß der Landesnetze. Die zunehmende Konsolidierung der Länder zu großen staatlichen Gemeinschaften begünstigte diese Entwicklung und bereitete neuen Verkehrsmitteln eine Raumfreiheit, wie sie die Eisenbahnen in ihrer Entwicklungszeit in den meisten Ländern nicht vor sich hatten. Nicht allein, daß der Gedanke eines Zusammenschlusses der natürlichen Wasserstraßen durch künstliche Wasserstraßen in den größten politischen Einheiten festen Boden und zum Teil praktische Auswirkung fand, in den elektrischen Leitungen, im Straßen- und Luftverkehr wurde ein Verkehrsaustausch angebahnt, der im Grunde genommen den Gepflogenheiten im internationalen Eisenbahnverkehr entsprang und vielfach ohne weiteres von ihm übernommen werden konnte.

Nur der Luftverkehr muß, da er neue Gesetze für die Benutzung des Luftraums über den Ländern schuf, vor allem in Europa sich durchsetzen gegen die nun für ihn noch zu kleinen politischen Einheiten Europas. Nichts zeigt deutlicher diese Hemmungen als der Vergleich zwischen dem zeitlichen Aufbau des Luftverkehrsnetzes in Europa und den Vereinigten Staaten von Amerika. Trotzdem die Vereinigten Staaten von Amerika erheblich später als Europa mit der Einrichtung des Luftverkehrs begannen, überholten sie bereits nach 2 bis 3 Jahren den europäischen Luftverkehr, da ihre große politische Einheit, die 1,2mal größer ist als Europa ohne Rußland, die Raumfreiheit bot, die dem Luftverkehr in Europa auch heute noch versagt ist.

Die Synthese der Verkehrsmittel hat im internationalen Luft- und Nachrichtenverkehr nicht mit Ländern, sondern mit Kontinenten zu rechnen. Mehr als bisher wird hierbei das Bestreben der Erdteile, sich wirtschaftlich selbständig und unabhängig von Europa zu machen, zu berücksichtigen sein, da es Europa zur Gemeinschaftsarbeit in allen Wirtschafts- und Verkehrsfragen zwingt, die es früher im wesentlichen einseitig und in eigener Machtvollkommenheit lösen konnte. Es kann nicht gesagt werden, daß die europäischen Länder untereinander eine genügende Zusammenarbeit in dem Teil des Verkehrswesens gefunden haben, in dem sie den übrigen Erdteilen eine geschlossene Verkehrseinheit Europas zu bieten in der Lage wären. Im Gegenteil suchen die europäischen Länder im Überseeverkehr sich in Subventionen für ihre Schiffahrtsgesellschaften zu überbieten, wodurch die Grundlagen der Seeschiffahrt zum Teil völlig verschoben werden und ein erbitterter Wettbewerb unter den seefahrenden Völkern Europas entstanden ist. Die Folgen dieses ungehemmten Wettbewerbs, der sich auf ungleichen wirtschaftlichen Grundlagen vollzieht, zeigen sich in einem Leerlauf der Seeschiffahrt, der bereits zu starken Verlusten bei den Schiffahrtsgesellschaften geführt und den Verkehr zwischen den Erdteilen ungünstig gestaltet hat.

Zwar vermögen die verkehrswirtschaftlichen Notwendigkeiten im internationalen Verkehr auf größerer räumlicher Grundlage sich durchzusetzen, als die politischen Eigeninteressen der Länder es im allgemeinen wünschen und zulassen. Ohne eine weitschauende Zusammenarbeit der verschiedenen Völker wird die Kraft des Verkehrs aber nicht allein ausreichen, um die Freiheit des Raums zu bringen, um die die Menschheit seit Jahrhunderten kämpft. Das technische Instrument in Form des Luftfahrzeugs wird bald die Voraussetzungen für diese Raumfreiheit mit der Überbrückung auch der größten Entfernungen der Erde ganz erfüllt haben. Es ist Sache der Zusammenarbeit der Völker, diesen technischen Fortschritt in Einklang mit den Bedürfnissen der Wirtschaft zu bringen.

7. Die Entwicklungsrichtung der Verkehrswirtschaft.

Die Verkehrswirtschaft aller Länder und Erdteile steht in ihren äußeren Ausdrucks- und Erscheinungsformen vor einer Umwandlung von großer volkswirtschaftlicher Bedeutung. Die Bewegung ist in erster Linie hervorgerufen durch den technischen Fortschritt im Verkehrswesen, aber auch stark genährt durch das nie ruhende Bedürfnis nach Verkehrsverbesserung. Die Grundlinien, nach denen sich diese Umwandlung vollziehen muß, werden von den Aufgaben bestimmt, die die Verkehrsmittel im Dienste des menschlichen Gesellschaftslebens zu lösen haben.

Das Verkehrsbedürfnis oder die Nachfrage nach Verkehrsleistungen in wirtschaftlich stark entwickelten Gebieten wird in volkswirtschaftlicher und staatspolitischer Hinsicht immer mehr beherrscht durch die Forderung nach möglichster Erhaltung und Förderung der Bodenständigkeit der Bevölkerung, die in der Industrie tätig ist. Es besteht dabei das Bestreben, durch eine gesunde Mischung von Landwirtschaft und Industrie die günstigsten Voraussetzungen zu schaffen, unter denen der Volkskörper gesund erhalten und die Volkswirtschaft den wirtschaftlichen Schwankungen ohne Schaden für Land und Volk widerstehen kann. Für die europäischen Staaten ist dieses wirtschaftspolitische Ziel um so wichtiger, als die zunehmende wirtschaftliche Verselbständigung der neuen Erdteile und im europäischen Raume selbst die Autarkiebestrebungen der verschiedenen Länder den Außenhandel beeinträchtigen und zu stärkster Zusammenfassung aller Kräfte der nationalen Wirtschaften zwingen.

Den Verkehrsmitteln fällt dabei die Aufgabe zu, auch die kleinsten Siedlungen bequem, schnell und möglichst billig zu bedienen, mit anderen Worten den Verkehr im Gebiet einer Volkswirtschaft räumlich zu verdichten. Im Güterverkehr zeichnet sich eine immer stärker werdende Ablösung des Transports von

Rohkohle durch in Leitungen beförderte veredelte Energie und Wärme sowie ein stärkeres Bedürfnis nach dem Transport von Fertigfabrikaten ab. Das Massengut wird in Zukunft nicht mehr die beherrschende Stellung in dem wirtschaftlichen Erfolg der Verkehrsunternehmungen einnehmen wie in vergangenen Zeiten. Die Zukunft der Verkehrswirtschaft ist mehr als je auf Qualität der Verkehrsleistungen gestimmt und nicht mehr so stark beherrscht von der Quantität des Verkehrs.

Daraus ergibt sich im Landes- und Kontinentalverkehr für die Verkehrsmittel eine günstige Lage im Verkehrswesen, die für schnellen, bequemen und billigen Transport besonders geeignet sind. Unter ihnen werden wieder diejenigen besonderen Nutzen aus dieser künftigen Entwicklung ziehen, die in kleinen Transporteinheiten die zahlreichen kleinen Transportquellen zu bedienen vermögen und deren wirtschaftlicher Erfolg nicht von dem Transport von Massengütern oder Rohstoffen in erster Linie bestimmt wird. Der technische Fortschritt in Gestalt von kleinen Verkehrseinheiten wie Triebwagen, Kraftwagen und Flugzeuge kommt dieser Entwicklungsrichtung entgegen.

Dieser Differenzierung oder Individualisierung der Verkehrsarbeit steht aber auf der anderen Seite vielfach eine höhere Belastung des Transportguts durch Transportkosten gegenüber. Das zwingt zu der grundsätzlich wichtigen Beurteilung aller Verkehrsmittel unter dem höheren Gesichtspunkt ihres volkswirtschaftlichen Wertes. Die Transportkosten elektrischer Energie in Hochspannungsleitungen sind durchweg doppelt so hoch wie die Kosten des Transports von Rohkohle gleicher Energiemenge auf Eisenbahnen und Wasserstraßen, und doch ist der volkswirtschaftliche Gewinn dieser Transportart so groß, daß die höheren Transportkosten in Kauf genommen werden können. Werden durch Verbesserungen im Verkehrswesen die Lebensmöglichkeiten eines Volkes günstiger gestaltet, wie es bei einer Bodenständigkeit der Industriebevölkerung zu erwarten ist, so sind die Verkehrsmittel besonders wertvoll, deren technische Anlagen diesem Zweck in erster Linie dienen können. Ein richtig ausgebautes Netz von Eisenbahnlinien hat, wie das Beispiel von Württemberg und Sachsen zeigt, diese Aufgabe bisher erfüllt. Die Motorisierung der Landstraße dient der gleichen Aufgabe, denn sie ermöglicht in Zusammenarbeit mit den Eisenbahnen den unmittelbaren und bequemen Anschluß aller, auch der kleinsten Siedlungen an ein leistungsfähiges nationales Verkehrssystem. Für Deutschland würde das bedeuten, daß zu den von der Eisenbahn unmittelbar bedienten 10000 Orten weitere 40000 wenn auch kleine Siedlungen des Vorteils einer leistungsfähigen Verkehrsbedienung teilhaftig werden. Dieses Ziel wird aber nur dann in volkswirtschaftlich wertvollem Sinne verwirklicht werden können, wenn die kleinen Siedlungen auf dem Land zu den gleichen Beförderungs- und Preisbedingungen wie die großen wirtschaftsstarken Siedlungen bedient werden. Nur im Rahmen dieser Verkehrseinheit wird die neuzeitliche Verkehrswirtschaft ihren volkswirtschaftlich wichtigen Aufgaben gerecht werden können.

Überblicken wir die heutigen Verkehrsbedürfnisse in den Kulturländern, so ist nicht zu leugnen, daß sich die Verkehrsmittel organisch und naturverbunden zu ihnen stellen. Ohne Überspringung von Zwischenstufen knüpft sich das Neue an das Alte. Dem Rhythmus des wirtschaftlichen Geschehens im menschlichen Gesellschaftsleben passen sich die Wandlungen im Verkehr an. Ihm ist mit der Erkenntnis zu begegnen, daß die Gegenwart einer Volkswirtschaft nur die Fortführung gewordener Werte und Einrichtungen darstellt und daß in gleicher Weise die Verkehrswirtschaft zu beurteilen ist. Nicht Umsturz und Zerstörung, sondern Umordnung und Einordnung heißen die großen Ziele, die die heutige Verkehrswirtschaft verfolgen soll. Nicht „die Forderung der Zeit," sondern organisches

Wachstum im Volksganzen muß der Ausgangspunkt sein, von dem aus die beste Gewähr für eine gesunde Verkehrswirtschaft geboten werden kann.

Für den volkswirtschaftlichen Aufbau von wirtschaftlich wenig entwickelten Gebieten wird das Verkehrswesen neue und andere Wege als in den alten Kulturländern gehen können. Die Erschließung des Landes wird grundsätzlich zuerst durch Straßen und den Kraftwagenverkehr erfolgen. Erst im späteren Entwicklungsstadium, wenn der Verkehr die Leistungsfähigkeit des Kraftwagens zu übersteigen beginnt und durch billigen Massentransport wirtschaftlicher gestaltet werden soll, wird der Bau von Eisenbahnen in Frage kommen. In dieser Entwicklungsfolge werden dann die verkehrlich heute noch wenig erschlossenen Gebiete für eine zweckmäßige Zusammenarbeit zwischen Kraftwagen und Eisenbahnen günstigere Voraussetzungen erhalten, als sie in den alten Kulturländern heute vorliegen. In ihnen hat der Ausbau eines Eisenbahnnetzes bereits eine bestimmte Verkehrsstruktur des Landes festgelegt, von dem die Volkswirtschaft in starkem Maße abhängig ist und auf die das Einfügen neuer Verkehrsmittel Rücksicht nehmen muß.

Es ist zu erwarten, daß in kolonialen Gebieten das neuzeitliche Verkehrswesen in erster Linie dazu beitragen wird, eine günstige regionale Verteilung von Landwirtschaft und Industrie herbeizuführen und sie vor einer Zusammenballung der Wirtschaftskräfte zu bewahren, wie sie die Eisenbahnen auf dem alten kolonialen Boden der Vereinigten Staaten von Amerika mit sich gebracht haben. Wenn die Möglichkeiten, die hier der Kraftwagen einer allmählichen und harmonischen Erschließung wirtschaftlich jungfräulicher Gebiete bietet, richtig ausgeschöpft werden, kann ein wirkungsvoller Rhythmus zwischen den Verkehrsbedürfnissen und dem Einsatz des zweckmäßigstenVerkehrsmittels zum Aufbau einer gesunden Volkswirtschaft zustande kommen.

Die Perspektive für den Weltverkehr steht weniger unter der technischen Entwicklung der für ihn tätigen Verkehrsmittel als vielmehr unter den möglichen Auswirkungen der Intensivierung des Verkehrs und der Wirtschaft in den Ländern der neuen Welt. Unter dem Einfluß der Entwicklung der Industrie in den Überseeländern ist zwischen der alten und neuen Welt der Güteraustausch zurückgegangen. Im Massentransport wird daher die Verkehrswirtschaft im Weltverkehr kaum vor neue Aufgaben gestellt werden. Dagegen wird die neue Struktur der Weltwirtschaft zu einer engeren räumlichen Verbindung der wirtschaftlichen Aktionszentren der Erde in dem Maße drängen, in dem der Wettbewerb zwischen der alten und der neuen Welt sich steigert. Der Ausbau des Weltluftverkehrs und des Nachrichtenverkehrs findet in diesen Vorgängen einen besonders starken Nährboden. Die durch beide Verkehrsmittel gebotene wesentliche Verringerung der zeitlichen Entfernung wird die zuverlässige Disposition der an der Weltwirtschaft beteiligten Volkswirtschaften erleichtern und neue Bindeglieder schaffen in einer Zeitperiode, in der die jungen Erdteile sich wirtschaftlich selbständig zu machen versuchen und die Abhängigkeit von der alten Welt abzulegen bestrebt sind. So ist auch im Weltverkehr die Güte des Verkehrs das Gebot der Stunde, während die Verkehrsmenge vor allem im Transport von Massengütern sich unter dem alle Erdteile der neuen Welt beherrschenden Streben nach wirtschaftlicher Unabhängigkeit und Selbständigkeit auf eine Ruhelage einzustellen beginnt.

Literaturverzeichnis.

A. Werke und Schriften über das Verkehrswesen.

Acworth, Grundzüge der Eisenbahnwirtschaftslehre. Berlin 1926.

Baumann, Deutsches Verkehrsbuch. Berlin 1931. — Blum, Der Weltverkehr und seine Technik im 20. Jahrhundert. 2 Bände. Stuttgart 1921. — Blum, Jacobi, Risch, Verkehr und Betrieb der Eisenbahnen. Berlin 1925. — Blum, Schimpf, Schmidt, Städtebau. Berlin 1921. — Borght, van der, Das Verkehrswesen. Leipzig 1925.

Colson, Les Travaux Publics et les Transports. Paris 1910.

Fels, Das Weltmeer in seiner wirtschafts- und verkehrsgeographischen Bedeutung. Leipzig 1932. — Franzius, Der Verkehrswasserbau. Berlin 1927.

Götz, Verkehrswege im Dienste des Welthandels. Stuttgart 1888.

Hassert, Allgemeine Verkehrsgeographie. Berlin, Leipzig 1931. — Haney, The Business of Railway Transportation. New York 1924. — Hellauer, Nachrichten- und Güterverkehr. Berlin 1930.

Johnson, Principles of Transportation. New York-London 1929.

Lehr, Eisenbahntarifwesen und Eisenbahnmonopol. Berlin 1879. — Leyen, van der, Die Eisenbahnpolitik des Fürsten Bismarck. Berlin 1914. — List, F., Über ein sächsisches Eisenbahnsystem als Grundlage eines allgemeinen deutschen Eisenbahnsystems. Leipzig 1833. Das nationale System der politischen Ökonomie. Berlin 1930. Schriften zum Verkehrswesen. 2 Bände. Berlin 1929 und 1931.

Maull, Politische Geographie. Berlin 1925. — Merkert, Der Lastkraftwagenverkehr seit dem Kriege, insbesondere sein Wettbewerb und seine Zusammenarbeit mit den Schienenbahnen. Berlin 1926.

Napp-Zinn, Grundriß der Verkehrsorganisation und -politik, in Artikelform mit knapper, grundsätzlicher Formulierung im Wörterbuch der Volkswirtschaft von Elster, Jena 1933.

Pirath, Die Eisenbahnen und ihre Stellung in der neuzeitlichen Entwicklung der Verkehrsmittel. Heft 39 der Technisch-wirtschaftlichen Bücherei. Berlin 1927.

Rank, Das Eisenbahntarifwesen in seiner Beziehung zur Volkswirtschaft und Verwaltung. Wien 1895. — Ratzel, Politische Geographie. München und Berlin 1923. — Richthofen, v., Siedlungs- und Verkehrsgeographie. Berlin 1908. — Röll, Enzyklopädie des Eisenbahnwesens. Berlin 1923.

Sax, Die Verkehrsmittel in Volks- und Staatswirtschaft. 3 Bände. Berlin 1918, 1920, 1922. — Sapper, Allgemeine Wirtschafts- und Verkehrsgeographie. Leipzig 1929. — Sauter, Geschichte der deutschen Post. Berlin 1928. — Seibt, Die verkehrswissenschaftliche Bedeutung der Binnenwasserstraßen. Schmollers Jahrbuch 1902. — Stephan, Verkehrsleben im Altertum und Mittelalter. In v. Raumers historischem Taschenbuch, Leipzig 1868 und 1869. — Sympfer, Die Wasserwirtschaft Deutschlands und ihre neuen Aufgaben. I. und II. Band. Berlin 1921, III. Band. Berlin 1925.

Teubert, Oskar, Die Binnenschiffahrt. Leipzig 1932. — Teubert, Wilhelm, Die Welt im Querschnitt des Verkehrs. Berlin-Grunewald 1928.

Ulrich, Das Eisenbahntarifwesen im allgemeinen. Berlin-Leipzig 1886.

Wagner, Sozialökonomische Theorie des Kommunikations- und Transportwesens, Leipzig 1909. Finanzwissenschaft, Leipzig 1910. — Wiedenfeld, Transportwesen in „Grundriß der Sozialökonomik", Bd. V. 3. Tübingen 1930.

B. Zeitschriften, die das Verkehrswesen betreffen.

Archiv für Eisenbahnwesen. Verlag Julius Springer, Berlin, seit 1878. — Archiv für Fremdenverkehr. Verlag Haude und Spener, Berlin, seit 1930. — Archiv für Post und Telegraphie. Verlag Postzeitungsamt Berlin, seit 1873.

Bulletin des Transports internationaux par Chemin de fer. Zeitschrift für die internationale Eisenbahnbeförderung. Französisch und deutsch. Verlag Zentralamt für die internationale Eisenbahnbeförderung, Bern, seit 1892.

Fairplay. Weekly Shipping Journal. Verlag Odhams Press Ltd. London, seit 1869. — Forschungsergebnisse des Verkehrswissenschaftlichen Instituts für Luftfahrt an der Technischen Hochschule Stuttgart. Verlag R. Oldenbourg, München und Berlin, seit 1929.

Hansa. Verlag Hansa, Hamburg, seit 1863.

Railway Age. Verlag Simmons-Boardman Publishing Comp. Philadelphia, seit 1856. — Railway Gazette. Verlag Transport Ltd. London Westminster, seit 1904. — Railway Research Service Bulletin. London S. W. 1.

Traffic World. Verlag New York World Telegram, Chicago Ill., seit 1885.

Verkehrstechnik. Verlag Ullstein A.-G., Berlin, seit 1883. — Verkehrstechnische Woche. Verlag Otto Elsner, Berlin, seit 1906.

Werft Reederei Hafen. Verlag Julius Springer, Berlin, seit 1919. — Wirtschaft und Statistik. Verlag Reimar Hobbing, Berlin, seit 1920.

Zeitschrift für Binnenschiffahrt. Verlag Wiegandt und Grieben, Berlin, seit 1868. — Zeitschrift für Verkehrswissenschaft. Verlag G. A. Gloeckner, Leipzig, seit 1922. — Zeitung des Vereins mitteleuropäischer Eisenbahnverwaltungen. Verlag Verein Mitteleuropäischer Eisenbahnverwaltungen, Berlin, seit 1860.

C. Werke und Schriften über Einzelgebiete des Verkehrswesens zu den Abschnitten I—VII.

Abschnitt I.

Harms, Strukturwandlungen der deutschen Volkswirtschaft. 2 Bände. Berlin 1929.

Krebs, Konjunktur und Eisenbahngüterverkehr. Berlin 1926.

Sombart, Der moderne Kapitalismus. Bd. III, München und Leipzig 1927. — Steuernagel, Zur Kapitalintensität der Eisenbahnen. Reichsbahn 1933, Heft 5, Seite 150.

v. Waltershausen, Die Weltwirtschaft, Leipzig 1926.

Abschnitt II.

Baumann, Kraftquellen und Verkehr als bestimmende Faktoren für deutsche Ausfuhrzwecke. Heft 24 der Technisch-wirtschaftlichen Bücherei. Berlin 1923. — Blum, Das Eisenbahnnetz Niedersachsens. „Archiv für Eisenbahnwesen“ 1933, Heft 2 ff. Eisenbahngeographie in „Linienführung“, Handbibliothek für Bauingenieure, II. Teil, Bd. 2. Berlin 1925.

Helander, Sven, Die internationale Schiffahrtskrise und ihre weltwirtschaftliche Bedeutung. Jena 1928.

v. Hofmann, Das Deutsche Land und die Deutsche Geschichte. Stuttgart 1930.

Kanold-Pirath, Grundlagen für die Neuregelung der kommunalen Grenzen im Ruhrgebiet. Berlin 1928.

Pirath, Die Naturschutzparks der Vereinigten Staaten von Amerika als Faktor des Fremdenverkehrs. Archiv für Fremdenverkehr 1931, Heft 2.

Reinhard, Weltwirtschaftliche und politische Erdkunde. Breslau 1929.

Sinner, Gefährdetes Europa. Stuttgart 1932. — Steuernagel, Statistik und Eisenbahn. Berlin 1931.

v. Thünen, Der isolierte Staat. 1842 und Jena 1921.

Wolf, Die Deutsche Reichsbahn und ihre Beziehung zu ausländischen Eisenbahnen. Berlin 1931.

Abschnitt III.

Air Commerce Bulletin. Washington.

Bormann, Über den Umfang des Güterkraftverkehrs. Verkehrstechn. Woche 1932, Heft 23. — Bulletin Décadaire Universelle du Canal de Suez. Paris.

Central Electric Light and Power Stations. U. S. Department of Commerce, Washington 1930. — The Chambers of Commerce Atlas. London 1928. —

Coal in 1928. U. S. Government Printing Office. Washington 1930. — Craemer, Ein Jahrzehnt des Fortschritts im elektrischen Nachrichtenverkehr. Z. VDI, Berlin 1932, Nr. 18.

Dehne, Deutschlands Großkraftversorgung. Berlin 1928. — Deutsche Wirtschaftskunde. Bearbeitet im Statistischen Reichsamt Berlin 1933.

Geschäftsbericht der Deutschen Reichsbahn-Gesellschaft, Berlin. — Geschäftsbericht der Deutschen Reichspost, Berlin. — Geschäftsbericht der Deutschen Lufthansa, Berlin. — Geschäftsberichte der Berliner Verkehrs-Aktiengesellschaft, Berlin. — Güterverkehr der Weltschiffahrt. Vierteljahrshefte zur Statistik des Deutschen Reichs. Berlin 1928. Ergänzungsheft.

Der Hafen von Hamburg. Herausgegeben von L. Wendemuth und W. Böttcher. Hamburg 1928. — Haufe, Die geographische Struktur des deutschen Eisenbahnverkehrs, Langensalza, Berlin, Leipzig 1931. — Heisterbergk, Zur Frage der Struktur des Güterkraftverkehrs. Verkehrstechn. Woche 1933, Heft 23. — Hundert Jahre Schweizer Alpenposten. Genf 1932.

Jaarstatistiken. Staatsspoorwegen in Nederlandsch-Indie. Batavia 1931.

Legge, Grundsätzliches und Tatsächliches zu den Elektrizitätswirtschaften in Europa. Dortmund 1931. — Leibbrand, Personenverkehr und Reichsbahn im Ruhrgebiet. Verkehrstechn. Woche 1932, Nr. 24.

Michaelis, Deutschlands Eisenbahnen. Leipzig 1859. — Mineral Resources of the United States, Washington 1930.

Pirath, Verkehrsprobleme und Landesplanung im Wirtschaftsgebiet Stuttgart-Heilbronn. Stuttgart 1930. Verkehrsströme im Luftverkehr. Heft 1 der Forschungsergebnisse des Verkehrswissenschaftlichen Instituts für Luftfahrt an der Technischen Hochschule Stuttgart (F. d. V. I. L.). München und Berlin 1929. Luftverkehrspolitik und Stand des Weltluftverkehrs. Heft 4 der F. d. V. I. L. München und Berlin 1931. Die Hochstraßen des Weltluftverkehrs. Heft 5 der F. d. V. I. L. München und Berlin 1932. Anteil der Arbeitsleistung des Menschen an den Leistungen der Verkehrsmittel. Archiv für Eisenbahnwesen 1922.

Report on Volume of Water Borne Foreign Commerce of the United States by ports of origin and destination. Washington.

Sachs, Die Trampschiffahrt in der Ostsee. Rostock 1931. — Statistical Abstract of the United States. Washington 1932. — Statistic of Railways in the United States. Washington. — Statistik der dem allgemeinen Verkehr dienenden Eisenbahnen im Deutschen Reich. Bearbeitet im Auftrag des Reichsverkehrsministeriums durch die Deutsche Reichsbahn-Gesellschaft. Berlin. — Statistik des Deutschen Reiches. Herausgegeben vom Statistischen Reichsamt Berlin. Die Binnenschiffahrt. Die Güterbewegung auf deutschen Eisenbahnen. Die Seeschiffahrt. — Statistique de la Navigation intérieure. Publié avec le concours de l'office national de la Navigation. Paris. — Statistique Générale du Service Postal. Genf. — Statistique Générale de la Télégraphie. Genf. — Statistique Générale de la Téléphonie. Genf. — Statistische Jahrbücher für das Deutsche Reich. Berlin. — Statistische Jahrbücher Deutscher Städte. Jena.

Teubert, Werner. Der Güterverkehr, Entwicklung und Aussichten. Vierteljahrshefte zur Konjunkturforschung 1933. Sonderheft 33. — Tiessen, E. Deutscher Wirtschaftsatlas. Berlin 1929.

Vierteljahrshefte zur Konjunkturforschung. Berlin. Vierteljahrshefte zur Statistik des Deutschen Reiches. Berlin.

Wätjen, Aus der Frühzeit des Nordatlantikverkehrs. Leipzig 1932. — Wegwijzer voor de binnenscheepvaart, Deel I, II und III. s Gravenhage 1926, 1927, 1930, 1932. — Die Wirtschaft des Auslandes 1900—1927. Einzelschriften zur Statistik des Deutschen Reiches. Berlin 1928. — Die Wirtschaft des Auslandes 1928. Einzelschriften zur Statistik des Deutschen Reiches. Berlin 1929. — World Almanac and Book of Facts. New York 1933.

Abschnitt IV.

Adolf, Eisenbahngütertarifwesen. Berlin 1933. — Automobiltechnisches Handbuch. Herausgegeben von R. Bussien, Berlin 1928.

Beyer-Desimon, v., Betriebstechnische Grundlagen für den Entwurf von Flugzeughallen und Werften. Berlin 1932. — Böhm, Die Abhängigkeit des Kostenpreises der Fahrleistungen von Straßenbahnen mit Liniencharakter. Würzburg 1932. — Brauner, Behälterverkehr. Berlin 1933. — Bus Transportation. New York. Statistische Nummern Februar 1931 und Februar 1932.

Capelle, Baumann, Feindler, Zugbildungskosten und Zugförderkosten und ihre Wechselbeziehungen. Berlin 1929. — Clark, M., Studies in the economics of overhead costs. Chicago 1931.

Ditgen, A. Konjunktur und Eisenbahnen. Archiv für Eisenbahnwesen. Berlin 1928.

Eickner, Wirtschaftlichkeit und Produktivität des Ausbaues der Straßen für den Kraftwagenverkehr in der Provinz Hannover. Halle 1927.

Faust, H., Die wirtschaftliche Bedeutung der Privatgleisanschlüsse. Münster 1933.

Giese, H., Die Tarifverhältnisse und die Wirtschaftlichkeit der Berliner Verkehrsaktiengesellschaft. Berlin 1931. — Giese, Blum, Risch, Linienführung. Handbibliothek für Bauingenieure. Berlin 1925. — Giese, K., Das Seefracht-Tarifwesen. Berlin 1919. — Gross, Die Staatssubventionen für Privatbahnen. Wien 1882.

v. Hanffstaengel, G. Die Förderung von Massengütern. Berlin 1926. — Heyenbrock, Die Vereisung westdeutscher Binnenwasserstraßen 1928/29 und ihre Wirkungen auf die deutsche Reichsbahn. Münster 1932. — Heyning, Kosten en omvang van het vervoer te water in Nederland. De Ingenieur, s'Gravenhage 1933, Nr. 12. — Horn, Maßnahmen zur Steigerung der Reisegeschwindigkeiten im Schiffsverkehr. Z. VDI. Berlin 1931, Nr. 40.

Johow-Förster, Hilfsbuch für den Schiffbau. 5. Aufl. 2 Bände. Berlin 1928.

Isendahl, Die Frage des Selbstfahrers: Was kostet mich mein Wagen? Auto u. Wirtsch. Berlin 1932, Heft 4.

Kemmann, Die Berliner Verkehrsaktiengesellschaft. Betrachtungen zur Tarif- und Verkehrsgestaltung. Berlin 1931. — Kreuter, Zur Preisbildung der Linienreedereien. München 1909. — Kühne, Erhaltungswirtschaft. Berlin 1932.

Launhardt, Die Betriebskosten der Eisenbahnen. Leipzig 1877. Theorie des Trassierens. Hannover 1887 und 1888. Heft I: Die kommerzielle Trassierung. Heft II: Die technische Trassierung der Eisenbahnen. — Lehmann, Mathematisch-graphische Untersuchung über die Rentabilitätsverhältnisse von Frachtschiffen. Werft Reed. Hafen. Berlin 1933, Heft 6. — Lehner, Die Linienführung innerstädtischer Verkehrsmittel. Archiv für Eisenbahnwesen. Berlin 1932. — Leibbrand, Verkehrsschwankungen und Wirtschaftlichkeit des Eisenbahnbetriebes. Z. VDI. Berlin 1928, Nr. 35. — Die Leipzig-Dresdener Eisenbahn in den ersten 25 Jahren ihres Bestehens, herausgegeben vom Direktorium 1864. — Leyen, v. d., Nordamerikanische Eisenbahnverhältnisse. Archiv für Eisenbahnwesen. Berlin 1884.

May, Güterkraftwagentarif und Selbstkosten. Reichsbahn 1932, Nr. 14.

Napp-Zinn, Binnenschiffahrt und Eisenbahnen. Leipzig 1928. — Neumann, Die Leistungsfähigkeit von Kraftwagenstraßen. Verkehrstechnik 1926, Heft 5.

Offenberg, Konjunktur und Eisenbahnen. Finanzwirtschaftliche Zeitfragen. Stuttgart 1914, Heft 10.

Peiser, Der Einfluß des Beschäftigungsgrades auf die industrielle Kostenentwicklung. Berlin 1924. — Petersen, Die Aufgaben des großstädtischen Personenverkehrs und die Mittel zu ihrer Lösung. Städtebauliche Vorträge, Bd. 1, Heft 8, Berlin 1908. — Pirath, Die Wirtschaftlichkeit des Luftverkehrs. Techn. u. Wirtsch. Heft 4, Berlin 1928. Die Beförderung von Massengütern auf Eisenbahnen und Wasserstraßen. Technisch-wirtschaftliche Bücherei Heft 37, Berlin 1927. — Die preußischen Postkurse im Jahre 1841, bearbeitet im Cours-Büro des Königlichen General-Postamtes Berlin.

Rathenau, Cauer, Massengüterbahnen. Berlin 1909. — Reichspost und Konjunktur. Archiv für Post Telegr. Berlin 1923. — Reitsma, De weg naar coordinatie van het verkeer in Nederland. 's Gravenhage 1933. — Rettich, Vorfragen der Reedereifinanzierung, insbesondere Kosten und Rentabilität des Seeschifffahrtsbetriebs. Rostock 1933. — Reuther, Beförderungsunternehmungen zur See. Stuttgart 1933. — Risch, Die wichtigsten Tarifarten in ihren Beziehungen zu den Selbstkosten. Archiv für Eisenbahnwesen. Berlin 1922.

Sauborn, Congressional Grants of Land in Aid of Railways. Madison 1899. — Saugstad, Shipping and Shipbuilding Subsidies. Department of Commerce. Washington 1932. — Schmalenbach, Grundlagen der Selbstkostenrechnung und Preispolitik. Leipzig 1927. — Schott, Die Wirtschaftlichkeit der Privatanschlüsse für die Reichsbahn. Essen 1931. Betriebskosten und Selbstkosten der Personenbahnen. Glückauf, Essen 1933, Nr. 15. — Schulze, F. W. O., Seehafenbau. 2 Bände. Leipzig 1910 und 1913. — Schwarz, Die Typenentwicklung des Rheinschiffs bis zum 19. Jahrhundert. Karlsruhe 1926. — Selbstkostenvergleich Straßenbahn-Omnibus. Herausgegeben vom Verband deutscher Kraftverkehrsgesellschaften. Dortmund 1930. — Siegert, Die Subventionen der Weltschiffahrt und ihre sozialökonomischen Wirkungen. Berlin 1930. — Sommer, Selbstkostenermittlung im Verkehrswesen. Verkehrstechn. Woche, Berlin 1927, Nr. 35 und 36. — Sommerlatte, Die Entwicklung des Verkehrs mit Stahlbehältern. Reichsbahn 1933, Nr. 29. — Spiess, Die Selbstkosten als Begriff in der Preiskalkulation. Reichsbahn 1931, Nr. 2 und 3. — Starke, Großgasversorgung. Leipzig 1924. — Supper, Die Entwicklung des Eisenbahnwesens im Königreich Württemberg. Stuttgart 1895. — Sympher, Transportkosten auf Eisenbahnen und Kanälen. Berlin 1885.

Tecklenburg, Betriebskostenrechnung und Selbstkostenermittlung bei der Deutschen Reichsbahn. Berlin 1930. — Teubert, Wilhelm, Deutsche See- und Binnenhäfen. Berlin 1930.

Umschlag, Sonderausgabe der Z. VDI., Berlin 1926.

Der Verkehr der Reichspost im Konjunkturverlauf der Nachkriegszeit. Vierteljahrshefte zur Konjunkturforschung 1927. Ergänzungsheft 3.

Wagemann, Konjunkturforschung und Deutsche Reichspost. Sammelwerk Post und Telegraphie in Wissenschaft und Praxis. Berlin 1930. — Walther, Grundzüge industrieller Kostenlehre. Schweiz. Bauztg. 1923, Nr. 12, 15 und 18. Über den Aufbau und den Charakter von Kosten im Eisenbahnbetrieb. Schweiz. Bauztg. 1925, Nr. 1 und 3.

Abschnitt V.

Bredt, Betriebsuntersuchung, Wege und Form. Berlin 1931.

Feindler, Das Hollerith-Lochkartenverfahren. Berlin 1929.

Gilbreth, Bewegungsstudien. Berlin 1921. Das A B C der wissenschaftlichen Betriebsführung. Berlin 1917. — Gottschalk, Arbeits- und Zeitstudien im Eisenbahnbetriebsdienst. Verkehrstechn. Woche 1924, Heft 10.

Heisterbergk, Verkehrsschätzung und Verkehrszählung als Grundlage für die Ertragsberechnung von Schnellbahnen. Heft 31 der Technisch-wirtschaftlichen Bücherei. Berlin 1924. — Herwig, Psychotechnische Methoden im Verkehrswesen. Handbuch der biologischen Arbeitsmethoden von Abderhalden, Abt. VI. Berlin 1928.

Kellerer, Mathematische Methoden in der Eisenbahnstatistik. Dissertation der Technischen Hochschule Berlin 1931. — Kümmell, Die Betriebskosten der Verschiebebahnhöfe. Archiv für Eisenbahnwesen 1923.

Leibbrand, Ziele der Betriebsführung. Reichsbahn 1933, Nr. 12.

Martens, Industrielle Unfallverhütung auf der Grundlage der wissenschaftlichen Betriebsführung. Berlin 1927. — Mellerowicz, Grundlagen betriebswirtschaftlicher Wertungslehre. Berlin 1926. — Müller, W., Betriebspläne für Verschiebebahnhöfe. Im Werk Eisenbahnwesen. VDI.-Verlag Berlin 1924. Die betriebswissenschaftliche Wertung der Eisenbahnstrecken. Verkehrstechn. Woche 1927, Heft 3 ff. Selbstkostenberechnung der Kraftwagenfahrten. Verkehrstechn. Woche 1932, Heft 6. Das Aufzeichnen des Rollweges und Ansteigens beim Start eines Flugzeugs. Verkehrstechn. Woche 1932, Heft 34 ff.

Pirath, Wissenschaftliche Betriebsführung im Eisenbahnbetrieb. Archiv für Eisenbahnwesen 1924. Ziele und Wege der Eisenbahnbetriebswissenschaft. Archiv für Eisenbahnwesen 1928. Die menschliche Arbeitsleistung im Kreislauf des Eisenbahnbetriebsdienstes. Verkehrstechn. Woche 1925, Nr. 13.

Remy, Die Methode der betriebswirtschaftlichen Erfolgsrechnungen bei der Reichsbahn. Verkehrstechn. Woche 1932, Heft 10 ff.

Steuernagel, Statistik und Eisenbahn. Berlin 1931.

Taylor, Grundsätze der wissenschaftlichen Betriebsführung 1913. — Tecklenburg, Betriebskostenrechnung und Selbstkostenermittlung bei der Deutschen Reichsbahn. Berlin 1930.

Weigmann, Grundlagen des Betriebsvergleiches. Stuttgart 1932.

Abschnitt VI.

Sarter-Kittel, Die Deutsche Reichsbahn-Gesellschaft. Berlin 1931.

Witte, Eisenbahn und Staat. Weltwirtsch. Arch., Jena 1932.

Abschnitt VII.

Blum-Pirath, Lebensfragen der deutschen Luftfahrt. Stuttgart 1928.

Deutsche Verkehrsprobleme der Gegenwart. Verhandlungen der Fr. List-Gesellschaft. Verlag Hobbing, Berlin 1927.

Einzelschriften des Bureau permanent international des Constructeurs d'Automobiles. Paris. — Eisenbahn und Kraftwagen. Denkschrift des Studienausschusses „Eisenbahn und Kraftwagen" beim Deutschen Industrie- und Handelstag. Berlin 1930.

Hardt, Die Verkehrsprobleme im Eisenbahnwesen von Großbritannien. Dissertation Stuttgart 1931. — Heisterbergk, Zur Frage der Struktur des Güterkraftverkehrs. Verkehrstechn. Woche 1933, Heft 23.

Internationaler Kongreß der Kraftverkehrswirtschaft. Berlin 1933.

Merkert, Personenkraftwagen, Kraftomnibus und Lastkraftwagen in U. S. A. Berlin 1930. — Müller, K. A., Wechselbeziehungen zwischen Verkehrspolitik, Verkehrswirtschaft und Allgemeinwirtschaft. Berlin 1931.

Napp-Zinn, Eisenbahn und Kraftwagen. Buchreihe des Instituts für Verkehrswissenschaft an der Universität Köln, Heft 4, Köln 1931.

Pirath, Verkehrsprobleme und Eisenbahnen in den Vereinigten Staaten von Amerika. Verkehrstechn. Woche 1932, Nr. 1—3 und 7—9, und als Heft 52 der Technisch-wirtschaftlichen Bücherei, Berlin 1932. Die Spezialisierung der Verkehrsarbeit und ihre volkswirtschaftliche Bedeutung. Verkehrstechn. Woche 1927, Heft 37.

Post und Eisenbahn, Tatsachen und Gedanken zur Vereinheitlichung der deutschen Verkehrspolitik. Berlin 1932.

Reitsma, Verkeersperikelen. De Opbouw. Assen 1933, Nr. 9. — Report of the Conference on Rail and Road Transport. Vom 29. Juli 1932. Herausgegeben von His Majesty's Stationery Office. London 1932.

Saitzew, Die volkswirtschaftliche Aufgabe und die wirtschaftspolitische Bedeutung der Eisenbahnen. Bern 1932.

Het Verkeer in Nederland in de XX. Eeuw. Tijdschrift van het Koninklijk Nederlandsch Aardrijskundig Genootschap. Amsterdam Mai/Juli 1933.

Zusammenarbeit der Verkehrsmittel. Wirtschaftsheft 8 der Frankfurter Zeitung 1932.

Sachverzeichnis.

Carl Ritter G. m. b. H., Wiesbaden.

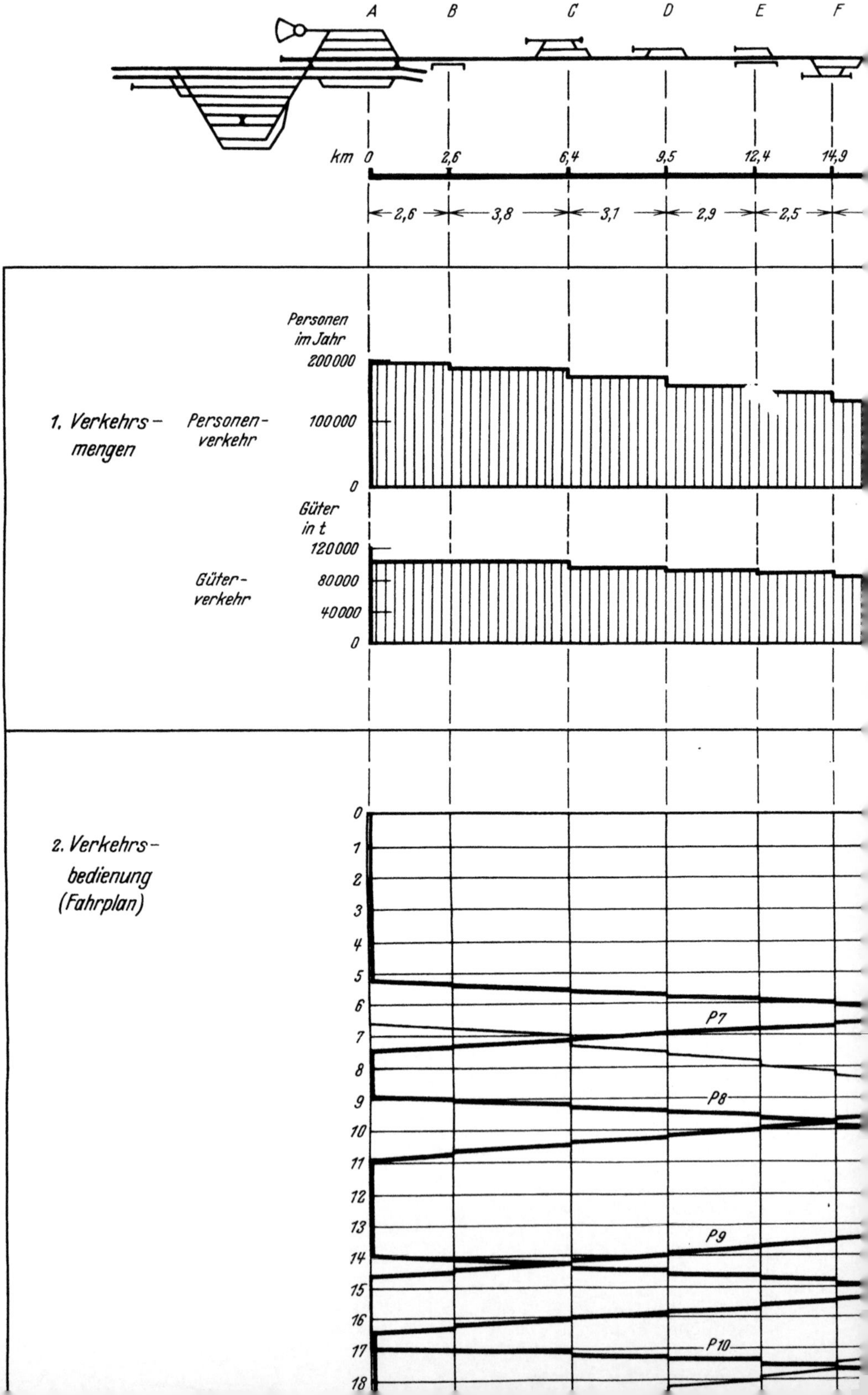
A
B
C
D
E
F
km 0
2,6
6,4
9,5
12,4
14,9
2,6
3,8
3,1
2,9
2,5
1. Verkehrs-mengen
Personen-verkehr
Personen im Jahr
200000
100000
0
Güter-verkehr
Güter in t
120000
80000
40000
0
2. Verkehrs-bedienung (Fahrplan)
0
1
2
3
4
5
6
7
8
9
10
11
12
13
14
15
16
17
18
P7
P8
P9
P10

Tafel I.

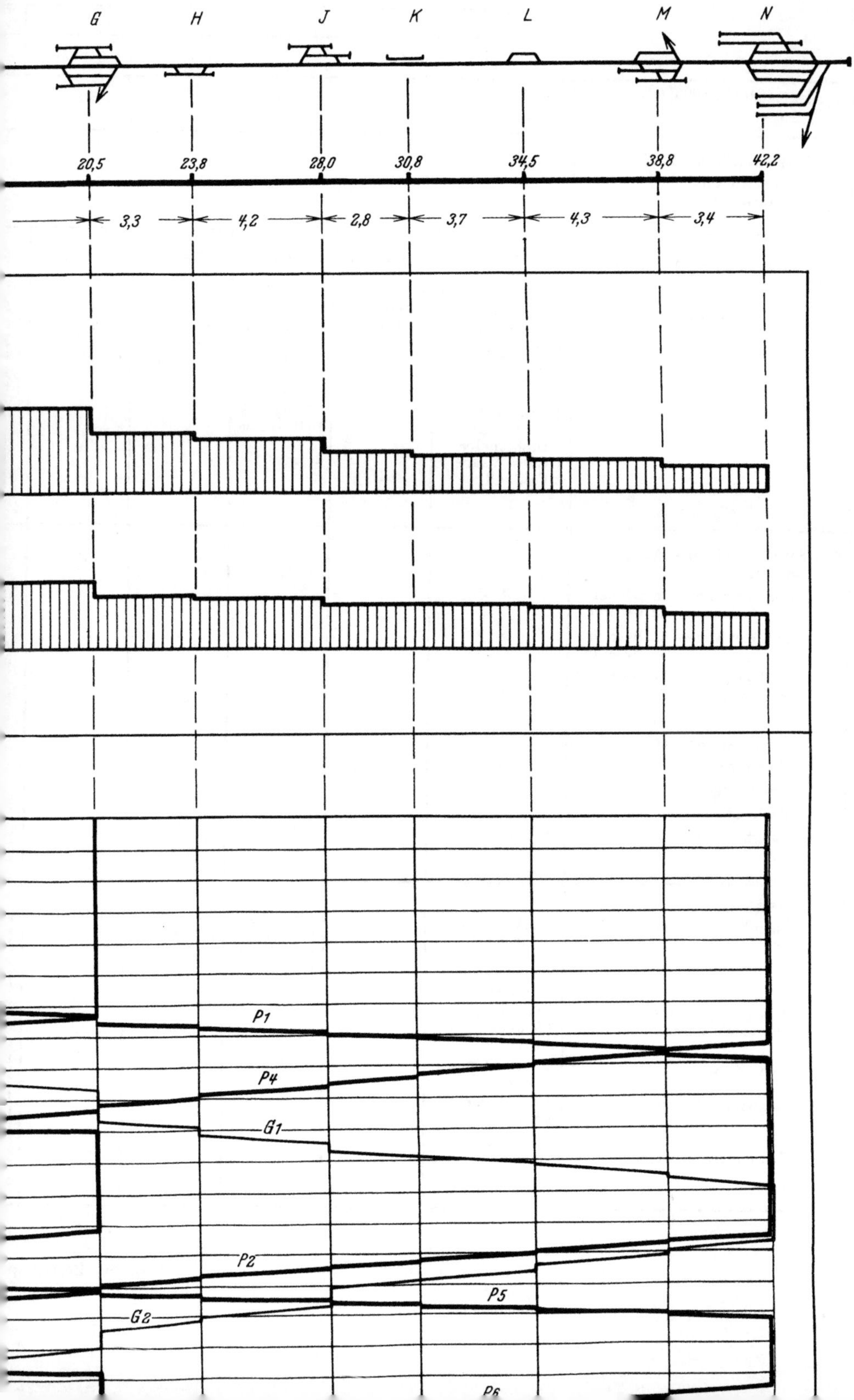

G
H
J
K
L
M
N
20,5
23,8
28,0
30,8
34,5
38,8
42,2
3,3
4,2
2,8
3,7
4,3
3,4
P1
P4
G1
P2
P5
G2
P6

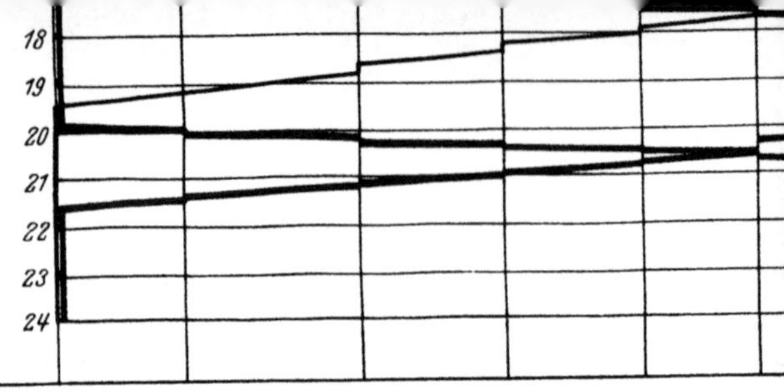

3. BETRIEBSLEISTUNG Zug-km						
4. VERKEHRSLEISTUNGEN Personen-km Tonnen-km						
5. FESTE TECHN. ANLAGEN (Weg und Stationen)	Trennungs-bahnhof	Haltestelle	Bahnhof	Bahnhof	Bahnhof	
Ausrüstung der Bahnhöfe	1 Empf.-Geb. 1 Güter-Schupp. 1 Lok.-Schupp. 1 Kopf-Rampe 1 Seiten-Rampe 1 Lade-Maß 4 Bahnst.-Gl. 1 Abstell-Gl. 1 Drehscheibe 1 Gleis-Waage 3 Freil.-Gl.	1 Stat.-Geb. 1 Bhst.-Gl.	1 Empf.-G. 1 Güt.-Sch. 1 K.-Ramp. 1 Lade-Maß 2 Bhst.-Gl. 1 Freil.-Gl. 1 Langh.-R. 1 Gl.-Waage	1 Empf.-G. 2 Bhst.-Gl. 1 Freil.-Gl. 1 Lade-Maß	1 Empf.-G. 1 Bhst.-Gl. 1 Freil.-Gl. 1 Lade-Maß	1 1 1 1 2 1 1
6. BEWEGL. TECHN. ANLAGEN (Fahrzeuge)						
Lokomotiven in Betrieb in Reserve	3 (2) 2					
Personenwagen in Betrieb in Reserve	8 (4) 6					
Packwagen mit Postabteil in Betrieb in Reserve	2 (1) 1					
Gedeckte Güterwagen	15					
Offene Güterwagen	50					
Viehwagen	5					
Kesselwagen	6					
Packwagen	3					
Langholzwagen	10					
7. PERSONAL Bahnhofspersonal	1 Bahnh.-Vorst. 1 Gütersch.-Vw. 3 Weichensteller 3 H.-Weichenst. 2 Arbeiter		1 Bhf.-Vstd. 1 W.-Steller 1 H.-W.-St. 1 Arbeiter	1 Bhf.-Vstd. 1 W.-Steller	1 Bhf.-Vstd. 1 H.-W.-St.	1 1 1 1
Lokschuppen- und Werkstattpersonal	2 Schlosser 1 Schmied 2 Arbeiter					
Lok.-Personal	5 Lok.-Führer 5 Heizer					1 1
Zugpersonal	4 Zugführer 3 Schaffner 2 Bremser					1 1
Bahnunterhaltungspersonal						

Abb. 79. Betriebsp

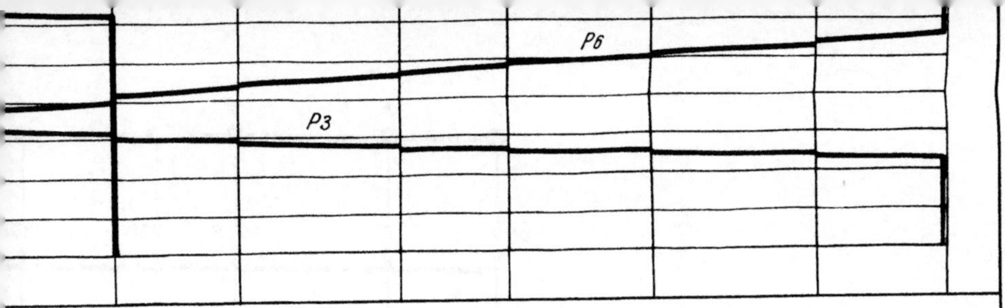

147 688

4 801 000
3 193 000

f	Bahnhof	Bahnhof	Bahnhof	Haltestelle	Bahnhof	Bahnhof	Endbahnhof
eb. h. mp. ß Gl. is ge	1 Empf.-Geb. 1 Güter-Schupp. 1 Lok.-Übn.-Sch. 1 Kopf-Rampe 1 Langh.-Rampe 1 Freilade-Gleis 1 Lade-Maß 2 Bahnst.-Gl. 1 Abstell-Gleis 1 Indust.-Anschl. 1 Gleis-Waage	1 Empf.-G. 1 Güt.-Sch. 1 Lade-Maß 1 Bhst.-Gl. 1 Freil.-Gl. 1 K.-Ramp.	1 Empf.-G. 1 Güt.-Sch. 1 Kopf-R. 1 Langh.-R. 1 Freil.-Gl. 1 Lade-Maß 2 Bhst.-Gl. 1 Gl.-Waage 1 Privat-Anschluß	1 Stat.-Geb. 1 Bhst.-Gl.	1 Empf.-G. 1 Freil.-Gl. 1 Lade-Maß 1 Bhst.-Gl.	1 Empf.-G. 1 Güt.-Sch. 1 Kopf-R. 1 Freil.-Gl. 1 Seiten-R. 1 Gl.-Waage 1 Lade-Maß 2 Bhst.-Gl. 1 Industrie-Anschluß	1 Empf.-Geb. 1 Güter-Schupp. 1 Lok.-Übn.-Sch. 1 Kopf-Rampe 1 Seiten-Rampe 1 Vieh-Rampe 1 Feuergut-R. 2 Freilade-Gleise 2 Bahnst.-Gleise 1 Lade-Maß 1 Gleis-Waage 1 Indust.-Anschl.
	1 3 1						(1) (4) (1)
rst. nst. St. r hrer rer er mstr. r	1 Bahnh.-Vorst. 2 Weichensteller 2 H.-Weichenst. 2 Arbeiter	1 Bhf.-Vstd. 1 W.-Steller 1 Arbeiter	1 Bhf.-Vstd. 1 W.-Steller 2 H.-W.-St. 1 Arbeiter		1 Bhf.-Vstd. 1 H.-W.-St.	1 Bhf.-Vstd. 1 W.-Steller 2 H.-W.-St. 2 Arbeiter	1 Bahnh.-Vorst. 1 Gütersch.-Vw. 2 Weichensteller 2 H.-Weichenst. 2 Arbeiter

Eisenbahn A-N.

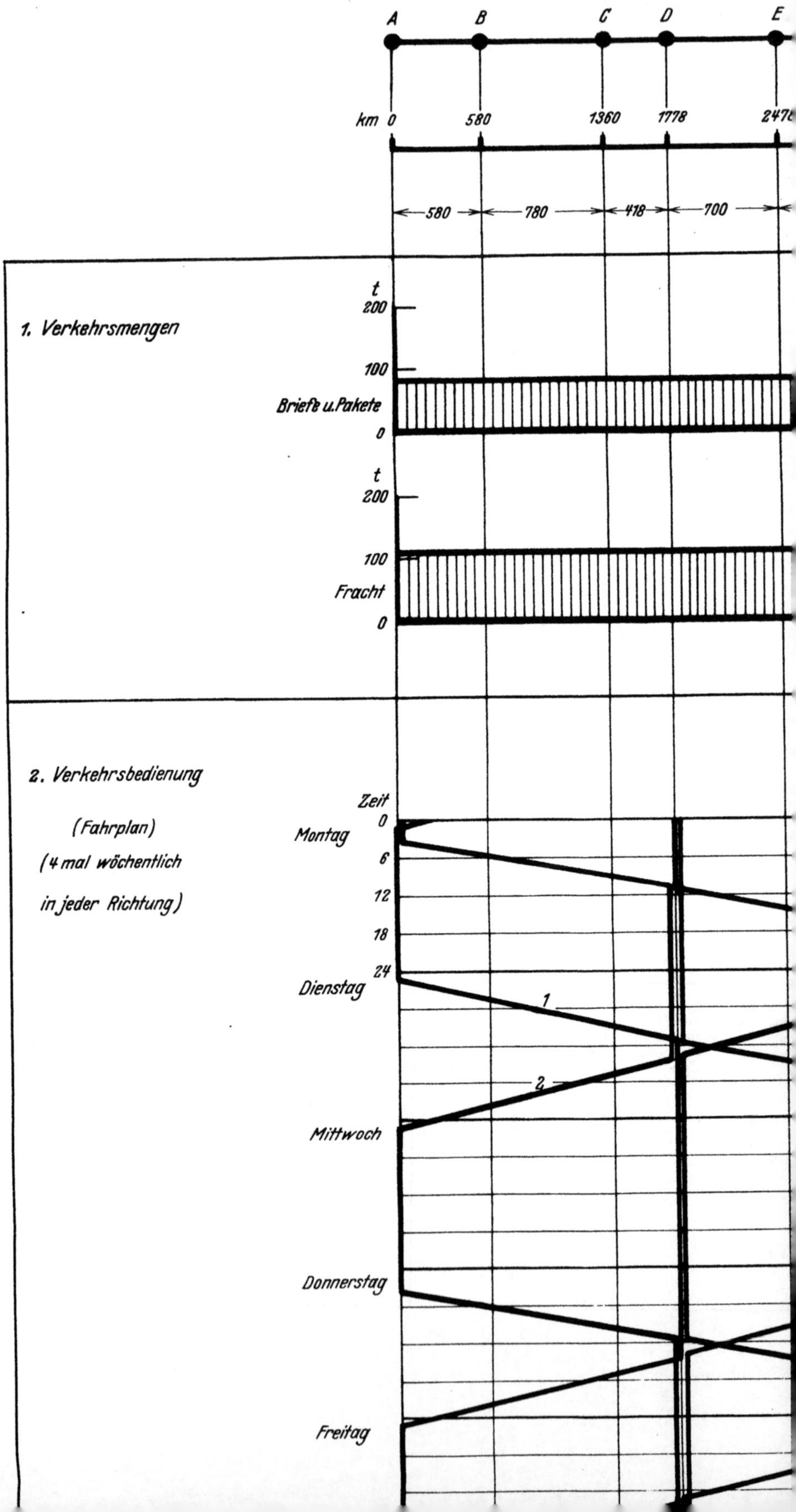
A
B
C
D
E
km 0
580
1360
1778
247
580
780
418
700
1. Verkehrsmengen
t
200
100
Briefe u. Pakete
0
t
200
100
Fracht
0
2. Verkehrsbedienung
(Fahrplan)
(4 mal wöchentlich
in jeder Richtung)
Zeit
0
Montag
6
12
18
24
Dienstag
1
2
Mittwoch
Donnerstag
Freitag

Tafel II.

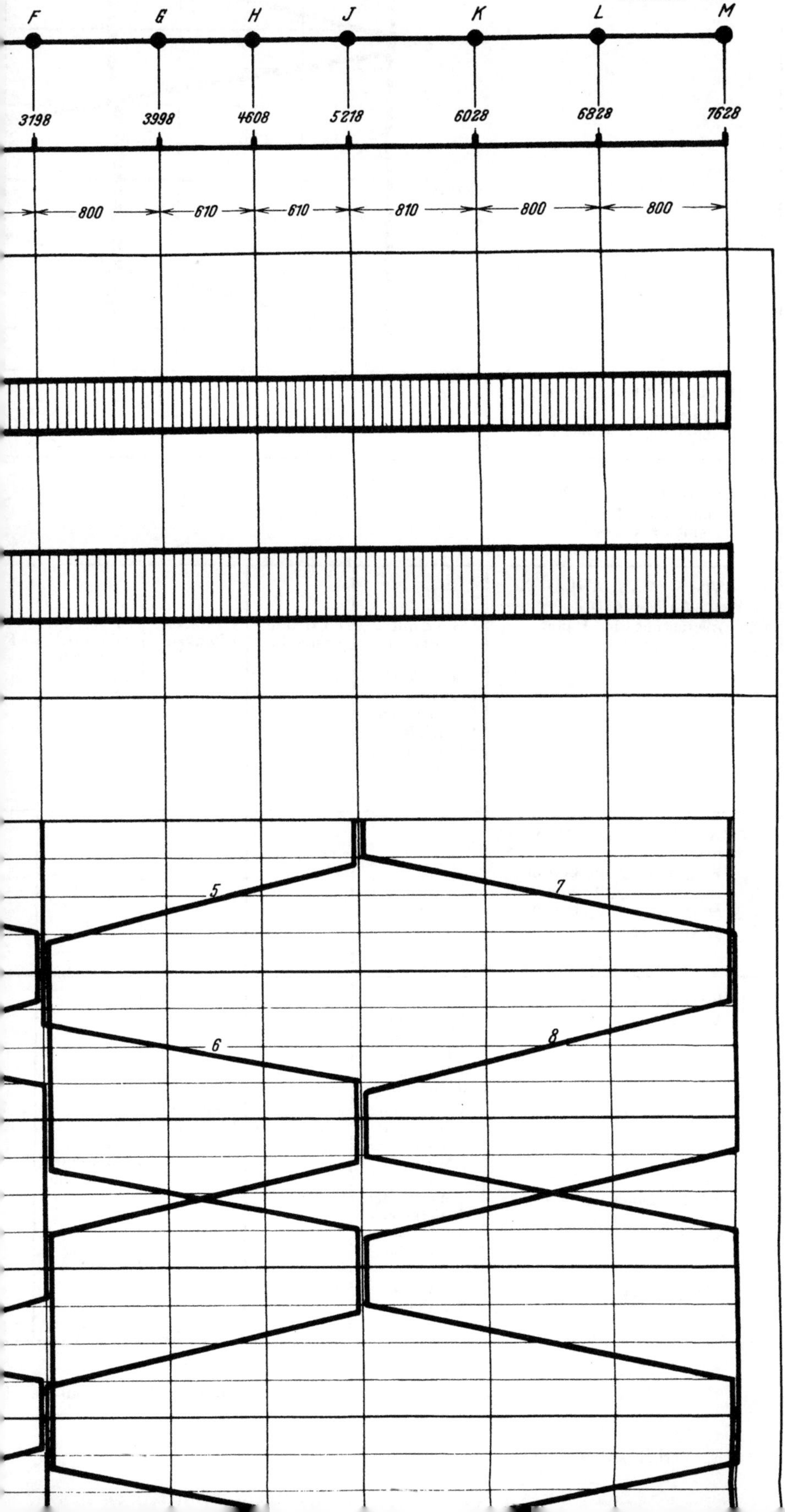
F
G
H
J
K
L
M
3198
3998
4608
5218
6028
6828
7628
800
610
610
810
800
800
5
7
6
8

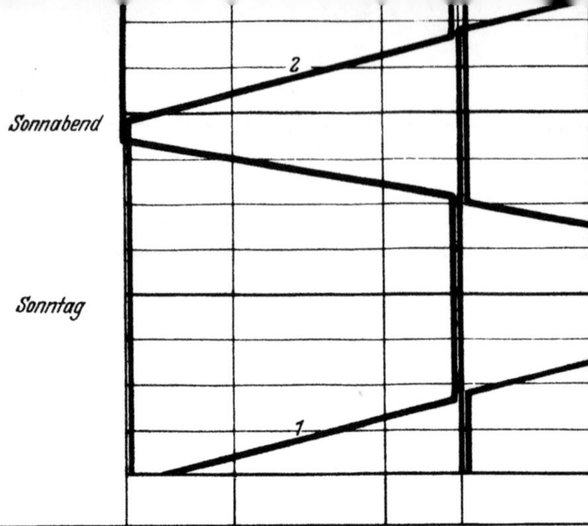

3. BETRIEBSLEISTUNGEN Fahrzeug-km Angebotene Tonnen-km					
4. VERKEHRSLEISTUNGEN Tonnen-km Post Tonnen-km Fracht					
5. FESTE TECHN. ANLAGEN (Weg und Stationen) Ausrüstung der Häfen	1 Halle mit Werkstatt 1 Werft 1 Motorwerkst. 1 Hauptlager 1 Tankanlage 1 Landefeuer 1 Funkturm m. Peilvorricht.	1 Tankanl. 1 Funkanl.	1 Tankanl. 1 Funkanl.	1 Halle mit Werkst. 1 Streckenl. 1 Tankanl. 1 Funkanl.	1 T 1 F
6. BEWEGL. TECHN. ANLAGEN (Fahrzeuge) Flugzeuge in Betrieb in Reserve Motoren in Reserve Kraftwagen	2 1 6 2			2 1 6 1	
7. PERSONAL Verwaltung	1 Direktor 1 Prokurist 1 Ingenieur 2 Buchhalter 6 Hilfspers.				
Flughafenpersonal	1 Flugleiter 1 Hilfskraft 1 Ingenieur 2 Monteure	2 Monteure 1 Hilfsmont.	2 Monteure 1 Hilfsmont.	1 Flugleiter 1 Hilfskraft 1 Meister 3 Monteure 2 Hilfsmont.	2 M 1 H
Werftpersonal	1 Werftleiter 1 Werkmstr. 1 Buchhalter 1 Schreibhilfe 20 Werftarbeit.				
Flugpersonal	3 1. Piloten 3 2. Piloten				

Abb. 80. Betriebsplan der T

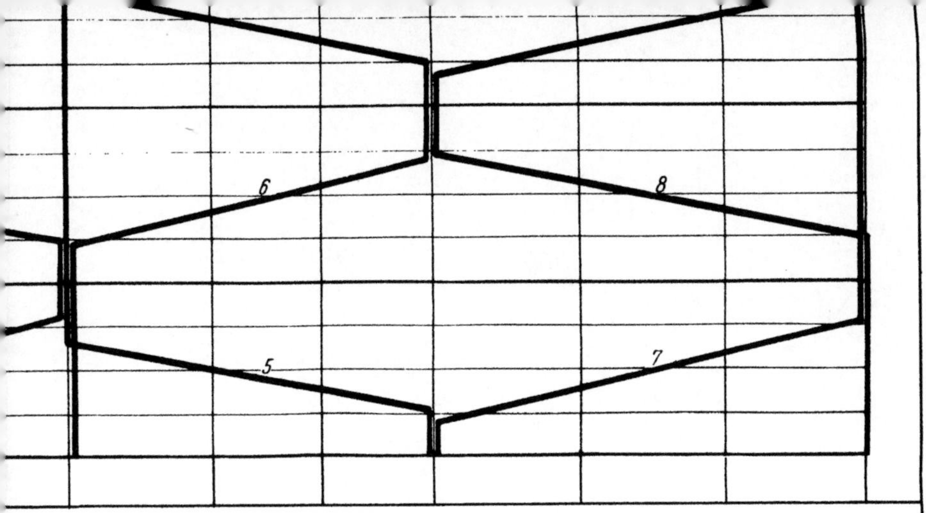

3 173 248
2 538 598

617 868
816 196

	1 Halle mit Werkst. 1 Streckenl. 1 Tankanl. 1 Landefeuer 1 Funkanl.	1 Tankanl. 1 Funkanl.	1 Tankanl. 1 Funkanl.	1 Halle mit Werkst. 1 Streckenl. 1 Tankanl. 1 Landefeuer 1 Funkanl.	1 Tankanl. 1 Funkanl.	1 Tankanl. 1 Funkanl.	1 Halle mit Werkstatt 1 Werft 1 Motorwerkstatt 1 Hauptlager 1 Tankanlage 1 Landefeuer 1 Funkanlage
	2 1 6 1			— 1 2 1			2 1 6 2
e t.	1 Flugleiter 1 Hilfskraft 1 Meister 4 Monteure 2 Hilfsmont. 3 1. Piloten 3 2. Piloten	2 Monteure 1 Hilfsmont.	2 Monteure 1 Hilfsmont.	1 Flugleiter 1 Hilfskraft 1 Meister 5 Monteure 2 Hilfsmont. 4 1. Piloten 4 2. Piloten	2 Monteure 1 Hilfsmont.	2 Monteure 1 Hilfsmont.	1 Flugleiter 1 Hilfskraft 2 Monteure 1 Werftleiter 1 Werkmstr. 1 Buchhalter 1 Schreibhilfe 20 Werftarbeit. 3 1. Piloten 3 2. Piloten

ntinentalluftverkehrslinie A-M.

Verlag von Julius Springer in Berlin.

GPSR Compliance

The European Union's (EU) General Product Safety Regulation (GPSR) is a set of rules that requires consumer products to be safe and our obligations to ensure this.

If you have any concerns about our products, you can contact us on ProductSafety@springernature.com

In case Publisher is established outside the EU, the EU authorized representative is:

Springer Nature Customer Service Center GmbH
Europaplatz 3
69115 Heidelberg, Germany

Batch number: 10683525

Printed by Printforce, the Netherlands